智能制造工程师系列

智能电气设计
EPLAN
第 2 版

陈慧敏 编著

机械工业出版社

本书以物流传输系统电气工程为实战案例，通过项目实施的详尽步骤，引导学习者系统掌握 EPLAN Electric P8 2.9 软件在项目规划、原理图绘制、面向对象设计以及报表生成等 2D 电气设计领域的核心技能。同时，进一步引导学习者熟悉 EPLAN Pro Panel 的 3D 布局功能，面向电气制造进行高效布局设计，实现从电气设计绘图到精确制造文件输出的完整流程。

本书经修订后，在原有基础上强化了项目准备阶段的指导，新增多种电气部件制作案例，强调基础数据的重要性。同时，创新性地引入了任务测评环节，为学习者提供了自我检验与技能提升的有效路径，确保每一位读者都能有效掌握 EPLAN 电气设计的精髓与技巧。

本书电气设计实战性强，全书注重工程应用，强调务实操作，可作为职业院校电气及自动化相关专业的参考教材，也可供工程技术人员自学或培训使用。

图书在版编目（CIP）数据

智能电气设计 EPLAN / 陈慧敏编著 . -- 2 版 .
北京：机械工业出版社，2025.1（2025.8 重印）. --（智能制造工程师系列）. -- ISBN 978-7-111-77466-2

Ⅰ. TM02-39
中国国家版本馆 CIP 数据核字第 2025AY2608 号

机械工业出版社（北京市百万庄大街 22 号　邮政编码 100037）
策划编辑：罗　莉　　　　　　责任编辑：罗　莉
责任校对：龚思文　张　薇　　封面设计：鞠　杨
责任印制：单爱军
北京中兴印刷有限公司印刷
2025 年 8 月第 2 版第 3 次印刷
184mm×260mm・22.75 印张・4 插页・572 千字
标准书号：ISBN 978-7-111-77466-2
定价：78.00 元

电话服务　　　　　　　　　网络服务
客服电话：010-88361066　　机 工 官 网：www.cmpbook.com
　　　　　010-88379833　　机 工 官 博：weibo.com/cmp1952
　　　　　010-68326294　　金 书 网：www.golden-book.com
封底无防伪标均为盗版　机工教育服务网：www.cmpedu.com

前 言

在电气与自动化领域，EPLAN软件以其卓越的效能与专业深度，成为全球设计者的首选工具，显著推动了电气设计效率与标准化的飞跃。然而，对于初学者而言，EPLAN的在线帮助文档可能略显晦涩，理解起来存在一定难度。

本书着眼于实际应用，着重于实践操作，精选物流传输系统的电气工程作为教学蓝本，借助EPLAN Electric P8 和 EPLAN Pro Panel 两款工具，通过精心设计的六个项目共计38个任务，从2D电气设计到3D布局，全方位展示了电气设计的整个流程。从项目规划、原理图绘制、面向对象设计到报表生成，再到3D布局设计和项目导出，每一个步骤都进行了详尽的阐述，并配备了技能操作视频，确保读者能够从零开始学习，逐步掌握EPLAN的精髓。

本书自第1版出版以来，得到了广大师生和相关从业人员的广泛认可。根据读者反馈和进一步满足市场需求，本次修订对内容进行了全面且有针对性的更新。主要修订内容集中在两个方面：

首先，在原有基础上强化了项目准备阶段的指导，新增一系列电气部件制作案例，旨在强调项目基础数据的重要性，确保设计工作的准确性和高效性。同时，还对图框定制部分进行了修订，特别强调了AutoCAD绘图对EPLAN绘图的补充作用，从而进一步提升绘图效率。

其次，为进一步提升学习者的实战能力与自我检测机制，我们巧妙地在任务中融入了任务测评环节。这一创新设计鼓励学习者在完成任务后即时反思，查漏补缺，确保技能掌握既全面又精准。通过任务测评的反馈循环，学习者能够清晰地把握自身学习进度，明确改进方向，从而实现学习效率的显著提升。

本书在编写过程中，得到了北京经济管理职业学院人工智能学院的鼎力支持与宝贵贡献，在此表示衷心的感谢。关于书中提及的机械模型、EPLAN部件库及项目源文件等丰富资源，读者可通过访问天工讲堂（具体操作步骤见封三）或发送邮件至miqiaoer@126.com免费获取。

由于编者水平有限，书中难免存在不足之处，恳请各位同仁、专家及广大读者不吝指教，在使用过程中提出宝贵意见。

编著者

目 录

前言

上篇 工程项目篇

项目一 项目准备 ……………………………………………………………… 2
  任务一 软件安装 …………………………………………………………… 2
  任务二 图框定制 …………………………………………………………… 8
  任务三 标题页定制 ………………………………………………………… 21
  任务四 部件管理 …………………………………………………………… 27
  任务五 项目创建 …………………………………………………………… 42

项目二 电气原理图绘制 ……………………………………………………… 53
  任务一 总电源电路绘制 …………………………………………………… 53
  任务二 电机正反转主电路绘制 …………………………………………… 66
  任务三 变频器控制回路绘制 ……………………………………………… 81
  任务四 直流电源电路绘制 ………………………………………………… 96
  任务五 继电器控制回路绘制 ……………………………………………… 106
  任务六 PLC 供电电路绘制 ………………………………………………… 124
  任务七 PLC 连接点放置 …………………………………………………… 133
  任务八 PLC 数字量输入电路绘制 ………………………………………… 139
  任务九 PLC 数字量输出电路绘制 ………………………………………… 147
  任务十 HMI 电源电路绘制 ………………………………………………… 153
  任务十一 导线颜色和线径确定 …………………………………………… 160
  任务十二 导线编号和命名 ………………………………………………… 175

项目三 3D 布局设计 …………………………………………………………… 184
  任务一 创建线槽和导轨 …………………………………………………… 184
  任务二 安装板设备安装 …………………………………………………… 194
  任务三 安装板设备 3D 布线 ……………………………………………… 197
  任务四 控制柜门设备安装及布线 ………………………………………… 201
  任务五 槽满度分析 ………………………………………………………… 207

项目四 项目导出 ……………………………………………………………… 211
  任务一 报表生成 …………………………………………………………… 211
  任务二 模型视图制作 ……………………………………………………… 220

任务三　标签制作 ··· 230
　　任务四　封面和目录制作 ··· 234

下篇　拓展实训篇

项目五　部件制作 ··· 240
　　任务一　断路器部件制作 ··· 240
　　任务二　交流接触器部件制作 ··· 257
　　任务三　热过载继电器部件制作 ·· 268
　　任务四　按钮部件制作 ·· 274
　　任务五　导轨及线槽部件制作 ··· 281
　　任务六　电缆、连接线和电机部件制作 ······································· 288
　　任务七　端子部件制作 ·· 295
　　任务八　箱柜部件制作 ·· 303

项目六　实训项目：联动控制 ·· 308
　　任务一　电气原理图绘制 ··· 308
　　任务二　连接线确定及编号命名 ·· 314
　　任务三　3D 布局设计 ··· 319
　　任务四　项目导出 ·· 322

参考文献 ··· 327

上 篇
工程项目篇

项目一　项目准备

任务一　软件安装

【任务描述】

完成 EPLAN Electric P8 2.9 软件安装。

注意事项：

◇ 关闭杀毒软件：在安装过程中，建议暂时关闭杀毒软件，以免误报或阻止安装程序正常运行。

◇ 检查系统兼容性：在安装前，确保操作系统符合 EPLAN Electric P8 2.9 的硬件和软件要求。

◇ 备份重要数据：在安装前，建议备份重要数据，以防万一安装过程中发生意外导致数据丢失。

【相关知识】

一、EPLAN Electric P8 简介

EPLAN Electric P8 是一款功能强大的电气工程设计和管理软件，专为加速产品工程流程设计而打造。该软件内置了诸多与电气工程项目规划、归档与管理相关的创新性功能，通过面向图形或面向对象的设计方法以及独特的平台技术，为未来的电气工程设定了标准。EPLAN Electric P8 不仅支持电气工程设计，还融合了流体工程、仪表与过程控制及箱柜系统等多个领域，实现了跨学科协作。

二、主要功能和特点

1. 电气图设计

◇ 允许用户创建电气图纸、线路图、接线图以及电气控制图，支持各种电气元件和符号。

◇ 内置丰富的设备和符号库，方便用户快速添加电气元件和设备。

◇ 提供智能化的设计工具，如自动布线、自动编号等，提高设计效率。

2. 报表生成

◇ 自动生成各种电气工程项目所需的报表，如电缆清单、端子连接图、元件清单等。

◇ 支持报表的自定义和编辑，满足用户不同的需求。

3. 数据分析

◇ 对电气工程项目中的数据进行收集、整理和分析，为设计决策提供有力支持。

◇ 支持数据的导出和共享，方便与其他团队成员或外部合作伙伴协作。

◇ 确保设计数据的一致性，从电气图到工程文档，减少错误和重复工作。

4. 标准转换与国际化

◇ 遵循多种国际标准，如 IEC、NFPA、GOST 及 GB 等，提供标准转换功能，帮助用户在全球市场中保持竞争力。

◇ 采用 Unicode 技术，支持多语言设计，方便国际协作。

5. 项目管理

◇ 提供项目管理、修订管理、权限管理等功能，确保项目顺利进行。

◇ 支持多人协作，团队成员可以实时查看和修改设计。

6. 高级功能

◇ 支持宏变量、宏值集和项目方案选项技术，用户可以通过简单的操作完成复杂的项目配置。

◇ 自动生成和更新关联参考，如中断点、辅助触点、元件等之间的连接关系。

◇ 支持使用脚本自动编辑，提高设计效率。

7. 集成与扩展

◇ 与 Office 环境紧密集成，项目数据可以直接编辑或传输到 Excel 中进行外部编辑后回读。

◇ 支持与 PDM、PLM、ERP 等系统的无缝集成。

8. 用户界面与定制

◇ 用户界面可自由定制，如工作区域、工具栏、图标、快捷键等。

◇ 提供多种编辑器，用于创建和编辑项目模板、图形化表格、符号等。

三、EPLAN Electric P8 2.9 的运行环境

1. 操作系统要求

EPLAN Electric P8 2.9 支持 Windows 10、Windows 8、Windows 7 等操作系统，且均为 64 位版本。需要注意的是，随着软件版本的更新和操作系统的迭代，建议用户始终保持在最新的操作系统版本上运行 EPLAN Electric P8，以确保最佳的兼容性和性能。

2. 硬件配置要求

虽然具体的硬件配置要求可能因软件版本和具体使用场景的不同而有所差异，但一般来说，运行该软件需要以下基本的硬件配置。

◇ 处理器：建议使用高性能的处理器，如 Intel Core i5 或更高版本的处理器，以确保

软件能够流畅运行。

◇ 内存：至少需要 8GB 的 RAM，推荐使用 16GB 或更多的内存以获得更好的性能。

◇ 硬盘空间：软件安装本身可能需要几 GB 的硬盘空间，但考虑到项目文件、临时文件以及可能的系统更新等，建议预留足够的硬盘空间。

◇ 显示器：建议使用支持 1280×1024 或更高分辨率的显示器，以确保设计界面的清晰度和易用性。同时，建议使用 32 位真彩色以获得更丰富的色彩表现。

3. 其他软件

◇ 数据库管理系统：如果项目需要使用外部数据库来管理数据，那么需要确保安装了与 EPLAN 兼容的数据库管理系统。

◇ CAD 软件：虽然 EPLAN Electric P8 2.9 是一个独立的电气设计软件，但有时可能需要与其他 CAD 软件进行数据交换或协作。

◇ Microsoft Office：虽然 EPLAN Electric P8 2.9 不严格要求必须安装 Microsoft Office，但在需要利用 Office 的功能（如 Access 数据库）进行更高级的项目管理或数据处理时，建议安装 Microsoft Office 2013 或更高版本的 64 位版本，这可以确保与 EPLAN Electric P8 2.9 SP1 的兼容性和功能集成。

【技能操作】

一、下载安装包

1. 访问官方网站

首先，访问 EPLAN 的官方网站或官方指定的下载页面，以确保下载到的是正版且最新的 EPLAN Electric P8 安装包。

2. 选择版本

根据自己的操作系统（如 Windows 64 位）选择合适的安装包版本进行下载。

3. 下载并保存

下载完成后，将安装包保存到易于访问的位置，如桌面或指定的文件夹中。

二、运行安装程序

1. 找到安装程序

在解压后的文件夹中，找到名为"setup.exe"或类似名称的安装程序文件，如图 1-1-1 所示。

2. 以管理员身份运行

右键单击"setup.exe"，选择"以管理员身份运行"，以确保安装过程中有足够的权限，单击"继续"，如图 1-1-2 所示。

3. 接受许可协议

在安装过程中，首先需要阅读并接受 EPLAN 的使用条款和隐私政策，单击"继续"，如图 1-1-3 所示。

项目一　项目准备

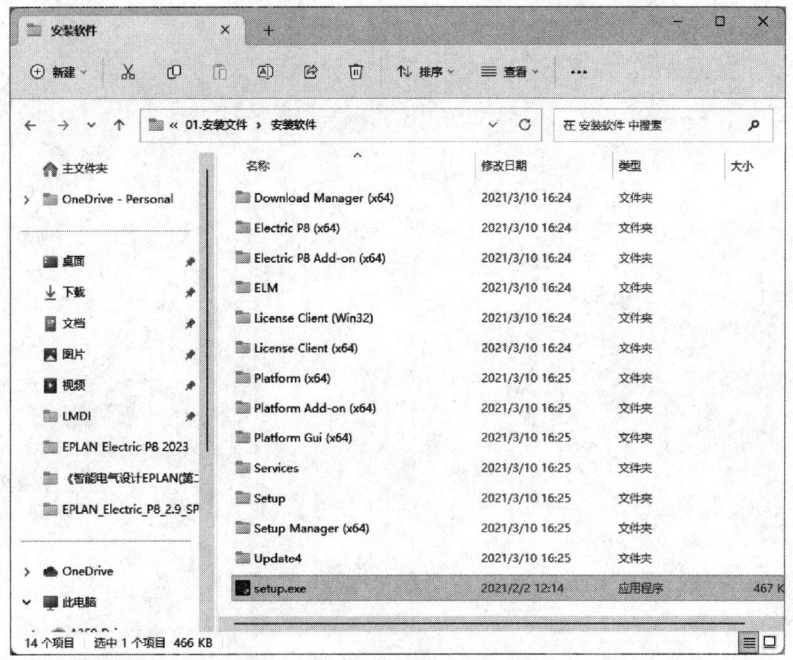

图 1-1-1　查找 setup.exe 文件

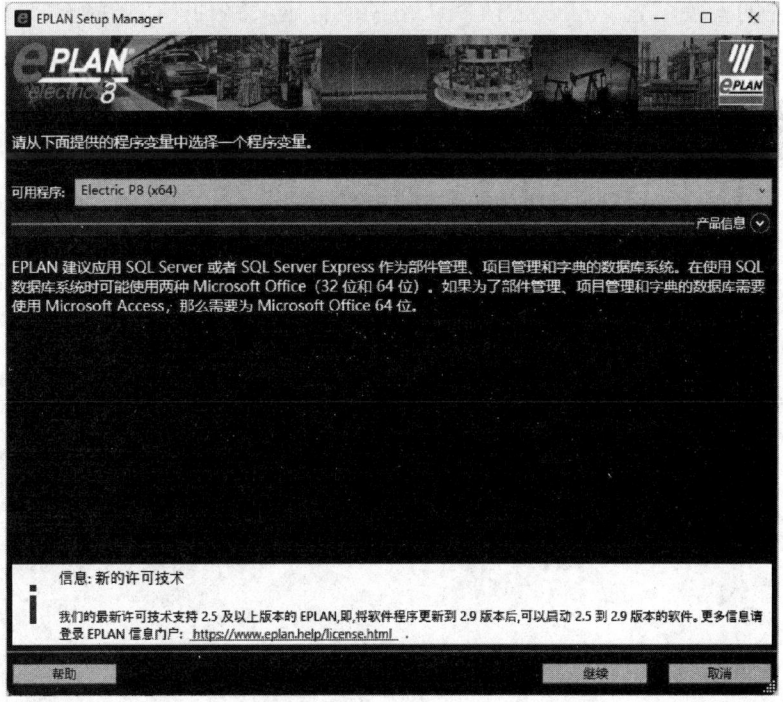

图 1-1-2　运行安装程序

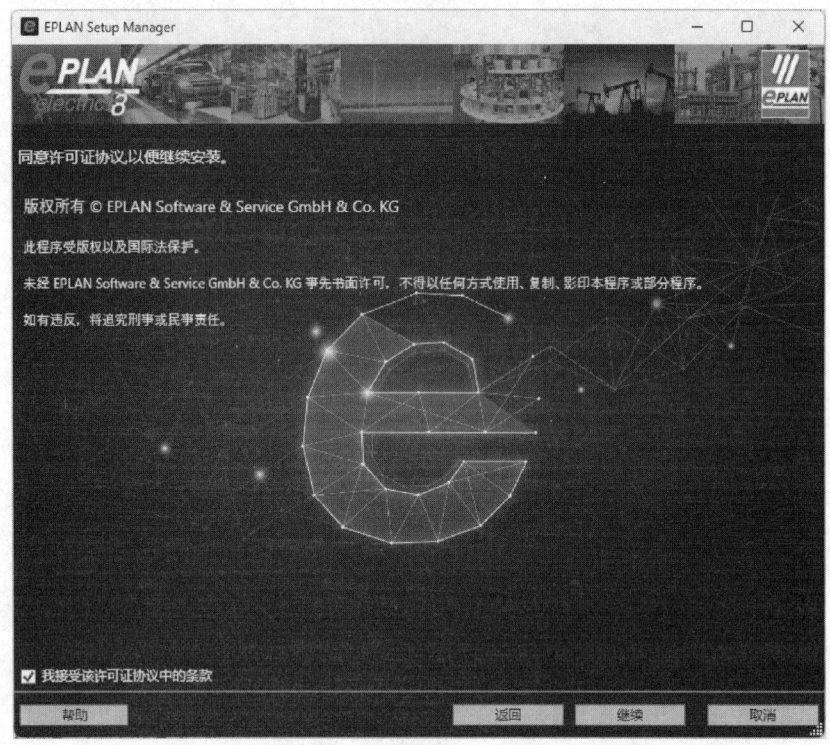

图 1-1-3 接受许可协议

4. 设置安装路径

设置软件的安装位置,可以选择默认路径或自定义路径(如:将 C 改为 D 表示安装到 D 盘),单击"继续",如图 1-1-4 所示。

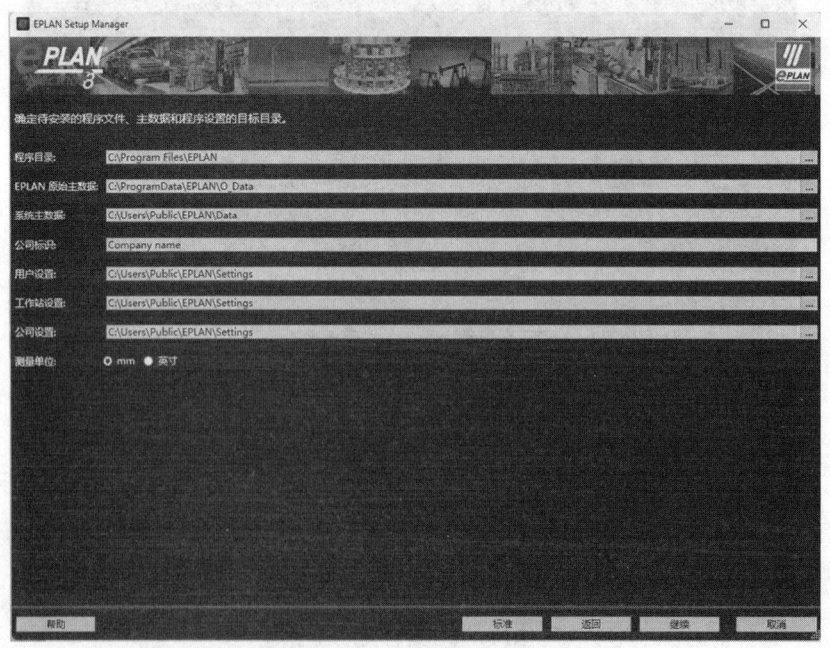

图 1-1-4 设置安装路径

5. 选择组件和语言

根据需要选择安装的程序功能、主数据和语言 [如中文（中国）]，单击"安装"，如图 1-1-5 所示。

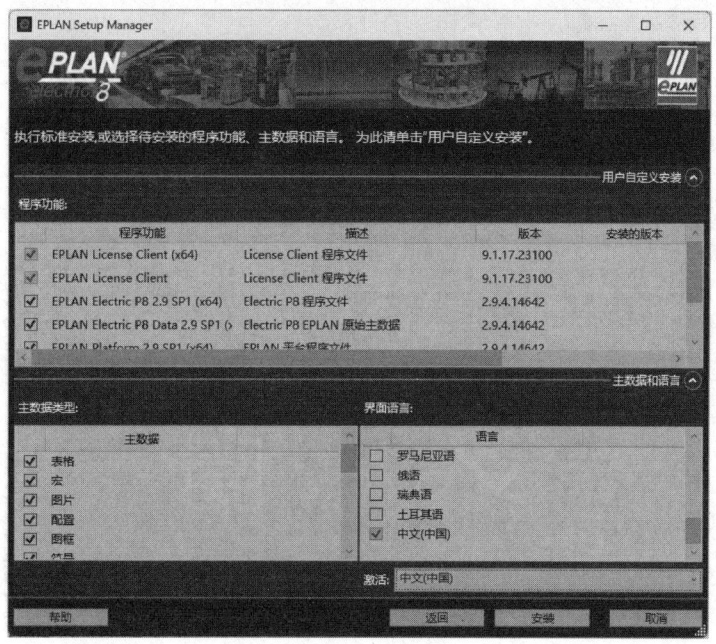

图 1-1-5　选择组件和语言

6. 开始安装

等待安装程序自动完成安装过程，如图 1-1-6 所示。

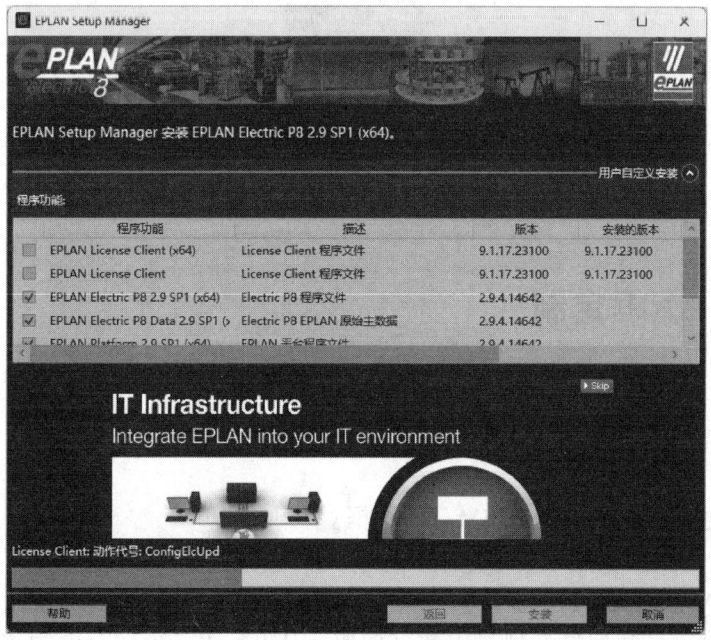

图 1-1-6　等待安装

7. 完成安装

安装完成后,单击"完成"退出安装程序,如图 1-1-7 所示。安装完成后,通常会在桌面上自动生成 EPLAN Electric P8 2.9 的快捷方式,如图 1-1-8 所示。

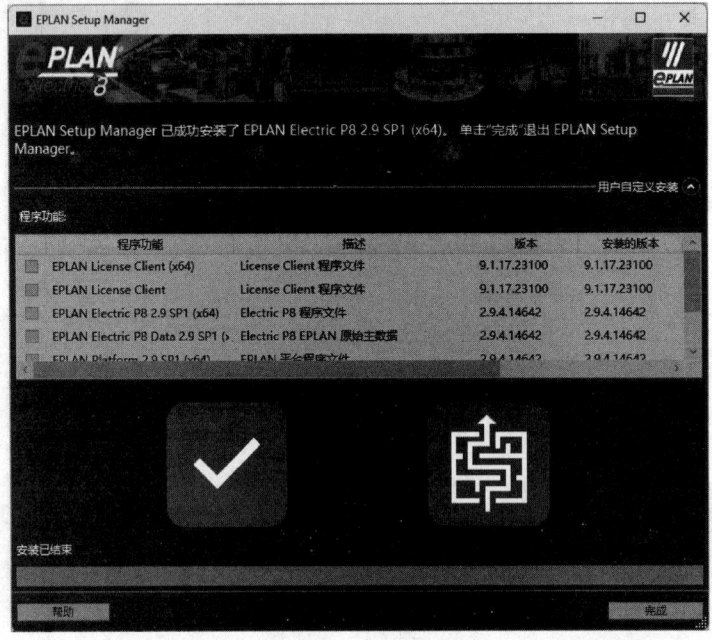

图 1-1-7　完成安装

图 1-1-8　快捷方式

任务二　图框定制

📄【任务描述】

根据具体要求,定制一款 BIEM-A3 图框。
具体要求:
◇ 图纸为 A3 图纸,尺寸为 420mm×297mm。
◇ 图纸划分行号和列号,列号由数字构成,从 0～9,每列宽度为 42mm;行号由字母构成,从 A～F,每行高度为 46mm。

◇ 图纸参考如图 1-2-1 所示。

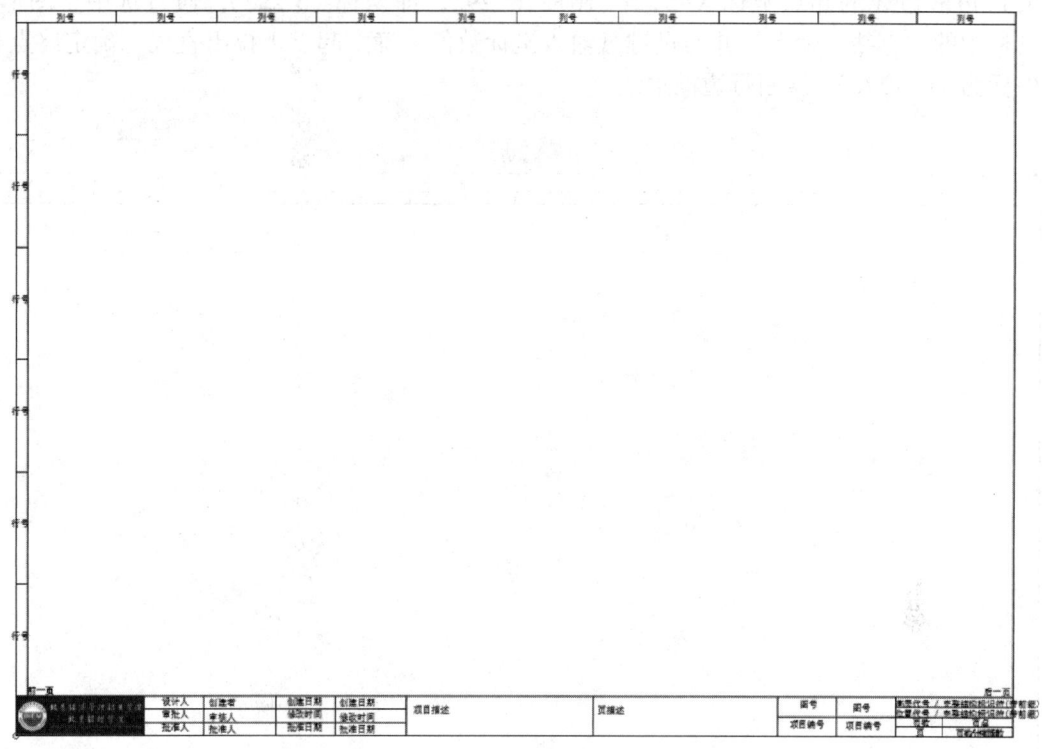

图 1-2-1　图纸参考

【相关知识】

图框的编辑包括图框的创建、行列的设置、文本的输入。

一、图框的创建

单击工具栏中"工具"→"主数据"→"图框"创建图框。创建图框有三种方式：
1）复制软件自带图框模板，修改模板图框外形。
2）新建一个全新的图框，添加图框属性及绘制图框外形。
3）导入 CAD 图框外形，添加图框属性。

在这里采用第一种创建图框方式。弹出"复制图框"窗口，选择保存在 EPLAN 默认数据库中的图框模板，勾选"预览"复选框，在预览框中显示图框的预览图形及提示信息，单击"打开"按钮，弹出"创建图框"窗口，在"文件名"栏填写新建图框的名称，单击"保存"按钮，在页导航器中显示新建的图框名称，在图形编辑器中显示图框外形及相关属性，并自动进入图框编辑环境。

【技能操作】中采用第三种新建图框方式，这种方式能极大省去绘制图框外形的工作。

二、行列的设置

1. 行边框绘制

单击"图形"工具栏中的"线性尺寸"按钮，测量相关尺寸，如图 1-2-2 所示，可知行间距为"5mm",标题栏的宽度为"16mm",图纸的左下角为坐标原点。通过计算,可定义行边框边线的起点坐标X=5,Y=16+276=292,即坐标(5 292),通过选中"图形"工具栏中的"直线"命令,并通过键盘输入坐标数值,确定起点;拉出直线,确定终点相对坐标为(0 276),绘制行边框边线。

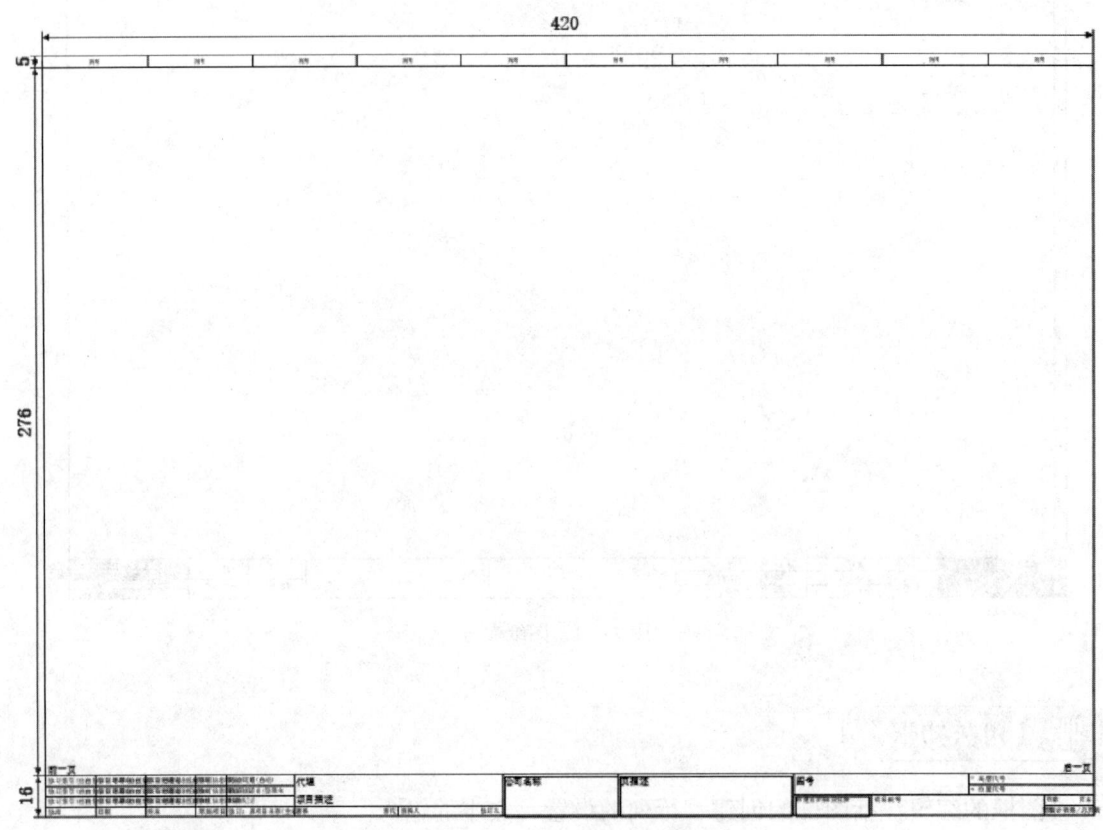

图 1-2-2　新建图框的尺寸

2. 图框属性设置

在页导航器中选中新建图框,单击鼠标右键→"属性",弹出"图框属性"界面,可以看到图框的相关属性信息,通过单击"新建"按钮,弹出"属性选择"窗口,可以选择需要的属性进行相关设置。

根据图框的尺寸,计算每列的"列宽"为420mm/10=42mm,每行的"行高"为276mm/6=46mm。在图框属性,设定"列数"为"10","行数"为"6",每个"列宽"数值中填入"42mm",每个"行高"数值中填入"46mm",设定"设置列编号格式"为"数字","设置行编号格式"为"字母数字","起始值(列)"为"0","起始值(行)"为"0",如图 1-2-3 所示,单击"确定",完成图框属性设置。

3. 行间隔绘制

单击菜单栏"视图"→"路径"命令,打开路径,在图框中显示行与列,如图 1-2-4 所示,开启"栅格"以及选中"栅格 A",再利用"直线"命令,进行行间隔绘制。

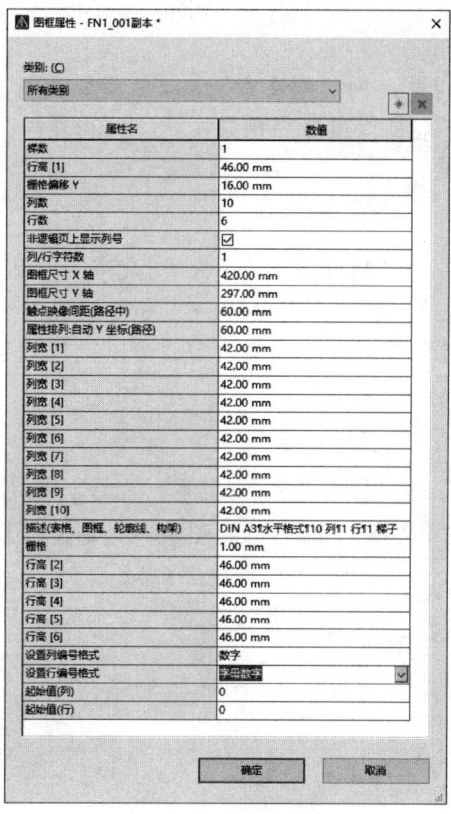

图 1-2-3　图框属性设置

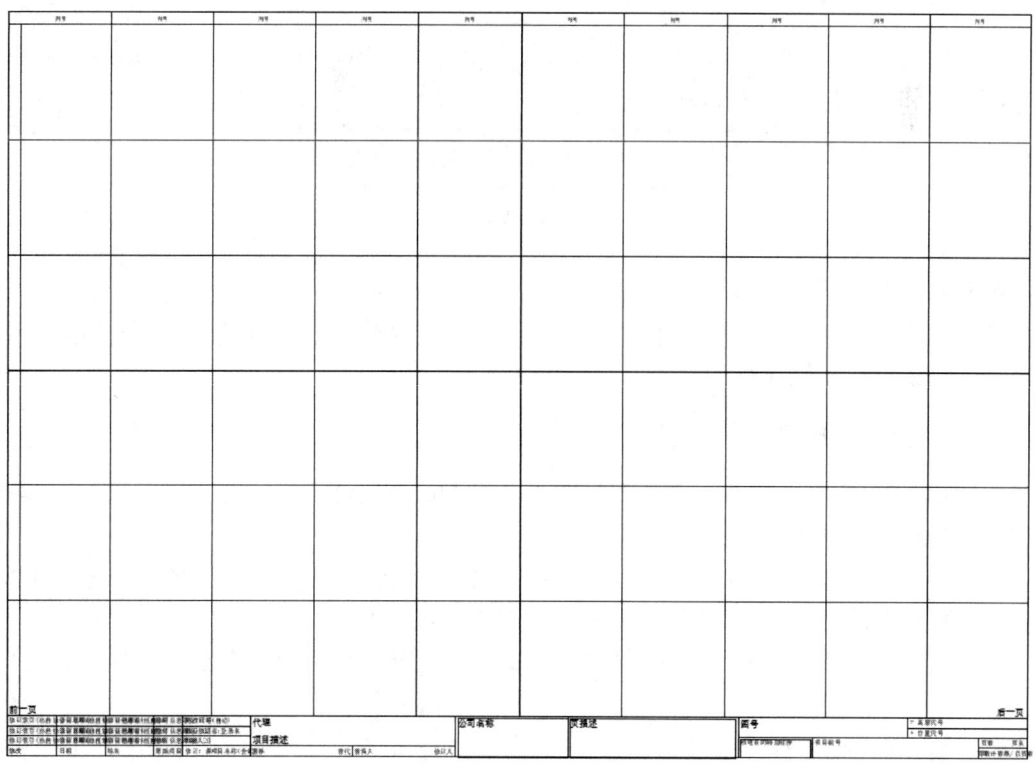

图 1-2-4　显示行与列的图框

三、文本的输入

图框顶部每一列显示列号,为"列文本";每一行显示行号,为"行文本";底部标题栏显示的图框信息文本还根据信息分为普通文本、项目属性文本、页属性文本等,均需要进行编辑。

1. 行文本和列文本

单击菜单栏中"插入"→"特殊文本"→"列文本"/"行文本"命令,在图纸中添加"列文本"和"行文本"。再选择"工具"→"重新放置列文本和行文本"命令,快速将所有的列、行文本一次自动放置在图框列行中,分别框选列号和行号,将其移动到图框的合适位置。

2. 普通文本

单击菜单栏中"插入"→"图形"→"文本"命令,或者单击"图形"工具栏中的"文本"按钮,打开"属性(文本)"窗口,如图1-2-5所示,输入相应的文本。

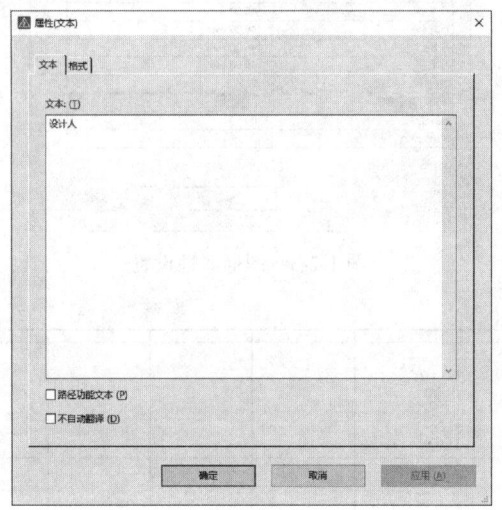

图1-2-5 普通文本

3. 特殊文本

单击菜单栏中"插入"→"特殊文本"→"项目属性"/"页属性"命令,选择不同的命令,分别插入不同属性的文本。

四、导入 DXF/DWG 文件

1)确保 CAD 文件可用:准备需要插入 EPLAN 的 CAD 文件,并确保该文件是可编辑或可读的格式,如 DWG 或 DXF。

2)选择导入选项:在 EPLAN 的菜单栏中,单击"插入"→"图形"→"DXF/DWG"命令,在弹出的文件选择对话框中,浏览并选择 CAD 文件。

3)设置导入选项:在导入过程中,根据需要选择合适的设置选项,如缩放比例、图层选择等。

4)图形校正:导入 CAD 图形后,可能需要对其进行校正和优化,使用 EPLAN 的编辑工具对图形进行相关操作,以使其符合设计需求。

【学习准备】

一、安装 AutoCAD 软件

AutoCAD2018 运行界面如图 1-2-6 所示。

图 1-2-6　AutoCAD2018 运行界面

二、下载 LOGO 图片

"北京经济管理职业学院"LOGO 如图 1-2-7 所示。

图 1-2-7　"北京经济管理职业学院"LOGO

三、标题栏尺寸估算

标题栏尺寸和信息如图 1-2-8 所示。

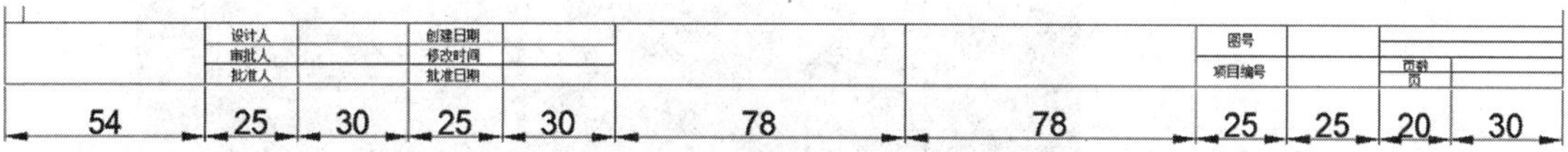

图 1-2-8　标题栏尺寸和信息

【技能操作】

一、利用 AutoCAD 软件绘制 A3 图框框架

利用 AutoCAD 软件绘制 A3 图框框架,并添加文字"设计人""审批人""批准人""创建日期""修改时间""批准日期""图号""项目编号""页数"和"页",如图 1-2-9 所示,并将整个图框创建成块,写块为"A3 图框",完成 A3 图框框架制作。

(提示:也可直接下载学习资料中的"A3 图框",进入下一步操作。)

图 1-2-9　A3 图框

二、打开 EPLAN 项目

步骤一：双击桌面 EPLAN Electric P8 2.9 SP1（x64）软件图标，打开软件，如图 1-2-10 所示。（**提示**：如果软件打开后，其窗口与图不一样，可以通过单击"视图"→"工作区域"，配置选择"默认"，单击"确定"按钮，恢复窗口。）

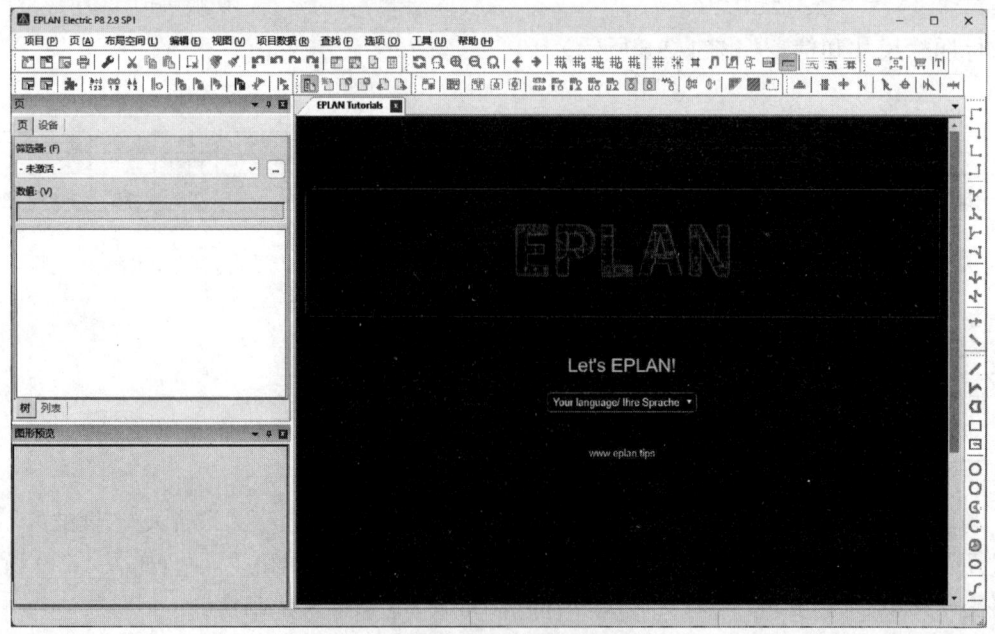

图 1-2-10　打开软件

步骤二：单击"项目"→"打开"，选中示例文件"ESS_Sample_Project.elk"，单击"打开"按钮，如图 1-2-11 所示。

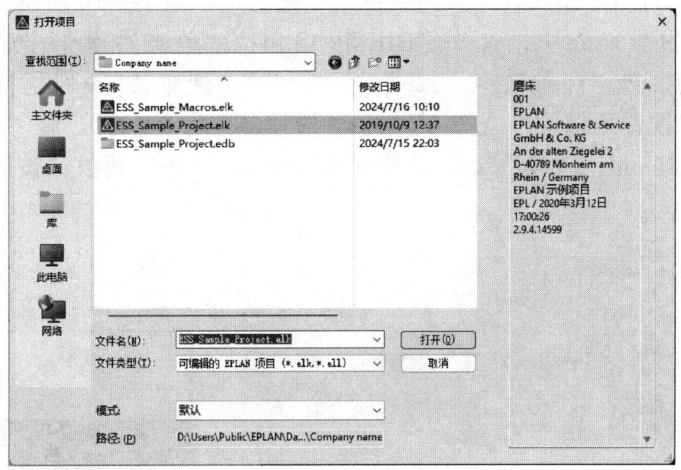

图 1-2-11　打开示例文件

三、完善图框制作

步骤一：单击"工具"→"主数据"→"图框"→"新建"，取名"BIEM-A3"，如图 1-2-12 所示。图框属性中"栅格"保持为"4mm"，如图 1-2-13 所示。

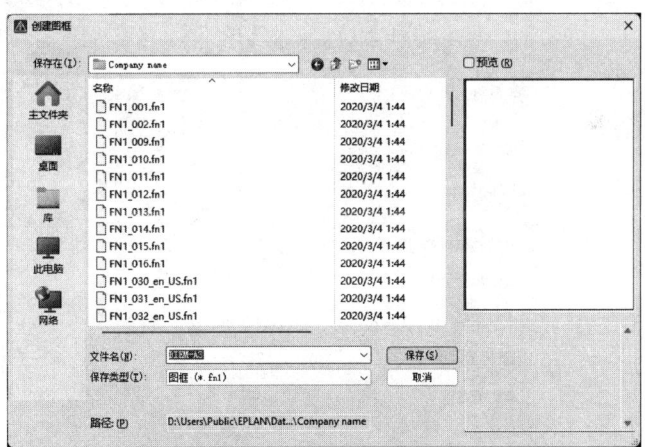

图 1-2-12　创建图框

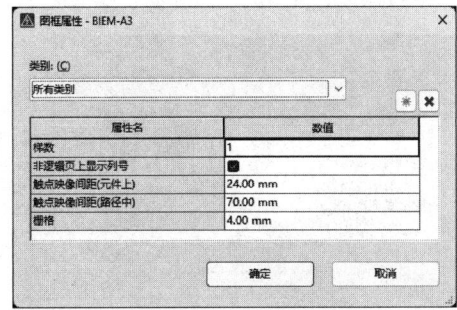

图 1-2-13　图框属性

步骤二： 单击"插入"→"图形"→"DXF/DWG"，选中制作好的文件"A3图框"，如图1-2-14所示。在"导入格式化"窗口中，设定"缩放比例"为"1∶1"，如图1-2-15所示。利用鼠标，将图片插入到主界面红色的圆圈处，如图1-2-16所示。

步骤三： 在页导航器中，选中"BIEM–A3.fn1"，单击右键→"属性"，单击"新建"，通过筛选器挑选"行高[1]～行高[6]""行数""列宽[1]～列宽[10]""列数""设置行编号格式""设置列编号格式""起始值（列）""起始值（行）"和"栅格偏移Y"（因标题栏的高度为16mm，故设置栅格偏移Y为16mm），并将其数值按照要求进行设置，如图1-2-17所示。

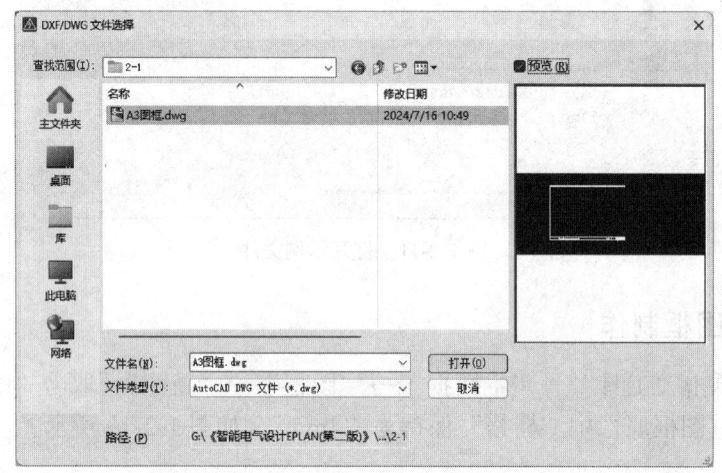

图1-2-14 文件选择

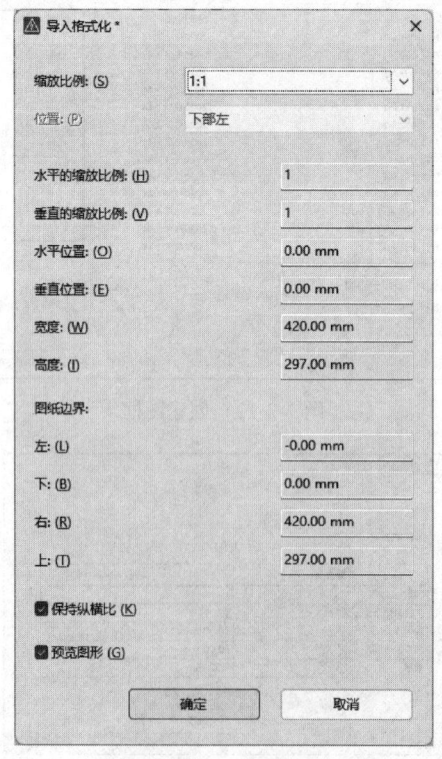

图1-2-15 "导入格式化"设置

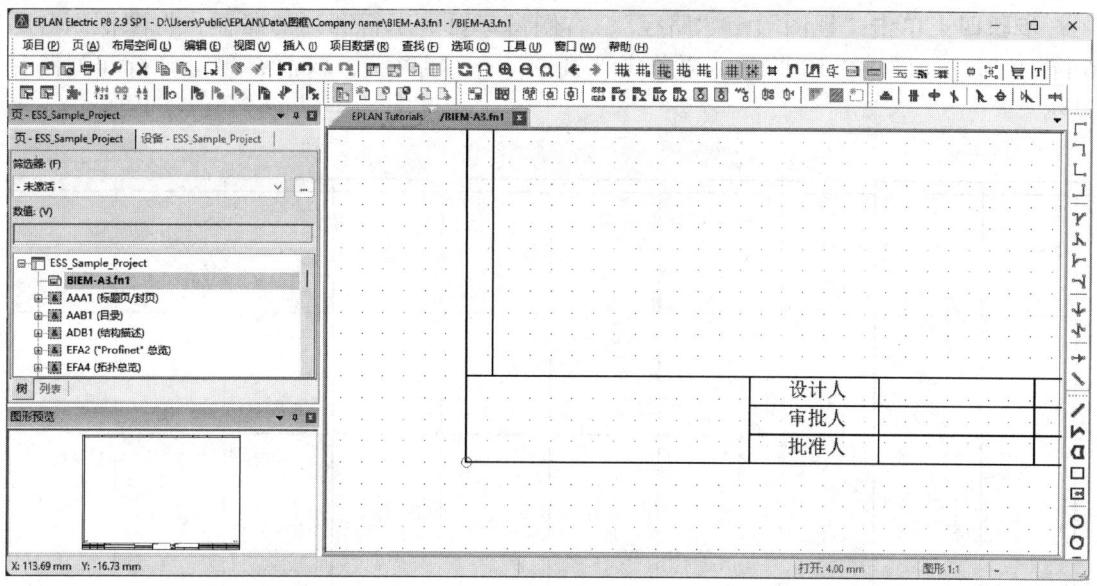

图 1-2-16　图框插入点确定

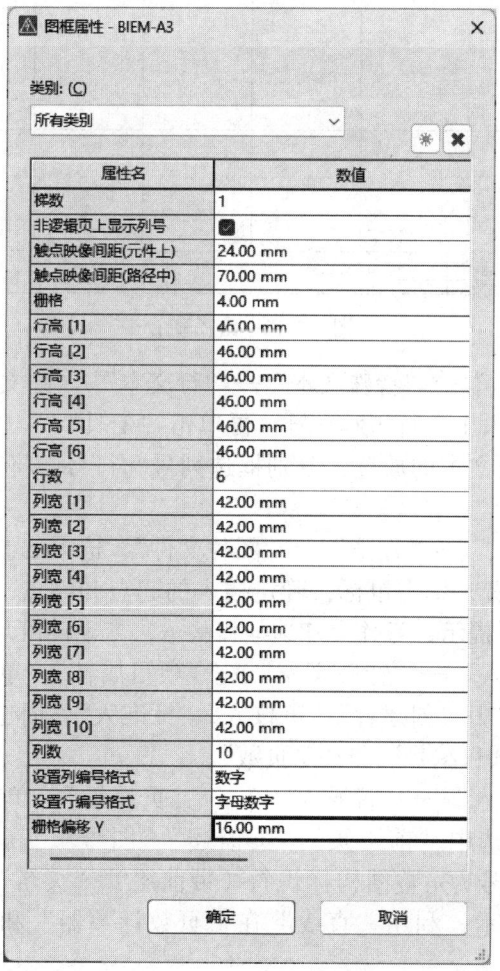

图 1-2-17　图框属性设置

步骤四：单击"视图"→"路径"，右侧窗口可显示行和列的路径，将图框划分为 6 行 10 列，如图 1-2-18 所示。再单击"视图"→"路径"，取消右侧窗口行和列路径显示。

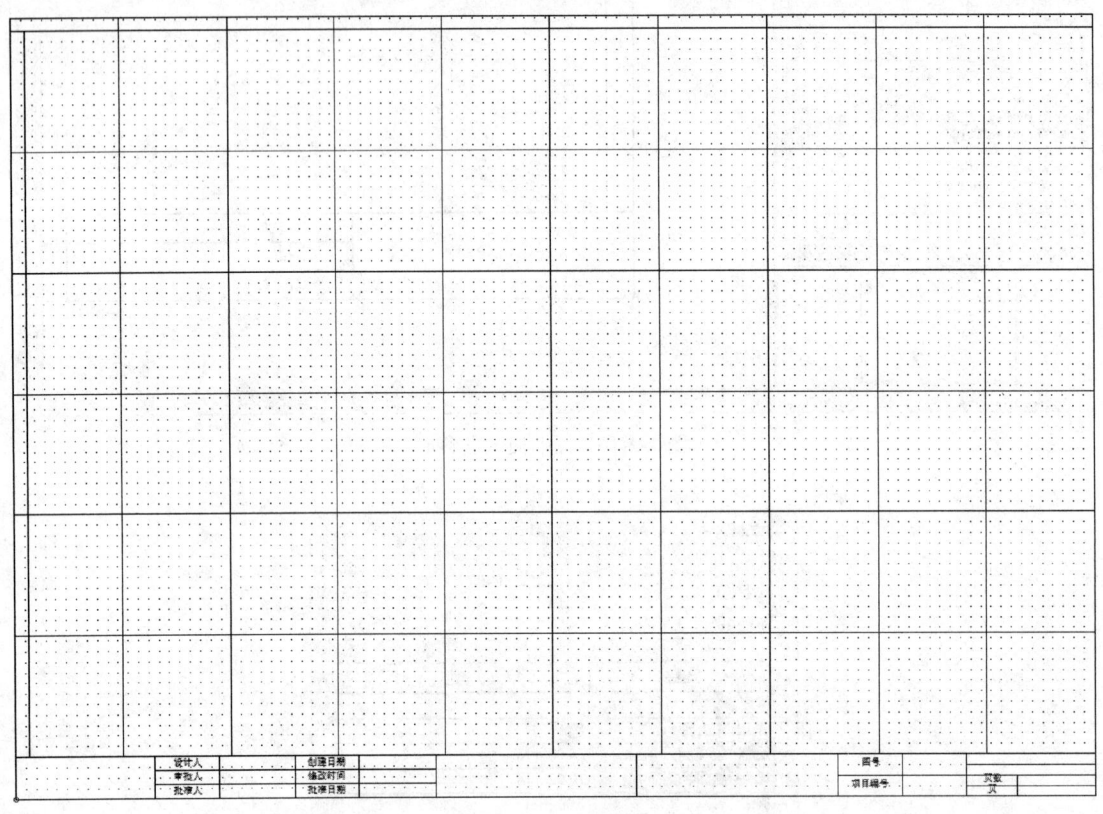

图 1-2-18　路径显示

步骤五：单击"插入"→"特殊文本"→"行文本"/"列文本"，在对应行（列）中间位置，单击鼠标，插入 1 个行（列）号；再单击"工具"→"重新放置列文本和行文本"，快速完成所有行列文本的放置，分别框选列号和行号，将其移动到图框合适位置，如图 1-2-19 所示。

步骤六：单击"插入"→"图形"→"图片文件"，选中已下载好的 LOGO 图片，在主界面的插入图片的位置，单击鼠标，确定插入的起点和终点，完成标题栏中图片的插入，如图 1-2-20 所示。（**提示**：操作中可选择栅格 A，可方便图片位置定位。）

步骤七：单击"插入"→"特殊文本"→"项目属性"，单击"属性"右侧拓展按钮，通过"筛选器"，选中"创建者""审核人""批准人""创建日期""修改时间""批准日期""项目描述""项目编号"和"总页数"。

步骤八：单击"插入"→"特殊文本"→"页属性"，单击"属性"右侧拓展按钮，通过"筛选器"，选中"前一页""页描述""图号""高层代号/完整结构标识符（带前缀）""位置代号/完整结构标识符（带前缀）""页名""页数计数器"和"后一页"，如图 1-2-21 所示。利用"直线"在"页数计数器"和"总页数"之间添加分隔符。

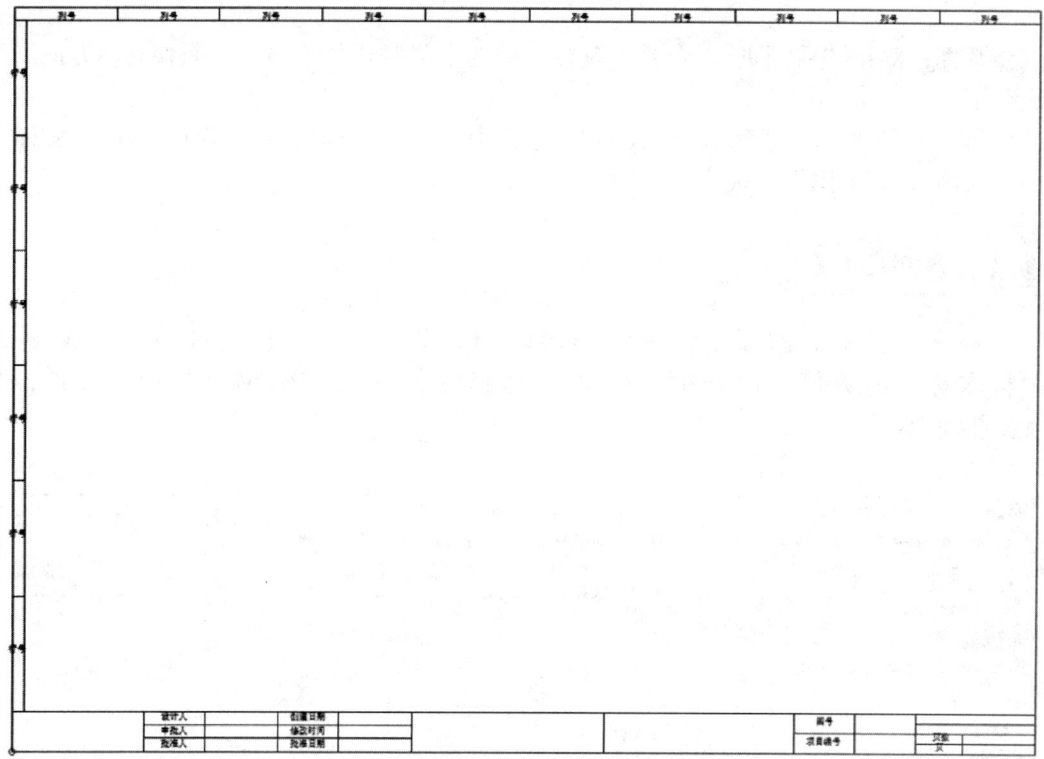

图 1-2-19 行（列）文本设置

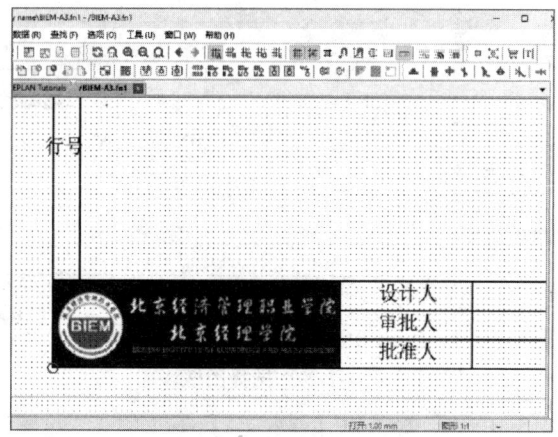

图 1-2-20 图片文件插入

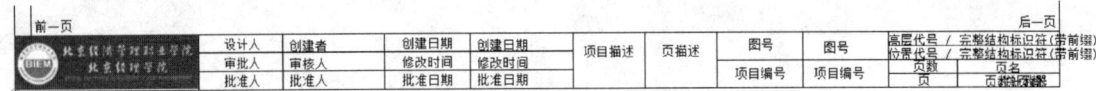

图 1-2-21 特殊文本设置

步骤九：双击"后一页"，在其"属性"中选中"格式"选项卡，调整其"方向"为"底部右"。

步骤十：图框设计完成后，在页导航器中，选中"BIEM-A3.fn1"，单击鼠标右键→"关闭"，完成图框模板绘制。

【任务测评】

步骤一：在页导航器中，选中"GB1（电源）"，单击鼠标右键→"属性"，在"图框名称"的数值栏中选中"查找"，选择制作好的"BIEM-A3.fn1"文件，如图 1-2-22 所示。

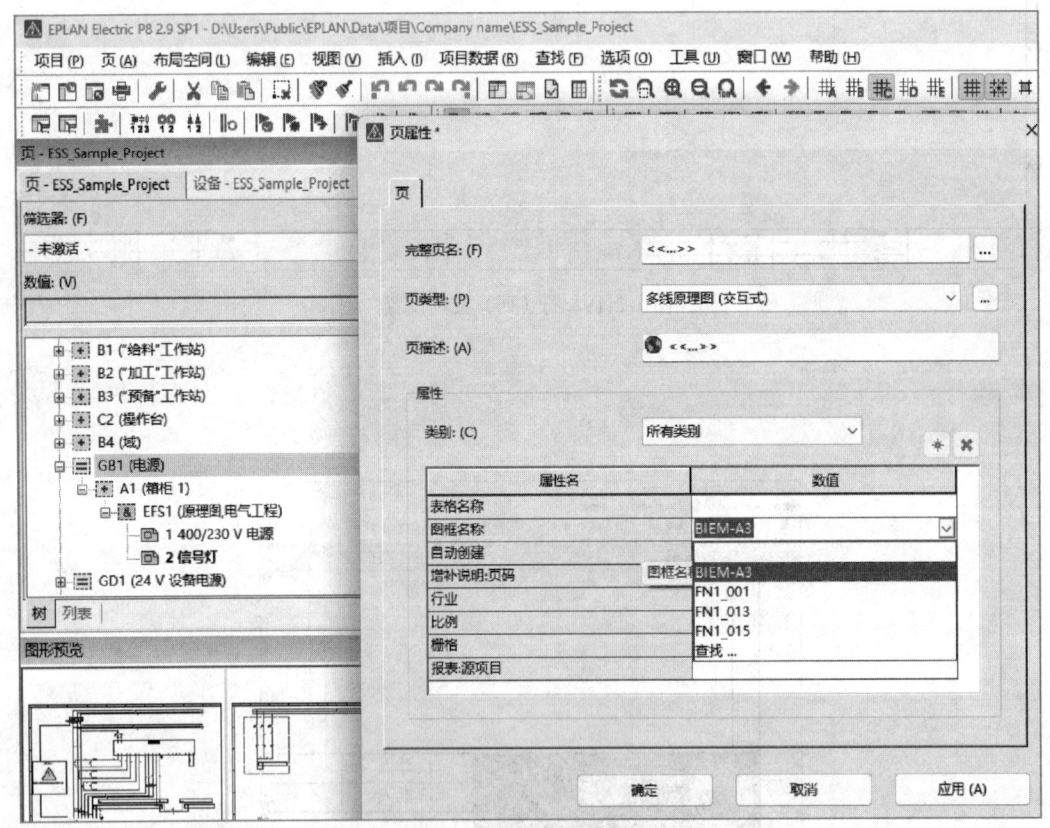

图 1-2-22 选择图框

步骤二：可观察到"=GB1+A1"下所有的文档的图框均被替换为"BIEM-A3"图框，如图 1-2-23 所示。

（提示：观察后，可根据实际需要进行微调。）

项目一　项目准备

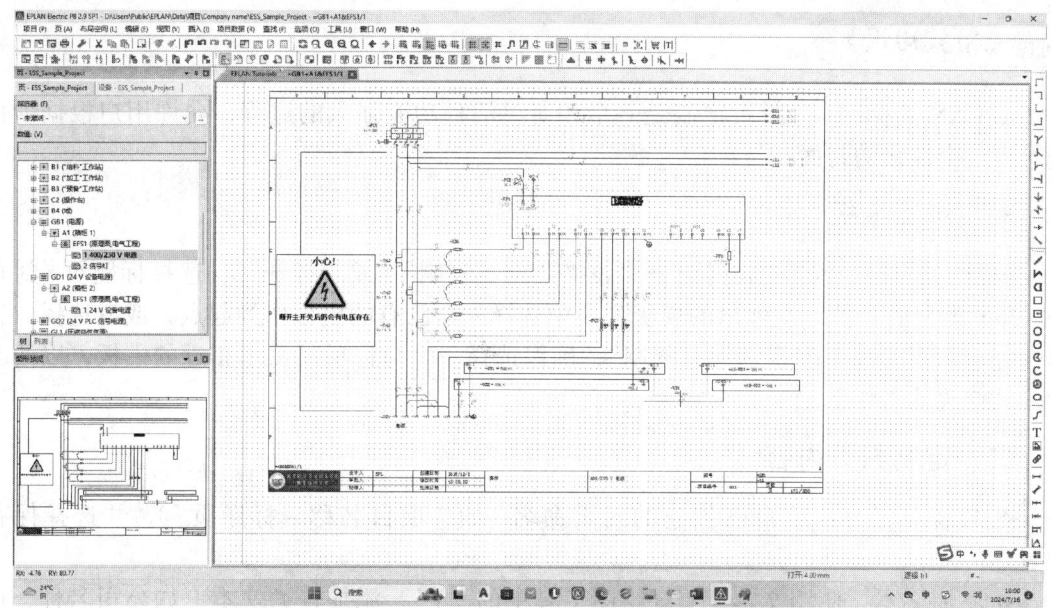

图 1-2-23　文档图框替换

任务三　标题页定制

📄【任务描述】

根据具体要求，定制一款 BIEM 标题页。

具体要求：

◇ 标题页 / 封页包含公司 LOGO、名称、项目描述、公众号等相关信息。

◇ 图样参考如图 1-3-1 所示。

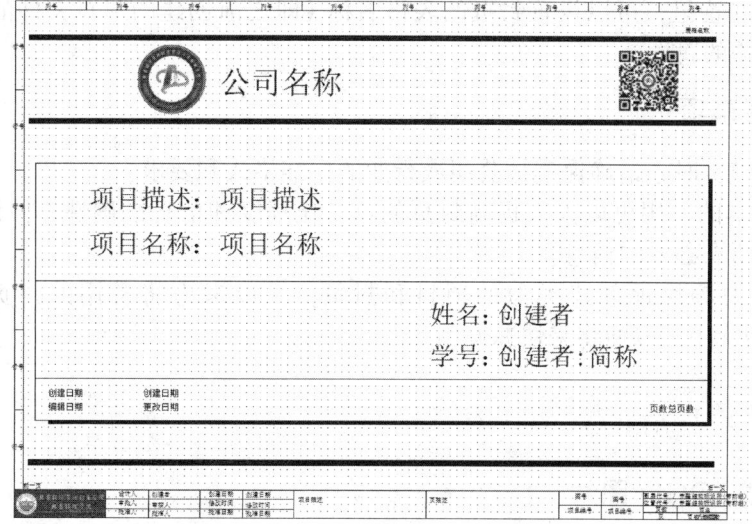

图 1-3-1　图样参考

21

📚【相关知识】

EPLAN 的标题页/封页定制是一个相对灵活且功能强大的过程，允许用户根据项目需求创建个性化的封面。

一、选择模板

通过"工具"→"主数据"→"表格"→"复制"（或"打开"），选择标题页/封页（*.f26）类型的文件，在弹出的模板列表中选择一个已有的模板作为起点，或者选择"新建"完全从头开始。如果选择"复制"，确保选择一个与你项目需求相近的模板，以便减少后续修改的工作量。

二、定制封页内容

◇ 命名并保存：给自己创建的封页命名（如"项目名称－标题页"），并选择保存位置。

◇ 添加文本：使用文本工具（绘图工具中的"T"）添加普通文本，如公司名称、项目名称、日期等；通过"插入"→"特殊文本"，添加会根据项目属性自动更新的文本，如项目描述、总页数等。

◇ 调整格式：在格式框中调整文本的字体、大小、颜色等属性，以确保封页的美观和可读性。

◇ 插入图形：如果需要，可以通过"插入"→"图形"→"图片文件"来添加公司LOGO 或其他图形元素，调整图形的大小和位置，以确保它们与封页的整体设计相协调。

三、设置属性

◇ 项目属性：在 EPLAN 中，可以选中项目通过单击鼠标右键并选择属性来访问项目属性对话框。在这里，可以填写或修改与项目相关的各种信息，如项目名称、描述、作者等。这些信息将用于填充封页中的特殊文本字段。

◇ 页属性：对于封页本身，也可以选中封页通过单击鼠标右键并选择属性来访问页属性对话框。在这里，可以设置封页的表格名称（即之前创建的封页文件的名称），以及其他与封页相关的属性。

四、注意事项

◇ 在定制封页时，请确保遵循公司或行业的标准格式和要求。

◇ 特殊文本的使用可以大大提高封页的自动化程度和信息准确性，但请确保在项目属性中填写了所有必要的信息。

◇ 如果需要频繁地创建类似的项目和封页，可以考虑将常用的封页模板保存在EPLAN 的模板库中，以便将来快速调用。

📖【学习准备】

一、下载 LOGO 图片

"北京经济管理职业学院人工智能学院"LOGO 如图 1-3-2 所示。

二、下载公众号二维码图片

公众号二维码图片如图 1-3-3 所示。

图 1-3-2　"北京经济管理职业学院
人工智能学院"LOGO

图 1-3-3　公众号二维码图片

【技能操作】

步骤一：单击"工具"→"主数据"→"表格"→"复制",文件类型选择"标题页/封页（*.f26）",选中"F26_001.f26",单击"打开",设置文件名为"BIEM 标题页",如图 1-3-4 所示。

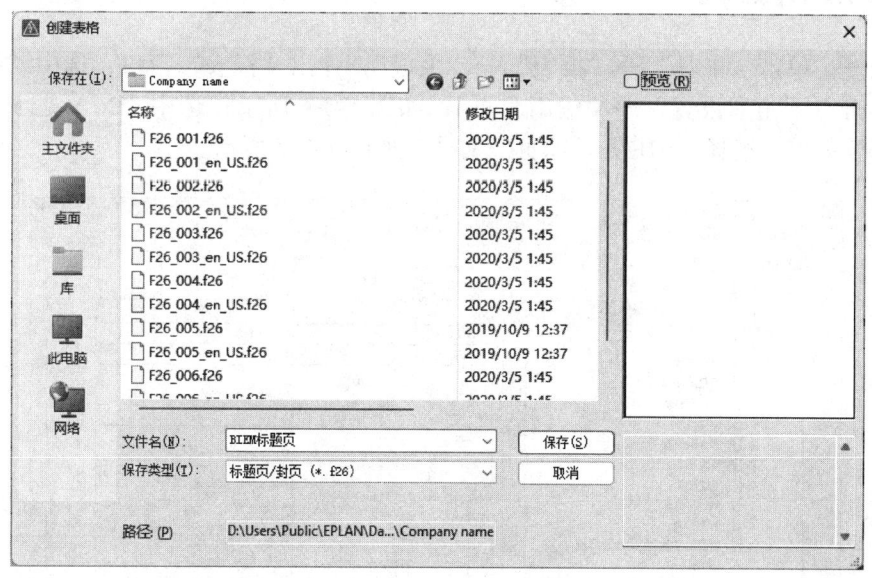

图 1-3-4　创建"BIEM 标题页"

步骤二：单击"插入"→"图形"→"图片文件",插入"北京经济管理职业学院人工智能学院"LOGO 和公众号二维码图片,删除主界面不需要的文字；单击"插入"→"图形"→"文本",依次插入"项目描述:""项目名称:""姓名:""学号:"；单击"插入"→"特殊文本"→"项目属性",依次插入"公司名称""项目描述""项目名称""创建者""创建者:简称",如图 1-3-5 所示。在页导航器中,选中"BIEM 封

页 .f26",单击鼠标右键→"关闭",完成标题页/封页模板制作。

图 1-3-5　设计"BIEM 标题页"

【任务测评】

步骤一： 单击"工具"→"报表"→"生成",弹出"报表"窗口,选中"报表"选项卡,单击右下角"设置"→"输出为页",如图 1-3-6 所示;选中"26 标题页/封页",单击其下拉菜单,选择"BIEM 标题页"文件,如图 1-3-7 所示。

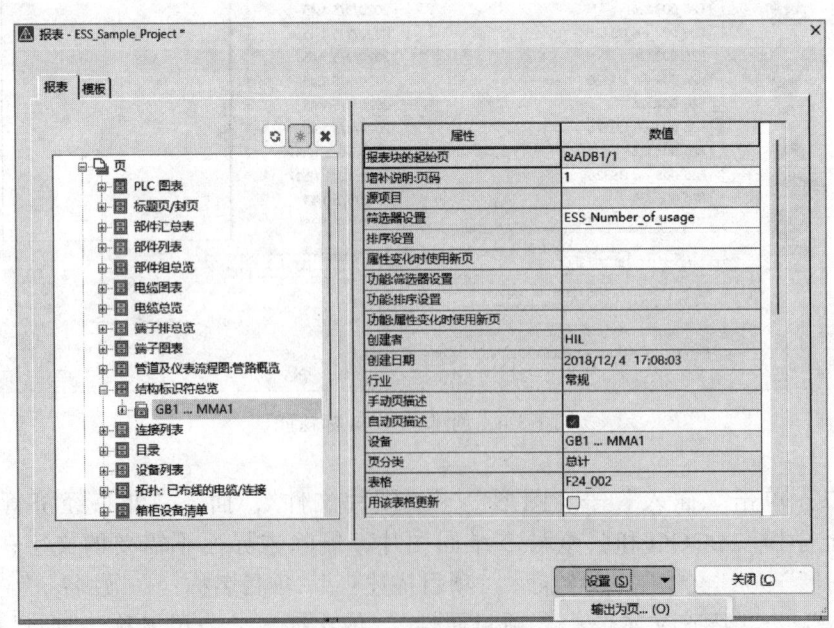

图 1-3-6　"报表"窗口

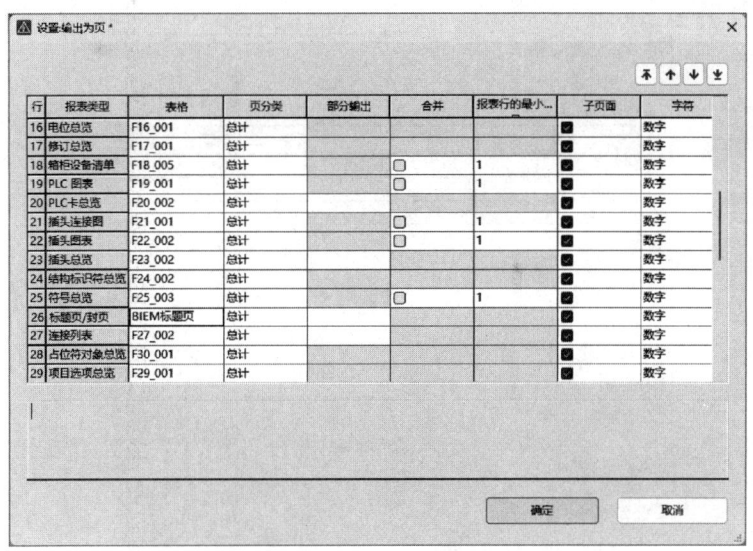

图 1-3-7　标题页/封页表格选择

步骤二：在"报表"窗口，单击"新建"，弹出"确定报表"窗口，在"选择报表类型"中，选中"标题页/封页"，如图 1-3-8 所示；单击"确定"，在"标题页/封页（总计）"窗口中，设定文档类型为"封面"，如图 1-3-9 所示；单击"确定"，单击"关闭"，在页导航器中生成"封面"。

图 1-3-8　选择报表类型

步骤三：在页导航器中，选中"封面"，单击鼠标右键→"属性"，弹出"页属性"窗口，单击"图框名称"数值栏中的下拉菜单，选中"BIEM–A3"，如图 1-3-10 所示；单击"确定"，生成项目的标题页，如图 1-3-11 所示。

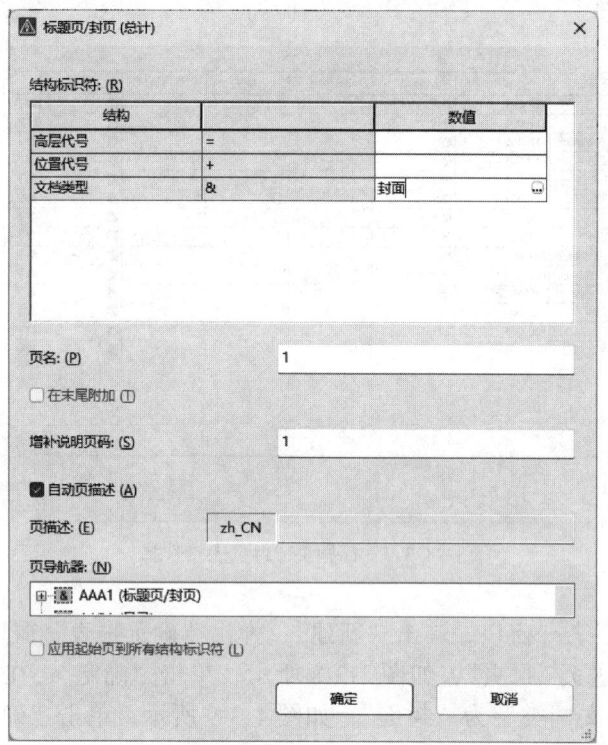

图 1-3-9 "标题页/封页（总计）"窗口

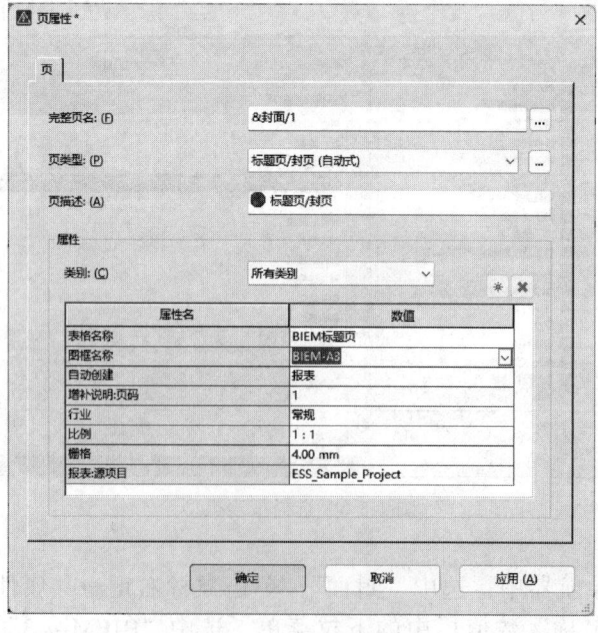

图 1-3-10 图框选择

项目一　项目准备

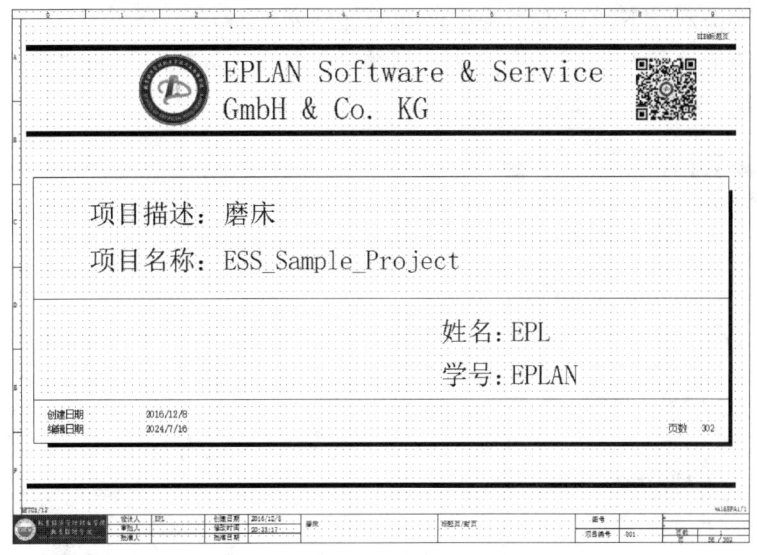

图 1-3-11　项目标题页

任务四　部件管理

📄【任务描述】

根据项目需求，构建一个 BIEM 部件库，为后续"物流传输电气控制系统"项目电气设计奠定基础。

具体要求：
◇ 从学习资源中下载部件压缩包，解压备用；
◇ 新建一个名称为"物流传输系统"的数据库；
◇ 在"物流传输系统"数据库中导入下载备用的"物流传输部件.edz"文件；
◇ 利用 SQL Server 进行部件库的管理。

📚【相关知识】

一、部件管理

部件管理在项目设计过程中是非常重要的一个环节，在设计之前，首先需要做的就是完善部件库。部件库和主数据都属于项目设计之前的基础数据，只有完善的部件库数据才能给设计带来质的飞越。

1. "部件主数据"导航器

单击菜单栏中"工具"→"部件"→"部件主数据导航器"命令，弹出"部件主数据"导航器，如图 1-4-1 所示，该导航器中的部件与"部件选择"窗口中的部件数据相同。

在"字段筛选器"下拉列表中选择标准的部件库。

单击"字段筛选器"右侧拓展按钮，系统弹出如图 1-4-2 所示的"筛选器"窗口，可以看出此时系统已经装入的标准的部件库。

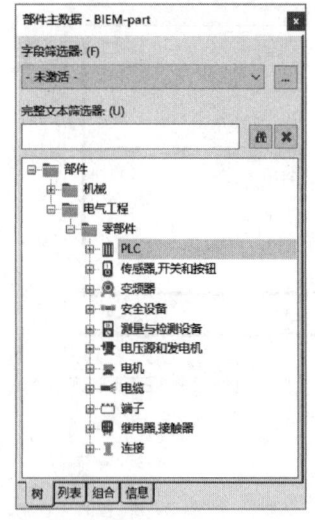

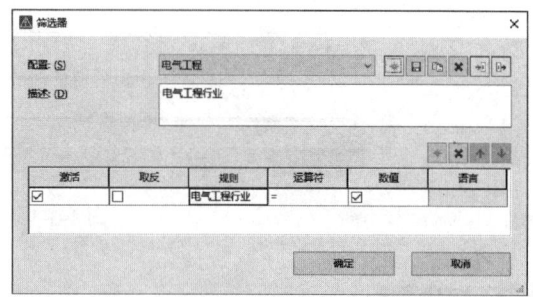

图 1-4-1　"部件主数据"导航器　　　　　　图 1-4-2　"筛选器"窗口

2. 部件库创建

在创建部件库之前，首先需要创建用户自己的数据库名称，以后将新建的数据或导入的数据都放置在自己新建的数据库中，便于后期数据库维护和查找。单击菜单栏中"选项"→"设置"弹出"设置：部件"窗口，选中"用户"→"管理"→"部件"命令，单击"配置"栏右侧的"新建"按钮，可以新建配置名称或者通过配置下拉菜单直接选择已设置好的配置，如图 1-4-3 所示。

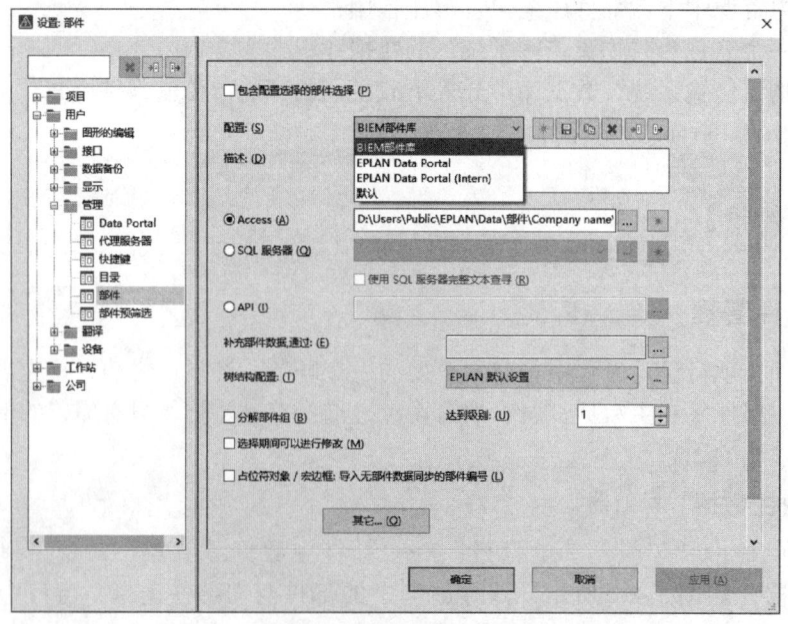

图 1-4-3　部件库配置选择

这里单击配置栏右侧"新建"按钮，创建"BIEM 部件库"配置，单击 Access（A）右侧"新建"按钮，在弹出的"生成新建数据库"窗口的"文件名"栏中填写数据库名称。但是 Access 数据库一旦超过 100MB 时就会影响选型速度，如果一个公司的数据量不是很大，可以采取新建一个 Access 数据库；如果部件库数量比较大，设备分类也比较多时，可以在"配置"中按不同厂家或设备分类进行新建数据库。配置完成后，在创建部件或导入数据时，选择相应的数据库名称。在设备选型时，就可以灵活选择"数据源"中的数据库配置，提高设备选型效率。另外，也可以采用 SQL 服务器新建数据库，提高设计效率。

二、部件创建

1. 新建部件

单击菜单栏中"工具"→"部件"→"管理"命令，弹出"部件管理"窗口，在"部件管理"树形结构中显示不同层次的部件，如图 1-4-4 所示。创建部件的同时自动定义部件层级结构。其中，部件下第 1 层部件行业分类通过"字段筛选器"进行选择与创建。部件第二层的创建，通过选中"电气工程"，单击鼠标右键，选择新建命令，显示创建的该层部件库类型，包括零部件、部件组、模块。选择"零部件"命令，在"零部件"层下创建嵌套的部件；选择"部件组"命令，在"部件组"层下创建嵌套的部件；选择"模块"命令，在"模块"层下创建嵌套的部件。

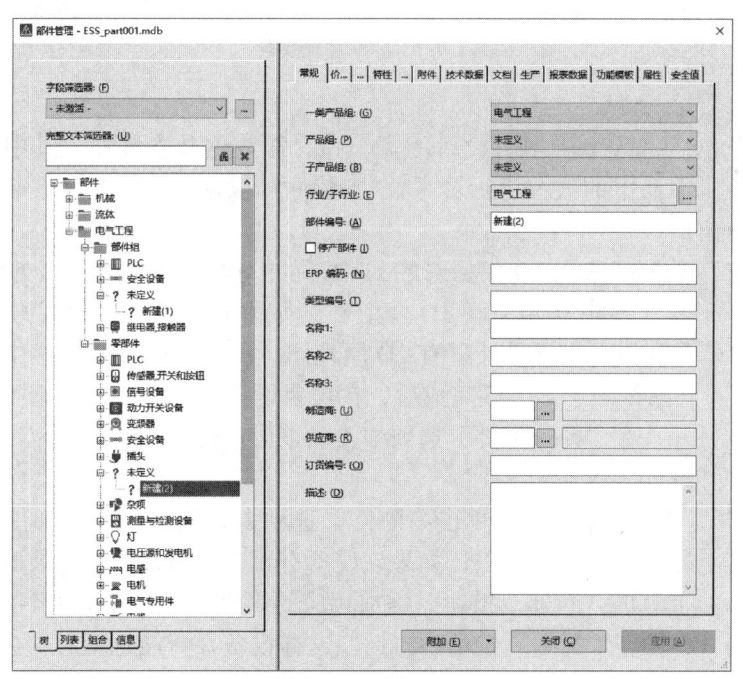

图 1-4-4　新建部件

2. 部件参数设置

（1）"常规"设置

"常规"选项卡中的信息属于部件的基础信息。选择新建的部件，在右侧"常规"选项卡中，填写部件编号、类型编号、名称 1、制造商、供应商、订货编号及描述等信息。"部件编号"由厂商缩写和类型编号组成,"类型编号"为产品的实际型号,如图 1-4-5 所示。

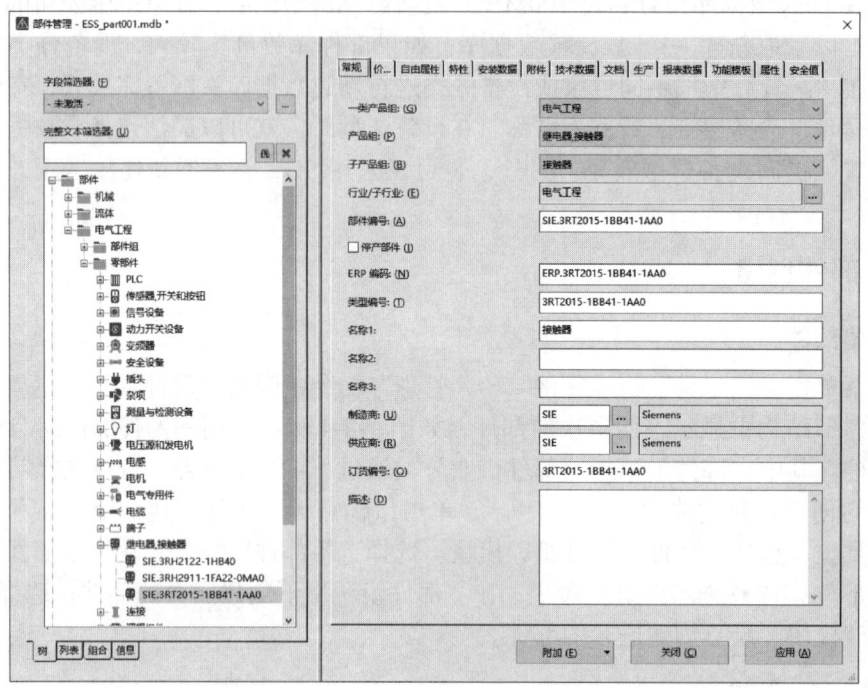

图 1-4-5 部件常规数据

(2)"安装数据"设置

在"安装数据"选项卡中填写设备的宽、高、深数据及安装面。其中宽、高、深数据,可以根据技术手册上的数据进行填写,"安装面"根据设备的实际安装情况选择安装板、门、侧板等位置。

在"图形宏"栏中可选择 3D 模型宏或 2D 布局图符号宏。在项目设计涉及 Pro Panel 模块时,在"图形宏"栏中需要关联 3D 模型宏,如图 1-4-6 所示,因为通过 3D 可直接生成 2D 安装布局图;如果项目设计只有 2D 原理图,那么"图形宏"栏中需要关联该设备的 2D 安装板布局图符号宏。关联完成后,在项目设计时,在相应图纸类型中可快速插入已关联的宏。另外,在"图片文件"选项中关联该设备的图片文件。

(3)"附件"设置

设置完部件"安装数据"后,单击"附件"选项卡,如果新建的部件为其他设备的附件,可勾选左上方的"附件"选项;如果该设备有相应的附件,如安装底座、螺钉等部件,则可以单击右上方的"新建"按钮,添加相应的附件编号,如图 1-4-7 所示;如果该设备必须携带附件,则在"需要"选项中打钩。这样设备在智能选型时,会自动显示该设备携带的附件编号。

(4)"技术数据"设置

单击"技术数据"选项卡,在技术参数栏中填写设备的相关参数,在"宏"选项中选择该设备的原理图符号宏或 2D 布局图符号宏,如图 1-4-8 所示。"技术数据"中的"宏"与"安装数据"中的"图形宏"都可以关联 3D 或 2D 宏,两者只是优先级次序不同。一般在"图形宏"中关联 3D 或 2D 安装板符号宏,在"宏"中关联原理图符号宏。

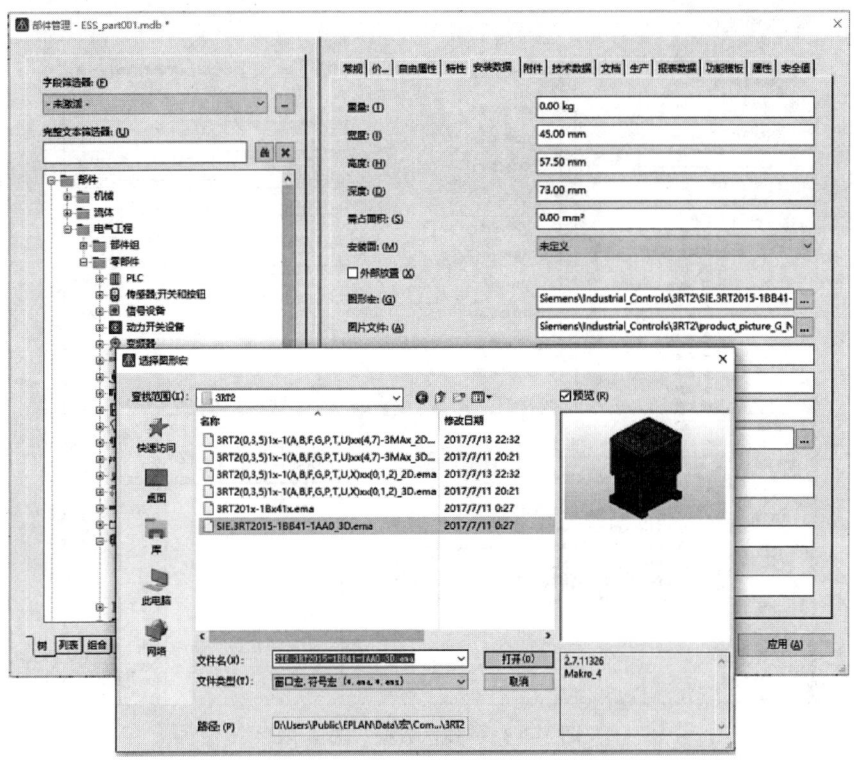

图 1-4-6 "安装数据"选项卡

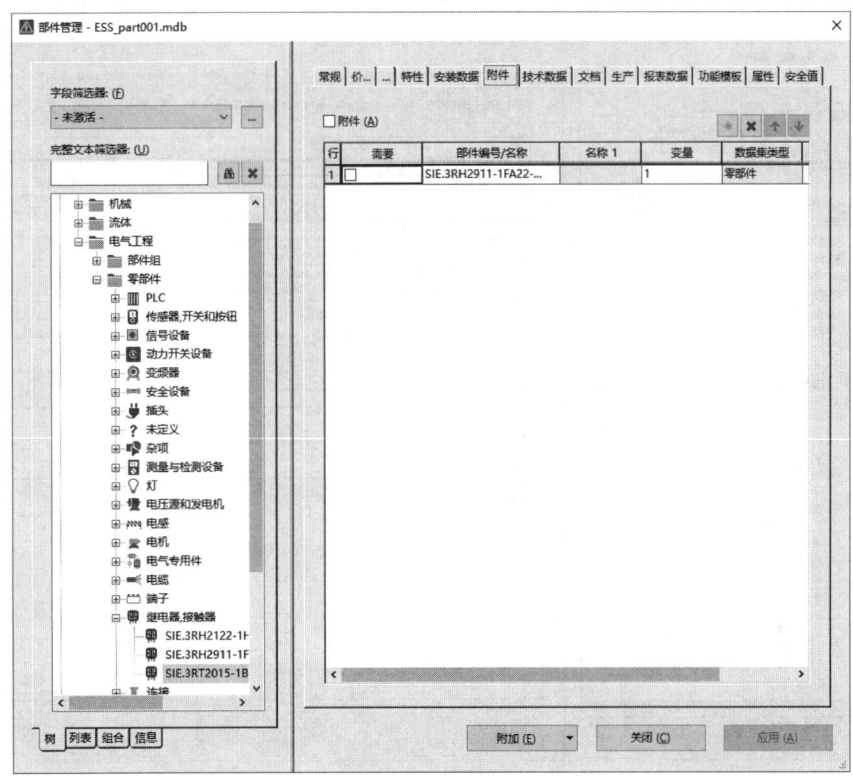

图 1-4-7 "附件"选项卡

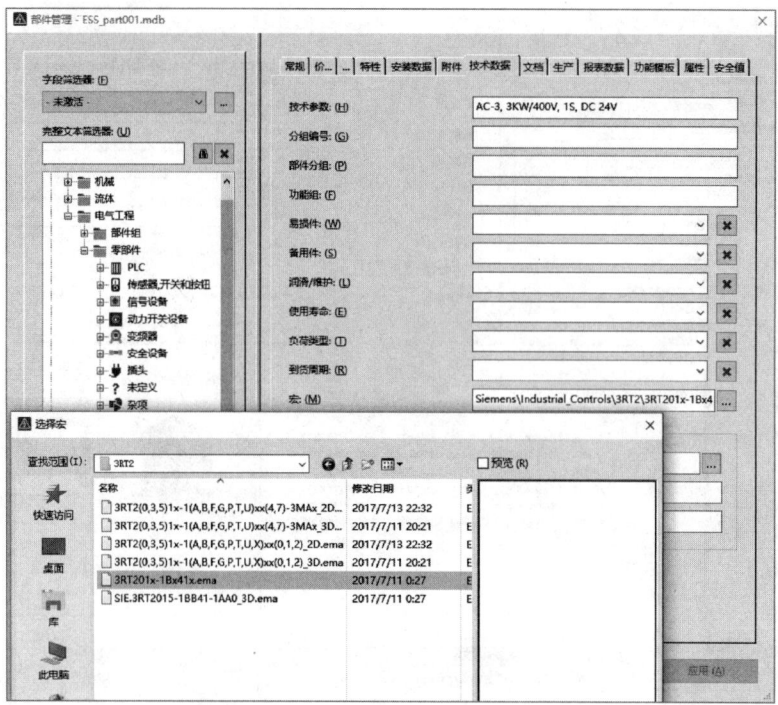

图 1-4-8 "技术数据"选项卡

(5) "文档"设置

在"文档"选项卡中主要关联的是设备的技术手册或其他文档信息,如图 1-4-9 所示。

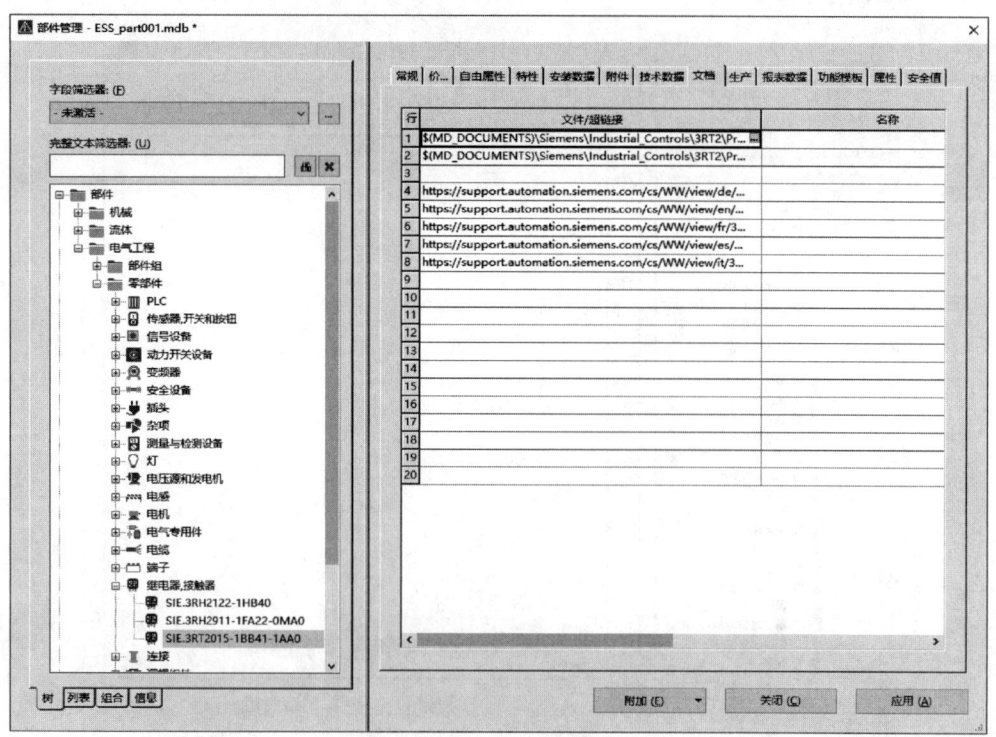

图 1-4-9 "文档"选项卡

项目一　项目准备

（6）"功能模板"设置

在"功能模板"选项卡中，单击右上侧的"新建"按钮，弹出"功能定义"窗口，进行功能定义。在新建的功能定义中填写设备的"连接点代号"信息，连接点代号间的分隔符通过"Ctrl+Enter"键输入；在"技术参数"列中填入与"技术数据"选项卡中相同的数据；在"符号"或"符号宏"列中关联相应的原理图符号。"功能模板"设置如图1-4-10所示。

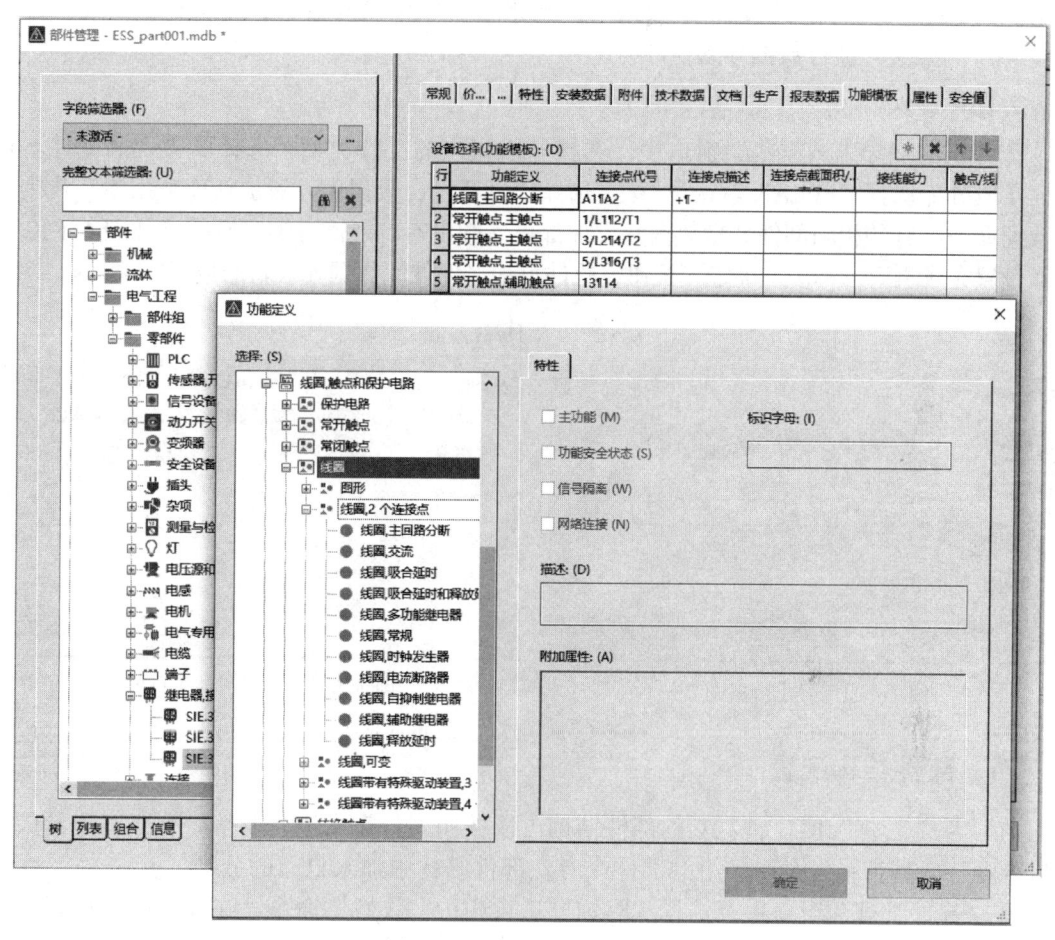

图1-4-10　"功能模板"设置

在原理图中进行设备选型时，要求符号的功能定义与部件的功能模板相匹配。尤其在智能选型时，软件会自动选择与符号功能定义相匹配的部件编号，而且一旦功能定义相匹配，软件自动将部件库中连接点代号写入符号属性的连接点代号中，减少了手动修改连接点代号的工作量。

部件库中常用的主要数据就是以上介绍的几点，其他信息也可以进一步完善。填写完成后，单击"应用"按钮，完成部件的创建。

三、部件导入导出

1. 部件导出

在EPLAN中，管理部件库数据是一个常见的任务，特别是当你需要在不同项目或用户之间共享部件数据时。导出和导入部件库数据能够有效地帮助维护数据的一致性和更新。在部件库中导出单个数据时，选中要导出的数据，单击鼠标右键→"导出"命令，弹出"导出数据集"窗口，选择导出文件类型，修改保存路径，如图1-4-11所示，导出相应部件数据。

将导出的数据导入新的数据库中，首先选择"部件管理"窗口右下方"附加"选项中的"设置"命令，在弹出的"设置：部件（用户）"窗口中，选择或创建配置名称，单击"确定"按钮，软件自动加载新的数据库。如果数据库中没有数据，则选择"附加"选项中"导入"命令，进行数据导入。

2. 部件导入

在弹出的"导入数据集"窗口中，选择导入相应的文件类型，选择要导入的文件名路径，字段分配选择"EPLAN默认设置"，选择"更新已有数据集并添加新建数据集"代表更新数据库中已有的相同部件型号数据并添加部件库中没有的新部件型号数据，如图1-4-12所示。设置完成之后，单击"确定"按钮，软件自动将部件库数据导入新的数据库中。

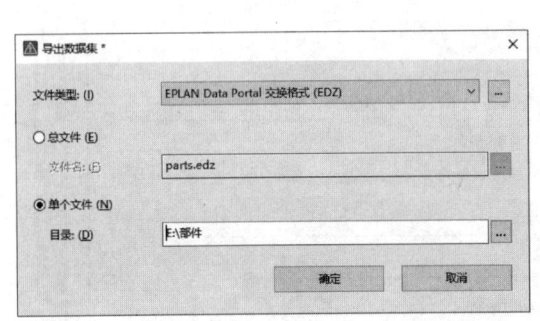

图1-4-11 导出数据设置

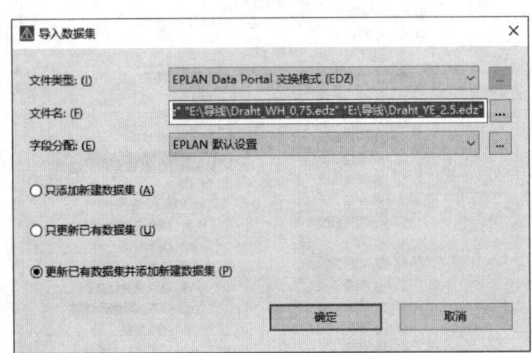

图1-4-12 部件库导入设置

四、部件结构配置

在"部件管理"窗口，左侧的部件结构可以按照客户需求进行调整。有些客户希望按"制造商"分类查看各个产品组的部件或者在部件结构中加入自己的分类。

在"部件管理"窗口中，选择"附加"选项中的"设置"命令，在弹出的"设置：部件（用户）"窗口中，单击"树结构配置"栏后的拓展按钮，弹出"树结构配置"窗口，如图1-4-13所示。

单击"主节点：（M）"后的"新建"按钮，弹出"树结构配置-主节点"窗口，选择数据集类型为"部件"，定义新的部件库名称为"CHM部件库"，在下方"属性"栏中单击右侧的"新建"按钮，增加部件的属性分类："一类产品组""数据集类型""制造商""产品组"，如图1-4-14所示，单击"确定"按钮，返回窗口。

在"树结构配置"窗口中，通过"向上移动""向下移动"将"CHM部件库"结构移动到顶端，单击"确定"，完成部件树结构配置。

属性分类也就是部件显示的层级关系，通过增加或调整属性位置，在部件中显示不同的层级关系，按照不同的层级关系进行部件分类，便于部件查找。在新建的"CHM部件库"中增加了"制造商"分类，在"制造商"下一级中显示产品组分类，与之前"部件"树结构不同的是增加了"制造商"分类，如图1-4-15所示。

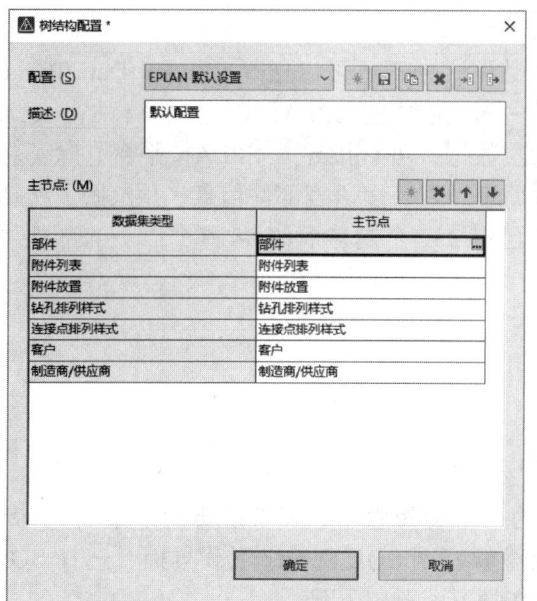
图 1-4-13　树结构配置窗口

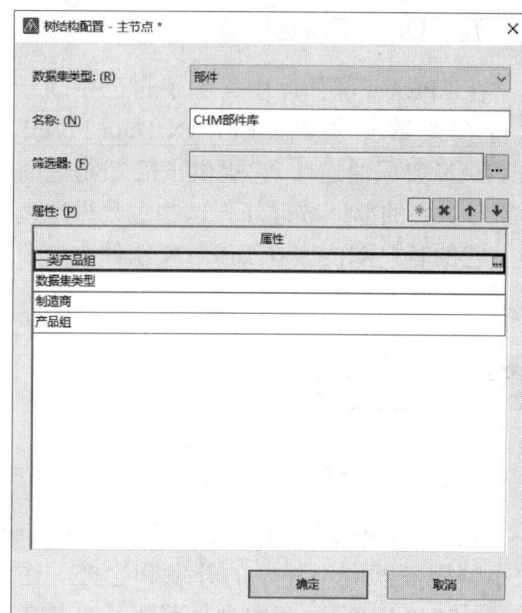
图 1-4-14　部件属性分类

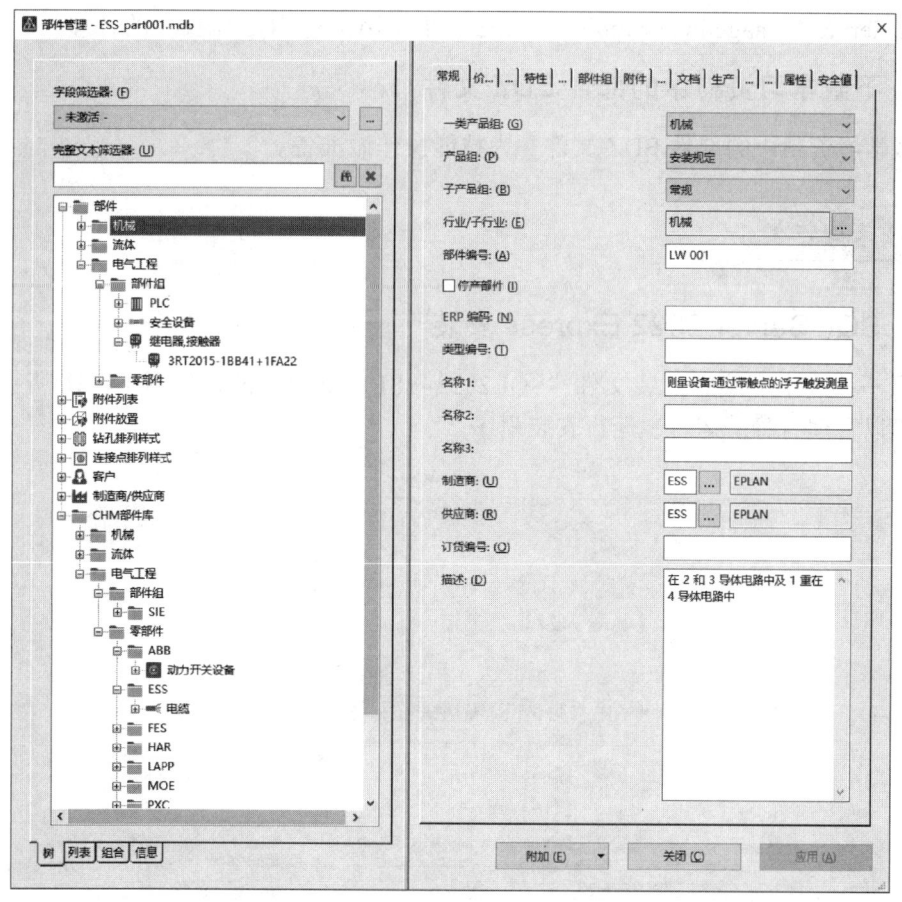
图 1-4-15　新建部件层级关系

五、Data Portal

在 EPLAN 部件库中，除了自己手动录入数据之外，还可以通过 EPLAN Data Portal 进行在线数据更新。EPLAN Data Portal 是一个在线的 EPLAN 部件库网站，又名"EPLAN 数据通道"，它提供了已知制造商的主数据，可直接导入 EPLAN 平台，除了包含字母数字的部件数据外，这些主数据还包含原理图宏、多语言部件信息、预览图、文档等。它的客户端内嵌在 EPLAN 软件中，目前已有 237 个制造商的 88 万个以上的部件可供下载。

【学习准备】

一、下载 SQL Server 2022 Express

SQL Server 2022 Express 是 SQL Server 的一个免费版本，非常适合用于桌面、Web 和小型服务器应用程序的开发和生产。访问微软官网 SQL Server 下载页面，选择 SQL Server 2022 Express 版本进行下载，或者直接在学习资料中下载。

二、下载 SQL Server Management Studio（SSMS）

SQL Server Management Studio（SSMS）主要用于对 SQL Server 的管理。

三、下载学习资料中的部件 EDZ 文件

下载学习资料中的部件 EDZ 文件，为技能操作做准备。

【技能操作】

一、SQL Server 2022 Express 安装

步骤一：选中下载的安装文件"SQL2022-SSEI-Expr.exe"，如图 1-4-16 所示，单击鼠标右键以管理者身份运行，运行安装程序。

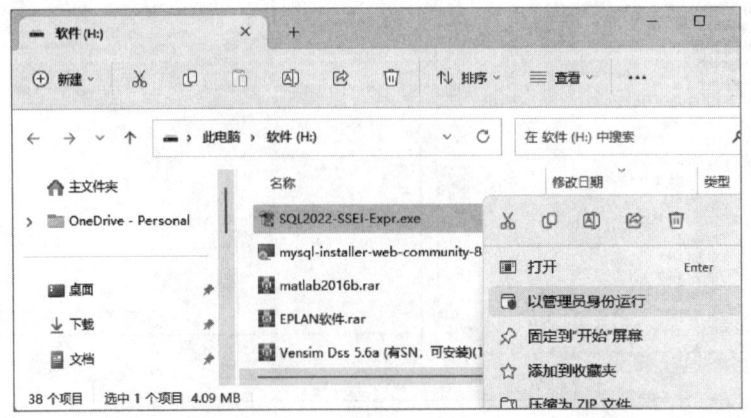

图 1-4-16　选择软件安装文件

步骤二：选择"基本（B）"安装类型，如图 1-4-17 所示。

图 1-4-17　选择安装类型

步骤三：阅读并接受许可条款，如图 1-4-18 所示。

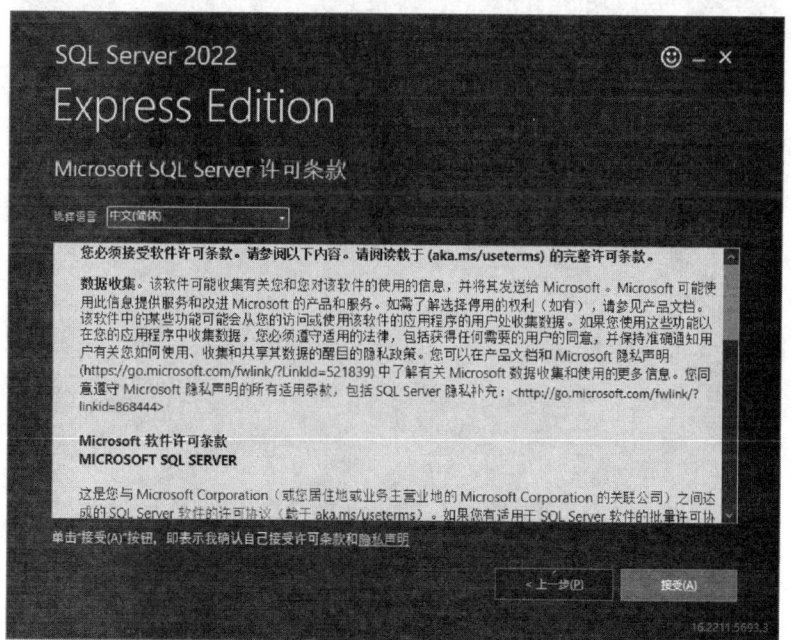

图 1-4-18　阅读并接受许可条款

步骤四：指定 SQL Server 安装位置，如图 1-4-19 所示，单击"安装"，安装可能需要一些时间，请耐心等待。

步骤五：安装完成，如图 1-4-20 所示，单击"关闭"，退出安装向导。

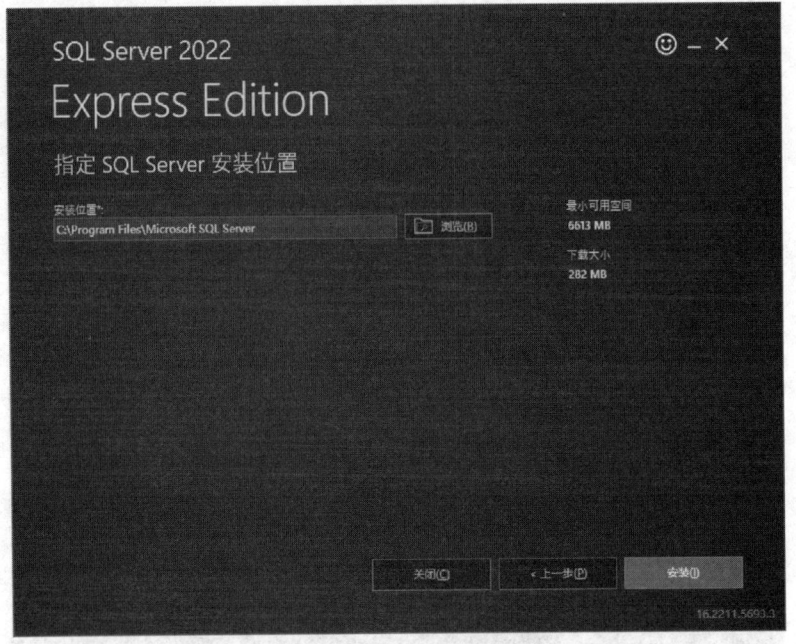

图 1-4-19　指定安装位置

图 1-4-20　安装完成窗口

二、安装 SQL Server Management Studio（SSMS）

步骤一： 选中下载的安装文件"SSMS-Setup-CHS.exe",单击鼠标右键以管理者身份运行,运行安装程序,如图 1-4-21 所示。

步骤二： 单击"安装",安装可能需要一些时间,请耐心等待。安装完成,如图 1-4-22 所示,单击"关闭",退出安装向导。

图 1-4-21 运行安装程序　　　　　图 1-4-22 安装向导

步骤三：重启计算机。

步骤四：单击"开始"→"SQL Server Management Studio",如图 1-4-23 所示,启动程序。

图 1-4-23 启动程序

步骤五：明确服务器名称,并单击"连接",完成连接到服务器,如图 1-4-24 所示。

图 1-4-24　连接到服务器

三、个人部件库创建

步骤一：单击"选项"→"设置",弹出"设置：部件"窗口,在左侧窗口中选中"用户"→"管理"→"部件",来到右侧窗口,单击配置栏右侧"新建"按钮,如图 1-4-25 所示。

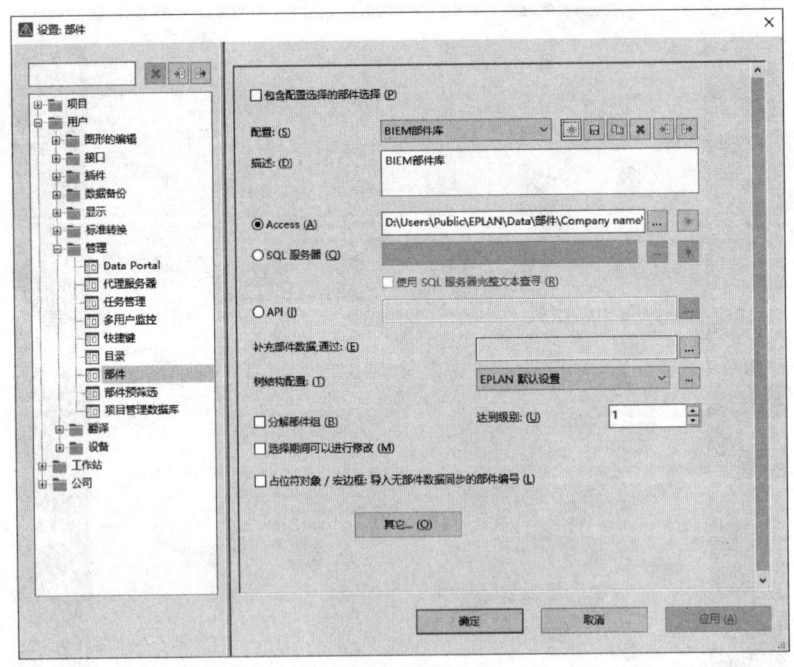

图 1-4-25　新建配置

步骤二：弹出"新配置"窗口,在名称栏和描述栏中,输入"BIEM 部件库",如图 1-4-26 所示,单击"确定"。

步骤三：选中"SQL 服务器",单击其右侧"新建"按钮,输入已连接的服务器名称(见图 1-4-24),设置数据库为"物流传输系统",如图 1-4-27 所示,单击"确定"。

项目一　项目准备

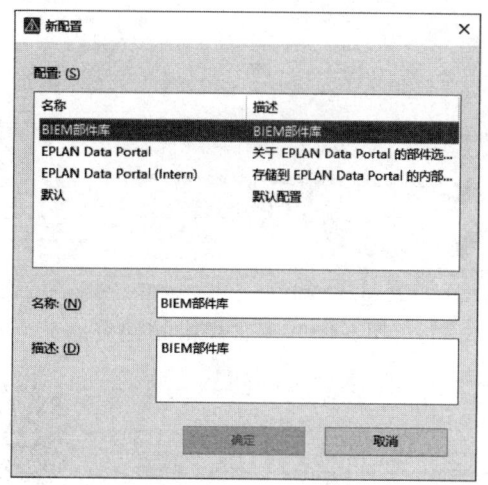

图 1-4-26　新配置

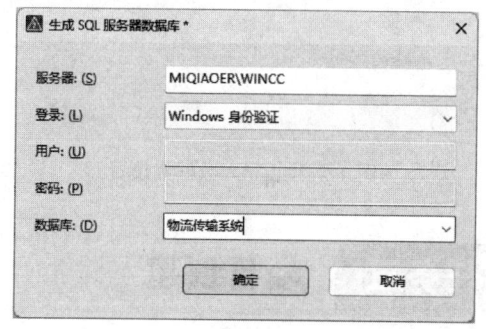

图 1-4-27　生成 SQL 服务器数据库

四、部件导入

步骤一：单击"工具"→"部件"→"管理",弹出"部件管理"窗口,在窗口下侧,单击"附加"的下拉菜单,单击"导入",如图 1-4-28 所示,弹出"导入数据集"窗口。

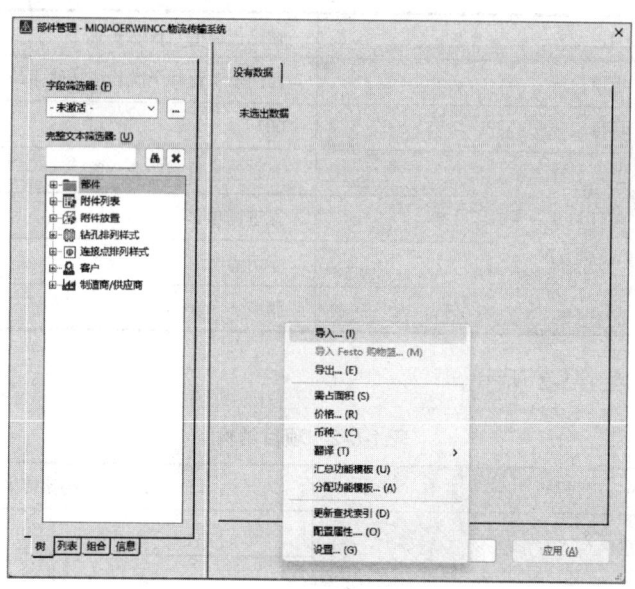

图 1-4-28　部件管理窗口

步骤二：单击文件名栏右侧的拓展按钮,弹出"打开"窗口,选择已下载备用的文件,单击"打开",选中"更新已有数据集并添加新建数据集",如图 1-4-29 所示,单击"确定",弹出"EDZ 导入"窗口,进行数据导入。导入完成后,弹出"部件管理"窗口进行数据同步确定,如图 1-4-30,单击"是",完成部件数据同步。

41

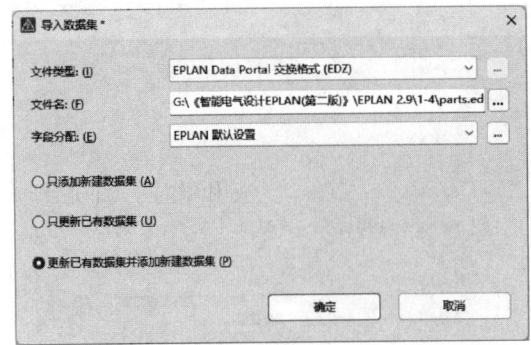

图 1-4-29 导入数据集设置

图 1-4-30 部件数据同步确定

任务五 项目创建

【任务描述】

根据"物流传输电气控制系统"项目具体需求,创建一个 EPLAN 项目。

具体要求:

◇ 项目信息如表 1-5-1 所示。

表 1-5-1 项目信息

项目名称	物流传输电气控制系统
项目描述	西门子工程师学院物流传输系统
项目编号	001
公司名称	北京经济管理职业学院
项目类型	原理图项目
创建者	学习者
审核人	张三

◇ 项目结构如表 1-5-2 所示。

表 1-5-2 项目结构

高层代号	物流传输
位置代号	柜内
	柜外
文档类型	封面
	目录
	原理图
	报表
	安装布局图

【相关知识】

一、项目组成

EPLAN 中，一个完整的项目通常由 .edb 和 .elk 文件（或说文件夹和链接文件）组成，它们各自扮演着不同的角色。

1. .edb 文件（或文件夹）

◇ .edb 是 EPLAN 项目数据库（EPLAN Data Base）的缩写，但它实际上在文件系统中表现为一个文件夹。这个文件夹内部包含了项目的所有核心数据和文件，如电气图纸、设备数据、配置设置、宏、图符等。

◇ .edb 文件夹中的子文件夹和文件共同构成了项目的完整结构，使得项目的所有元素都能被有序地组织和管理。

◇ 需要注意的是，.edb 文件夹本身并不直接作为文件被打开或编辑，而是通过 EPLAN 软件来访问和管理其中的内容。

2. .elk 文件

◇ .elk 是 EPLAN 项目链接文件（EPLAN Link）的缩写，它是一个指向 .edb 文件夹的快捷方式或链接文件。

◇ 当用户双击 .elk 文件时，EPLAN 软件会被启动（如果尚未运行），并自动打开与该 .elk 文件关联的 .edb 项目数据库文件夹，从而加载和显示整个项目。

◇ .elk 文件的存在使得用户能够方便地通过双击一个图标来打开项目，而无需记住或手动导航到 .edb 文件夹的路径。

二、项目类型

EPLAN 项目类型主要分为两种：原理图项目和宏项目。这两种项目类型各有其特点和用途。原理图项目提供了完整的电气设计和控制系统开发的解决方案，而宏项目则通过提供可重用的设计元素来提高设计效率。在实际应用中，用户可以根据具体需求选择合适的项目类型来开展工作。

1. 原理图项目

（1）定义

原理图项目是一套完整的工程图形项目，它包含了电气原理图、单线图、总览图、安装板布局图以及自由绘制的图形等。这些图纸共同构成了描述一个控制系统或产品控制的整套工程图纸。

（2）内容

◇ 电气原理图：展示电气元件之间的连接关系和电气逻辑。

◇ 单线图：简化表示电气系统的连接，主要用于展示电气设备的布局和连接。

◇ 总览图：提供电气系统的整体视图，帮助理解系统的整体结构和组成。

◇ 安装板布局图：详细展示电气元件在安装板上的布局和位置。

◇ 自由绘图：允许用户根据需要绘制额外的图形或注释。

（3）主数据

原理图项目还包含一些主数据，如符号、图框、表格、部件等。这些数据是项目设计过程中不可或缺的部分，用于确保设计的准确性和一致性。

（4）用途

原理图项目主要用于电气设计和控制系统的开发，是电气工程师进行工作的基础。

2. 宏项目

（1）定义

宏项目用于创建、编辑、管理和快速自动生成宏。这些宏可以是窗口宏、符号宏或页宏，它们都是用于简化设计过程的标准化电路或图形元素。

（2）内容

宏项目中保存着大量的标准电路，这些电路之间不存在控制间的逻辑关联，与原理图项目中的电路图不同。宏项目的主要目的是提供可重用的设计元素，以提高设计效率。

（3）用途

当需要在多个项目中使用相同的电路或图形元素时，可以通过宏项目来创建和管理这些元素。在需要时，可以直接插入对应的宏，而无需重新绘制或设计。

三、项目模板

EPLAN 项目模板是 EPLAN 软件提供的一种功能强大的工具，它可以帮助用户快速创建符合标准的新项目。通过选择合适的模板并自定义模板内容，用户可以更加高效地进行电气设计和控制系统开发。

1. 模板的作用

项目模板是多种文档和数据的集合，它包含了项目创建时所需的基本设置、项目数据、图纸页等内容。通过使用模板，用户可以将模板中的项目设置、项目数据、图纸页等内容快速传递到新建的项目中，从而节省时间并提高设计效率。

2. 模板的类型

EPLAN 软件支持多种类型的模板文件，主要包括：项目模板（ept 文件）和基本项目文件（zw9 文件）。其中项目模板（如 .ept 文件）是基于特定设计标准的空项目，它们内置了各类标准的主数据内容，如符号库、部件库、图纸格式、页结构等，以提供项目的初始框架。这些模板极大地简化了新项目的创建过程，使得用户可以快速开始设计工作，同时确保项目符合所选的设计标准。在创建新项目时，用户可根据实际需求选择合适的模板。

◇ GB_tpl001.ept：这是一个基于我国国家标准（GB）的项目模板，它内置了符合 GB 标准的项目结构和标识方式。选择此模板创建的项目将自动采用 GB 标准的相关设置。

◇ GOST_tpl001.ept：此模板遵循俄罗斯电气标准（GOST），为在俄罗斯或采用 GOST 标准的项目中工作的用户提供了便利。

◇ IEC_tpl001.ept、IEC_tpl002.ept、IEC_tpl003.ept：这些模板都是基于国际电工委员会（IEC）标准的，但它们在页结构和标识方式上有所不同。例如，IEC_tpl001 可能特别强调了高层代号和位置代号的使用，而 IEC_tpl002 则可能侧重于对象标识符和文档类型的标识。IEC_tpl003 则结合了高层代号、位置代号和文档类型的标识方式，提供了更为全面的 IEC 标准支持。

◇ NFPA_tpl001.ept：该模板遵循美国国家消防协会（NFPA）的标准，适用于需要符合 NFPA 规范的项目。

◇ Num_tpl001.ept：这是一个带有顺序编号标识结构的模板，它可能不特定于某个国家或国际标准，而是提供了一种基于数字顺序进行项目组织和标识的方法。

需要注意的是，虽然这些模板为项目创建提供了很大的便利，但在实际使用中，用户可能还需要根据项目的具体需求对模板进行一定的调整或补充。例如，添加项目特定的符号、部件或图纸页，调整项目设置以符合特定的设计要求等。

四、项目结构

1. 项目层级定义

在电气设计领域，特别是在使用 EPLAN 这类电气 CAD 软件进行项目设计时，项目的层级定义是组织和管理设计信息的关键。功能面结构、位置面结构和产品面结构共同构成了电气设计标准的三个重要方面。在 EPLAN 等电气 CAD 软件中，合理利用这些层级定义可以极大地提高设计效率，确保设计的准确性和可维护性。

（1）功能面结构（Functional Aspect）

◇ 定义：功能面结构主要用于描述系统的功能或用途。在 EPLAN 中，这通常通过高层代号（High-Level Code）来实现，其前缀符号为"="。高层代号帮助区分不同的系统或子系统，使得设计者能够清晰地理解每个部分在整体功能中的作用。

◇ 应用：例如，在一个自动化生产线上，可能会有"=PLC"表示可编程逻辑控制器系统，"=MCC"表示主控制柜系统等。这样的分类有助于在设计、文档编制和维护阶段快速定位和理解各个功能部分。

（2）位置面结构（Location Aspect）

◇ 定义：位置面结构关注的是系统中各个组件或设备的物理位置。在 EPLAN 中，这通过位置代号（Location Code）来标识，其前缀符号为"+"。位置代号帮助设计者明确元件的安装位置，对于现场施工和后期维护至关重要。

◇ 应用：例如，"+1F"可能表示第一层，"+2F"表示第二层，而"+MCC01"可能表示主控制柜 01 的具体位置。通过这样的编号，无论是设计人员还是现场施工人员都能快速找到相应的设备或元件。

（3）产品面结构（Product Aspect）

◇ 定义：产品面结构关注的是系统中使用的具体设备或元件的类型和型号。在 EPLAN 中，这通过设备标识（Device Identifier）来体现，其前缀符号为"-"。设备标识不仅表明元件的类别，还可能包含制造商信息、型号等详细数据，有助于准确描述和区分不同的元件。

◇ 应用：例如，"-M3"可能表示某种类型的电机，"-KNX"可能表示符合 KNX 标准的某个设备。通过详细的设备标识，设计者可以确保所选元件符合设计要求，并在后续的采购、安装和维护过程中提供准确的参考信息。

2. 结构标识符管理

结构标识符管理在 EPLAN 中是一个重要的功能，它用于对项目结构的标识或描述，以确保电气设计的准确性和效率。电气工程师通过合理设置和使用结构标识符，可以提高设计质量和效率，减少错误和混淆。设计过程中，需要注意结构标识符的唯一性。不同的设备、线路和部件应该有不同的结构标识符，以避免混淆和错误。

（1）结构标识符的定义与分类

结构标识符是用于识别和管理不同设备、线路和部件的唯一标识符。在 EPLAN 中，结构标识符通常由字母、数字以及特殊字符（如下划线、连字符等）组成，其长度一般不超过 20 个字符，以便于阅读和识别。结构标识符的分类主要基于功能面、位置面和产品面三个方面，分别对应不同的前缀符号和用途。

（2）结构标识符的创建与管理

◇ 自定义配置：EPLAN 除了给定的项目设备标识配置之外，还允许用户创建自定义的配置来确定自己的项目结构。用户可以根据自己的设计要求，应用结构标识配置页和设备名称等机构，以实现个性化的项目标识。

◇ 组合使用：结构标识可以是一个单独的标识或多个标识组合组成。例如，一个完整的设备标识符可能包含功能面、位置面和产品面的信息，如 "=GB1+A1–QF1"，其中 "=GB1" 表示功能面，"+A1" 表示位置面，"–QF1" 表示产品面。

◇ 全局管理：EPLAN 的图纸管理功能可以帮助用户对结构标识符进行全局管理。用户可以创建和维护一个包含所有结构标识符的图纸目录，方便查阅和检索。此外，图纸管理功能还可以与其他设计软件（如 AutoCAD）进行集成，实现更加高效的设计过程。

（3）结构标识符的显示与排序

◇ 显示方式：用户可以根据需要调整结构标识符的显示方式，以确保项目结构看起来更加直观、易读。

◇ 排序操作：在 EPLAN 中，用户可以通过项目数据 – 结构标识符管理功能对结构标识符进行排序操作。通过上下箭头进行排序，可以使得项目结构更加有序和清晰。

五、项目属性

在 EPLAN 中，项目属性是管理整个项目层面上的关键信息的一种方式。它允许用户详细定义、跟踪和修改项目中各个对象的参数和状态，"属性"选项卡、"统计"选项卡、"结构"选项卡和"状态"选项卡，每个都承担着不同的角色，共同构成了 EPLAN 项目管理的核心部分。通过"项目"菜单下的"属性"选项，用户可以打开"项目属性"对话框，如图 1-5-1 所示。

1. "属性"选项卡

◇ 功能：这个选项卡主要用于显示和修改当前选中对象的参数属性。无论是项目、页、设备还是其他类型的对象，都可以在这里找到并修改它们的属性。

◇ 操作：用户可以通过双击"属性名"对应的"数值"参数来选中并修改它。如果需要添加新的属性，可以单击"新建"按钮，并在弹出的"属性选择"对话框中选择合适的参数属性。

2. "统计"选项卡

◇ 功能：这个选项卡提供了关于项目下图纸的详细信息统计，包括电气原理图的参数信息和更新记录。

◇ 用途：通过这个功能，用户可以更系统、更有效地管理自己的设计图纸。例如，可以快速查看哪些图纸被修改过，以及修改的时间和内容。

项目一　项目准备

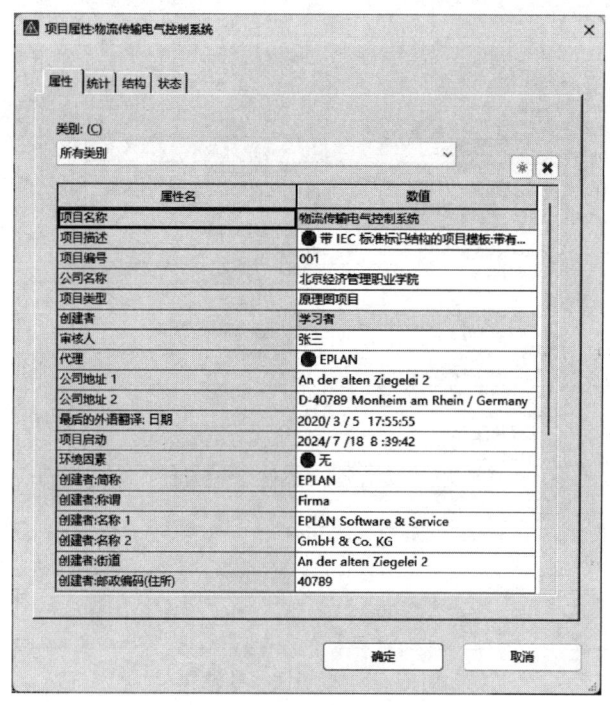

图 1-5-1　"项目属性"对话框

3. "结构"选项卡

◇ 功能：该选项卡展示了项目中各种对象的参考标识符，包括页、常规设备、端子排、插头、黑盒、PLC 等。这些标识符由高层代号、位置代号和文档类型等基本部分组成，但不同对象的标识符格式可能有所不同。

◇ 操作：用户可以在这里编辑页或设备结构的所有框，通过选择不同的设备标识配置和标识符格式来定制自己的项目结构。通常情况下，使用默认格式即可满足大部分需求。

4. "状态"选项卡

◇ 功能：这个选项卡显示当前项目文件下原理图中的运行信息，包括不同对象的版本、构件编号、检查配置以及错误、警告和提示信息。

◇ 用途：通过这个选项卡，用户可以快速了解项目的当前状态，及时发现并解决问题。例如，如果某个设备存在错误或警告信息，用户可以立即定位到该设备并查看详细信息，以便进行修正。

六、用户界面标识性编号显示

在 EPLAN 中，显示用户界面上的标识性编号是一个常见的需求，它有助于工程师在设计和维护电气系统时快速定位和识别各个元素。单击菜单栏中"选项"→"设置"，在弹出的"设置"窗口中，选中"用户"→"显示"→"用户界面"，在右侧窗口勾选"显示标识性的编号"，单击"确定"，图 1-5-1 将自动改变，显示相应的编号，如图 1-5-2 所示。

47

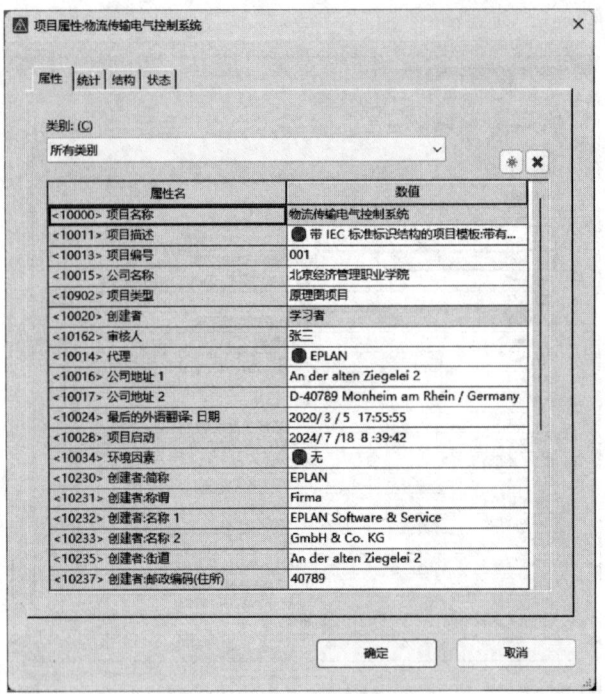

图 1-5-2　标识性编号显示

🛠【技能操作】

一、创建项目

步骤一：在主界面中，单击菜单上"项目"→"新建"，弹出"创建项目"窗口。

步骤二：在"创建项目"窗口，输入项目名称为"物流传输电气控制系统"；单击"保存位置"右侧的拓展按钮，可修改保存位置，此处保存位置为默认为变量 $(MD_PROJECTS)，它指向"选项">"设置">"用户">"管理">"目录"中的项目路径；单击"模板"右侧的拓展按钮，选择项目模板 IEC_tpl001.ept；勾选创建日期和创建者，修改创建者的名字为"学习者"，如图 1-5-3 所示，单击"确定"，弹出"导入项目模板"，进行模板导入。

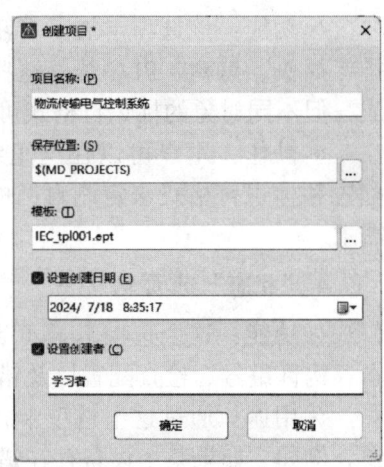

图 1-5-3　创建项目窗口

二、编辑项目信息

步骤一：在弹出的项目属性对话框中，选中"属性"选项卡，通过"新建"和"删除"按钮，构建所需的项目属性选项，并根据任务要求，修改其数值为：

◇ 项目描述：西门子工程师学院物流传输系统；
◇ 项目编号：001；
◇ 公司名称：北京经济管理职业学院；

◇ 项目类型：原理图项目；
◇ 创建者：学习者；
◇ 审核人：张三。

如图1-5-4所示。

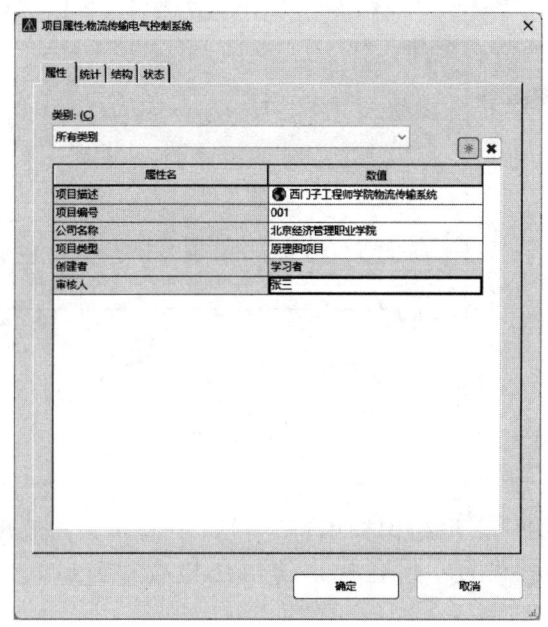

图1-5-4　编辑项目信息

步骤二：单击"结构"选项卡，在"页"选项中单击其下拉菜单选择"高层代号、位置代号和文档类型"；设置"常规流体设备"选项为"高层代号和位置代号"，如图1-5-5所示，单击"确定"，完成项目的创建。

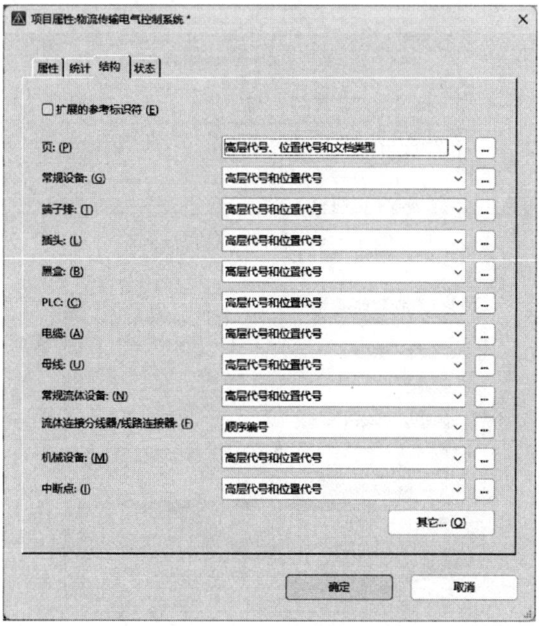

图1-5-5　"结构"选项卡设置

三、设置项目结构

步骤一： 在菜单栏中，单击"项目数据"→"结构标识符管理"，弹出"结构标识符管理"对话框，可观察到左侧窗口显示该项目划分为高层代号、位置代号和文档类型三层结构。如图 1-5-6 所示。

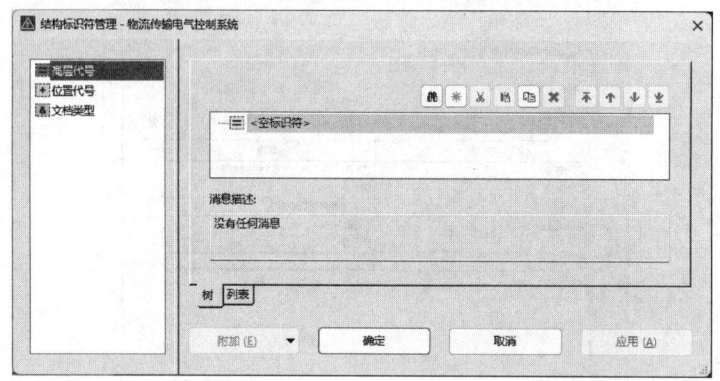

图 1-5-6 项目结构划分

步骤二： 选中"高层代号"，并在其右侧窗口选中"列表"选项卡，单击右上角"新建"，并在新建行的"完整结构标识符"栏目中输入"物流传输"，单击"应用"，如图 1-5-7 所示；弹出"设置：设备标识符语法检查"窗口，如图 1-5-8 所示，单击"设置"。

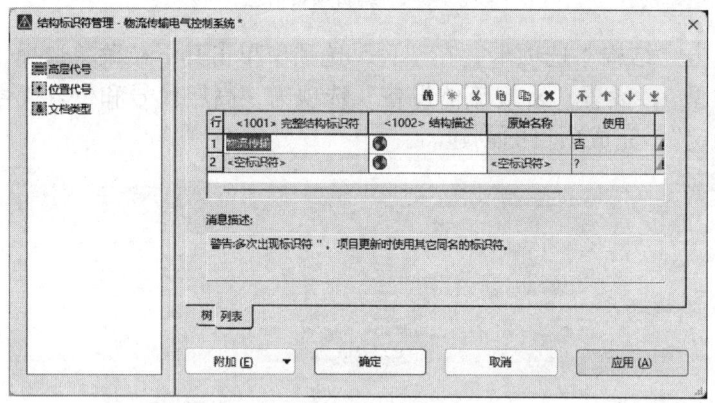

图 1-5-7 高层代号设置

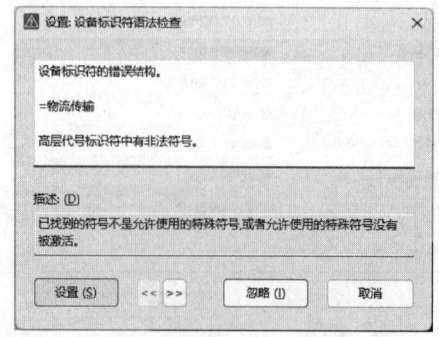

图 1-5-8 "设置：设备标识符语法检查"窗口

步骤三：在弹出的"设备标识符的句法检查"窗口中，取消"结构标识符""电气工程""流体"三个选项卡的激活检验前的勾选，如图 1-5-9 所示。

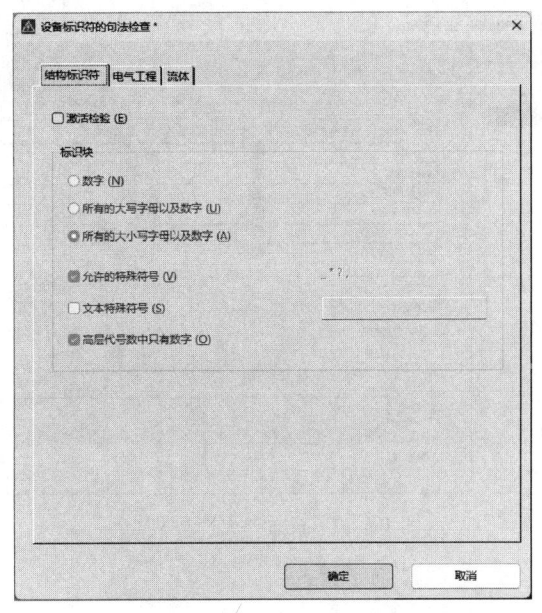

图 1-5-9 "设备标识符的句法检查"窗口

步骤四：在返回的"结构标识符管理"窗口中，单击"应用"，弹出"更新项目"对话框，单击"是"，如图 1-5-10 所示，初步完成高层代号设置。

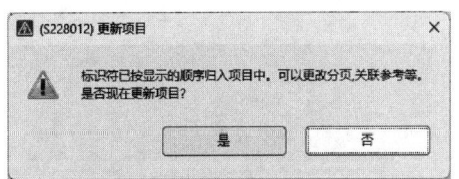

图 1-5-10 "更新项目"对话框

步骤五：同样的方法，设置"位置代号"为"柜内"和"柜外"，如图 1-5-11 所示。

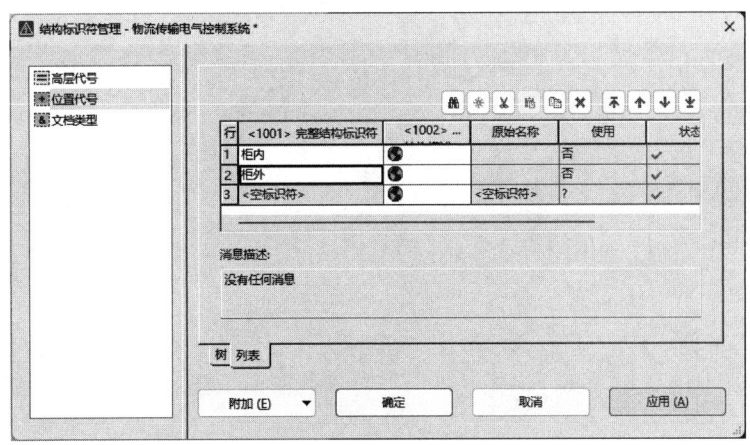

图 1-5-11 设置"位置代号"

步骤六：设置"文档类型"为"封面""目录""原理图""报表""安装布局图"，如图 1-5-12 所示。

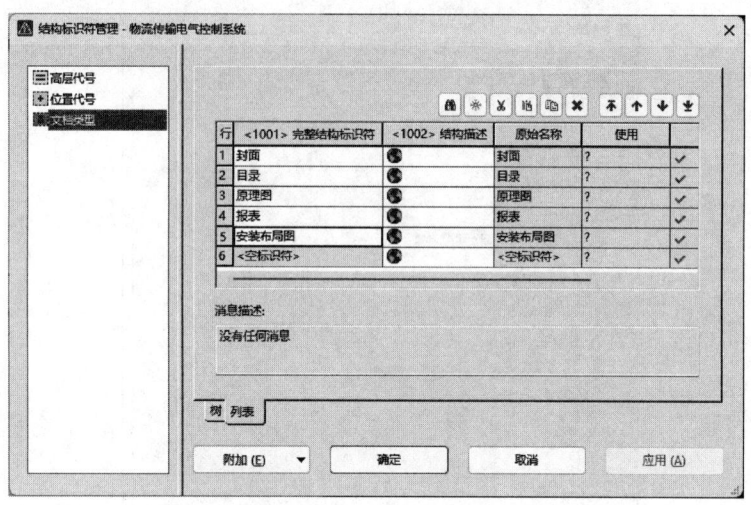

图 1-5-12　设置"文档类型"

项目二 电气原理图绘制

任务一 总电源电路绘制

【任务描述】

在项目一的基础上,绘制总电源电路,如图 2-1-1 所示。
具体要求如下:
◇ 控制柜外电源为由三相五线电位连接点表示,由端子 X1 引入到控制柜内;
◇ 控制柜内由断路器(4P)控制电源通断;
◇ 在控制柜面板上有电压表,控制柜内和柜面上设备通过端子 X2 进行连接;
◇ 本电路电源通过中断点引入到其他图纸。
注意事项:
图中设备型号和数量如表 2-1-1 所示。

表 2-1-1 设备型号和数量

序号	设备		型号	数量
1	断路器(4P)F1		SIE.3VL17021DA330AB1	1
2	电压表 P1		SIE.7KM2111–1BA00–3AA0	1
3	端子排	X1	PXC.3211814	5
		X2		29

【相关知识】

一、页

一个工程项目图纸是由很多图纸页组成的。典型的电气工程项目图纸包含封页、目录表、电气原理图、安装板、端子图表、电缆图表等图纸页。

1. 页类型

在 EPLAN 中,页类型的多样性反映了其在电气工程设计中的广泛适用性。以下是对 EPLAN 中交互式页类型的进一步细分及其功能的描述(请注意,实际可用的页类型数量可能因 EPLAN 版本或配置而略有不同):

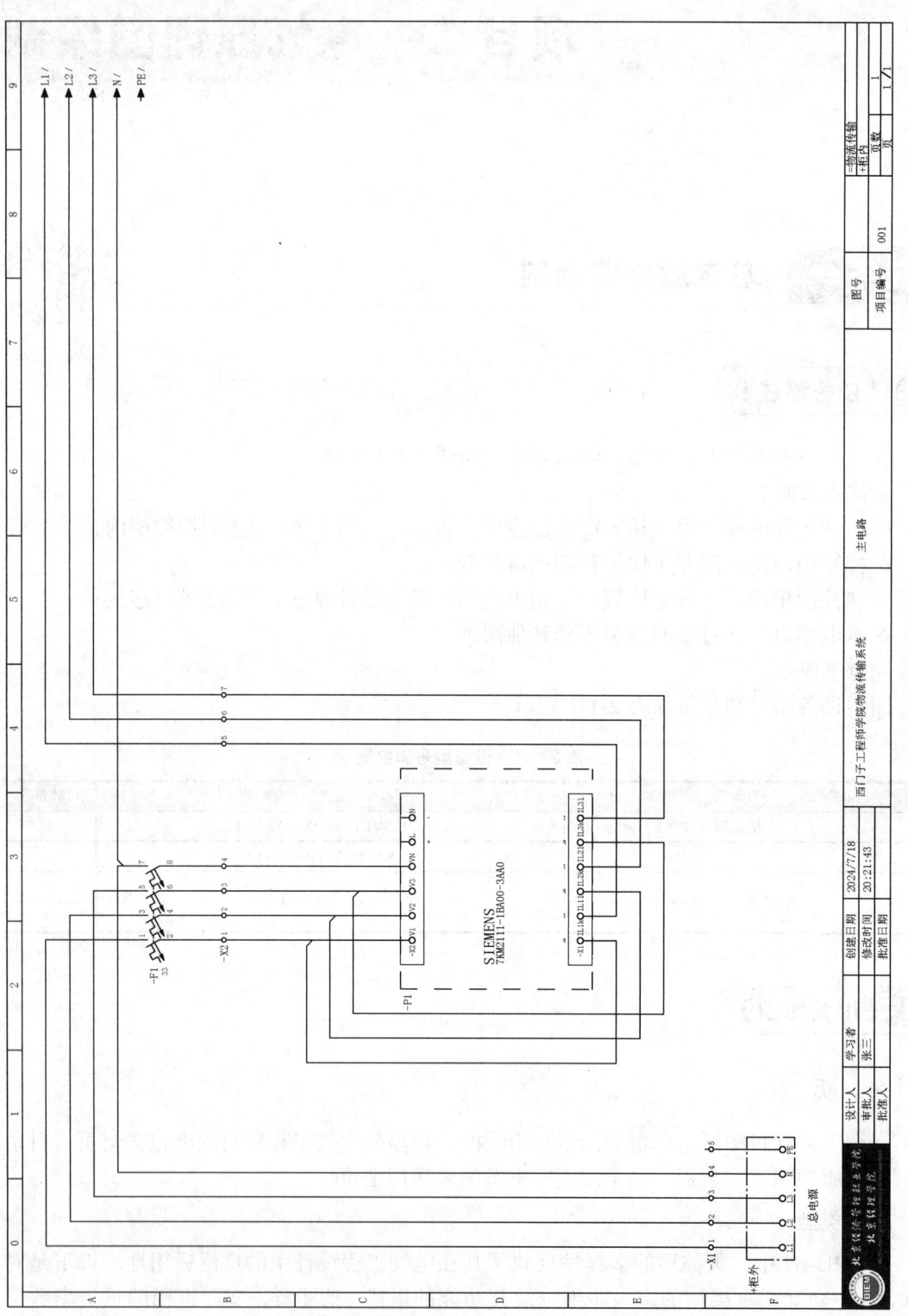

图 2-1-1 总电源电路

（1）单线原理图

用于表示电气设备的逻辑连接关系，是电气设计中最基本的图纸类型。它简化了元件的表示，侧重于电路的逻辑功能和路径。

（2）多线原理图

与单线原理图类似，但提供了更详细的电气连接信息。它展示了导线的实际走向、交叉点和连接方式，有助于更精确地描述电路结构。

（3）安装板布局

专门用于规划和控制柜、面板或安装板上的电气元件布局。设计者可以在此页面上拖放元件，并调整其位置、方向和连接，以确保元件的正确安装和布线。

（4）管道及仪表流程图

主要用于流程工业中，表示管道系统、设备、阀门、仪表和控制元件之间的连接关系。它对于理解和规划复杂的流体处理系统至关重要。

（5）流体原理图

类似于管道及仪表流程图，但更侧重于流体系统的功能描述，如流体的流动方向、压力变化、温度控制等。

（6）模型视图

用于嵌入 3D 模型或 CAD 图纸的视图，以便在电气图纸中直接展示相关设备的三维模型或详细结构。这有助于设计者和施工人员更好地理解设备的外观和内部结构。

（7）拓扑图

表示网络结构、数据传输路径或系统的层次关系。它侧重于连接和路径的展示，有助于理解系统的整体架构。

（8）图形页

允许设计者以非逻辑的方式自由绘制图形，如设备的物理布局草图、示意图或其他辅助说明图形。这种类型的页面不遵循特定的电气符号或逻辑规则。

（9）总览图

用于表示整个电气系统或项目的概览，通常包含多个子系统的链接或引用。它有助于设计者从宏观上把握项目的结构和各个部分之间的关系。

（10）外部文档页

用于链接或嵌入外部文档，如 Word 文档、Excel 表格或 PDF 文件。这些外部文档可能包含项目的补充信息、说明或参考数据。

（11）预规划页

在项目初期使用的页面，用于初步规划电气系统的布局、元件选择和连接方案。它可能包含一些临时的、未完成的或概念性的设计元素。

需要注意的是，自动生成的图纸页（如端子图表、电缆图表及目录表）虽然不在上述交互式页类型列表中，但它们是 EPLAN 中不可或缺的一部分。这些自动图纸页基于逻辑图纸（如单线原理图或多线原理图）中的信息自动生成，大大提高了设计效率和准确性。

2. 页导航器

页导航器可用于集中查看和编辑项目中的页及其属性。通过单击菜单栏中"页"→"导航器"，打开页导航器，在导航器内可以进行树结构和列表显示。

页导航器具有的功能如下：

- ◇ 显示所有的打开项目，含有结构标识符和图纸页；
- ◇ 通过筛选器快速查找指定页，按指定规划限制显示；
- ◇ 页可以在图形编辑器中打开和显示；
- ◇ 创建、复制、删除页和为页重新编号；
- ◇ 查看和编辑页属性；
- ◇ 导入/导出页；
- ◇ 可以对单页或多个页进行备份、编号和打印等操作。

二、页操作

1. 页创建

◇ **手动创建**：在 EPLAN 中，可以通过单击"页"→"新建"，或在页导航器中单击鼠标右键选择"新建"来手动创建新页。如果在页导航器中选中一页新建，该页的属性将被传递到新建页中；如果选中一个结构新建页，新的页将建立在此结构下。

◇ **自动创建**：EPLAN 也支持根据项目的需要自动创建特定类型的页，如首页/封页、目录表等。

2. 页打开

（1）在页导航器中打开页

在主界面中，可以使用页导航器来查看和管理项目中的页。

◇ **打开页导航器**：通过单击工具栏上的"页导航器"图标或使用快捷键 F12 来打开页导航器。页导航器通常位于界面的左侧，具体位置可能因 EPLAN 的版本和个性化设置而有所不同。

◇ **选择并打开页**：在页导航器中，可以看到项目中所有的页及其结构。通过单击要打开的页的名称或图标，该页将在图形编辑器中打开并显示其内容。也可以使用鼠标右键单击页名，在弹出菜单中选择"打开"来打开该页。

（2）快速切换打开图纸页面

在图形编辑器（工作区）上方，通常会有一个"工作簿"标签栏，其中显示了当前打开的所有图纸页面的名称，可以通过单击这些标签来快速切换打开的图纸页面。

3. 页的操作

页的操作有页的改名、删除、保存、复制、编号和排序等。

（1）页改名

在设计过程中，为了更好地组织和管理项目中的页，经常需要为创建的页改名。改名操作可以在页导航器中完成。具体步骤如下：

1）选中页：在页导航器中，找到并选中需要改名的页。

2）选择重命名：单击鼠标右键，从弹出的上下文菜单中选择"重命名"选项。

3）输入新页名：在弹出的高亮区域中，输入新的页名。请确保新页名具有唯一性和描述性，以便轻松识别。

4）区分页名和页描述：在输入新页名时，注意区分"页名"和"页描述"。页名通常用于唯一标识页面，而页描述则提供页面的额外信息，有助于理解页面的内容和用途。

（2）页删除

当项目中的某些页不再需要时，可以通过删除操作来清理项目。删除操作同样在页导航器中完成。具体步骤如下：

1）选中页：在页导航器中，找到并选中需要删除的页。

2）选择删除：单击鼠标右键，从弹出的上下文菜单中选择"删除"选项，或者直接按"Delete"键。

3）确认删除：系统会弹出确认对话框，询问用户是否确定要删除该页。确认后，该页将被从项目中永久删除。

（3）页保存

EPLAN 作为一个基于数据库的软件，具有自动保存功能。因此，在关闭项目或者切换页的时候，用户无需手动单击"保存"按钮，EPLAN 会自动保存当前页的更改。这一特性确保了用户的工作不会因意外情况而丢失。

（4）页复制

页的复制功能允许用户快速创建与现有页内容相同的新页。复制操作同样在页导航器中完成。具体步骤如下：

1）选中源页：在页导航器中，找到并选中需要复制的页作为源页。

2）选择复制：单击鼠标右键，从弹出的上下文菜单中选择"复制"选项。

3）选择粘贴位置：在目标位置（如另一个结构或同级位置）单击鼠标右键，从弹出的上下文菜单中选择"粘贴"选项。

4）调整结构标识符：系统可能会弹出"调整结构"窗口，允许用户调整源页和目标页之间的结构标识符。用户可以根据需要进行调整，以确保项目的逻辑性和一致性。

5）处理重名冲突：如果目标页中已存在相同名称的页，并且用户选择覆盖，系统会弹出提示窗口。用户可以根据需要选择"是"来覆盖原有页面，或选择"否"返回"调整结构"窗口进行进一步操作。

（5）页编号

页编号是对项目中的页进行重新编号的过程，有助于实现页的重新命名和移动。具体操作步骤如下：

1）打开编号窗口：单击菜单栏上的"页"→"编号"，或在页导航器中单击右键选择"编号"，打开"给页编号"窗口。

2）设置编号参数：在"给页编号"窗口中，输入起始的页号和增量（通常为1）。如果想要对整个项目进行编号，激活"应用到整个项目"选项；否则，只对所选的范围进行编号。

3）选择子页命名方式：对于包含子页的项目，可以选择子页的命名方式。包括"保留"当前子页形式、"从头到尾编号"以重新编号子页，以及"转换为主页"将子页转换为主页并重新编号。

4）应用编号：完成设置后，单击"确定"按钮应用编号。EPLAN 将按照指定的参数对项目中的页进行重新编号。

（6）页排序

在页导航器列表显示中，可以进行手动页排序以调整页的显示顺序。具体步骤如下：

1）激活手动页排序：在 EPLAN 的设置中，通过路径"选项"→"设置"→"项目名称"→"管理"→"页"，激活"手动页排序"选项。

2）打开手动页排序窗口：在页导航器"列表"显示中，单击鼠标右键选择"手动页排序"，打开"手动页排序"窗口。

3)进行排序:在"手动页排序"窗口中,使用"上移"和"下移"等按钮对页进行排序。用户可以根据需要调整页的显示顺序,以便更好地组织和管理项目。手动排序仅影响列表显示,不影响树结构显示。

三、电位

电位是指在特定时间内的电压水平,信号通过连接在不同的原理图间传输。电位表示从源设备出发,通过传输设备,终止于耗电设备的整个回路,传输设备两端电位相同;信号表示非连接元件之间的所有回路。

(1)电位跟踪点

1)定义与功能:

电位跟踪点是 EPLAN 中用于查看电位在电路中传递情况的一个功能点。通过电位跟踪,用户可以清晰地看到电位从源设备出发,通过传输设备,最终终止于耗电设备的整个回路。这对于发现电路连接中存在的问题、验证电路设计的正确性具有重要意义。

2)使用方法:

◇ 启动电位跟踪功能,通常通过菜单栏的"视图"→"电位跟踪"来激活。

◇ 将光标移动到需要跟踪的元件或导线上,软件会自动显示电位连接点与元件之间的连接提示。

◇ 单击导线或元件,与该点等电位的所有连接点会呈现高亮状态,从而可以直观地看到电位的传递路径。

(2)电位连接点

1)定义与功能:

电位连接点用于定义电路中的电位,可以为其设定电位类型(如 L、N、PE、+、− 等)。它虽然看起来像端子,但并不代表真实的设备。电位连接点的设置有助于电路分析、读图以及编线号等工作。

2)使用方法:

◇ 在 EPLAN 中,使用"插入"→"电位连接点"来插入电位连接点。

◇ 设定电位连接点的电位类型和其他相关参数。

◇ 将电位连接点放置在电路图中适当的位置,以表示该点的电位。

(3)电位定义点

1)定义与功能:

电位定义点与电位连接点功能相似,也是用于在电路中标记特定点的电位。但电位定义点的外形可能更接近于连接定义点,且通常位于改变回路电位值的设备(如变压器、整流器或开关电源)的输出侧。

2)使用方法:

◇ 类似电位连接点,使用"插入"→"电位定义点"来插入电位定义点。

◇ 设定电位定义点的相关参数,如电位类型、名称等。

◇ 将电位定义点放置在电路中合适的位置,以明确该点的电位状态。

(4)电位导航器

1)定义与功能:

电位导航器是 EPLAN 中用于快速查看和编辑系统中所有电位连接点和电位定义点的一个工具。它类似于一个项目管理器,可以方便地查询、筛选和修改电位相关的属性。

2）使用方法：

◆ 在 EPLAN 中，通过"项目数据"或其他相关菜单打开电位导航器。

◆ 在电位导航器中查看和编辑电位连接点和电位定义点的属性。

◆ 利用电位导航器的筛选和排序功能快速定位到特定的电位点。

（5）网络定义点

1）定义与功能：

网络定义点用于定义元器件之间接线的源和目标，而无需考虑"连接符号"的方向。在复杂的电路图中，网络定义点可以清晰地表达多个元件之间的连接关系，使原理图更加简洁和易于理解。

2）使用方法：

◆ 使用"插入"→"网络定义点"来插入网络定义点。

◆ 在电路图中放置网络定义点，并通过连接符号将其与相关元件连接起来。

◆ 利用网络定义点来定义整个网络的接线关系，提高原理图的可读性和准确性。

【技能操作】

一、新建页

步骤一：在页导航器中，选中"物流传输电气控制系统"，单击右键→"新建"，弹出"新建页"窗口，根据任务要求，单击完整页名右侧的拓展按钮，弹出"完整页名"窗口，设置"高层代号"为"物流传输"、"位置代号"为"柜内"、"文档类型"为"原理图"，如图 2-1-2 所示；单击"确定"，返回。

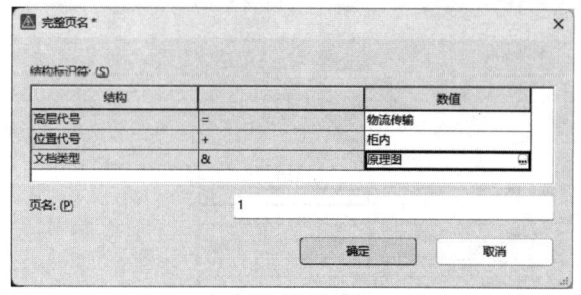

图 2-1-2 "完整页名"窗口

步骤二：页类型保持为"多线原理图（交互式）"、页描述设定为"主电路"、图框名称选定为"BIEM-A3"，如图 2-1-3 所示，单击"确定"，为系统新建一个"1 主电路"页面。

二、柜外电源绘制

步骤一：在页导航器中，双击"1 主电路"，工作区中显示主电路图。单击"插入"→"电位连接点"，在图纸的左下角单击鼠标，弹出"属性（元件）：电位连接点"窗口，在该窗口中，设置电位名称为"L1"、电位类型为"L"，如图 2-1-4 所示，单击"确定"，完成 L1 相电位绘制；同样的方法，绘制 L2、L3、N 和 PE，注意 L2、L3 的电位类型为 L，N 的电位类型为 N，PE 的电位类型为 PE。

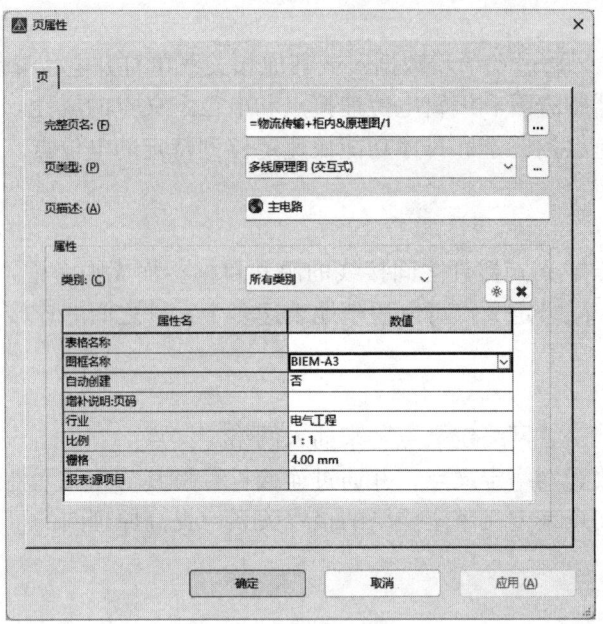

图 2-1-3　页属性设置

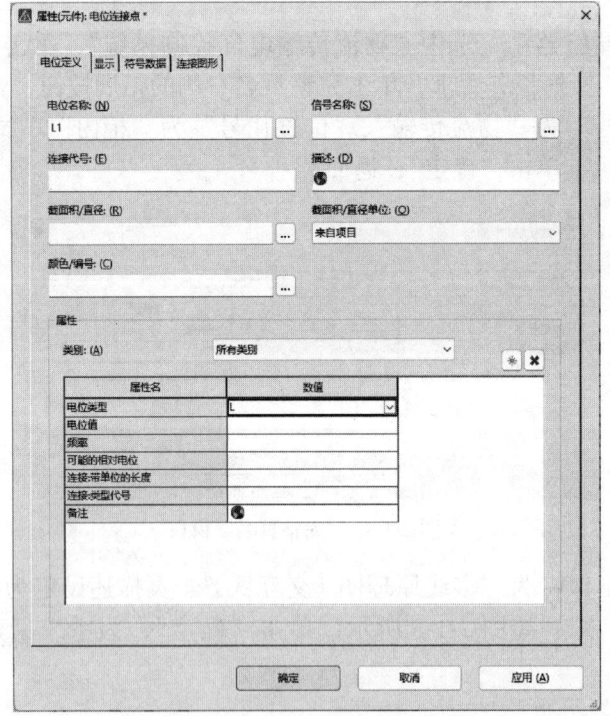

图 2-1-4　电位连接点属性设置

步骤二：单击"结构盒"按钮，在电位连接点左上角的位置，单击鼠标，拖拽鼠标到 PE 的右下角，再次单击鼠标，弹出"属性（元件）：结构盒"窗口，在该窗口中修改位置代号为"柜外"，如图 2-1-5 所示。

（提示：选中结构盒，单击右键→"文本"→"移动属性文本"，可将"+柜外"文本移动到所需位置，如图 2-1-6 所示。）

项目二 电气原理图绘制

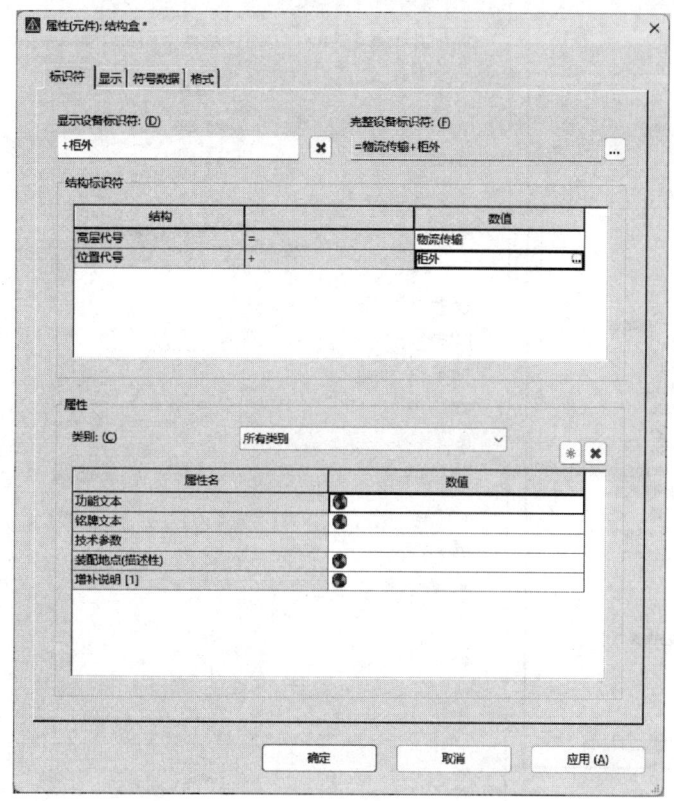

图 2-1-5 结构盒属性设置

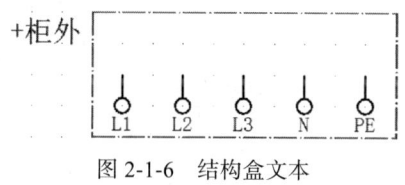

图 2-1-6 结构盒文本

三、设备插入

步骤一：单击"插入"→"设备"，弹出"部件选择"窗口，在其左侧窗口中，选中"安全设备"中的"SIE.3VL17021DA330AB1"，如图 2-1-7 所示，单击"确定"，在图纸合适的位置，单击鼠标，插入断路器；同样的方法，选中"测量与检测设备"中的"SIE.7KM2111-1BA00-3AA0"，单击"确定"，并通过键盘"Tab"按键，切换设备不同的图标，选择合适图标，单击鼠标，弹出"插入模式"窗口，选中"编号"，单击"确定"，插入电压表，如图 2-1-8 所示。

步骤二：在工作区右侧的连接符号中，选中"中断点"，在图纸的右上角位置，单击鼠标，弹出"属性"窗口，设定显示设备标识符为"L1"，如图 2-1-9 所示，单击"确定"，插入中断点 L1；同样的方法，插入中断点 L2、L3、N 和 PE，如图 2-1-10 所示。完成本电路的设备插入。

61

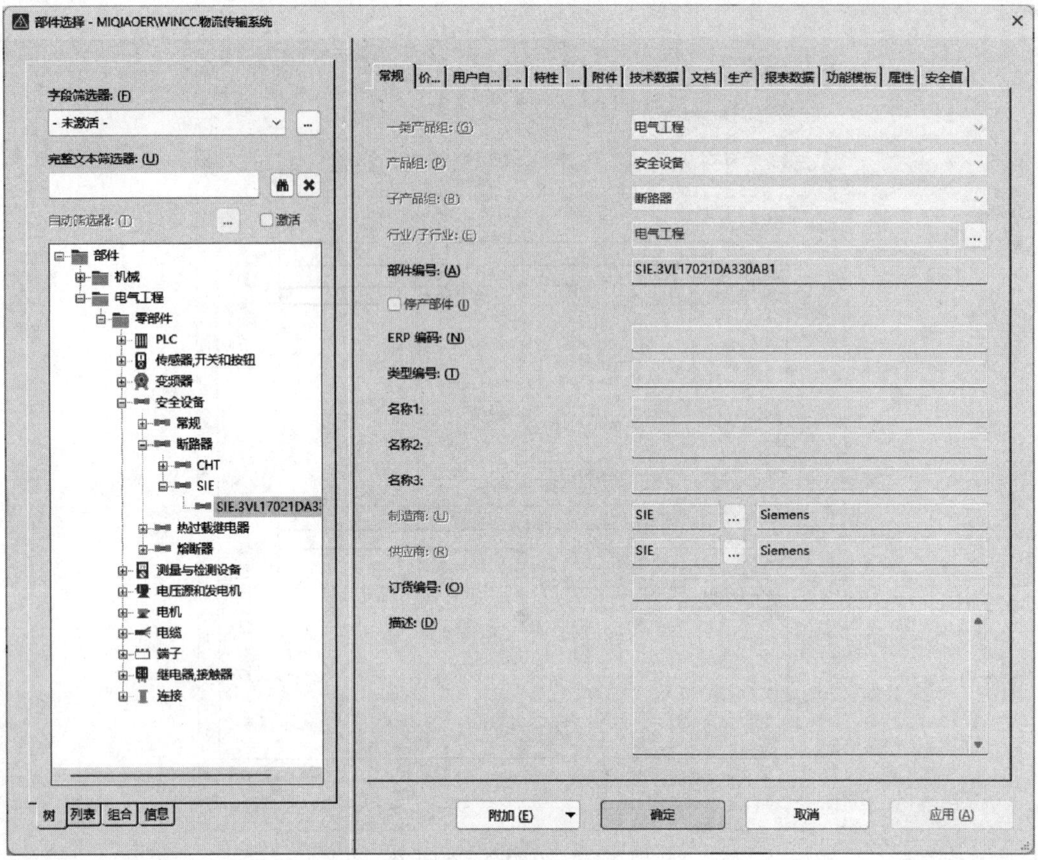

图 2-1-7 断路器选型

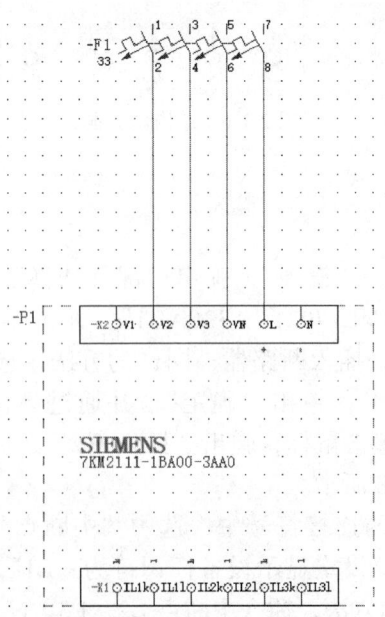

图 2-1-8 插入断路器和电压表

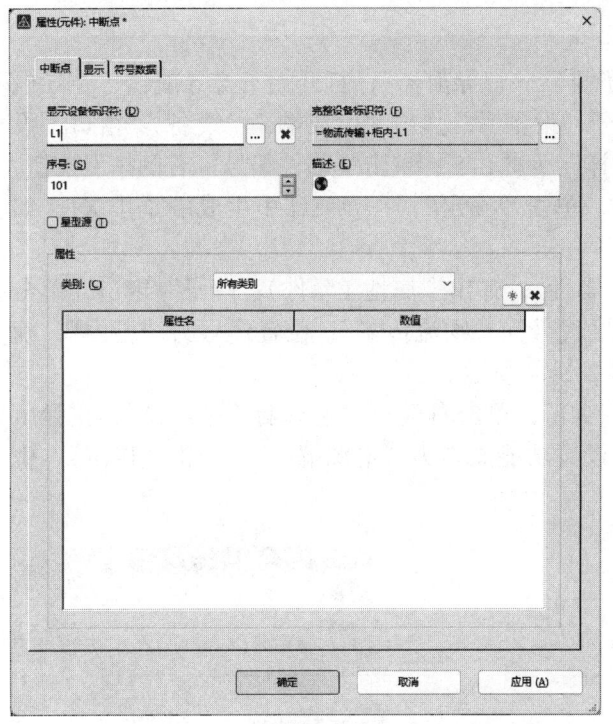

图 2-1-9 中断点属性设置

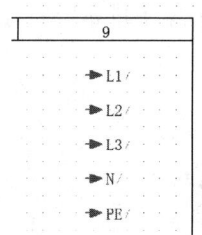

图 2-1-10 插入中断点

四、线路连接

在工作区右侧连接符号中选中合适连接符号，按照任务要求进行电路连接，如图 2-1-11 所示。注意在连接过程中不能使用直线命令，只能使用连接符号，连线是自动生成的。

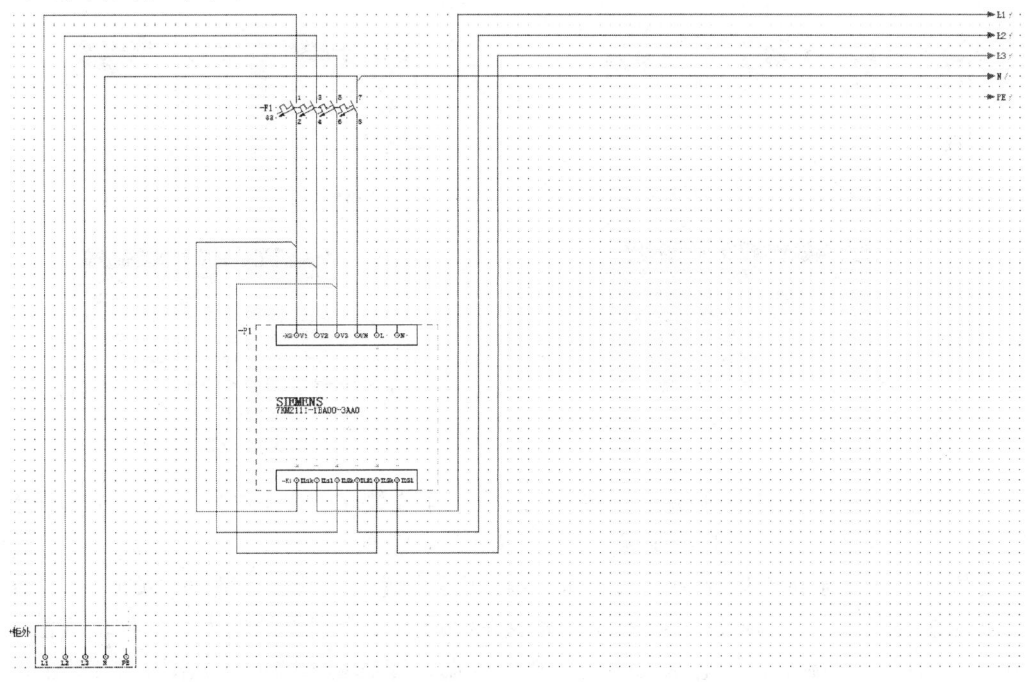

图 2-1-11 线路连接

五、端子插入

步骤一： 单击"项目数据"→"端子排"→"导航器"，打开端子排导航器，在导航器空白位置，单击右键，单击"新建端子（设备）"，弹出"生成端子（设备）"窗口，设置"完整设备标识符"为"X1"；"编号式样"为"1-5"；单击"部件编号"右侧拓展按钮，选择"PXC.3211814"，如图 2-1-12 所示，单击"确定"，在导航器中生成端子排 X1，如图 2-1-13 所示。

步骤二： 选中"X1"，单击右键→"属性"，弹出"属性（元件）：端子"窗口，单击完整设备标识符右侧拓展按钮，设置高层代号为"物流传输"、位置代号为"柜内"，确定后，完成端子排 X1 的结构设置，如图 2-1-14 所示。

步骤三： 在端子排导航器中，选中"X1"，单击右键→"生成端子排定义"，在弹出的"属性（元件）：端子排定义"窗口，设置功能文本为"电源端子"，单击"确定"，生成 X1 端子排定义，如图 2-1-15 所示。

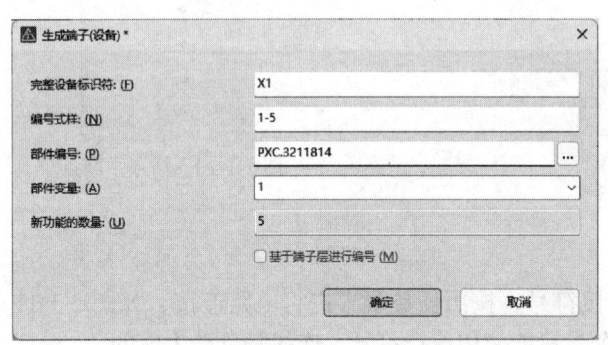

图 2-1-12 生成端子设置

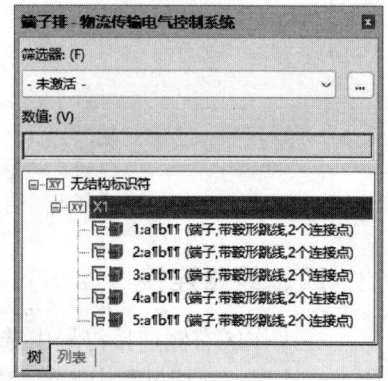

图 2-1-13 X1 端子排

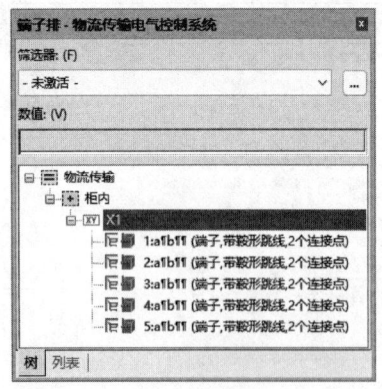

图 2-1-14 X1 端子排结构设置

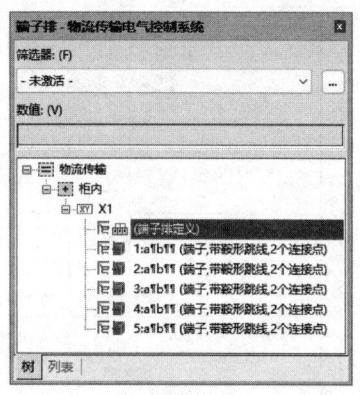

图 2-1-15 X1 生成端子排定义

步骤四： 同样的方法，生成端子排 X2，编号样式设定为"1-29"，功能文本设置为"控制端子"。完成后，端子排导航器中端子如图 2-1-16 所示。

步骤五： 在端子排导航器中，选中 X1 的"1-5"端子，单击右键→"放置"，在图纸中"电位连接点"上方，依次单击鼠标，完成总电源端 5 个端子的插入。同样的方法，选中 X2 中"1-7"号端子，在电压表的进口和出口端，完成端子插入，如图 2-1-17 所示。

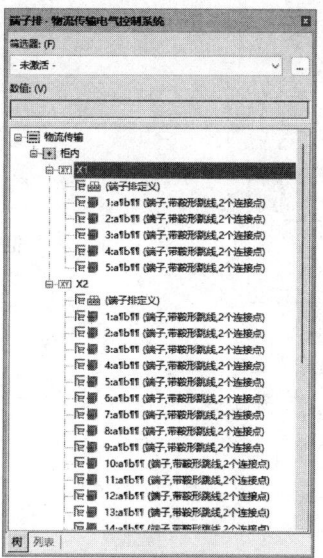

图 2-1-16　端子排导航器显示

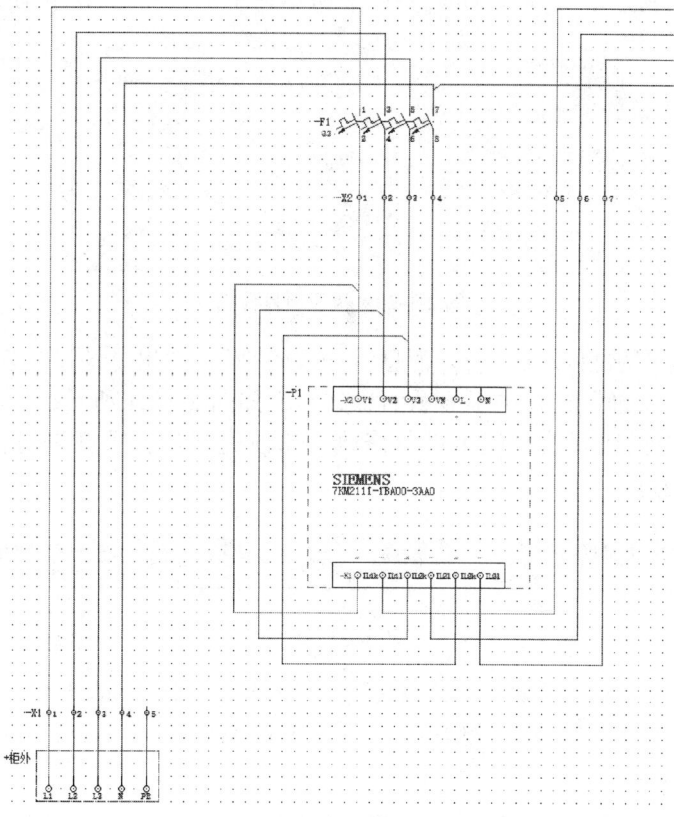

图 2-1-17　端子插入

六、路径功能文本添加

单击"路径功能文本"按钮,弹出"属性(路径功能文本)"窗口,在文本窗口中输入"总电源",如图 2-1-18 所示,单击"确定",在结构盒下方,单击鼠标,完成路径功能文本添加,如图 2-1-19 所示。

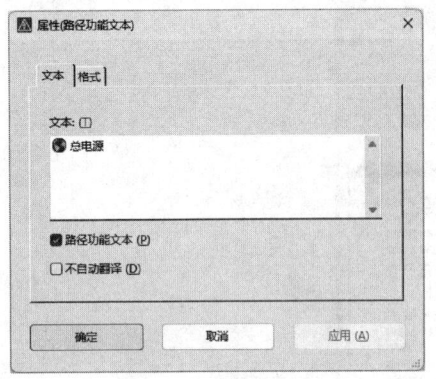
图 2-1-18 "属性（属性功能文本）"窗口

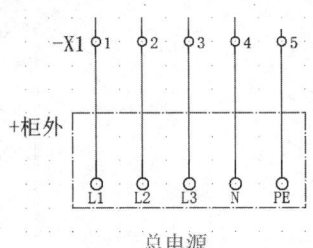
图 2-1-19 路径功能文本添加

🎤【任务测评】

步骤一：单击"项目数据"→"消息"→"执行项目检查"，弹出"执行项目检查"窗口，勾选"应用到整个项目"，如图 2-1-20 所示，单击"确定"，自动执行项目检查。

图 2-1-20 执行项目检查

步骤二：单击"项目数据"→"消息"→"管理"，弹出"消息管理"窗口，查看检查结果。若"消息管理"窗口中不显示消息文本，如图 2-1-21 所示，表明电气检查通过；若显示问题，则根据错误信息提示进行修改，修改完成后，重新进行检查。检查通过，表明本任务测评通过。

图 2-1-21 "消息管理"窗口

任务二　电机正反转主电路绘制

📖【任务描述】

如图 2-2-1 所示，在任务一的基础上，绘制图中的电机正反转主电路。

项目二 电气原理图绘制

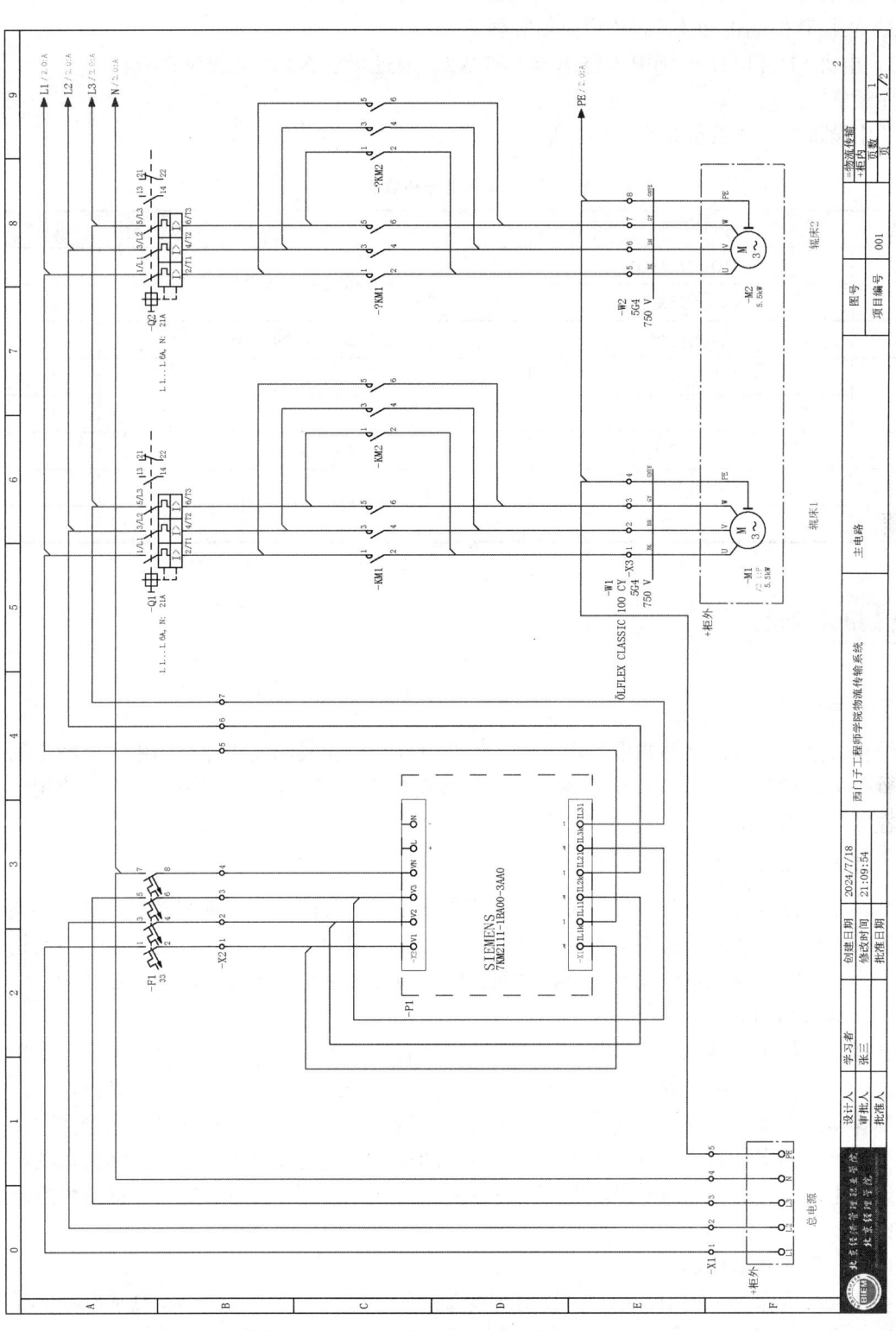

图 2-2-1 主电路图

具体要求:
1) 电机 M1 和 M2 有独立的电源断路器 Q1 和 Q2 控制电源通断。
2) 正反转控制由 U 相和 W 相换相实现。
3) 电机 M1 和 M2 分别引入电缆 W1 和 W2,通过端子 X3 连接到控制柜。
注意事项:
图中设备型号和数量如表 2-2-1 所示。

表 2-2-1 设备型号和数量

序号	设备	型号	数量
1	电机保护开关 Q1	SIE.3RV2011-1AA15	1
	电机保护开关 Q2		1
2	交流接触器	SIE.3RT2015-1AP04-3MA0	4
3	电缆 W1	LAPP.0035 0133	1
	电缆 W2		1
4	端子排 X3	PXC.3211814	12
5	电机 M1	SIE.1TL0001-1DB3	1
	电机 M2		1

【相关知识】

一、结构盒

结构盒是一个组合,并非设备和黑盒,仅向设计者指明其归属于原理图中一个特定的位置。也可以理解为,结构盒是设备上的元件与安装盒的结合体,在 EPLAN 中,使用结构盒在图纸上表现出来。

1. 插入结构盒

结构盒可以具有一个设备标识符,但它并非设备,不可能具有部件编号。在确定完整的设备标识符时,如同处理黑盒中的元件一样来处理结构盒中的元件。也就是说,当结构盒的大小改变时,或在移动元件或结构盒时,将重新计算结构盒内元件的项目层结构。

(1) 插入结构盒

选择菜单栏中"插入"→"盒子连接点/连接板/安装板"→"结构盒"命令,或单击"盒子"工具栏中的"结构盒"按钮,此时光标变成交叉形状并附加一个结构盒符号。将光标移动到需要插入结构盒的位置,单击确定结构盒的一个顶点,移动光标到合适的位置再一次单击确定其对角顶点,即可完成结构盒的插入。此时光标仍处于插入结构盒的状态,重复上述操作可以继续插入其他的结构盒。结构盒插入完毕,按"Esc"键即可退出该操作。

(2) 设置结构盒的属性

在插入结构盒的过程中,用户可以对结构盒的属性进行设置。双击结构盒或在插入结构盒后,弹出如图 2-2-2 所示的结构盒属性设置窗口,在该窗口中可以对结构盒的属性进行设置,在"显示设备标识符"中输入结构盒的编号。

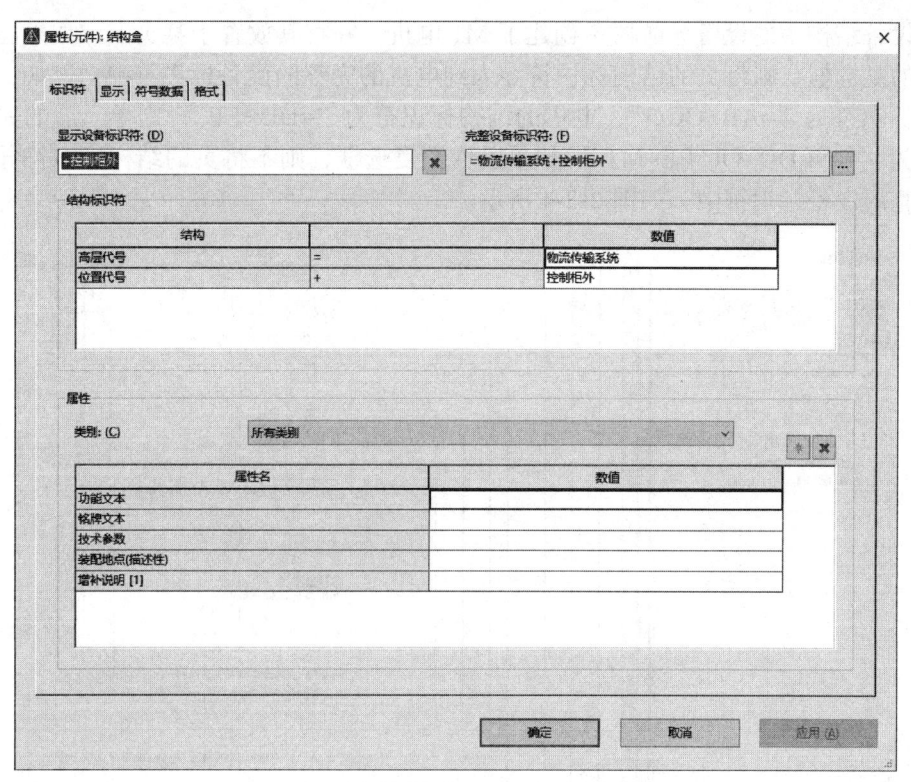

图 2-2-2　结构盒属性设置窗口

打开"符号数据"选项卡，在"符号数据"下显示选择的图形符号预览图；在"编号/名称"栏后单击拓展按钮，弹出"符号选择"窗口，选择结构盒图形符号。

打开"格式"选项卡，在"属性-分配"列表中显示结构盒图形符号：长方形的起点、终点、宽度、高度与角度；还可以设置长方形的线型、线宽、颜色等参数。

2. 结构盒属性

为符合电路设计要求，结构盒需要进行参数设置。

（1）添加空白区域

选择菜单栏中的"选项"→"设置"命令，系统弹出"设置"窗口，在"项目"→"项目名称"→"图形的编辑"→"常规"选项下，勾选"绘制带有空白区域的结构盒"复选框。完成设置后，原理图中添加结构盒，向内移动设备标识符，结构盒显示带有空白区域，如图 2-2-3 所示。

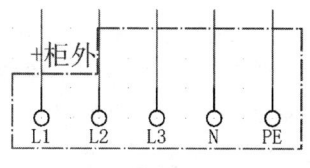

图 2-2-3　带有空白区域的结构盒

（2）传予设置

在页导航器的树结构视图中选定项目，选择菜单栏中的"项目"→"属性"命令，或在该项目上单击右键，选择"属性"命令，弹出"项目属性"窗口，打开"结构"选项卡，该选项卡中设置结构盒的参考标识符。单击"其它"按钮，弹出"扩展的项目结构"窗口，切换到"传予"选项卡，勾选"结构盒"复选框。

选择菜单栏中的"项目数据"→"设备"→"导航器"命令，打开"设备"导航器，导航器中显示嵌套的结构盒中的设备，显示结构盒内的所有元素可以分配给页属性中所指定的结构标识符之外的其他结构标识符，元件与结构盒的关联将同元件与页的关联相同。

假设在设备结构中的设备导航器中创建了 M1 电机,并将其放置于某页上。如果已激活传予设置的复选框,则将页的结构标识符导入到电机的完整的设备标识符中。例如,如果页的结构标识符为 "=AB+OC/3",电机的结构标识符为 "=DD+EE",则导入后的完整设备标识符为 "=AB.DD+OC.EE-M1"。如果已取消复选框,则不将页的结构标识符导入到电机的完整的设备标识符中。如图 2-2-4 所示。

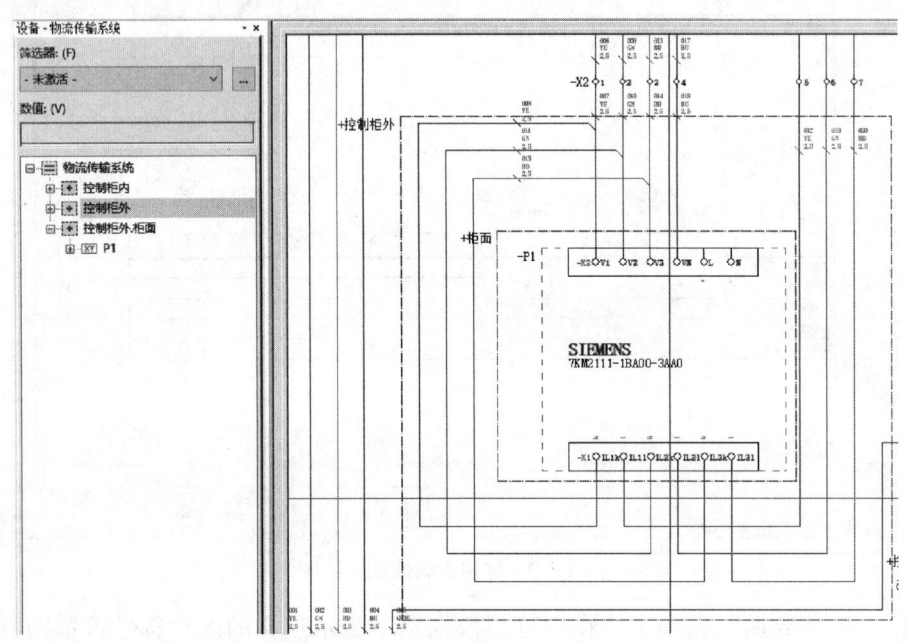

图 2-2-4　嵌套的结构盒中的设备

二、设备

在 EPLAN 中,原理图中的符号叫做元件,元件符号只存在于符号库中。对于一个元件符号,如断路器符号,可以分配(选型)西门子的断路器也可分配 ABB 的断路器。原理图中的元件经过选型,添加部件后称为设备,既有图形表达,又有数据信息。

部件是厂商提供的电气设备的数据的集合。部件存放在部件库中,部件主要标识是部件编号,部件编号不单单是数字编号,它包括部件型号、名称、价格、尺寸、技术参数、制造厂商等各种数据。

1. 设备导航器

选择菜单栏中"项目数据"→"设备"→"导航器"命令,打开"设备"导航器,在该导航器中包含项目所有的设备信息,提供和修改设备的功能,包括设备名称的修改、显示格式的改变、设备属性的编辑等。总体来说,通过该导航器可以对整个原理图中的设备进行全局的观察及修改,其功能非常强大。

(1) 筛选对象的设置

单击"筛选器"面板上最上部的下拉列表按钮,可在该下拉列表框中选择想要查看的对象类别。

(2) 定位对象的设置

在"设备"导航器中还可以快速定位导航器中的元件在原理图中的位置。选择项目文件下的设备，单击鼠标右键，选择"转到（图形）"命令，自动打开该设备所在的原理图页，并高亮显示该设备的图形符号。

2. 新建设备

图纸未开始设计之前，需要对项目数据进行规划，在"设备"导航器中显示选择项目中需要使用到的部件，预先在"设备"导航器中建立设备的标识符和部件数据。

放置设备相当于为元件符号选择部件，进行选型，下面介绍具体方法。

在"设备"导航器中选中要选型的元件，单击右键，选择"新设备"命令，弹出"部件选择"窗口，如图 2-2-5 所示。

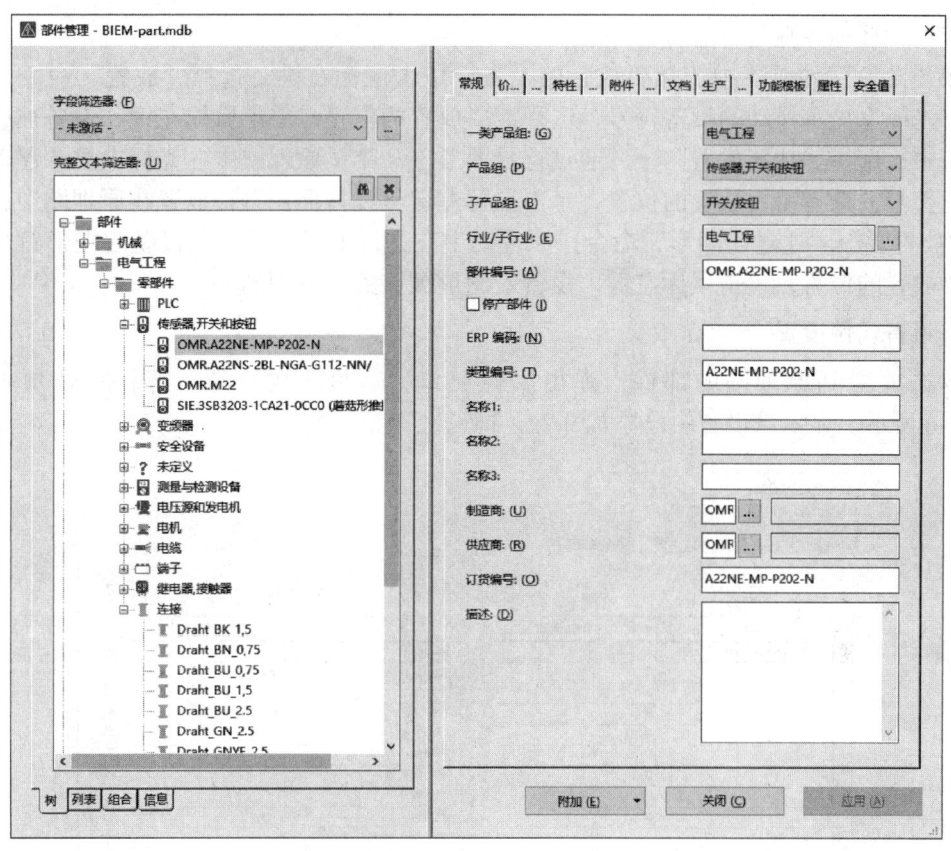

图 2-2-5　"部件选择"窗口

在该窗口中显示按专业分类的部件，部件可以分类为零部件、部件组和模块。同一个部件，可以作为零部件直接选择，也可以选择一个部件组。例如，一个热继电器，可以直接安装在接触器上，与接触器组成部件组，也可以配上底座单独安装，作为零部件单独使用。

3. 放置设备

EPLAN 设计原理图的一般方法包括两种。

面向图形的设计方法：按照一般的绘制流程，绘制原理图、元件选型、生成报表。

面向对象的设计方法：可以直接从导航器中拖拽设备到原理图中，忽略选型的过程。

在"设备"导航器中新建设备，选择项目中需要使用到的部件，在导航器中建立多个未放置的设备，标识设备未被放置在原理图中，还需要重新进行放置操作。

71

(1) 直接放置

选中设备导航器中的设备，按住鼠标左键向图纸中拖动，将设备从导航器中拖至图纸上，鼠标上显示插入符号，松开鼠标，在光标上显示浮动的设备符号，选择需要放置的位置，单击鼠标左键，设备被放置在原理图中。

(2) 菜单栏命令

选择菜单栏中的"插入"→"设备"命令，弹出"部件选择"窗口，选择需要的零部件或部件组，完成零部件选择后，单击"确定"按钮，原理图中在光标上显示浮动的设备符号，选择需要放置的位置，单击鼠标左键，设备被放置在原理图中。同时，在"设备"导航器中显示新添加的设备。

(3) 快捷命令放置

在"设备"导航器中选择要放置的设备，单击鼠标右键，选择"放置"命令，原理图中在光标上显示浮动的设备符号，选择需要放置的位置，单击鼠标左键，设备被放置在原理图中；选择"功能放置"→"通过符号图形"命令，原理图中在光标上显示浮动的设备标识符号，选择需要放置的位置，单击鼠标左键，设备标识符被放置在原理图中；选择"功能放置"→"通过宏图形"命令，原理图中在光标上显示浮动的设备宏图形符号，选择需要放置的位置，单击鼠标左键，设备宏图形被放置在原理图中。

4. 设备属性设置

双击放置到原理图的部件，弹出属性窗口，这里主要介绍"部件"选项卡，如图 2-2-6 所示，显示该设备中已添加部件，即已经选型。

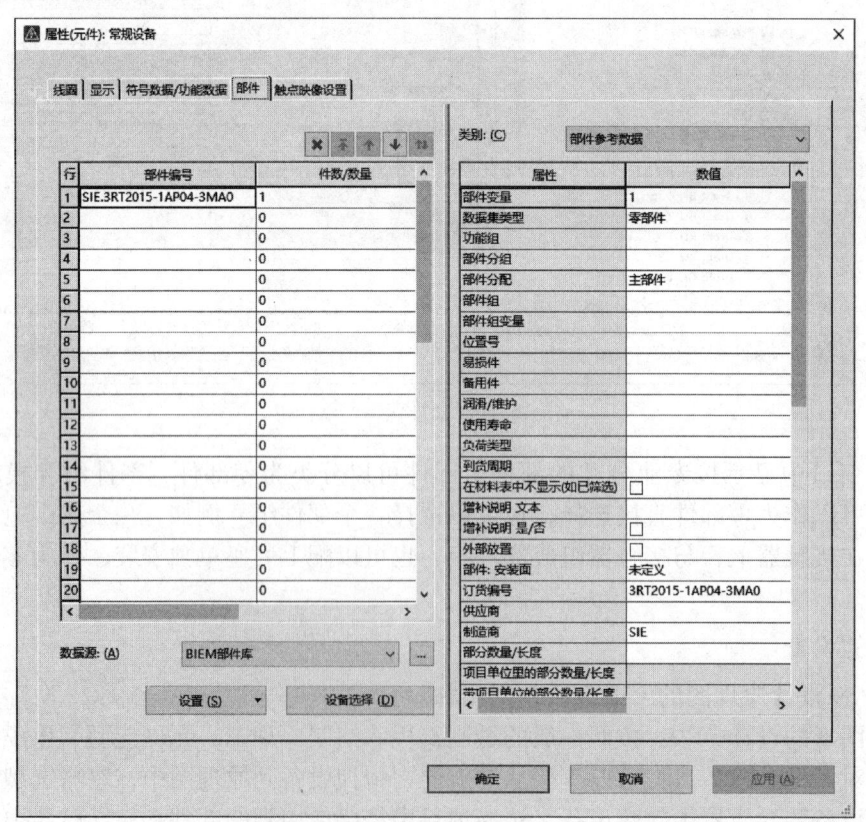

图 2-2-6 "部件"选项卡

（1）"部件编号 – 件数 / 数量"列表

在左侧"部件编号 – 件数 / 数量"列表中显示添加的部件。单击空白行"部件编号"中的拓展按钮，系统弹出"部件选择"窗口，在该窗口中显示部件管理库，可浏览所有部件信息，为元件符号选择正确的元器件。

部件库包括机械、流体、电气工程等专业，在相应专业下的部件组或零部件产品中有需要的元器件，还可在右侧的选项卡中设置部件常规属性，包括为元件符号制定部件编号，但由于是自定义选择元器件，因此需要用户查找手册，选择正确的元器件，否则容易造成元件符号与部件不匹配的情况，导致符号功能与部件功能不一致。

（2）"数据源"下拉列表

"数据源"下拉列表中显示部件库的数据库，一般情况下选择"默认"或者已建立好的公司部件库，若有需要，可单击右侧拓展按钮，弹出"设置：部件（用户）"窗口，设置新的数据源，在该窗口中显示默认部件库的数据源为"Access"，在后面的文本框中显示数据源路径，该路径与软件安装的路径有关。

单击"设置"按钮的下拉菜单，选中"设备选择"命令，系统弹出如图 2-2-7 所示的"设置：设备选择"窗口，在该窗口下显示选择的设备的参数设置。

单击"设置"按钮的下拉菜单，选中"部件选择（项目）"命令，系统弹出如图 2-2-8 所示的"设置：部件选择（项目）"窗口，在该窗口下显示部件从项目中选择或自定义选择。

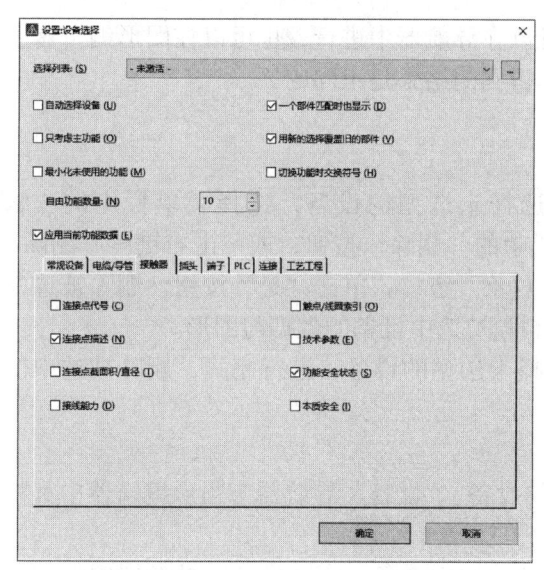
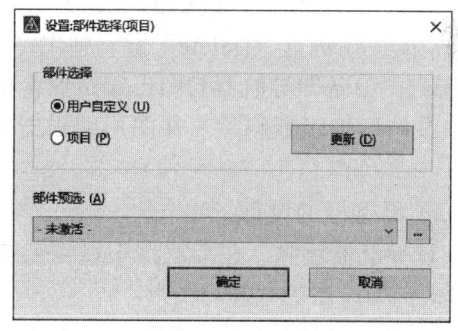

图 2-2-7 "设置：设备选择"窗口　　　　图 2-2-8 "设置：部件选择（项目）"窗口

单击"设备选择"按钮，弹出如图 2-2-9 所示的"设备选择"窗口，在该窗口中进行智能选型，在该窗口中自动显示筛选后的与元件符号相匹配的元件的部件信息。该窗口中不显示所有的部件信息，而显示一致性的部件。这种方法即节省了查找部件的时间，也避免了匹配错误部件的情况。

5. 更换设备

两个不同的设备之间更换，交换的不只是图形符号，相关设备的所有功能都被交换。

在"设备"导航器中选择要交换的两个设备，选择菜单栏中的"项目数据"→"设备"→"更换"命令，交换两个设备。

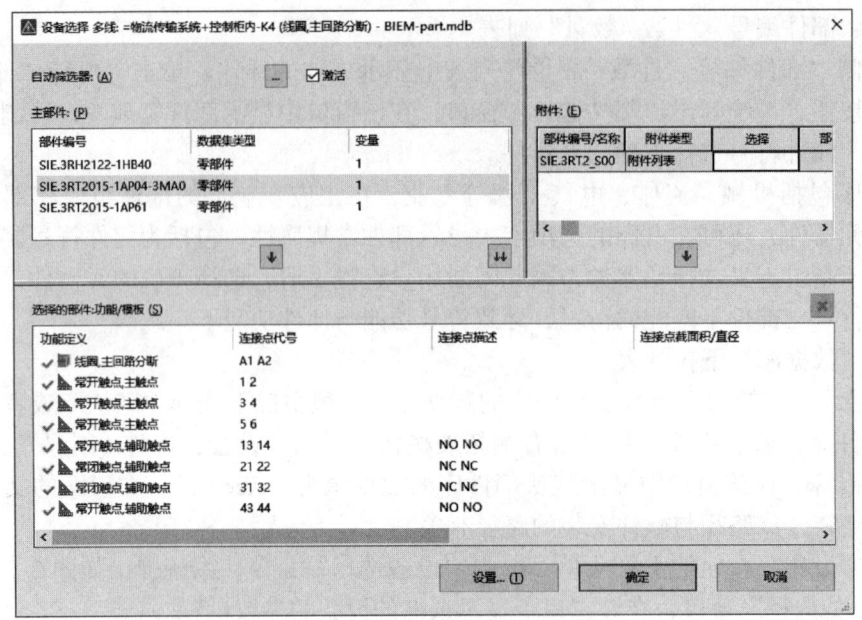

图 2-2-9 "设备选择"窗口

6. 设备的删除和删除放置

设备的删除包括删除和删除放置，删除可以在导航器中进行，也可以在图形编辑器中进行，对于选型和未选型的设备进行删除操作得到的结果是不同的。

（1）删除设备

1）未选型的设备：

① 导航器删除。在"设备"导航器中选择未选型的设备，选择菜单栏中的"编辑"→"删除"命令，或单击"默认"工具栏中的"删除"按钮，或单击右键→"删除"命令，或按住键盘"Delete"键，弹出"删除对象"窗口，单击"是"按钮，删除被选中的设备，"设备"导航器与图形编辑器中都将删除被选中设备的数据与图形。

② 图形编辑器删除。在图形编辑器中选择未选型的设备，进行删除，删除被选中的设备。

2）已选型的设备：

① 导航器删除。在导航器中删除被选中的设备，"设备"导航器与图形编辑器中都将删除被选中设备的数据与图形。

② 图形编辑器删除。在图形编辑其中删除被选中设备，在"设备"导航器中依旧显示已选型设备的数据。

（2）设备删除放置

1）未选型的设备：

① 导航器删除放置。在"设备"导航器中选择未选型的设备，选择菜单栏中的"编辑"→"删除放置"命令，弹出"删除放置"窗口，单击"是"按钮，仅在图形编辑器中删除被选中的设备图形符号，"设备"导航器保留被选中设备的数据。

② 图形编辑器删除放置。在图形编辑器中进行设备删除放置，仅在图形编辑器中删除被选中的设备图形符号，"设备"导航器保留被选中设备的数据。

2）已选型的设备：

① 导航器删除放置。在导航器中进行设备删除放置，仅在图形编辑器中删除被选中的设备图形符号，"设备"导航器保留被选中设备的数据。

② 图形编辑器删除放置。在图形编辑器中进行设备删除放置，仅在图形编辑器中删除被选中的设备图形符号，"设备"导航器保留被选中设备的数据。

7. 启用停用设备

为防止设备的误删除，EPLAN 启用设备保护功能。

（1）启用设备保护功能

在"设备"导航器中选中设备，选择菜单栏中"项目数据"→"设备"→"启用设备保护"命令，"设备"导航器中选中的设备前添加橙色圆圈，表示设备启用设备保护。此时，如果删除该设备，就会弹出"无法删除所选对象"提示，"设备"导航器与图形编辑器中都将保留被选中设备的数据与图形。

（2）停用设备保护功能

在"设备"导航器中选中设备，选择菜单栏中的"项目数据"→"设备"→"停用设备保护"命令，"设备"导航器中选中设备前取消橙色圆圈标记，停用设备保护。

【技能操作】

一、设备插入

步骤一：单击"插入"→"设备"，弹出"部件选择"窗口，在其左侧窗口中，选中"安全设备"中的"SIE.3RV2011-1AA15"，如图 2-2-10 所示，单击"确定"，在图纸合适位置，单击鼠标，插入断路器 Q1；同样的方法，选中"电机"中的"SIE.1TL0001-1DB3"，单击"确定"，插入电机 M1，如图 2-2-11 所示。

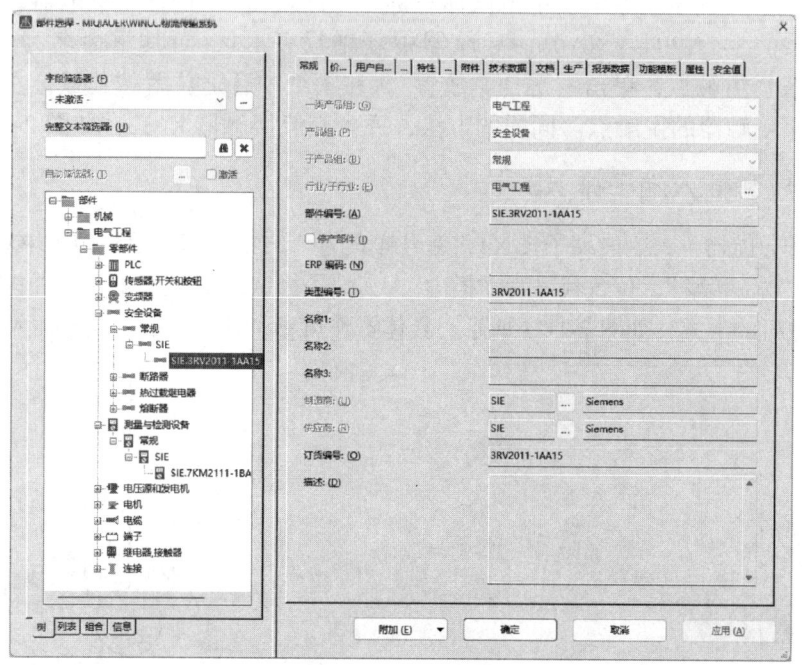

图 2-2-10　部件选择

图 2-2-11　插入断路器和电机

步骤二：在设备导航器中，单击鼠标右键→"新设备"，选择"继电器，接触器"中的"SIE.3RT2015-1AP04-3MA0"，导航器中新增设备 K1，对其重命名为"KM1"。选中该设备的三个主触点，单击右键→"放置"，在图纸中合适位置按住鼠标左键并拖拽鼠标，放置交流接触器的主触点。同样的方法，插入交流接触器 KM2，如图 2-2-12 所示。

二、生成和插入端子排 X3

在端子排导航器中，生成端子排 X3，编号样式为"1-12"，部件编号为"PXC.3211814"，高层代号为"物流传输"，位置代号为"柜内"，其端子排定义中功能文本为"电机端子"，并将其插入到电机的上方，如图 2-1-13 所示。具体操作可参考任务一的"端子插入"。

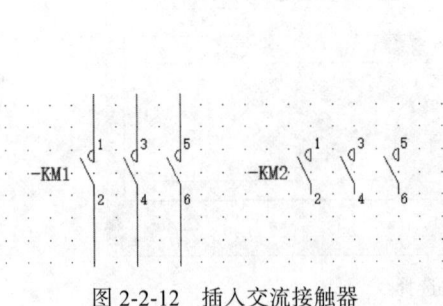

图 2-2-12　插入交流接触器

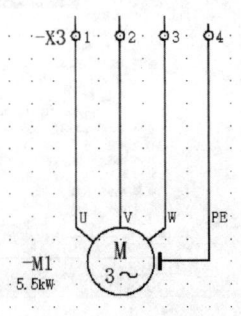

图 2-2-13　插入端子排 X3

三、插入电缆

单击"插入"→"电缆定义",在电机的上方,单击鼠标,引出电缆,再次单击鼠标,弹出"属性(元件):电缆"窗口,选中其"部件"选项卡,单击"设备选择",选中"LAPP.0035 0133",如图 2-2-14 所示;选中"显示"选项卡,删除其左侧窗口中"电缆/导管:类型",如图 2-2-15 所示;单击"确定",完成电缆 W1 插入,如图 2-2-16 所示。

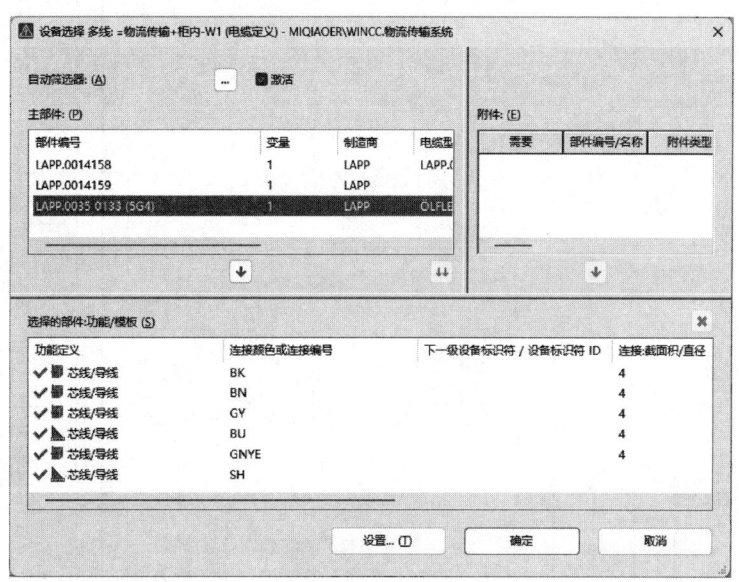

图 2-2-14 "设备选择"窗口

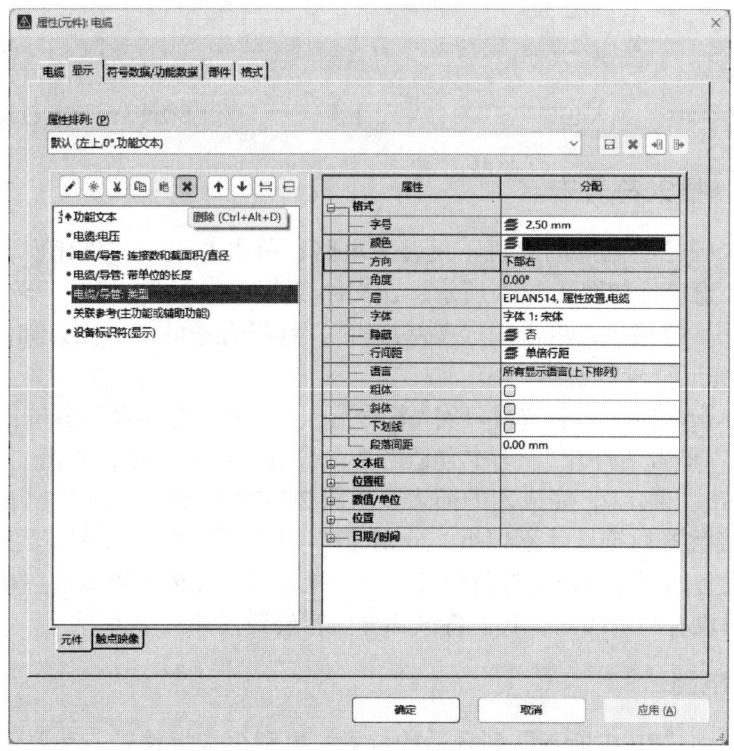

图 2-2-15 删除"电缆/导管:类型"

四、连接线路

在主界面的连接符号中选中合适连接符，按照任务要求进行电路连接，如图 2-2-17 所示。注意在连接过程中不能使用直线命令，只能使用连接符号，连线是自动生成的。

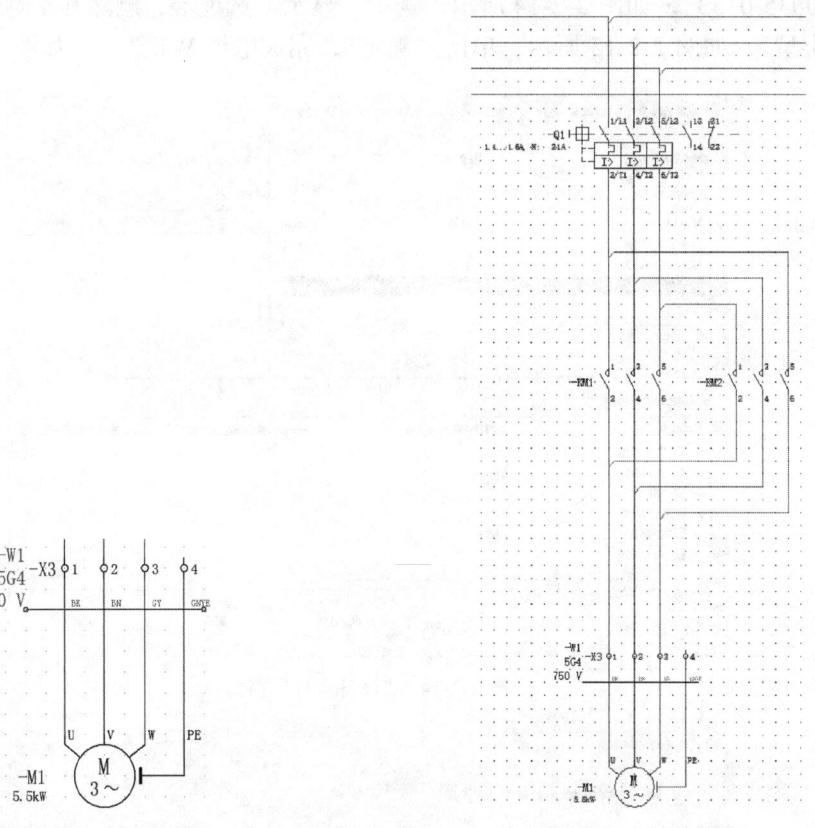

图 2-2-16 插入电缆　　　　　　　　图 2-2-17 连接线路

五、创建/插入符号宏

步骤一： 选择已绘制好的电机正反转主电路，单击右键→"创建窗口宏\符号宏"，弹出"另存为"窗口，如图 2-2-18 所示，在文件名栏中输入"电机正反转主电路宏"，单击"附加"右侧下拉菜单，单击"定义基准点"，选择合适的基准点，如图 2-2-19 所示，单击"确定"，完成符号宏创建。

步骤二： 单击"插入"→"窗口宏\符号宏"，弹出"选择宏"窗口，选中"电机正反转主电路宏"，单击"打开"，选中合适的插入位置，单击鼠标，弹出"插入模式"，选中"编号"，单击"确定"，完成宏的插入，如图 2-2-20 所示。从图 2-2-20 中可以看出新插入两个交流接触器的符号并不理想，分别为"-?KM1"和"-?KM2"，通过属性查看，可知道这两个设备的部件并没有进行部件选型，这是因为交流接触器的主功能为线圈，本任务图纸中暂时没有绘制线圈，我们将该部分内容放到任务五中进行。

六、整理电路

步骤一： 移动"PE 中断点"到合适的位置，再利用连接符号，按照任务要求进行电路连接。

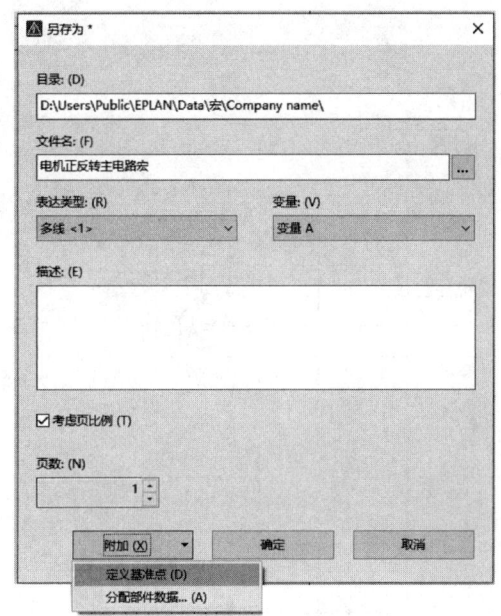

图 2-2-18 "另存为"窗口

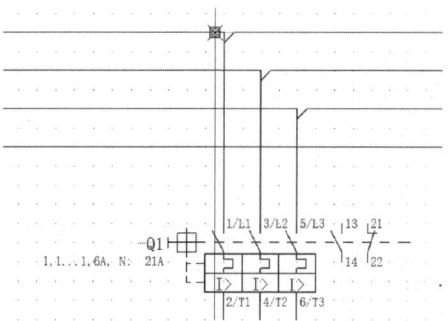

图 2-2-19 选择合适基准点

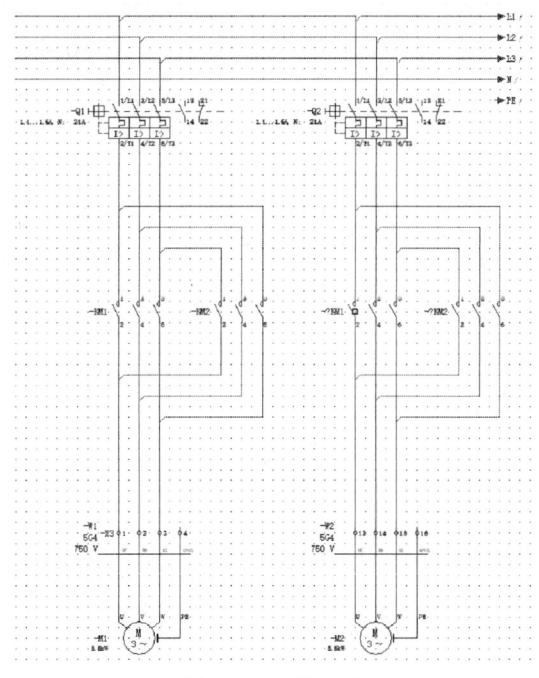

图 2-2-20 插入宏

步骤二：在电机的外侧插入"结构盒"，修改其位置代号为"柜外"，明确两个电机的安装位置在控制柜的外部。

步骤三：删除电机 M2 的连接端子，将 X3 端子排的"5–8"号端子插入到电机 M2 的上方。

步骤四：在电机 M1 和 M2 下方，分别插入"辊床 1"和"辊床 2"路径功能文本。整理后电路如图 2-2-21 所示。

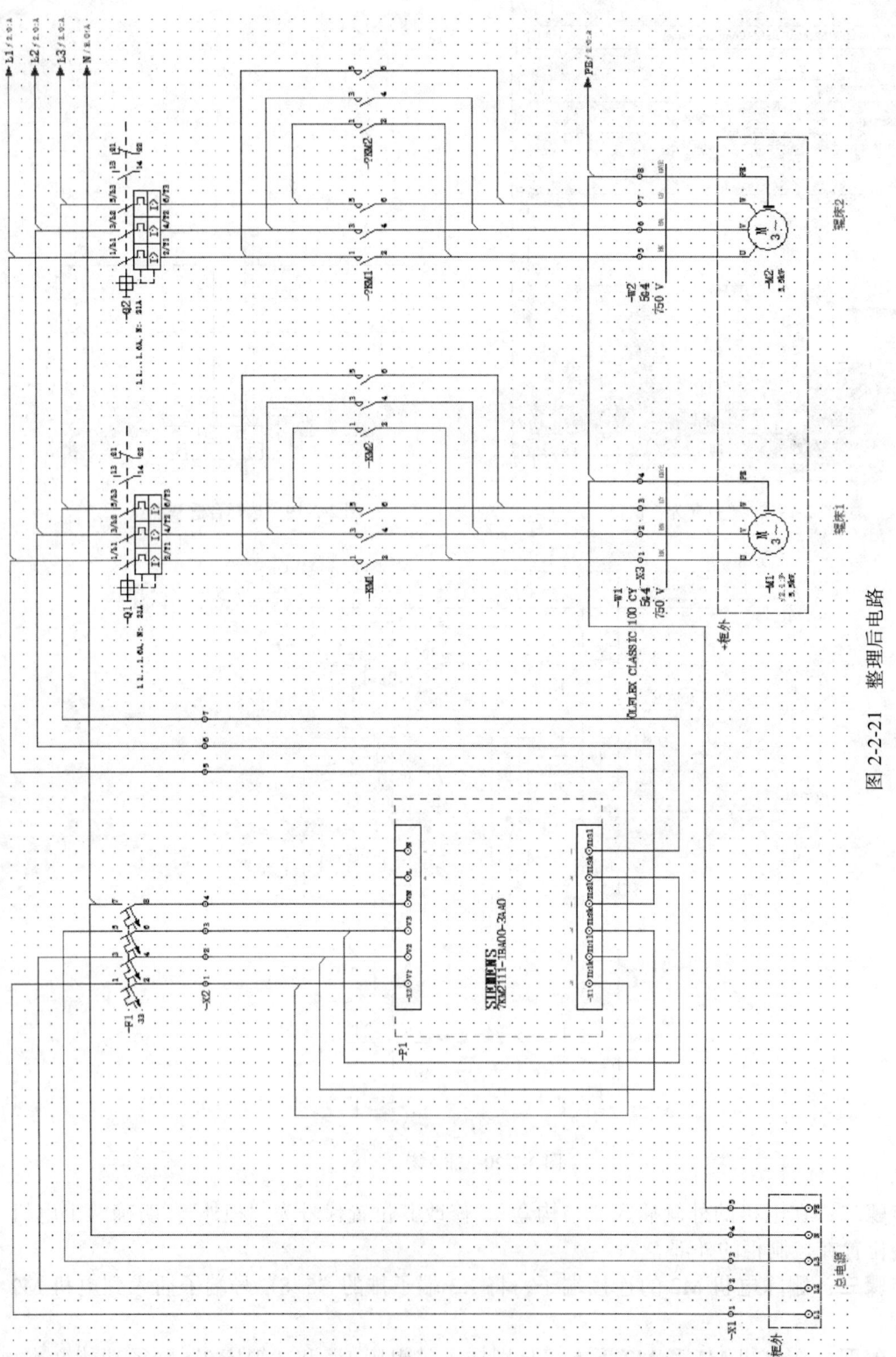

图 2-2-21 整理后电路

【任务测评】

步骤一：单击"项目数据"→"消息"→"执行项目检查",执行项目检查。

步骤二：单击"项目数据"→"消息"→"管理",弹出"消息管理"窗口,查看检查结果,如图 2-2-22 所示。可看到"消息管理"中出现了 12 个错误,并指明其错误分别为"-?KM1"和"-?KM2"无主功能和标识符无数字,这是因为这两个设备没有部件选型导致的,我们在任务五中对这两个设备的主功能线圈进行选型就能修正错误,本任务暂不做修改。除此以外,消息管理窗口并未显示其他错误,表明本任务测评通过。

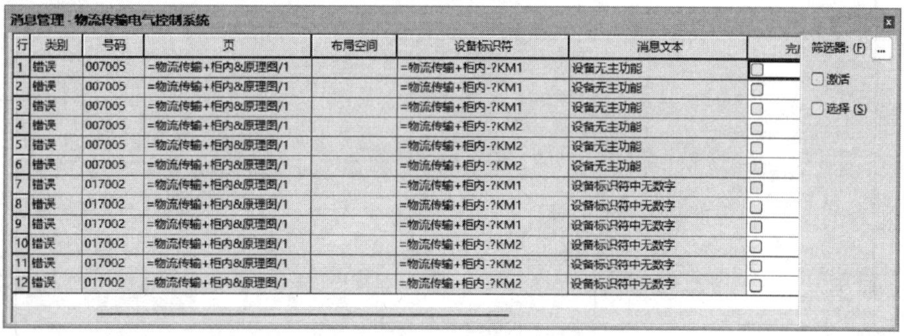

图 2-2-22 "消息管理"窗口

任务三 变频器控制回路绘制

【任务描述】

如图 2-3-1 所示,在任务二的基础上,绘制变频器控制回路。

具体要求：

1）新建一个名称为"变频器及直流电源"的多线原理图页。

2）电机 M3 由变频器控制。

3）电机 M3 引入电缆 W3,通过端子 X3 连接到控制柜。

注意事项：

图中设备型号和数量如表 2-3-1 所示。

表 2-3-1 设备型号和数量

序号	设备	型号	数量
1	电机保护开关 Q3	SIE.3RV2011-1AA15	1
2	交流接触器	仅绘制主触点符号,暂不添加型号	1
3	电缆 W3	LAPP.0035 0133	1
4	电机 M3	SIE.1TL0001-1DB3	1
5	端子排 X3	调用 9～12 号端子	12
6	变频器 U1	OMR.3G3MX2-A2002-V1	1

智能电气设计 EPLAN 第 2 版

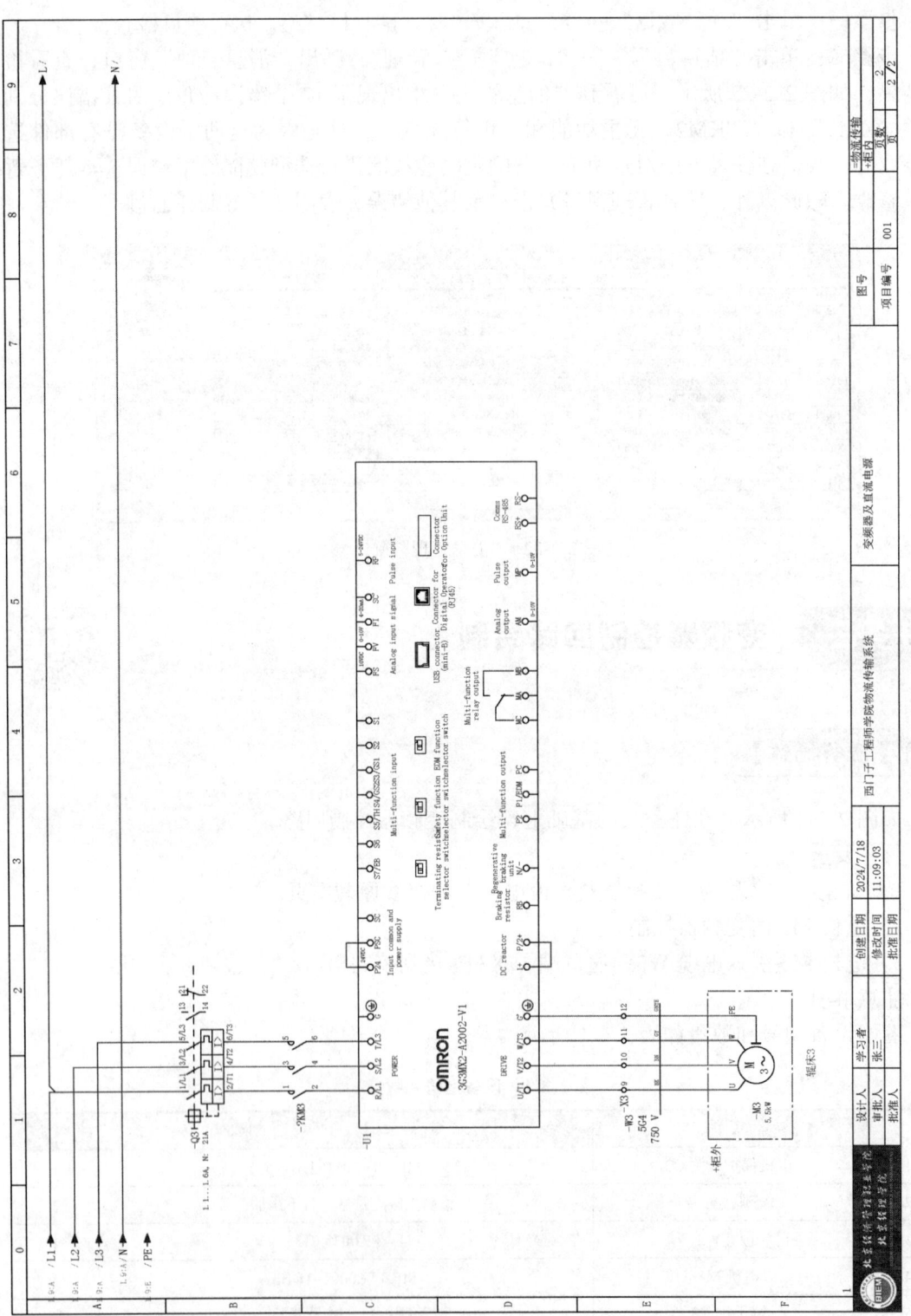

图 2-3-1 变频器控制回路

【相关知识】

一、电缆

电线电缆的制造与大多数机电产品的生产方式是完全不同，电线电缆是以长度为基本计量单位。所有电线电缆都是从导体加工开始，在导体的外围一层一层地加上绝缘、屏蔽、成缆、护层等而制成电线电缆产品，产品结构越复杂，叠加的层次就越多。

电缆有控制电缆、屏蔽电缆等，都是由单股或多股导线和绝缘层组成的，用来连接电路、电器等。

1. 电缆定义

在 EPLAN 中电缆通过电缆定义体现，也可通过电缆定义线或屏蔽对电缆进行图形显示，在生成的电缆总览表中看到该电缆对应的各个线号。电缆分为外部绝缘和内部导体组成。电缆的功能是基于连接的。因为绘制时不会立即更新连接，也可在更新连接后生成和更新电缆。

（1）插入电缆

选择菜单栏中的"插入"→"电缆定义"命令，此时光标变成交叉形状并附加一个电缆符号，将光标移动到需要插入电缆的位置上，单击鼠标左键确定电缆第一点，移动光标，选择电缆的第二点，在原理图中单击鼠标左键确定插入电缆，此时光标仍处于插入电缆的状态，重复上述操作可以继续插入其他的电缆。电缆插入完毕，按右键"取消操作"命令或"Esc"键即可退出该操作。

（2）设置电缆的属性

在插入电缆的过程中，用户可以对电缆的属性进行设置。双击电缆或插入电缆后，弹出电缆属性设置窗口，如图 2-3-2 所示，在该窗口中可以对电缆的属性进行设置。

在"显示设备标识符"中输入电缆的编号，电缆名称可以是信号的名称，也可以自己定义。

在"类型"文本框中选择电缆的类型，单击右侧拓展按钮，弹出"部件选择"窗口，在该窗口中选择电缆的型号，完成选择后，单击"确定"按钮，关闭窗口，返回电缆属性设置窗口，显示选择类型后，根据类型自动更新类型对应的连接数。

打开"符号数据/功能数据"选项卡，显示电缆的符号数据，在"编号/名称"文本框中显示电缆符号编号，单击拓展按钮，弹出"符号选择"窗口，在符号库中可选择需要的电缆符号。

2. 电缆默认参数

选择菜单栏中的"选项"→"设置"命令，或单击"默认"工具栏中的"设置"按钮，系统弹出"设置"窗口。

选择"项目"→"设备"→"电缆"选项，打开电缆设置窗口，在该窗口包括电缆长度、电缆和连接、默认电缆型号，如图 2-3-3 所示。

单击"默认电缆"文本框后的拓展按钮，弹出"部件选择"窗口，在符号库中重新选择电缆部件型号。

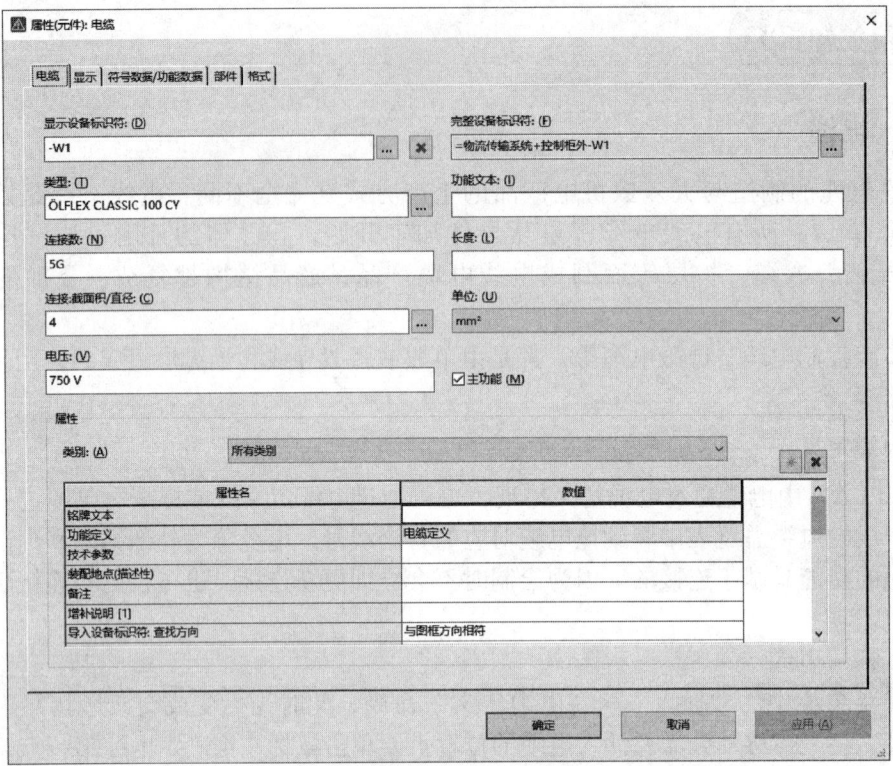

图 2-3-2　电缆属性设置窗口

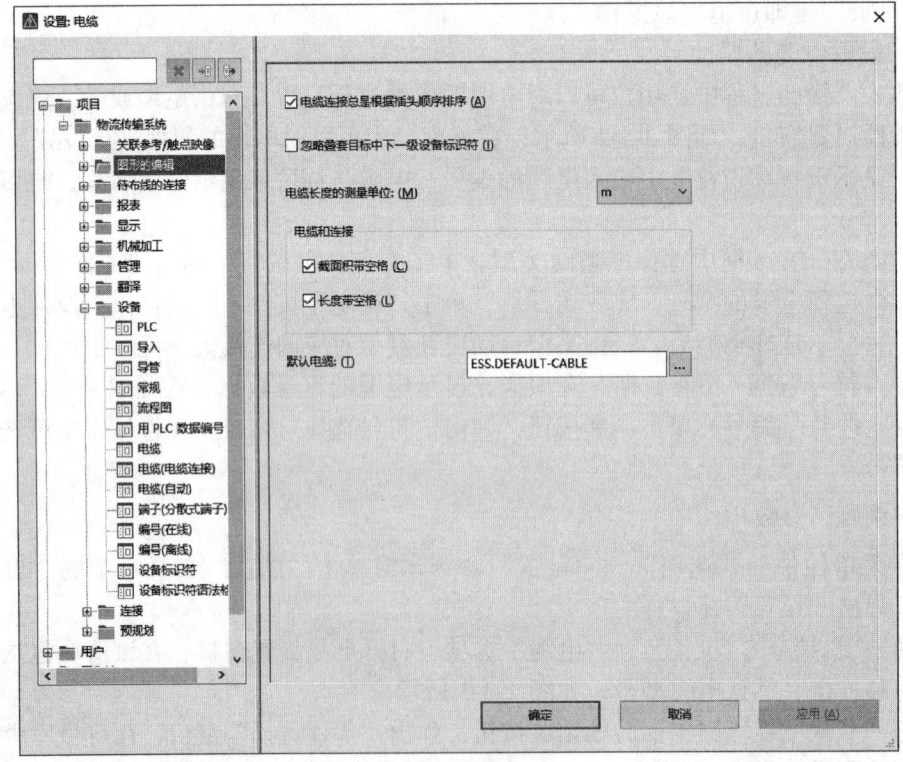

图 2-3-3　电缆设置窗口

选择"项目"→"设备"→"电缆（电缆连接）"选项，显示电缆连接参数，在"编号/名称"文本框中单击右侧拓展按钮，弹出"符号选择"窗口，在符号库中可选择需要的电缆符号。

通过"设置"窗口中设置的电缆数据适用于选择的整个项目中的所有电缆。原理图中，单个电缆进行属性设置过程中，选择电缆部件及电缆符号时只适用选择的单个电缆。

3. 电缆连接定义

在 EPLAN 中放置电缆定义时，电缆定义和自动连线相交处会自动生成电缆连接定义。

单个电缆连接可通过连接定义点或功能连接点逻辑中的电缆连接点属性来定义，双击原理图中的电缆连接，或在电缆连接上单击鼠标右键选择"属性"命令，或将电缆连接放置到原理图中，自动弹出属性窗口。

4. 电缆导航器

选择菜单栏中的"项目数据"→"电缆"→"导航器"命令，打开"电缆"导航器，在该导航器中显示电缆定义与该电缆连接的导线及元件。

在选中的导线上单击鼠标右键，选择"属性"命令，弹出"属性（元件）：电缆"窗口，在"显示设备标识符"中输入电缆定义的名称。

在导航器项目上单击鼠标右键，选择"新建"命令，弹出"功能定义"窗口，定义电缆，默认标识符为 W，单击"确定"按钮，自动弹出创建的电缆的"属性（元件）：电缆"窗口。

在"显示设备标识符"中显示电缆定义的名称，在"类型"文本框选择电缆类型，自动显示该类型下的连接数、连接截面积/直径、电压等参数。

完成参数设置后，单击"确定"按钮，在"电缆"导航器中显示创建的电缆。

在"电缆"导航器卜创建的电缆上单击鼠标右键，选择"放置"命令，此时光标变成交叉形状并附加一个电缆符号。

将光标移动到需要插入电缆的位置上，单击鼠标左键确定电缆第一点，移动光标，选择电缆的第二点，在原理图中单击鼠标左键确定插入电缆。此时，光标仍处于插入电缆的状态，重复上述操作可以继续插入其他的电缆。电缆插入完毕，按右键"取消操作"命令或"Esc"键即可退出该操作。

5. 电缆选型

电缆选型分为自动选型和手动选型两种。

（1）自动选型

双击电缆或在插入电缆后，弹出电缆属性设置窗口，打开"部件"选项卡，单击"设备选择"按钮，弹出"设备选择"窗口，在该窗口中选择主部件电缆编号，完成选型。

（2）手动选型

打开"部件"选项卡，在"部件编号"中单击拓展按钮，弹出"部件选择"窗口，EPLAN 会根据电缆的芯数以及电缆的电位等信息，将部件库中符合条件的电缆筛选出来，选择满足条件的电缆，完成选型。

6. 多芯电缆

在 EPLAN 中放置电缆时，一根多芯电缆放置在不同的位置，包括两种标识方法。

（1）功能设置

默认情况下，在同一位置使用电缆添加电缆定义时，电缆与每个连接都有一个电缆连接点，根据电缆的定义点可确定电缆分配的芯线数。在原理图中不同位置可定义相同完整标识符的电缆，只有一条为"主功能"，表示这些电缆均为同一条电缆，只是位于不同的位置。

（2）插入连接定义点

选择菜单栏中的"插入"→"连接定义点"命令，将光标移动到需要插入连接定义点的导线上，弹出连接定义点属性设置窗口，在该窗口中设置连接定义点的"连接：归属"为"电缆"，在"显示设备标识符"文本框中输入对应的电缆标识符。

7. 电缆编辑

（1）编辑电缆

在原理图中或"电缆"导航器中选择电缆，选择菜单栏中的"项目数据"→"电缆"→"编辑"命令，弹出"编辑电缆"窗口，如图 2-3-4 所示，在该窗口中显示电缆编号与连接，在手动选项不匹配的情况下，通过单击该窗口的"向上移动""向下移动"按钮，手动调节连接的顺序，从而达到正确分配电缆的目的。采用这种方法，避免手动更改原理图中电缆的芯线，步骤简单。

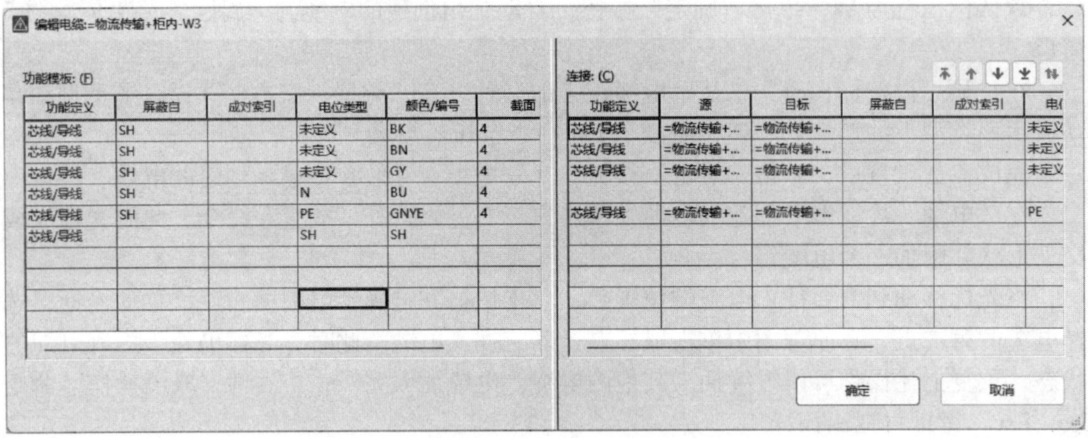

图 2-3-4 "编辑电缆"窗口

（2）电缆编号

项目数据的来源不同，包含的编号规则不同，为统一规则，对电缆进行重新编号。

选择"编号"命令，弹出"对电缆编号"窗口，该窗口显示编号的起始值与增量。单击"设置"选项后的拓展按钮，弹出"设置：电缆编号"窗口，在该窗口进行编号格式设置。

在"配置"下拉列表中显示系统中的配置类型，利用"新建""保存""复制""删除"的按钮进行相关配置操作。

在"格式"下拉菜单中包括"来自项目结构""根据源""根据目标""根据源和目标""根据目标和源"几种格式。

（3）自动选择电缆

选择"自动选择电缆"命令，弹出"自动选择电缆"窗口，在"设置"下拉列表中选择默认配置或通过拓展按钮新建一个配置。

在弹出的"设置：自动选择电缆"窗口中，单击"配置"选项右侧的"新建"按钮，弹出"新配置"窗口，新建配置。

自动选择电缆不是自动在符号库中选择电缆，而是需要添加可供选择的电缆。单击"电缆预选"列表上的"新建"按钮，弹出"部件选择"窗口，选择电缆类型，预先在列表中添加选中的电缆。

单击"电缆预选"列表上的"编辑"按钮，编辑选中的电缆型号；单击"删除"按钮，删除预添加的电缆；单击"向上移动""向下移动"按钮，调整电缆顺序。

（4）自动生成电缆

在 EPLAN 中可直接自动生成电缆及电缆的一些功能。

选择"自动生成电缆"命令，弹出"自动生成电缆"窗口，在"电缆生成""电缆编号""自动选择电缆"选项组下设置新生成的电缆参数，默认参数，勾选"结果预览"复选框，对电缆编号进行预览，若发现错误，还可以进行更改。完成设置后，原理图中将会更改电缆的编号，在"电缆"导航器中同样显示自动生成前后电缆编号的变化。

（5）分配电缆

分配电缆连接中的芯线与其他对象。

选择"分配电缆"命令，该命令下包括两个分配命令："保留现有属性"和"全部重新分配"。"保留现有属性"：把电缆中的新芯线分配给新的连接时，不影响原有的芯线连接；"全部重新分配"：把当前电缆新芯线分配给新连接时，将所有的芯线（包括已连接的芯线）进行重新分配，已连接的芯线重新分配可能发生变化，也可能不发生变化。

8. 屏蔽电缆

在电气工程设计中，屏蔽线是为了减少外电磁场对电源或通信线缆的影响。屏蔽线的屏蔽层需要接地，外来的干扰信号可被该层导入大地。

（1）插入屏蔽电缆

选择菜单栏中的"插入"→"屏蔽"命令，此时光标变成交叉形状并附加一个屏蔽符号。

将光标移动到需要插入屏蔽的位置上，单击鼠标左键确定屏蔽第一点，移动光标，选择屏蔽的第二点，在原理图中单击鼠标左键确定插入屏蔽，此时光标仍处于插入屏蔽的状态，重复上述操作可以继续插入其他屏蔽。屏蔽插入完毕，按右键"取消操作"命令或"Esc"键即可退出该操作。

在图纸中绘制屏蔽的时候，需要从右往左放置，屏蔽符号本身带有一个连接点，具有连接属性。

（2）设置屏蔽的属性

双击屏蔽，弹出屏蔽属性设置窗口，在该窗口中可以对屏蔽的属性进行设置。

在"显示设备标识符"中输入屏蔽的编号，单击右侧拓展按钮，弹出"设备标识符"窗口，在该窗口中选择要屏蔽的电缆标识符。

打开"符号数据/功能数据"选项卡，显示屏蔽的符号数据。完成电缆选择后的屏蔽，屏蔽层需要接地，可以通过连接符号来生成自动连线。

二、宏

在 EPLAN 中，原理图中存在大量标准电路，可将项目页上某些元素或区域组成的部分标注电路保存为宏，可根据需要随时把已经定义好的宏插入到原理图的任意位置，对于某些控制回路，做成宏之后调用能起到事半功倍的效果，如起保停电路、自动往返电路等，以后即可反复调用。

1. 创建宏

在原理图设计过程中经常会重复使用的部分电路或典型电路被保存可调用的模块称之为宏，如果每次都重新绘制这些电路模块，不仅造成大量的重复工作，而且存储这些电路模块及其信息要占据相当大的磁盘空间。

在 EPLAN 中，宏可分为窗口宏、符号宏和页面宏。

1）窗口宏：宏包括单页的范围或位于页的全部对象。插入时，窗口宏附着在光标上并能自由定位于 X 和 Y 方向，窗口宏的后缀名为"*.ema"。

2）符号宏：可以将符号宏认为是符号库的补充。符号宏和窗口宏的内容没有本质区别，主要是为了区分和方便管理。例如可将显示相应单位的多个符号或对象归总成一个对象。将符号宏模拟创建到窗口宏，但在相同的目录下用另外的文件名扩展进行设置。符号宏的后缀名为"*.ems"。

3）页面宏：包含一页或多页的项目图纸，其扩展名为"*.emp"。

框选选中某部分电路，选择菜单栏中的"编辑"→"创建窗口宏/符号宏"命令，或在选中电路上单击鼠标右键选择"创建窗口宏/符号宏"命令，或按"Ctrl+F5"键，系统将弹出"另存为"窗口。

在"目录"文本框中输入宏目录，在"文件名"文本框中输入宏名称，单击"拓展"按钮，弹出宏类型"另存为"窗口，在该窗口中可选择文件类型、文件目录、文件名称、显示宏的图形符号与描述信息。

在"表达类型"下拉列表中显示 EPLAN 中的宏类型。宏的表达类型用于排序，有助于管理宏，但对宏中的功能没有影响，仍保持各自的表达类型。

1）多线：适用于放置在多线原理图页上的宏。
2）多线流体：适用于放置在流体工程原理图页中的宏。
3）总览：适用于放置在总览页上的宏。
4）成对关联参考：适用于实现成对关联参考的宏。
5）单线：适用于放置在单线原理图页上的宏。
6）拓扑：适用于放置在拓扑图页上的宏。
7）管道及仪表流程图：适用于放置在管道及仪表流程图页中的宏。
8）功能：适用于放置在功能原理图页中的宏。
9）安装板布局：适用于放置在预规划图页中的宏，在预规划宏中"考虑页比例"不可激活。
10）图形：适用于只包含图形元件的宏。既不在报表中，也不在错误检查和形成关联参考时考虑图形元件，也不将其收集为目标。

在"变量"下拉列表中可选择从变量 A 到变量 P 的 16 个变量。在同一个文件名称下，可为一个宏创建不同的变量。标准情况下，宏默认保存为"变量 A"。EPLAN 中可为一个宏的每个表达类型最多创建 16 个变量。

在"描述"栏输入设备组成的宏的注释性文本或技术参数文本，用于在选择宏时方便选择。勾选"考虑页比例"复选框，则宏在插入时会进行外观调整，其原始大小保持不变，但在页上会根据已设置的比例尺放大或缩小显示。如果未勾选复选框，则宏会根据页比例相应地放大或缩小。

在"页数"文本框中默认显示原理图页数为1，固定不变。窗口宏与符号宏的对象不能超出一页。

在"附加"按钮下选择"定义基准点"命令，在创建宏时重新定义基准点；选择"分配部件数据"命令，为宏分配部件。

单击"确定"按钮，完成窗口宏"*.ema"宏创建，符号宏的创建方法与之相同，符号宏后缀名改为"*.ems"即可。在目录下创建的宏为一个整体，分别后面使用时插入，但创建原理图中选中创建宏的部分电路不是整体，取消选中后的部分电路中设备与连接导线仍是单独的个体。

2. 插入宏

选择菜单栏中"插入"→"窗口宏/符号宏"命令，系统弹出"选择宏"窗口，在之前的保存目录下选择创建的"*.ema"宏文件。

单击"打开"命令，此时光标变成交叉形状并附加选择的宏符号，将光标移动到需要插入宏的位置上，在原理图中单击鼠标左键确定插入宏。此时系统自动弹出"插入模式"窗口，选择插入宏的标识符编号格式与编号方式。此时，光标仍处于插入宏的状态，重复上述操作可以继续插入其他的宏。宏插入完毕，按右键"取消操作"命令或"Esc"键即可退出操作。

3. 页面宏

由于创建的范围不同，页面宏的创建和插入与窗口宏和符号宏不同。

（1）创建页面宏

在"页"导航器中选择需要创建为宏的原理图页，选择菜单栏中的"页"→"页宏"→"创建"命令，系统弹出"另存为"窗口。

该窗口与前面创建窗口宏、符号宏相同，激活了"页数"文本框，可选择创建多个页数的宏。

（2）插入页面宏

选择菜单栏中"页"→"页宏"→"插入"命令，系统将弹出"打开"窗口，在之前的保存目录下选择创建的宏文件。

单击"打开"命令，此时系统自动弹出"调整结构"窗口，选择插入的页面宏的编号，完成页面宏插入后，在"页"导航器中显示插入的原理图页。

4. 宏值集

为了使项目的设计更加智能化，EPLAN中不仅添加了宏的定义，还为宏定义了特殊的属性，统称为宏值集。

（1）插入占位符对象

占位符对象是宏值集的标识符，插入占位符对象，也就是插入宏值集的标识符。

选择菜单栏中的"插入"→"占位符对象"命令，此时光标变成交叉形状并附加一个占位符对象符号。

将光标移动到需要设置占位符对象的位置上，移动光标，选择占位符对象插入点，在原理图中框选确定插入占位符对象，如图 2-3-5 所示。此时光标仍处于插入占位符对象的状态，重复上述操作可以继续插入其他的占位符对象。占位符对象插入完毕，按右键"取消操作"命令或"Esc"键即可退出该操作。

（2）新建变量

双击占位符对象，弹出占位符对象属性设置窗口，在该窗口中可以对占位符对象的属性进行设置，在"名称"中输入占位符对象的名称"电机保护"。

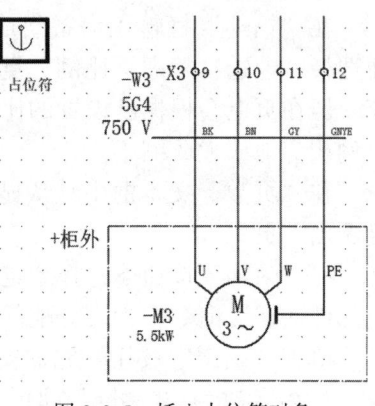

图 2-3-5 插入占位符对象

打开"数值"选项，在空白处单击鼠标右键，选择"新变量"命令，弹出"命名新的变量"窗口，输入新建的变量名称"电机"，单击确定，结果如图 2-3-6 所示。

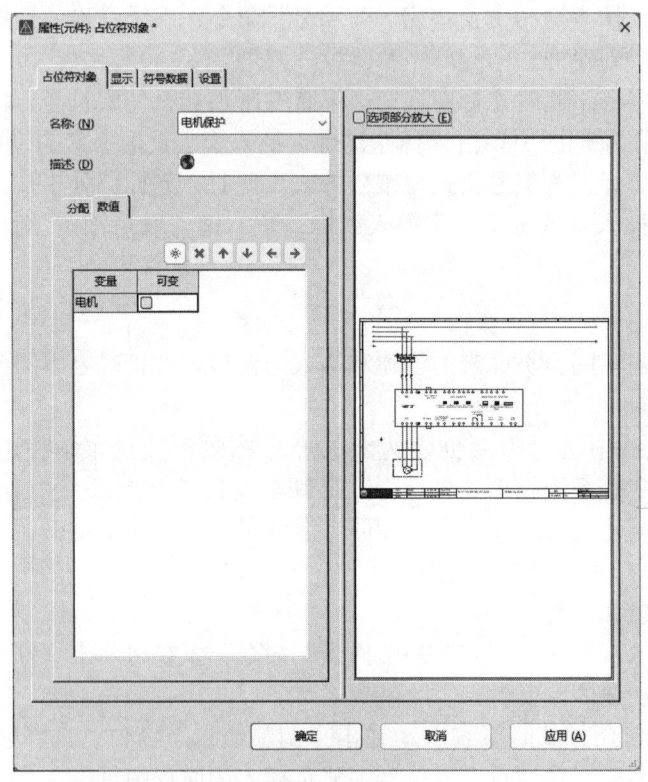

图 2-3-6 添加变量

（3）选择变量

打开"分配"选项，显示元件下的属性，选择"三相电机"，单击"新建"，利用筛选器添加"技术参数"，在其变量栏中单击右键，选中"选择变量"命令，选择刚新建的变量"电机"，如图 2-3-7 所示，确定完成属性变量的添加。

（4）新建值集

打开"数值"选项卡，在空白处单击鼠标右键，选择"新值集"命令，在变量后自动添加空白的数据值选项，输入新建的值集，添加值集，如图 2-3-8 所示。

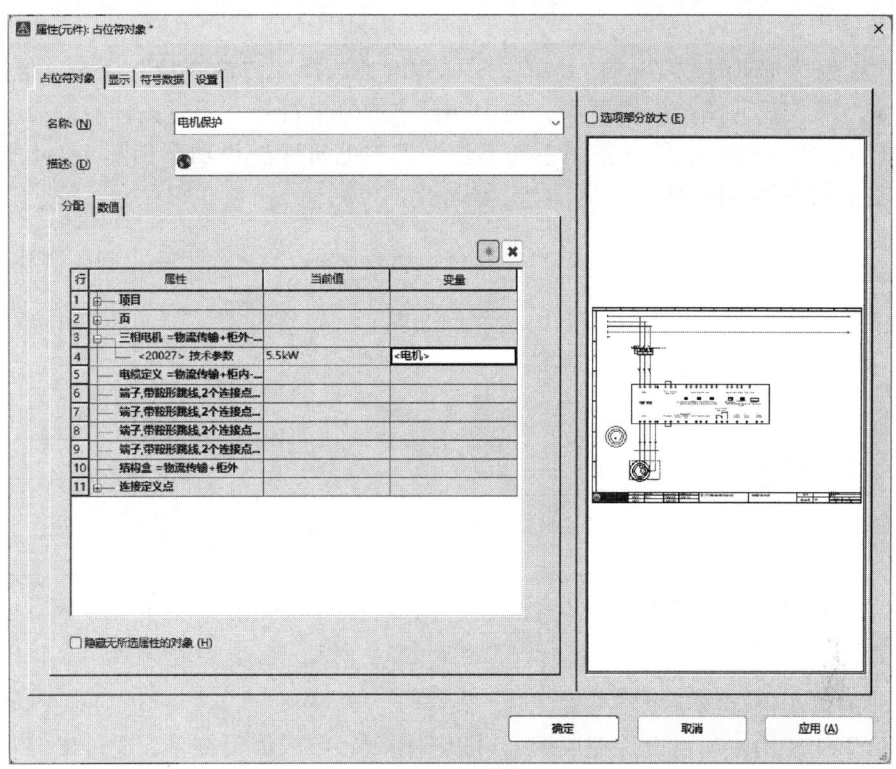

图 2-3-7 选择变量

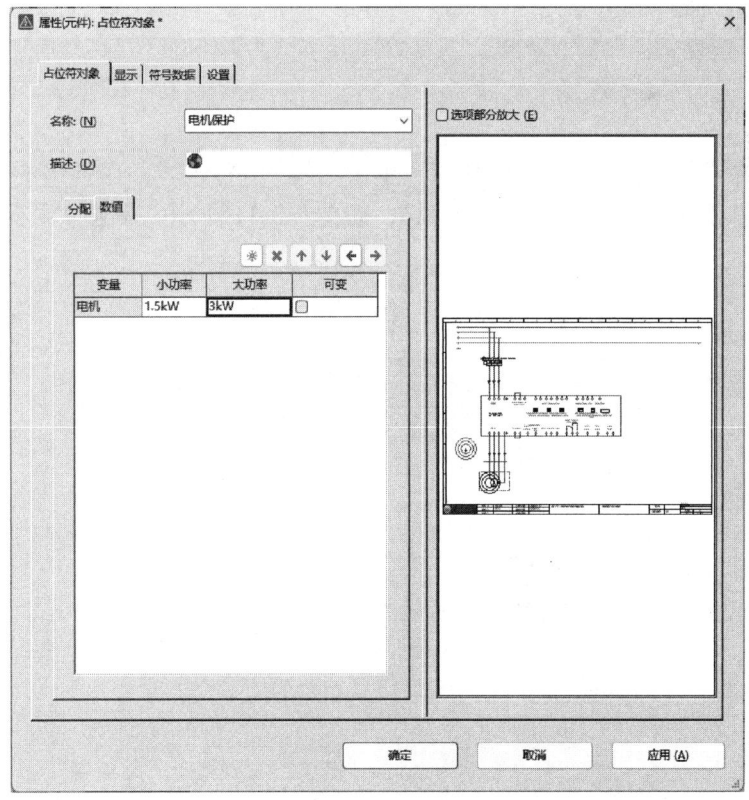

图 2-3-8 添加值集

(5) 传输变量

返回"分配"选项卡，在空白处单击鼠标右键，选择"传输变量"命令，传输变量，单击"确定"后，返回图形编辑器中，选中项目中的值集符号，通过鼠标右键命令"分配值集"，可快速完成相同型号设备的不同参数切换，电机保护小功率如图2-3-9所示，电机保护大功率如图2-3-10所示。

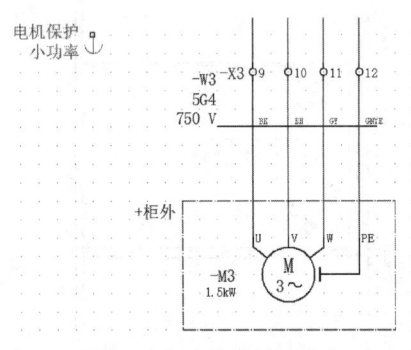

图 2-3-9　电机保护小功率

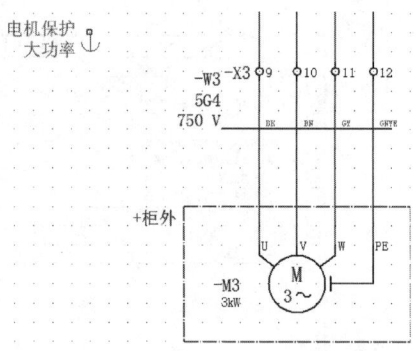

图 2-3-10　电机保护大功率

(6) 创建宏

将创建的值集保存成一个宏文件。

通过值集的使用，项目设计完成后，可以选择项目中的值集符号，通过鼠标右键命令"分配值集"，为宏重新选择值集，极大程度上方便了后期的修改。

【技能操作】

一、新建页

在"页导航器"中，选中"原理图"，单击右键→"新建"，在弹出的"新建页"窗口中，修改页描述为"变频器及直流电源"，如图2-3-11所示，单击"确定"，完成页面新建。

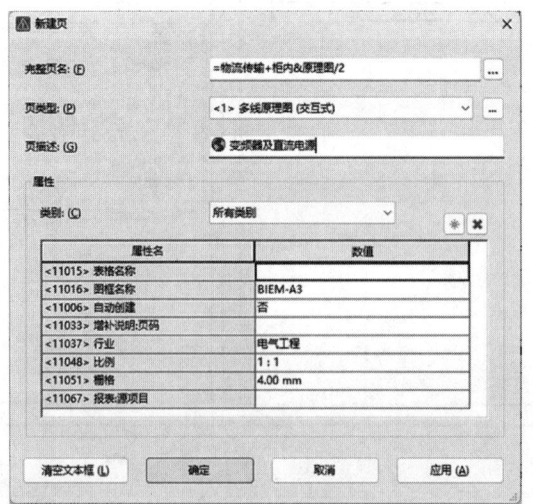

图 2-3-11　新建页

二、插入中断点及关联参考

步骤一：单击"中断点"按钮，并通过键盘 Tab 键，切换中断点显示状态，选择合适显示状态，单击鼠标，弹出"属性"窗口，设置显示设备标识符为"L1"。图中"1.9:A/L1"表示 L1 相电源来自第一页图纸的第 9 列第 A 行，选中该中断点，单击右键→"转到（匹配物）"，主界面窗口会切换到第一页图纸对应的中断点；再次"转到（匹配物）"，可切换回原位置，这表示两个中断点之间进行了关联。同样的方法，在图纸的左侧，插入中断点 L2、L3、N 和 PE，如图 2-3-12 所示。

步骤二：在图纸的右侧，插入中断点"L""N"，可看到对应的中断点之间自动进行了连接。

三、"窗口宏\符号宏"调用

步骤一：单击"插入"→"窗口宏\符号宏"，弹出"选择宏"窗口，选中"电机正反转主电路宏"，在图纸合适位置单击鼠标，插入窗口宏。

步骤二：根据任务要求，删除"-?KM4"设备及对应的连接节点，并调整交流接触器"-?KM3"所在位置，如图 2-3-13 所示。

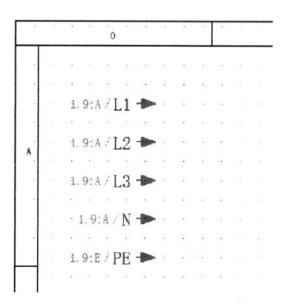

图 2-3-12 插入中断点

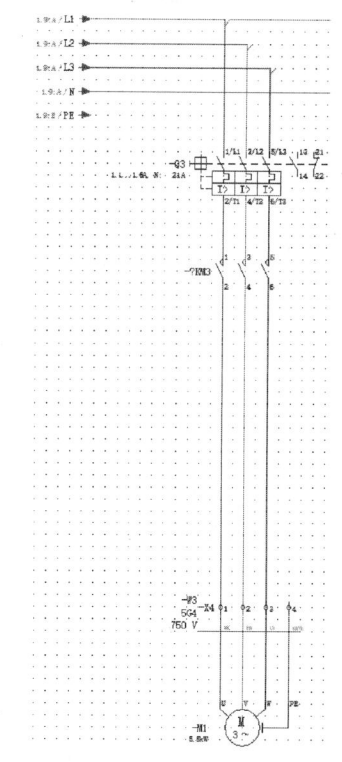

图 2-3-13 窗口宏调用及图形修改

四、插入变频器

单击"插入"→"设备"，弹出"部件选择"窗口，选中"变频器"中的"OMR.3G3MX2-A2002-V1"，在图纸合适位置单击鼠标，插入变频器，并自动完成设备之间的连线，如图 2-3-14 所示。

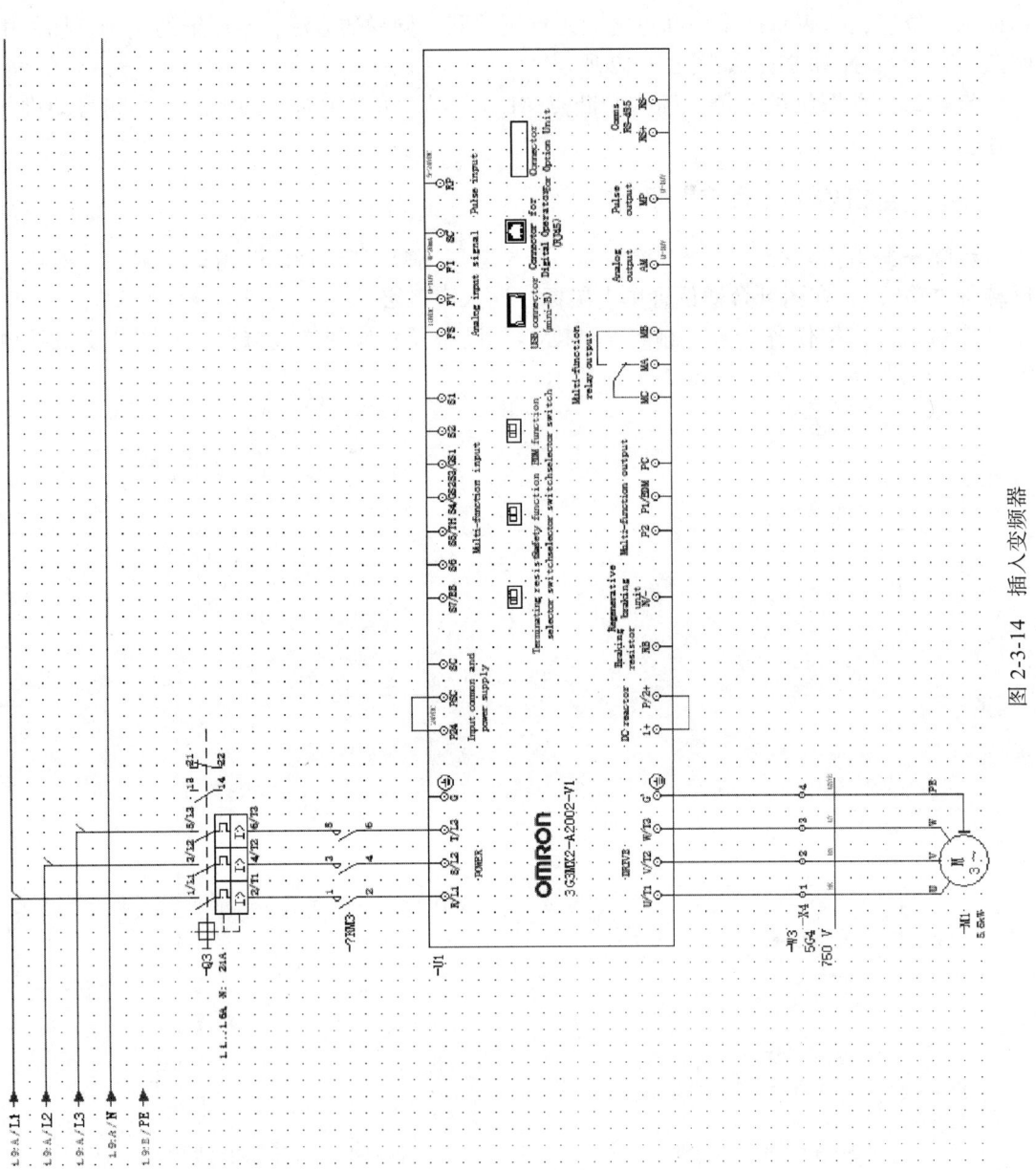

图 2-3-14 插入变频器

五、插入结构盒

单击"结构盒"按钮,在电机的外侧插入结构盒,修改其位置代号为"柜外",如图 2-3-15 所示。

六、修正电路

步骤一:删除电机上方的连接端子,在端子排导航器中,选中"X3"中"9-12",并将其插入到电缆"-W3"的上方。

步骤二:双击电机 M1,弹出"属性(元件):常规设备"窗口,修改其设备标识符为"-M3"。

步骤三:修正 L2、L3 和 Q3 的连接符号。

步骤四:利用"路径功能文本",在结构盒下方添加功能文本"辊床 3"。修改完成的电路如图 2-3-16 所示,完成操作。

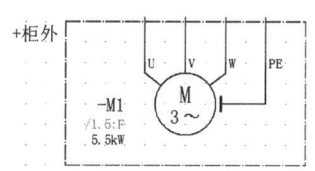

图 2-3-15 插入结构盒

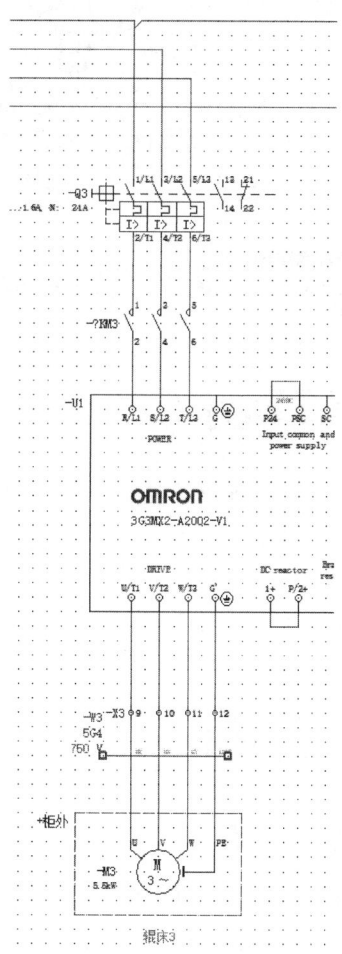

图 2-3-16 修正电路

🎤【任务测评】

步骤一:单击"项目数据"→"消息"→"执行项目检查",执行项目检查。

步骤二： 单击"项目数据"→"消息"→"管理"，弹出"消息管理"窗口，查看检查结果，如图 2-3-17 所示。可看到"消息管理"的错误信息，相对于任务二，新增出现了 6 个错误，并指明其错误分别为"-?KM3"无主功能和标识符无数字，与任务二的错误是相同的，我们一起在任务五中对其进行修正错误，本任务暂不做修改。除此以外，消息管理窗口并未显示其他错误，表明本任务测评通过。

图 2-3-17 "消息管理"窗口

任务四　直流电源电路绘制

【任务描述】

如图 2-4-1 所示，在任务三的基础上，绘制图中的直流电源电路。
具体要求：
1）直流电源设备型号为 SIE.6EP1336–1LB00。
2）该直流电源将 AC 220V 电源转换为 DC 24V。
3）电路使用中断点将 DC 24V 电源引入到其他图纸。

【相关知识】

一、中断点

中断点之间也是借助于导线完成连接。同一项目的所有电路原理图中，相同名称的中断点之间，在电气意义上都是相互连接的。

EPLAN 是最佳的电气制图辅助软件，功能相当强大，在电气原理图中经常用到中断点来表示两张图纸使用同一根导线，中断点可以在两个原理图页中跳转。

原理图分散在许多页图纸中，之间的联系就靠中断点了。同名的中断点在电气上是连接在一起的，它们之间互为关联参考，选中一个中断点，按"F"键，会跳转到相关联的另一点。不过中断点只能够一一对应，不能一对多或多对一。

项目二 电气原理图绘制

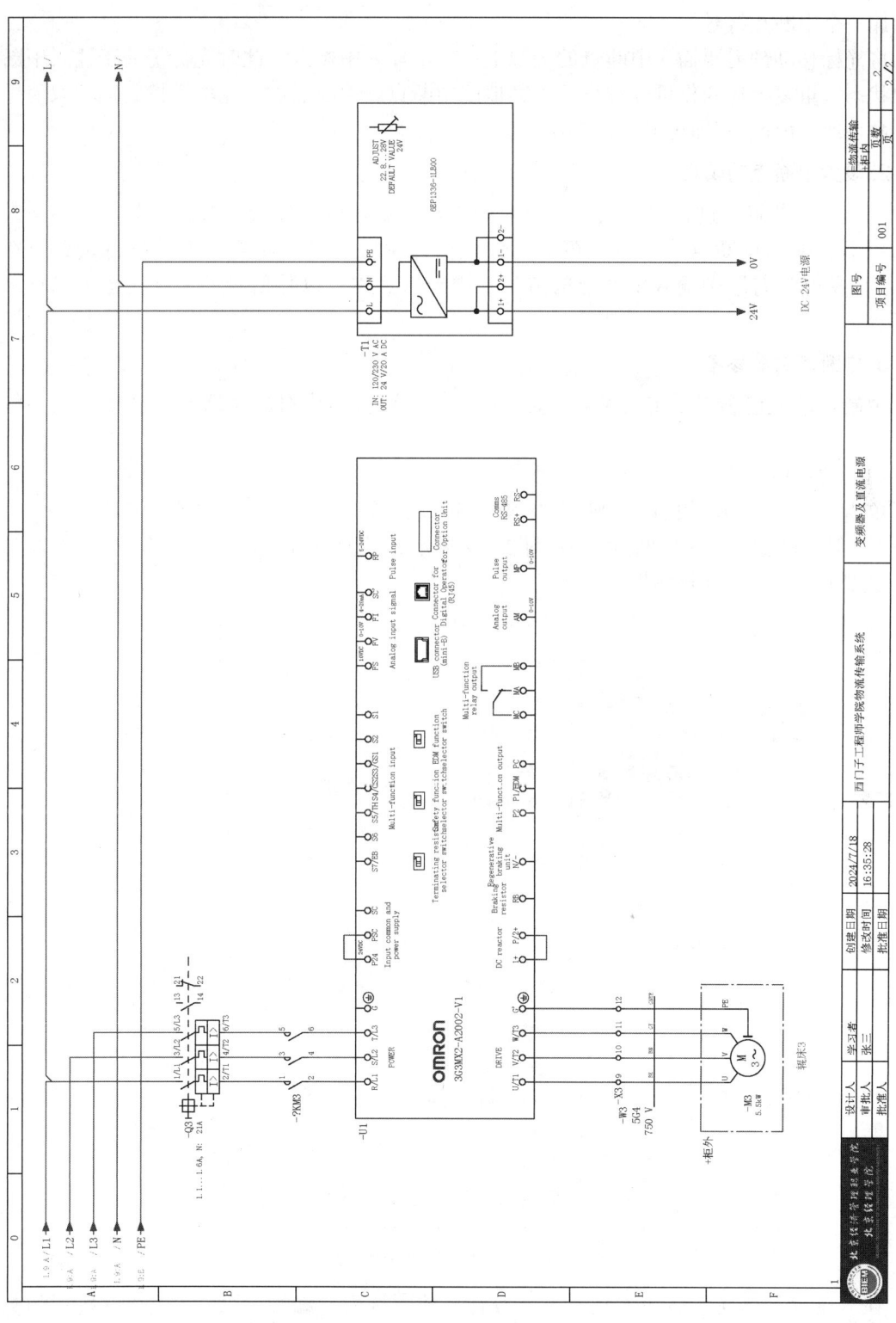

图 2-4-1 变频器及直流电源电路图

1. 插入中断点

选择菜单栏中的"插入"→"连接符号"→"中断点"命令,此时光标变成交叉形状并附加一个中断点符号。

将光标移动到需要插入中断点的导线上,单击插入中断点,此时光标仍处于插入中断点的状态,重复上述操作可以继续插入其他的中断点。中断点插入完毕,按右键"取消操作"命令或"Esc"键即可退出该操作。

2. 设置中断点的属性

在插入中断点的过程中,用户可以对中断点的属性进行设置。双击中断点或在插入中断点后,弹出中断点属性设置窗口,在该窗口中可以对中断点的属性进行设置,在"显示设备标识符"中输入中断点的编号,中断点名称可以是信号的名称,也可以自己定义。

3. 中断点关联参考

中断点的关联参考是 EPLAN 自动生成的,它可分为成对的关联参考和星形的关联参考。

(1) 选项设置

单击"选项"→"设置",弹出"设置"窗口,选择"项目"→"项目名称"→"关联参考/触点映像"→"中断点",如图 2-4-2 所示,设置中断点的关联参考、成对关联参考、星型关联参考的常规属性。

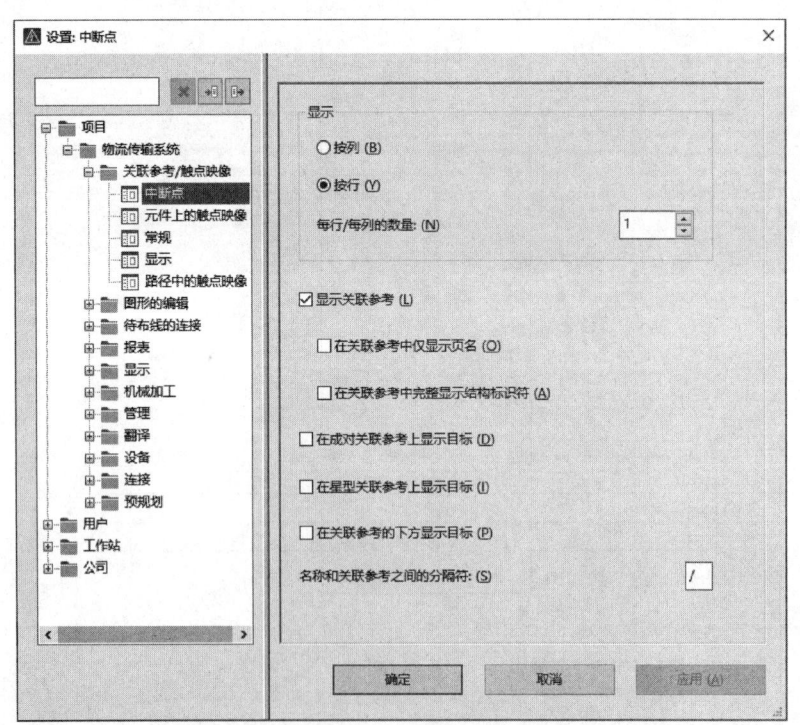

图 2-4-2 "中断点"设置窗口

在"显示"选项下显示关联参考"按行"或"按列"编号,默认"每行/每列的数量"为 1。勾选"显示关联参考"复选框,在原理图中显示关联参考标识;勾选"在关联参考中仅显示页名"，在原理图中显示关联参考的标识符时仅显示页名，如"1"；勾选"在关联参考中完整显示结构标识符"，在原理图中显示关联参考的标识符时仅显示完整的页名；勾选"在成对关联参考上显示目标"，在成对关联参考中显示目标中断点；勾选"在星型关联参考上显示目标"，在星型关联参考上显示目标中断点；勾选"在关联参考的下发显示目标"，在关联参考的下方显示目标中断点。

（2）成对中断点

成对中断点有源中断点和目标中断点。一般情况下，中断点的源放置在图纸的右半部分，目标放置在图纸的左半部分，因此，根据放置位置可以轻易地区分中断点的源和目标，确定中断点的指向，输入相同设备标识符名称的中断点自动实现关联参考。

在"中断点"导航器上管理和编辑中断点，放置和分配源和目标的排序，源和目标总是成对出现的。

选中成对中断点的源，按下"F"键，切换中断点的目标；同样地选中成对中断点的目标，也切换中断点的源。

选中成对中断点的源，单击鼠标右键，选择"关联参考功能"命令，显示"列表""向前""向后"命令，切换中断点目标与源；选择"列表"命令，可显示中断点的关联参考。

（3）星型中断点

星型中断点由一个起始点（源）与指向该起始点的其余中断点（目标）组成。在星形关联参考中，中断点被视为出发点。具有相同名称的所有其他中断点参考该出发点。源和目标中断，不再只根据放置位置判定，只单纯将源放置在图纸的右半部分不能直接判定该中断点为源，在中断点属性设置窗口勾选"星型源"复选框，则该中断点为源。

选择菜单栏中"项目数据"→"连接"→"中断点导航器"命令，系统打开"中断点"导航器，在树形结构中显示所有项目下的中断点。选中中断点，单击鼠标右键，选择"中断点排序"命令，弹出"中断点排序"窗口，通过该窗口中的"向上移动""向下移动"按钮，对中断点的关联顺序进行更改，也可以修改中断点的符号，或者将中断点改为星型。

每个中断点都有一个配对物。如果EPLAN无法找到配对物，就会被识别为错误并输入到信息管理。

二、端子

端子通常指的是柜内的通用端子，用来连接电气柜内部元器件和外部设备的桥梁，有内外侧之分，内侧端子一般用于柜内，外侧端子一般作为对外结构，端子的1和2，1通常指内部，2指外部（内外部相对于柜体来说）。在原理图中，添加部件的端子是真实的设备。

1. 端子

选择菜单栏中的"插入"→"符号"命令，系统弹出"符号选择"窗口，在其左侧窗口选中"IEC_symbol"→"电气工程"→"端子和插头"→"端子"，右侧窗口显示不同连接点，不同类型的端子符号，如图2-4-3所示，每个端子有8个变量，分别为变量A～变量H。

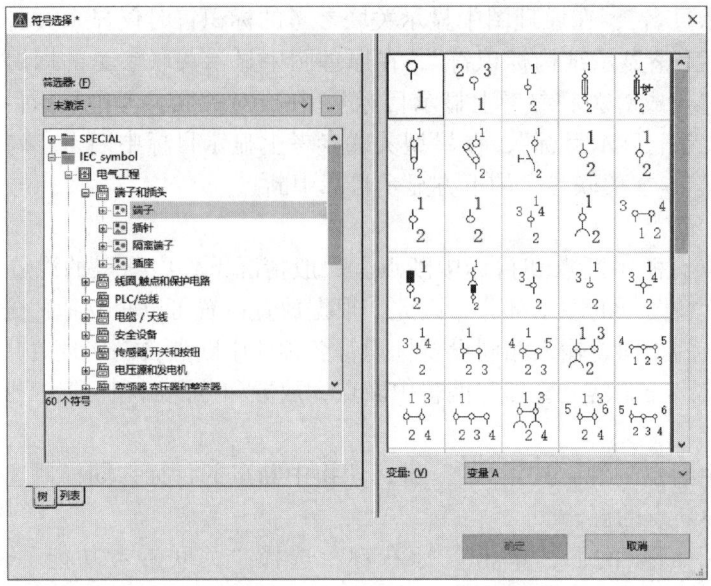

图 2-4-3 端子类型

选择需要的端子符号，单击"确定"按钮，原理图中在光标上显示浮动的端子符号，端子符号默认为 X?，选择需要放置的位置，单击鼠标左键，自动弹出端子属性设置窗口，端子自动根据原理图中放置的元件编号进行更改，例如，如图 2-4-4 所示，排序显示 X4，单击"确定"按钮，完成设置，端子被放置在原理图中。同时，在"端子排"导航器中显示新添加的端子 X4。此时光标仍处于放置端子的状态，重复上述操作可以继续放置其他的端子。端子放置完毕，按右键"取消操作"命令或"Esc"键即可退出该操作。

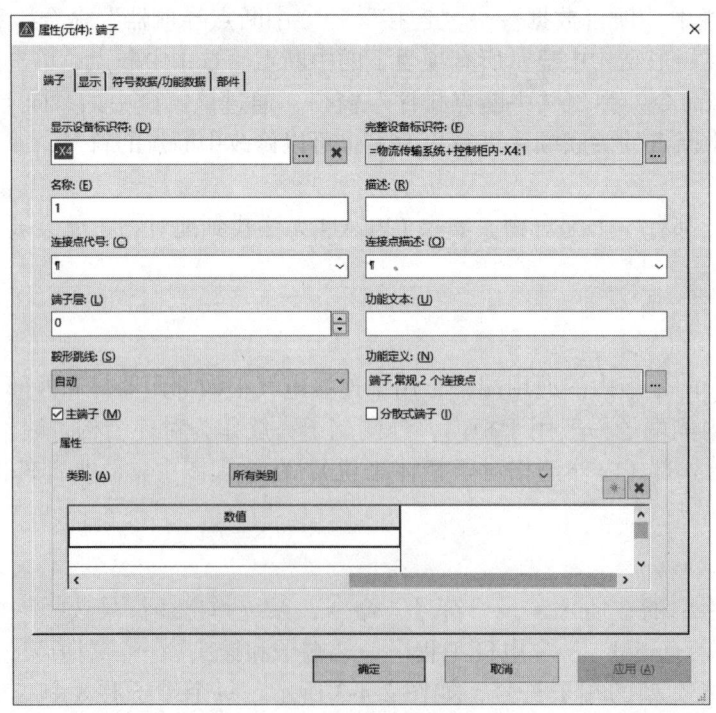

图 2-4-4 属性设置窗口

在端子属性设置窗口中显示"主端子"与"分散式端子"复选框。其中，勾选"主端子"复选框，表示端子赋予主功能。与设备相同，端子也分主功能与辅助功能，未勾选该复选框的端子被称为辅助端子，在原理图中起辅助功能。勾选"分散端子"复选框的端子为分散式端子。

2. 分散式端子

一个端子可以在同一页不同位置或不同页显示，可以用分散式端子。选择菜单栏中的"插入"→"分散式端子"命令，此时光标变成交叉形状并附加一个分散式端子符号。将光标移动到想要插入分散式端子并连接的元件水平或垂直位置上，出现红色的连接符号表示电气连接成功。单击鼠标，确定端子的终点，完成分散式端子与元件之间的电气连接。此时，光标仍处于插入分散式端子的状态，重复上述操作可以继续插入其他的分散式端子。分散式端子放置完毕，按右键"取消操作"命令或"Esc"键即可退出该操作。

双击选中的分散式端子符号或在插入端子的状态时，单击鼠标左键确认插入位置后，自动弹出分散式端子属性设置窗口，如图2-4-5所示，显示分散式端子为带鞍型跳线，4个连接点的端子，单击"确定"按钮，完成设置，分散式端子被放置在原理图中，同时，在"设备"导航器中显示新添加的该分散式端子。

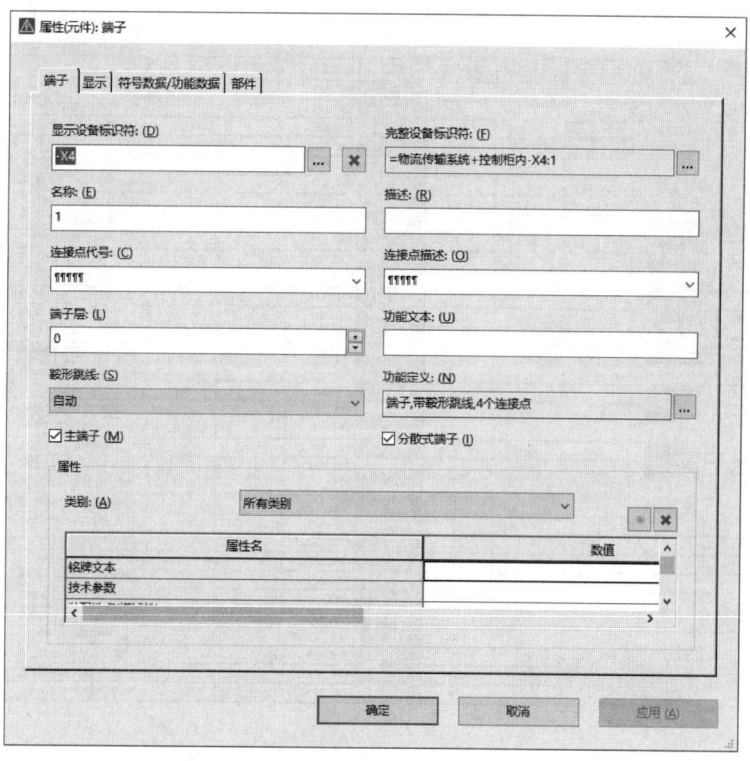

图 2-4-5　属性设置窗口

根据分散式端子属性设置窗口中的"功能定义"显示，在"符号选择"窗口可以找到相同的分散式端子。

3. 端子排

端子排承载多个或多组相互绝缘的端子组件，用于将柜内设备和柜外设备的线路连接，起到信号传输的作用。

（1）插入端子排

选择菜单栏中的"项目数据"→"端子排"→"导航器"命令，打开"端子排"导航器，如图 2-4-6 所示，包括"树"标签与"列表"标签。在"树"标签中包含项目所有端子的信息，在"列表"标签中显示配置信息。

在导航器中空白处单击鼠标右键，选择"生成端子"命令，弹出"属性（元件）：端子"窗口，显示 4 个选项卡，在"名称"栏输入端子名称，单击"确定"按钮，完成设置，关闭该窗口，同时，在"端子排"导航器中显示新建的端子。

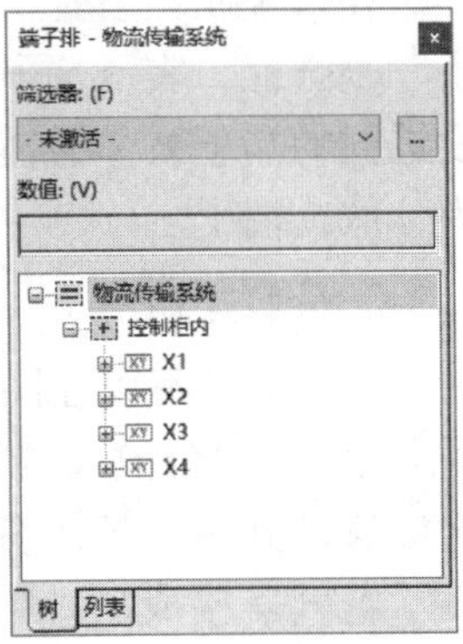

（2）端子排编辑

图 2-4-6 "端子排"导航器

在"端子排"导航器中新建的端子排上，单击鼠标右键，选择"编辑"命令，弹出"编辑端子排"窗口，提供各种编辑端子排的功能，如端子排的排序、编号、重命名、移动、添加端子排附件等，如图 2-4-7 所示。

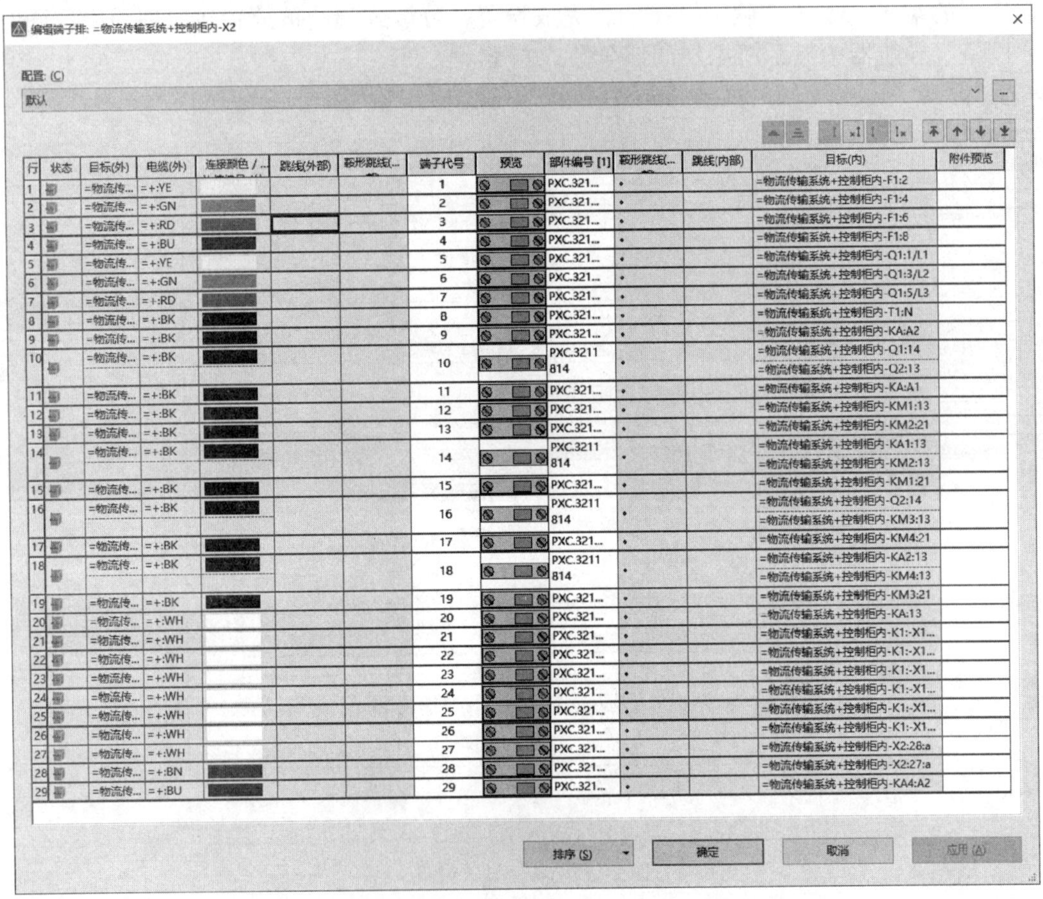

图 2-4-7 "编辑端子排"窗口

（3）端子排排序

端子排上的端子默认按字母数字来排序，也可选择其他排序类别，在端子上单击鼠标右键，选择"端子排排序"命令。

1）删除排序：删除端子的排序序号。

2）数字：对以数字开头的所有端子名称进行排序（按照数字大小升序排列），所有端子仍保持在原来的位置。

3）字母数字：端子按照其代号进行排序（数字升序→字母升序）。

4）基于页：基于图框逻辑进行排序，即按照原理图中的图形顺序排序。

5）根据外部电缆：用于连接共用的一根电缆的相邻的端子（外部连接）。

6）根据跳线：根据手动跳线设置后调整端子连接，生成鞍形跳线。

7）给出的顺序：根据默认顺序。

端子排排序结果对应在"端子排"导航器中的顺序。不同的端子排也可设置不同的顺序。

4. 端子排定义

在 EPLAN 中，通过端子排定义管理端子排，端子排定义识别端子排并显示排的全部重要数据及排部件。

1）在创建的端子排上，单击右键选择"生成端子排定义"命令，系统弹出"属性（元件）：端子排定义"窗口，在"显示设备标识符"栏定义端子名称；在"功能文本"中显示端子在端子排总览中，主要用于高端客户，显示端子的用途；在"端子图表表格"中为当前端子排制定专用的端子图表，该报表在自动生成时不适用报表设置中的模板。单击"确定"按钮，完成设置，关闭窗口，在"端子排"导航器中显示新建的端子排定义。

2）选择菜单栏中的"插入"→"端子排"命令，这是光标变成交叉形状并附加一个端子排符号，将光标移动到想要插入端子排的端子上，单击鼠标左键插入，弹出"属性（元件）：端子排定义"窗口，如图 2-4-8 所示，设置端子排的功能定义，单击"显示设备标识符"右侧拓展按钮，关联相应的端子设备标识符，完成设置后关闭该窗口，在原理图中显示端子排的图形化表示，例如"–X3= 辊床 2 电机"，如图 2-4-9 所示。

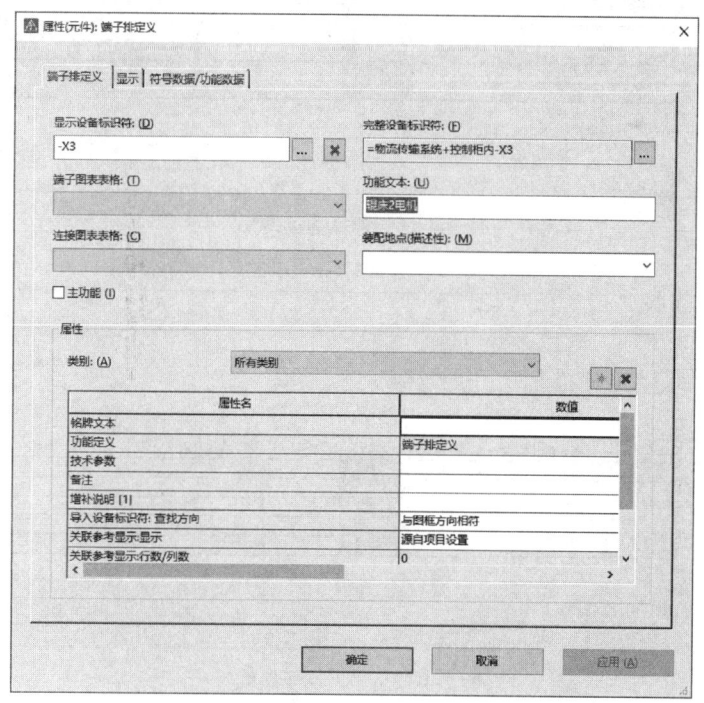

图 2-4-8 "属性（元件）：端子排定义"窗口

5. 端子跳线

在项目设计过程中，往往需要将电源端子或等电位端子进行跨线连接，这些连接可通过跳线或鞍型跳线进行连接，采取何种连接方式主要取决于端子的功能。如果端子为常规端子，端子间的连接自动生成跳线连接；如果端子为带鞍型跳线端子，则自动生成鞍型跳线。

在端子排导航器中设置端子排 X4 前 5 个端子，如图 2-4-10 所示，进行端子连接。

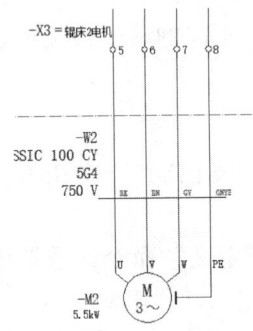

图 2-4-9　插入端子排定义

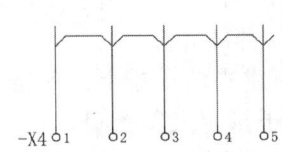

图 2-4-10　端子连接图样

选择菜单栏"项目数据"→"端子排"→"编辑"，常规端子跳线如图 2-4-11 所示；鞍型端子跳线如图 2-4-12 所示。

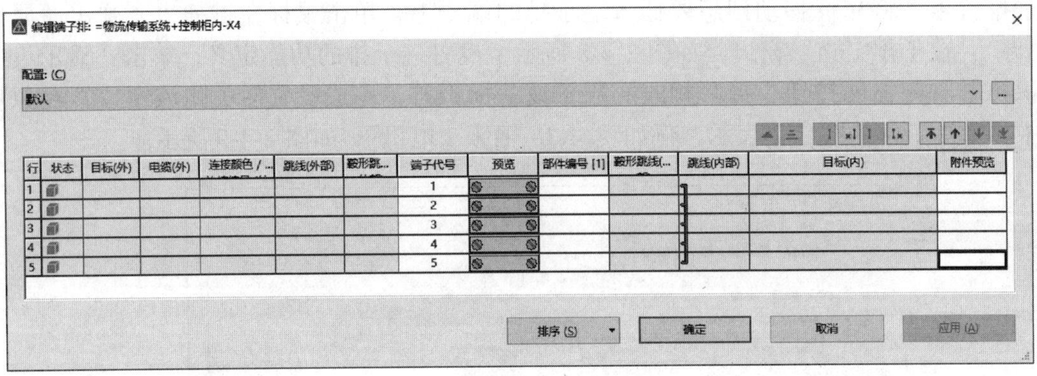

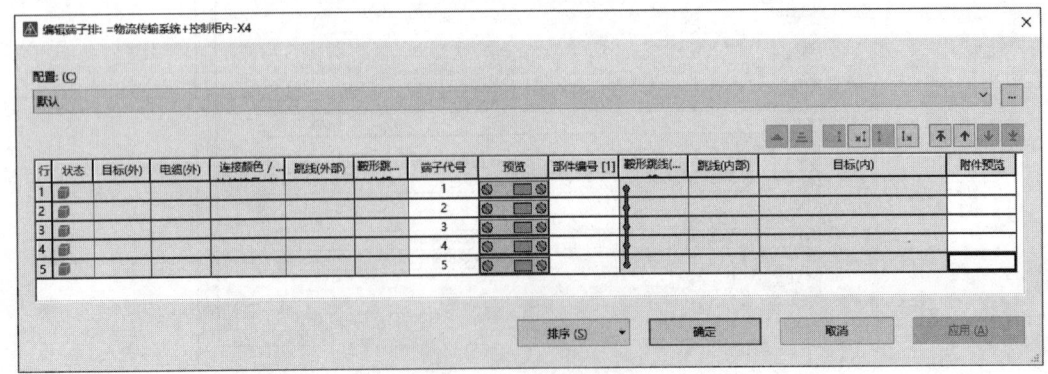

图 2-4-11　常规端子跳线

图 2-4-12　鞍型端子跳线

6. 备用端子

在项目设计过程中，为方便日后进行维护使用，需要预留一些备用端子，这些端子虽然不会在原理图中显示，但是会显示在端子图表上。

端子导航器中预设计功能能够很好地满足备用端子预留的要求。在端子导航器中创建未被放置的端子，在生成端子图表的时候可以评估端子导航器的状态。

这样，不管端子是否被画在原理图上，在端子图表中都会有端子显示生成。

【技能操作】

一、插入直流电压源

单击"插入"→"设备"，弹出"部件选择"窗口，选中"电压源和发电机"中的"SIE.6EP1336-1LB00"，在图纸合适的位置，插入直流电源符号。

二、插入中断点

单击"中断点"，并通过键盘 Tab 键，切换中断点显示状态，分别设定其标识符为"24V"和"0V"，插入 24V 中断点和 0V 中断点，如图 2-4-13 所示。

三、连接电路

在主界面的连接符号中选中合适连接符号，按照任务要求进行电路连接，如图 2-4-1 所示。

四、添加路径功能文本

利用"路径功能文本"，在中断点下方添加功能文本"DC 24V 电源"，如图 2-4-14 所示，完成操作。

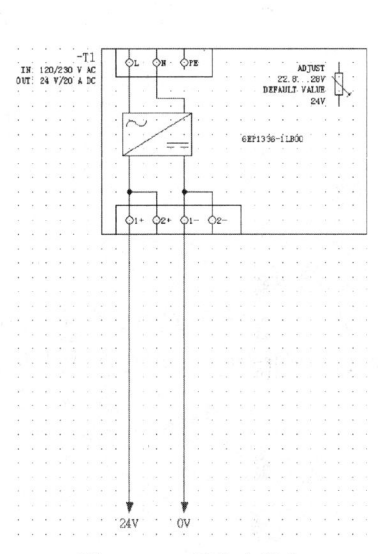

图 2-4-13　插入中断点

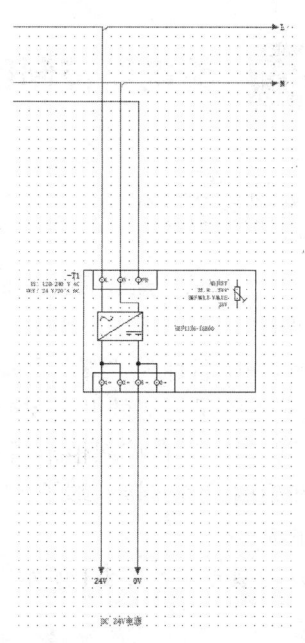

图 2-4-14　连接电路

【任务测评】

步骤一： 单击"项目数据"→"消息"→"执行项目检查"，执行项目检查。

步骤二： 单击"项目数据"→"消息"→"管理"，弹出"消息管理"窗口，查看检查结果，如图 2-4-15 所示。可看到"消息管理"的错误信息，与任务三相同，无新增错误，表明本任务测评通过。

图 2-4-15 "消息管理"窗口

任务五　继电器控制回路绘制

【任务描述】

如图 2-5-1 所示，新建页，完成继电器控制回路绘制。

具体要求：

1）新建一个名称为"继电器控制回路"的多线原理图页。

2）电路中除了必要的电气控制设备以外，需要考虑在实际安装过程，设备所在位置，通常按钮、开关安装在控制柜柜门上，其他设备安装在控制柜内，要求在图纸上标注出控制柜柜门和柜内设备连接的端子。

注意事项：

图中设备型号如表 2-5-1 所示。

项目二 电气原理图绘制

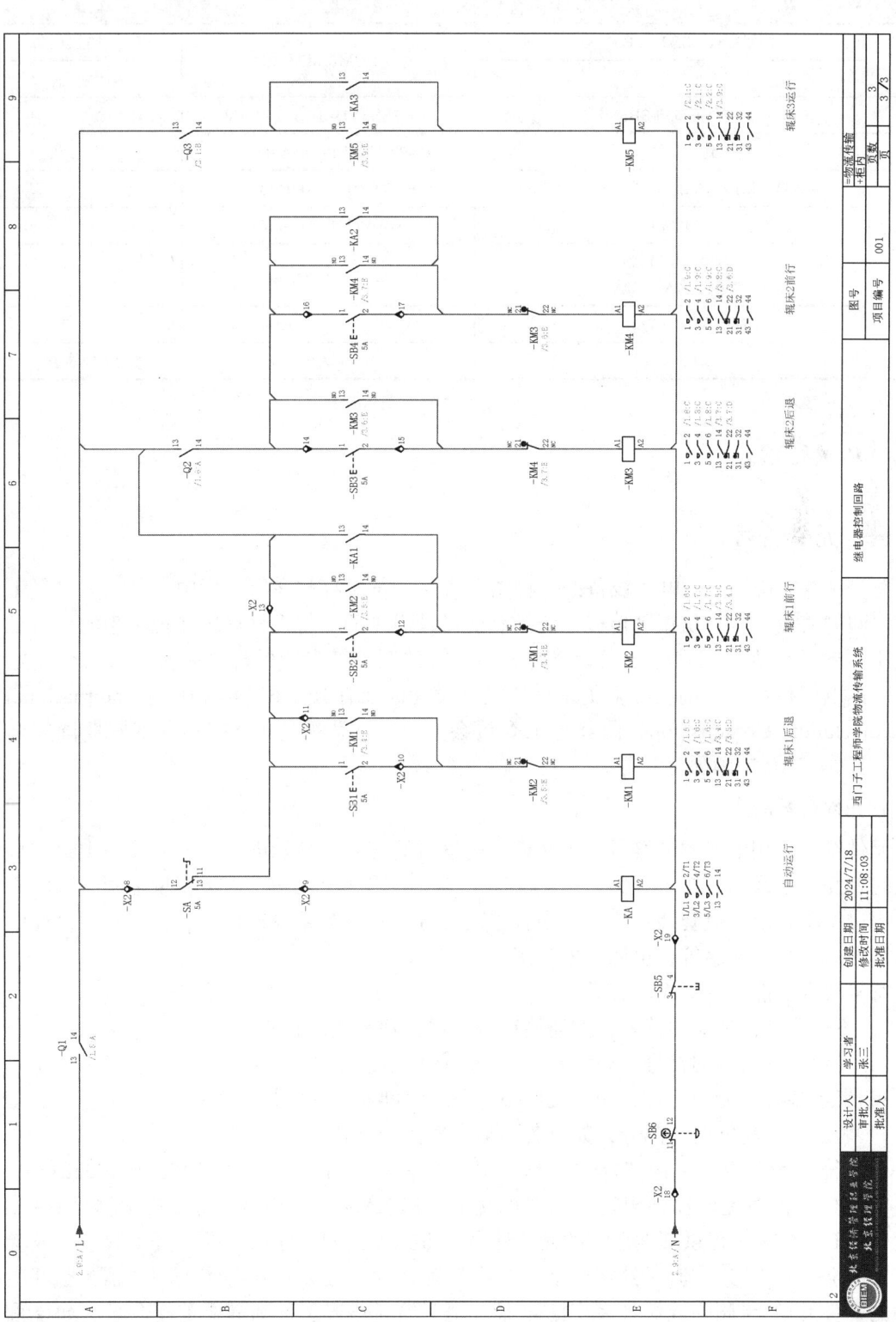

图 2-5-1 继电器控制回路

表 2-5-1 设备型号

序号	设备	型号	备注
1	按钮 SB1、SB2、SB3、SB4	OMR.M22	常开触点
	停止按钮 SB5		常闭触点
2	急停按钮 SB6	SIE.3SB3203-1CA21-0CC0	
3	旋转开关 SA	OMR.A22NS-2BL-NGA-G112-NN/	
4	接触器 KM1、KM2、KM3、KM4、KM5	SIE.3RT2015-1AP04-3MA0	
	继电器 KA	SIE.3RT2015-1AP61	
5	继电器常开触点 KA1、KA2、KA3	暂时不进行选型	
6	断路器 Q1、Q2、Q3		常开触点
7	端子排 X2		8-19 号端子

【相关知识】

一、元件符号

符号（电气符号）是电气设备的一种图形表达，符号存放在符号库中，是广大电气工程师之间的交流语言，是用来传递系统控制的设计思维的。将设计思维体现出来的，就是电气工程图纸。为了工程师之间能彼此看懂对方的图纸，专业的标准委员会或协会制定了统一的电气标准。目前实际上更常见的电气设计标准有 IEC 61346（IEC：International Electrotechnical Commission，国际电工委员会，也称之为欧标）、GOST（俄罗斯国家标准）、GB/T4728（中国国标）等。

1. 元件符号的定义

元件符号是用电气图形符号、带注释的围框或简化外形表示电气系统或设备中组成部分之间相互关系及其连接关系的一种图。广义地说表明两个或两个以上变量之间关系的曲线，用以说明系统、成套装置或设备中各组成部分的相互关系或连接关系，或者用以提供工作参数的表格、文字等，也属于电气图。

符号根据功能显示下面的分类：
1）不表示任何功能的符号，如连接符号，包括角节点、T 节点。
2）表示一种功能的符号，如常开触点、常闭触点。
3）表示多种功能的符号，如电机保护开关、熔断器、整流器。
4）表示一个功能的一部分，如设备的某个连接点、转换触点。

元件符号命名建议采用"标识字母+页+行+列"，这个在使用 EPLAN Electric P8 提供的国标图框时更能体现出这种命名的优势，EPLAN Electric P8 的 IEC 图框没有列。虽然，EPLAN P8 也提供其他形式的元器件命名方式，诸如"标识字母+页+数字"或者"标识字母+页+列"，但元件在图纸中是唯一确定的。假如一列有多个断路器（也可能是别的器件），如果删除或添加一个断路器，剩下的断路器名称则需要重新命名。如果采用"标识字母+页+行+列"这命名方式，元件在图纸中也是唯一确定的。

2. 符号变量

一个符号通常具有 A～H 8 个变量和 1 个触点映像变量。所有符号变量共有相同的属性，即相同的标识、功能和连接点编号，只有连接点图形不同。

如图 2-5-2 所示的热继电器常开触点变量包括 1、2 的连接点，图 2-5-2 中第一张图为变量 A，以 A 为基准，依次逆时针旋转 90°，形成变量 B，变量 C 和变量 D；而 E、F、G、H 变量分别是 A、B、C、D 变量的镜像显示结果。

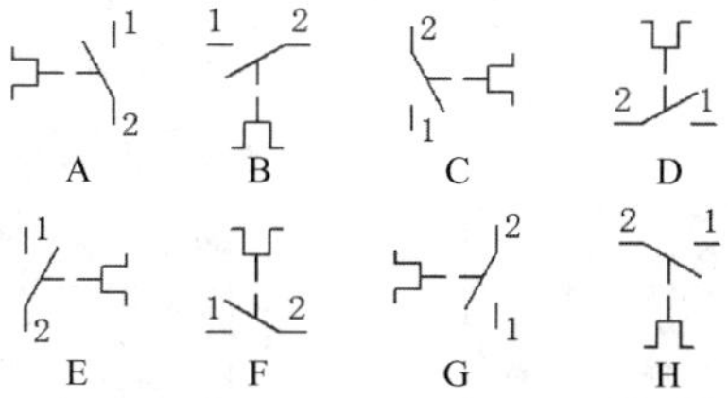

图 2-5-2 热继电器常开触点的符号变量

二、元件符号库

EPLAN Electric P8 中内置四大标准的符号库，分别是 IEC、GB、NFPA 和 GOST 标准的元件符号库，元件符号库又分为原理图符号库和单线图符号库。

IEC_Symbol：符合 IEC 标准的原题图符号库；
IEC_single_Symbol：符合 IEC 标准的单线图符号库；
GB_Symbol：符合 GB 标准的原理图符号库；
GB_single_Symbol：符合 GB 标准的单线图符号库；
NFPA_Symbol：符合 NFPA 标准的原理图符号库；
NFPA_single_Symbol：符合 NFPA 标准的单线图符号库；
GOST_Symbol：符合 GOST 标准的原理图符号库；
GOST_single_Symbol：符合 GOST 标准的单线图符号库。

在 EPLAN Electric P8 中，安装 IEC、GB 等多种标准的符号库，同时还可增加公司常用的符号库。

1. "符号选择"导航器

选择菜单栏中的"项目数据"→"符号"命令，在工作窗口左侧弹出"符号选择"导航器。单击其"筛选器"右侧拓展按钮，弹出"筛选器"窗口，如图 2-5-3 所示。

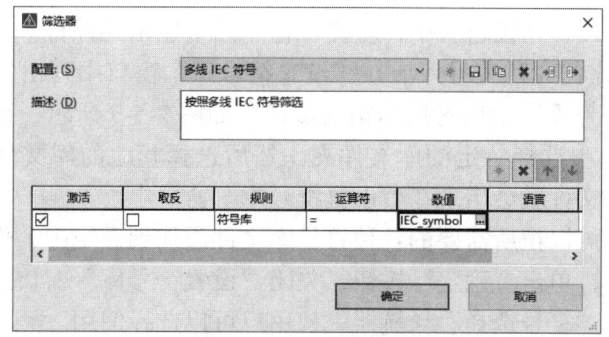

图 2-5-3 "筛选器"窗口

单击"配置"栏右侧的"新建"按钮,弹出"新配置"窗口,如图 2-5-4 所示,显示符号库中已有的符号库信息,在"名称""描述"栏中输入新符号库的名称与库信息的描述。单击"确定"按钮,返回"筛选器"窗口,显示新建的符号库"IEC 符号",在下面的属性列表中,单击"数值"栏的拓展按钮,弹出"值选择"窗口,如图 2-5-5 所示,勾选所有默认标准库,单击"确定"按钮,返回"筛选器"窗口,完成新建"IEC 符号"符号库选择。

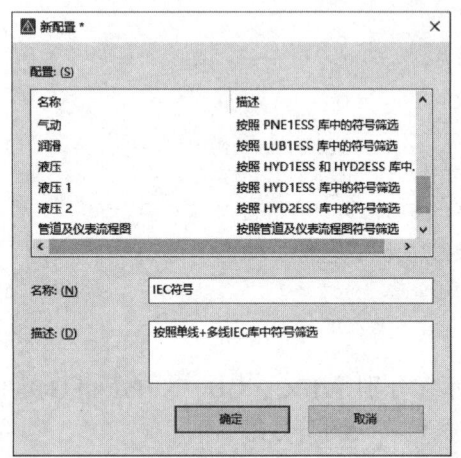 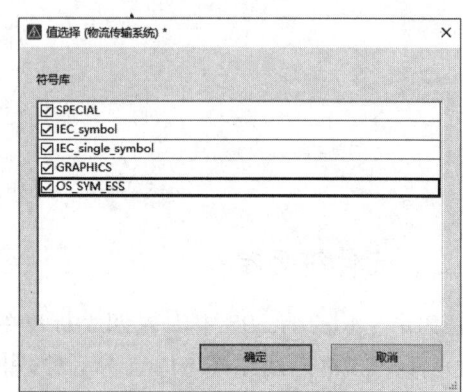

图 2-5-4 "新配置"窗口　　　　图 2-5-5 "值选择"窗口

单击"筛选器"窗口中"配置"栏右侧的"导入"按钮,将弹出"选择导入文件"窗口,导入"*.xml"文件,加载绘图所需的符号库。

重复上述操作就可以把所需要的各种符号库文件添加到系统中,作为当前可用的符号库文件。加载完毕后,单击"确定"按钮,关闭"筛选器"窗口。这是所有加载的符号库都显示在"选择符号"导航器中,用户可以选择使用。

在"符号选择"导航器中,"筛选器"选中刚建好的"IEC 符号",在树结构中就显示该符号库下所包含的符号库的电气工程符号与特殊符号,如图 2-5-6 所示。

2. 加载符号库

装入所需元件符号库的操作步骤如下:

1)选择菜单栏中的"项目数据"→"符号"命令,在工作窗口左侧就弹出"符号选择"导航器。

2)在项目文件或者项目文件下的符号库上单击右键,选择"设置"命令,系统将弹出"设置符号库"窗口,在该窗口中,左侧"行"列中显示元件符号库排列顺序。

3)加载绘图所需的元件符号库。在"设置符号库"窗口中列出的是系统中可用的符号库文件。单击"符号库"空白行后的拓展按钮,如图 2-5-7 所示,系统弹出"选择符号库"窗口,在该窗口中选择特定的库文件夹,然后选择相应的库文件,单击"打开"按钮,所选中的符号库文件就会出现在"设置符号库"窗口中。

重复上述操作就可以把所需要的各种符号库文件添加到系统中,作为当前可用的符号库文件。加载完毕后,单击"确定"按钮,关闭"设置符号库"窗口,这时,所有加载的元件库都分类显示在"符号选择"导航器中,用户可以选择使用。

项目二 电气原理图绘制

图 2-5-6 选择符号

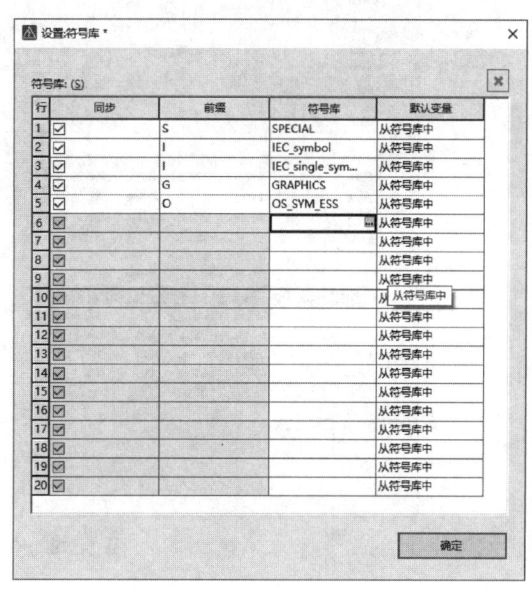

图 2-5-7 "设置符号库"窗口

三、放置元件符号

1. 搜索元件符号

EPLAN Electric P8 提供了强大的元件搜索能力，帮助用户轻松地在元件库中定位元件符号。

选择菜单栏中的"插入"→"符号"命令，系统将弹出"符号选择"窗口，打开"列表"选项卡，在该选项卡中用户可以搜索需要的元件符号。搜索元件需要设置的参数如下：

1)"筛选器"下拉列表框：用于选择查找的符号库，系统会在已经加载的符号库中查找。

2)"直接输入"文本框：用于查找符号，进行高级查询。如图 2-5-8 所示，在该选项文本框中，可以输入一些与查询内容有关的内容，有助于使系统进行更快捷、更准确地查找。在文本框中输入"K"，光标立即跳转到第一个以这个关键词字符开始的符号的名称，在文本框下的列表中显示符合关键词的元件符号，在右侧显示 8 个变量的缩略图。可以看到符合搜索条件的元件名、描述在该面板上被一一列出，供用户浏览参考。

2. 元件符号的选择

在符号库中找到元件符号后，加载该符号库，以后就可以在原理图上放置该元件符号了。在工作区中可以将符号一次或多次放置在原理图上，但不能选择多个符号一次放置在原理图上。

EPLAN Electric P8 中有两种元件符号放置方法，分别是通过"符号选择"导航器放置和通过"符号选择"窗口放置。在放置元件符号之前，应该首先选择所需元件符号，并且确认所需元件符号所在的符号库文件已经被装载。若没有装载符号库文件，请先按照前面介绍的方法进行装载，否则系统无法找到所需要的元件符号。

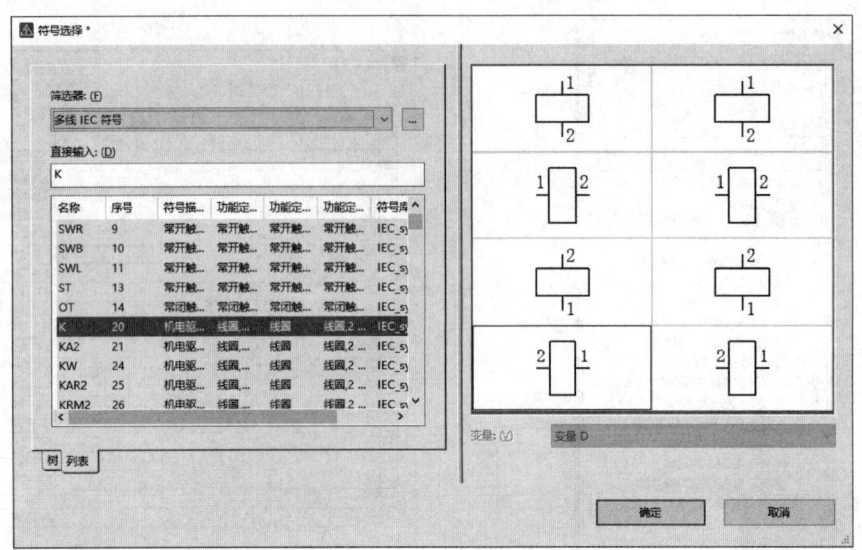

图 2-5-8　查找到元件符号

（1）"符号选择"导航器放置

选择菜单栏中的"项目数据"→"符号"命令，打开"符号选择"导航器。

在导航器属性结构中选中元件符号后，直接拖动到原理图中适当位置或在该元件符号上单击右键，选择"插入"命令，自动激活元件放置命令，这是光标变成十字形状并附加一个交叉记号，将光标移动到原理图适当位置，在空白处单击完成元件符号插入，此时鼠标仍处于放置元件符号的状态。重复上面操作可以继续放置其他的元件符号。

（2）"符号选择"窗口放置

选择菜单栏中的"插入"→"符号"命令，弹出"符号选择"窗口，在筛选器下列表中显示的树结构中选择元件符号。各符号根据不同的功能定义分配到不同的组中。切换树形结构，浏览不同的组，直到找到所需的符号。

在树形结构中选中元件符号后，在列表下方的描述框中显示该符号的符号描述，在右侧窗口显示符号的缩略图，包括 A～H 这 8 个不同的符号变量，选中不同的变量符号时，在"变量"文本框中显示对应符号的变量名。

选中元件符号后，单击"确定"按钮，这时光标变成十字形状并附加一个交叉记号，将光标移动到原理图适当位置，单击完成元件符号放置，此时鼠标仍处于放置元件符号的状态。重复上面操作可以继续放置其他的元件符号。

3. 符号位置的调整

每个元件被放置时，其初始位置并不是很准确。在进行连线前，需要根据原理图的整体布局对元件的位置进行调整。这样不仅便于布线，也使所绘制的电路原理图清晰、美观。元件的布局好坏直接影响到绘图的效率。

元件位置的调整实际上就是利用各种命令将元件移动到图纸上指定的位置，并将元件旋转为指定方向。

（1）元件的选取

要实现元件位置的调整，首先要选取元件，选取的方法有很多，下面介绍几种常用的方法。

1）用鼠标直接选取单个或多个元器件。对于单个元件的情况，将光标移动到要选取的元件上，元件自动变色，单击选中即可；对于多个元件的情况，将光标移动到要选取的元件上单击即可，按住"Ctrl"键选择下一个元件。

2）利用矩形框选取。对于单个或多个元件的情况，按住鼠标并拖动光标，拖出一个矩形框，将要选取的元件包含在该矩形框中，释放光标后即可选取单个或多个元件。

3）用菜单栏选取元件。选择菜单栏中的"编辑"→"选定"命令，弹出子菜单。子菜单中"区域"，表示在工作窗口选中一个区域；"全部"，表示选择当前图形窗口中的所有对象；"页"，表示选定当前页，当前页窗口以灰色粗线框选；"相同类型的对象"，表示选择当前图形窗口中相同类型的对象。

（2）取消选取

取消选取也有多种方法，这里介绍两种常用的方法：第一种直接用鼠标单击电路原理图的空白区域，即可取消选取；第二种按住"Ctrl"键，单击某一已被选取的元件，可以将其取消选取。

（3）元件的移动

在移动的时候不单是移动元件主体，还包括元件标识符或元件连接点。在实际原理图的绘制过程中，最常用的方法是直接使用光标拖拽来实现元件的移动；另外，可以选择菜单栏中"编辑"→"移动"命令实现元件移动。元件在移动过程中，可以通过按下键盘"X"或"Y"来切换元件在水平或垂直方向上移动。

（4）元件的旋转

元件旋转主要有3种旋转操作。第一种，在放置元件前按"Tab"键，可90°旋转元件符号或设备；第二种，使用菜单栏中"编辑"→"旋转"命令；第三种，选中需要旋转的元件符号，按"Ctrl+R"键。

（5）元件的镜像

选取要镜像的元件，选择菜单栏中"编辑"→"镜像"命令，在元件符号上单击，选择元件镜像轴的起点，水平镜像或垂直镜像被选中的元件，将元件在水平方向上镜像，即左右翻转；将元件在垂直方向上镜像，即上下翻转。该镜像操作后，不保留源对象。若在操作过程中，在单击确定元件符号镜像轴的终点时，按住"Ctrl"键，系统弹出"插入模式"窗口，选择编号格式，单击"确定"，完成镜像操作，镜像结果为两个元件。

4. 元件的复制和删除

原理图中的相同元件有时候不止一个，在原理图中放置多个相同元件的方法有两种。重复利用放置元件命令，放置相同元件，这种方法比较繁琐，适用于放置数量较少的相同元件，若在原理图中有大量相同元件，这就需要用到复制、粘贴命令。

（1）复制元件

1）菜单命令。选中要复制的元件，选择菜单栏中"编辑"→"复制"命令，复制被选中的元件。

2）工具栏命令。选中要复制的元件，单击"默认"工具栏中"复制"按钮，复制被选中的元件。

3）快捷命令。选中要复制的元件，单击右键弹出快捷菜单选择"复制"命令，复制被选中的元件。

4）功能键命令。选中要复制的元件，在键盘中按住"Ctrl+C"组合键，复制被选中的元件。

5）拖拽的方法。按住"Ctrl"键，拖动要复制的元件，即复制出相同的元件。

（2）剪切元件

1）菜单命令。选中要剪切的元件，选择菜单栏中"编辑"→"剪切"命令，剪切被选中的元件。

2）工具栏命令。选中要复制的元件，单击"默认"工具栏中"剪切"按钮，剪切被选中的元件。

3）快捷命令。选中要剪切的元件，单击右键弹出快捷菜单选择"剪切"命令，剪切被选中的元件。

4）功能键命令。选中要剪切的元件，在键盘中按住"Ctrl+X"组合键，剪切被选中的元件。

（3）粘贴元件

1）菜单命令。选择菜单栏中"编辑"→"粘贴"命令，粘贴被选中的元件。

2）工具栏命令。单击"默认"工具栏中"粘贴"按钮，粘贴复制的元件。

3）功能键命令。选中要剪切的元件，在键盘中按住"Ctrl+V"组合键，粘贴复制的元件。

（4）删除元件

1）菜单命令。选中要删除的元件，选择菜单栏中"编辑"→"删除"命令，删除被选中的元件。

2）工具栏命令。单击"默认"工具栏中"删除"按钮，删除被选中的元件。

3）快捷命令。选中元件，单击右键弹出快捷菜单选择"删除"命令，删除被选中的元件。

4）功能键命令。选中元件，在键盘中按"Delete"键，删除被选中的元件。

5. 符号的多重复制

在原理图中，某些同类型元件可能有很多个，它们具有大致相同的属性。如果一个个地放置它们，设置它们的属性，工作量大而且繁琐。EPLAN Electric P8 提供了高级复制功能，大大方便了复制操作，可以通过"编辑"菜单中的"多重复制"命令完成。其具体操作步骤如下：

1）单击菜单栏中"编辑"→"多重复制"命令，选中元件并向外拖动元件，确定复制的元件方向与间隔，单击确定第一个复制对象位置后，系统将弹出"多重复制"窗口。

2）在"多重复制"窗口中，可以对要粘贴的个数进行设置，"数量"文本框中输入的数值表示复制的个数，即复制后元件个数为"4（复制对象）+1（源对象）"。

四、属性设置

在原理图上放置的所有元件符号都具有自身的特定属性，其中，对元件符号进行选型，设置部件后的元件符号，也就是完成了设备的属性设置。在放置好每一个元件符号或设备后，应该对其属性进行正确的编辑和设置，以免使后面的网络报表产生错误。

通过对元件符号或设备的属性进行设置，一方面可以确定后面生成的网络报表的部分内容，另一方面也可以设置元件符号或设备在图纸上的摆放效果。

双击原理图中的元件符号或设备，在元件符号或设备上单击鼠标右键，选中"属性"命令或将元件符号或设备放置到原理图中后，自动弹出属性窗口。属性窗口包括 4 个选项卡：元件、显示、符号数据 / 功能数据、部件。通过在该窗口进行设置，赋予元件符号更多的属性信息和逻辑信息。

1. 元件标签

在元件标签下显示与此元件符号相关的属性，就不同的元件符号显示不同的名称，标签直接显示元件符号的名称，如图 2-5-9 所示，对"熔断器"元件符号进行属性设置，该标签直接显示"熔断器"。属性设置窗口中包含的各参数含义如下：

1）显示设备标识符：在该文本框下输入元件或设备的标识名和编号，元件设备的命名通过预设的配置，实现设备的在线编号。

2）完整设备标识符：在该文本框下进行层级结构、设备标识和编号的修改。

3）连接点代号：显示元件符号或设备在原理图中的连接点编号，元件符号上能够连成的点为连接点。

4）连接点描述：显示元件符号或设备连接点编号间的间隔符，默认为"¶"。按下快捷键"Ctrl+Enter"可以输入字符"¶"。

5）技术参数：输入元件符号或设备的技术参数。

6）功能文本：输入元件符号或设备的功能描述文字。

7）铭牌文本：输入元件符号或设备铭牌上输入的文字。

8）装配地点（描述性）：输入元件符号或设备的装配地点。

9）主功能：元件符号或设备常规功能的主要功能，常规功能包括主功能和辅助功能。在 EPLAN 中，主功能和辅助功能会形成关联参考，主功能还包括部件的选型。激活该复选框，显示"部件"选项卡；取消"主功能"复选框的勾选，则属性设置窗口中只显示辅助功能，隐藏"部件"选项卡，辅助功能不能包含部件的选型。注意：一个元件只能有一个主功能，一个主功能只能对应一个部件。

10）属性列表：在"属性名 – 数值"列表中显示元件符号或设备的属性，单击右侧"新建"按钮，新建元件符号和设备的属性，单击"删除"按钮用来删除元件符号或设备的属性。

2. 显示标签

"显示"标签用来定义元件符号或设备的属性，包括显示对象与显示样式。在"属性排列"下拉列表中显示默认与自定义两种属性排列方法，默认定义的 8 种属性包括设备标识符、关联参考、技术参数、增补说明、功能文本、铭牌文本、装配地点、块属性。在"属性排列"下拉列表中选择"用户自定义"，可对默认属性进行新增或删除。同样地，当对属性种类及排列进行修改时，属性排列自动变为"用户自定义"。

在左侧属性列表上方显示工具按钮，可对属性进行新建、删除、上移、下移、固定及拆分。默认情况下，在原理图中元件符号与功能文本是组合在一起的，统一移动、统一复制，单击工具栏中的"拆分"按钮，进行拆分后，在原理图中单独移动、复制功能文本。右侧"属性 – 分配"列表中显示的是属性的样式，包括格式、文本框、位置框、数值 / 单位及位置的设置。

选择菜单栏中的"选项"→"设置"命令，选择"用户"→"显示"→"用户界面"选项，在该界面中勾选"显示标识性的编号"和"在名称后"复选框。设置完成后，在元件属性"显示"标签中显示属性名称及编号，并设置属性编号显示位置为名称后，如图 2-5-10 所示。

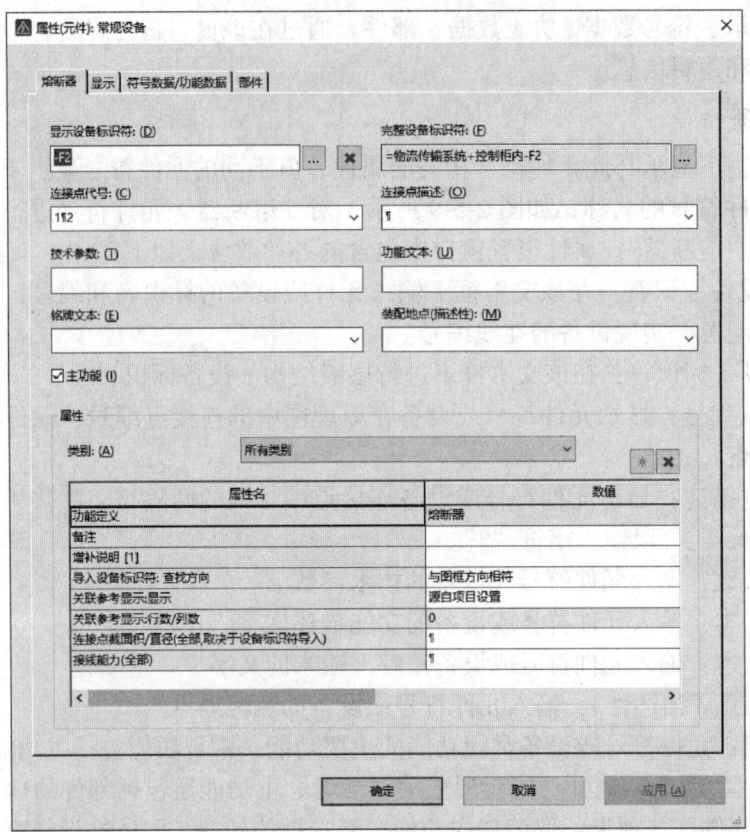

图 2-5-9　熔断器属性设置窗口

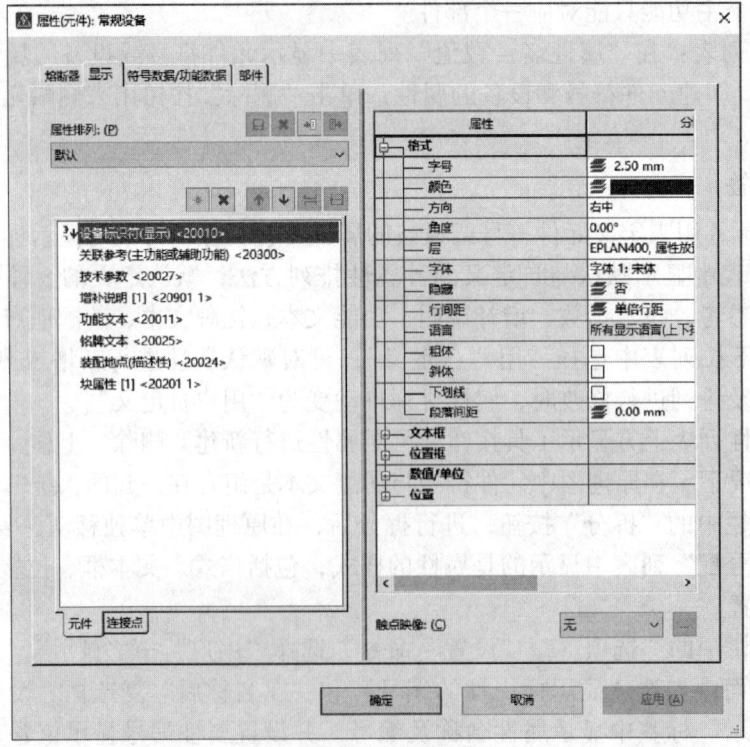

图 2-5-10　显示属性编号

3. 符号数据/功能数据

符号是图形绘制的集合，添加了逻辑信息的符号在原理图中为元件，不再是无意义的符号。"符号数据/功能数据"标签显示符号的逻辑信息，如图 2-5-11 所示。在该标签中可以进行逻辑信息的编辑设置。

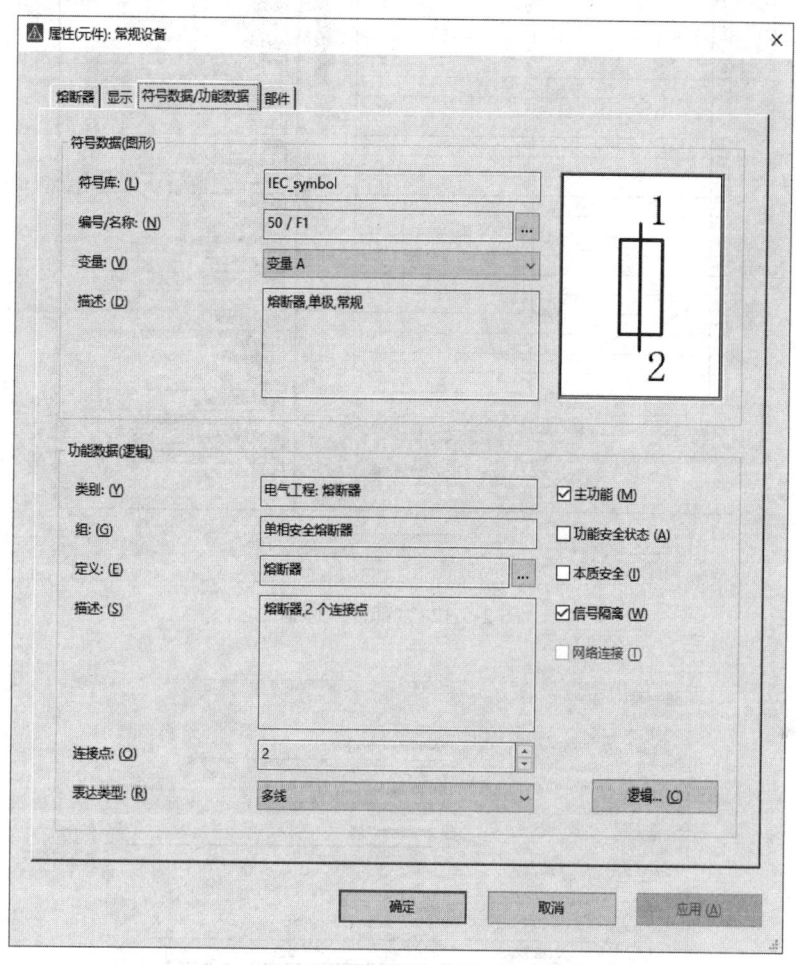

图 2-5-11 "符号数据/功能数据"标签

4. 部件

"部件"标签用于为元件符号的部件选型，完成部件选型的元件符号，不再是元件符号，可以称为设备，元件选型前部件显示为空，如图 2-5-12 所示。

【技能操作】

一、新建页

在"页导航器"中，选中"原理图"，单击右键→"新建"，设置页名为"3"，页描述为"继电器控制回路"，如图 2-5-13 所示，完成页面新建。

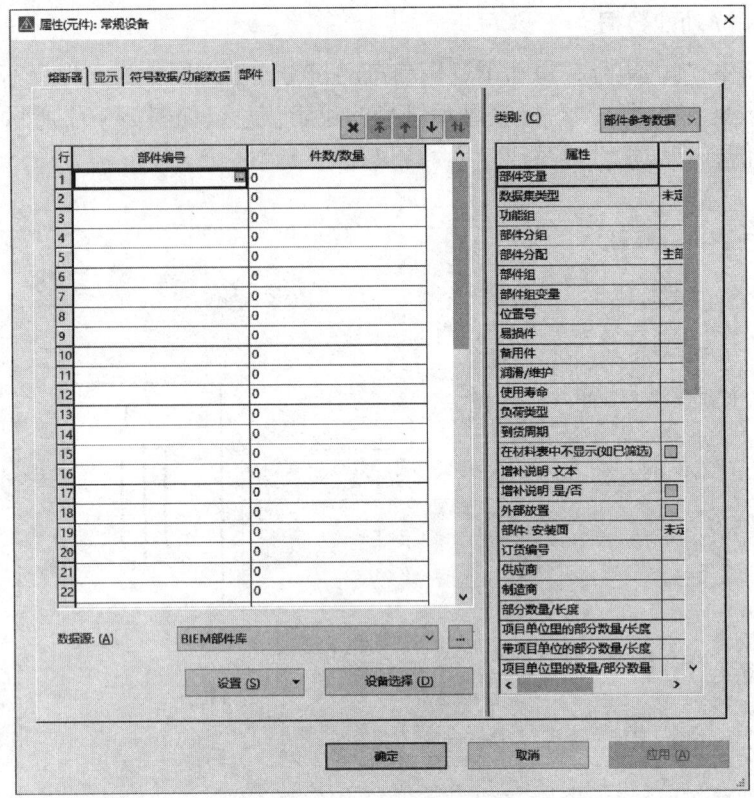

图 2-5-12 "部件"标签

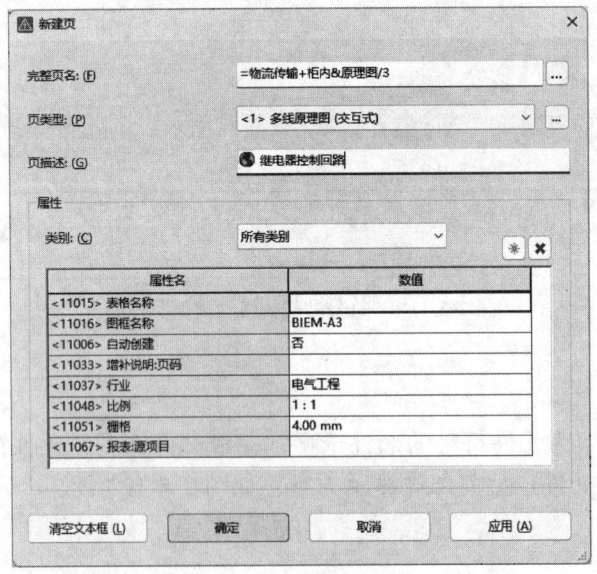

图 2-5-13 新建页

二、继电器、接触器插入

步骤一：打开设备导航器，在树结构中，展开 KM1 和 KM2，分别各自选中"A1¶A2"，单击右键→"放置"，在图纸合适位置放置交流接触器 KM1 和 KM2 的线圈。

步骤二： 选中线圈 KM2，单击右键→多重复制，向外拖动设备，在合适的位置单击鼠标，弹出"多重复制"窗口，设定数量为 3，如图 2-5-14 所示。

步骤三： 单击"插入"→"设备"，选中"继电器，接触器"中的"SIE.3RT2015-1AP61"，在图纸合适的位置单击鼠标，插入接触器线圈，设置其标识符为"KA"，如图 2-5-15 所示。

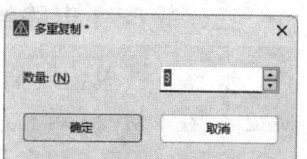

图 2-5-14 多重复制

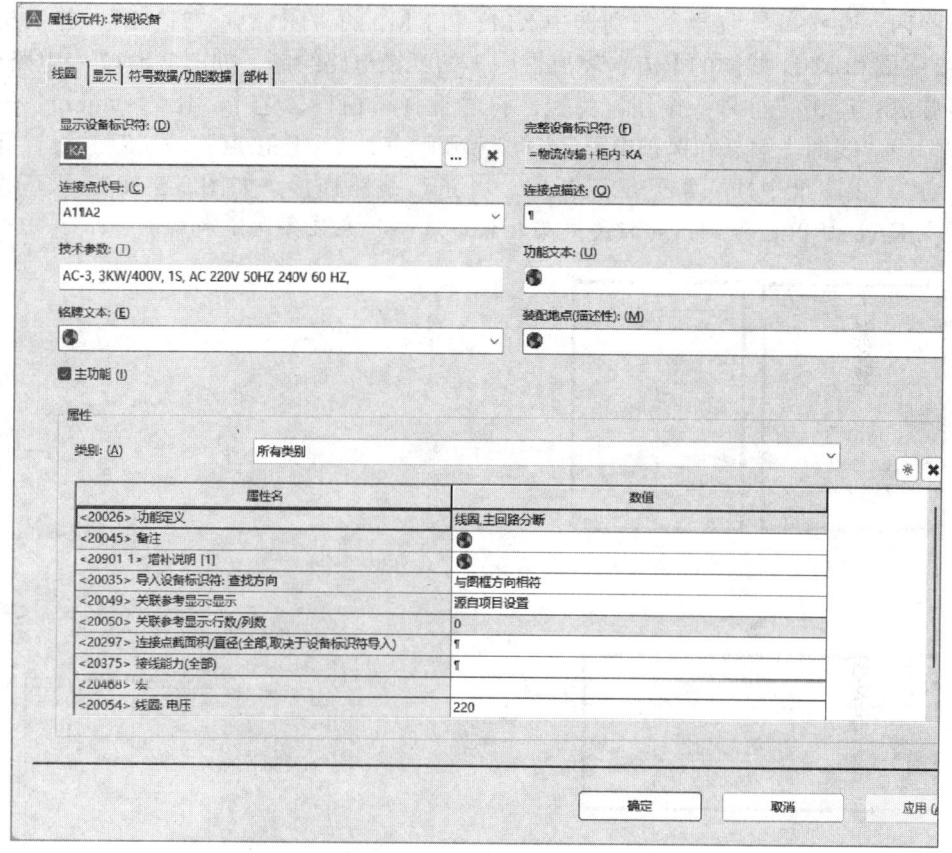

图 2-5-15 接触器标识符设置

步骤四： 因为继电器接触器的设备信息过长，为了图纸美观，在图纸上仅仅标注关键信息，将不太重要的信息进行隐藏。双击"KA"，选中"显示"选项卡，删除"技术参数"，完成 KA 参数隐藏。再选中 KA，单击"复制格式"，选中 KM1～KM5，单击"指定格式"，完成所有线圈技术参数隐藏，如图 2-5-16 所示。

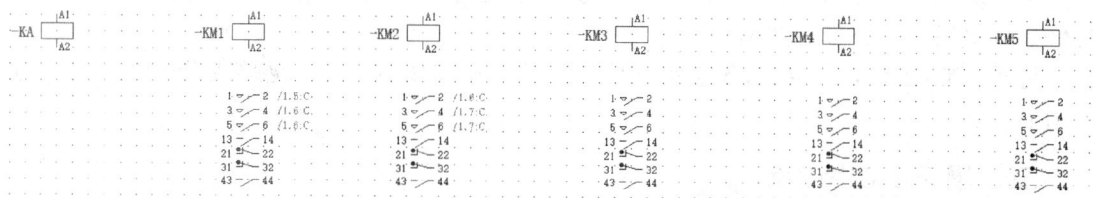

图 2-5-16 隐藏线圈技术参数

三、辊床 1 电路绘制

步骤一：单击"插入"→"设备"，选中"传感器，开关和按钮"中的"OMR.M22"，在 KM1 线圈上方插入，设置其标识符为"SB1"。

步骤二：打开设备导航器，选中 KM1 的常开触点"13¶14"并放置到图纸中，并利用连接符号，完成辊床 1 后退电路的自锁电路绘制，如图 2-5-17 中电路所示。

步骤三：同样的方法，完成辊床 1 前进电路的自锁电路绘制，如图 2-5-17 中电路所示。

步骤四：在设备导航器，分别选中 KM1 和 KM2 的常闭触点"21¶22"，并依次放置于 KM2 线圈和 KM1 线圈的上方，完成辊床 1 的互锁电路绘制，如图 2-5-17 中电路所示。

步骤五：单击"符号"按钮，弹出"符号选择"窗口，选中"IEC_symbol"→"电气工程"→"线圈，触点和保护电路"→"常开触点，2 个连接点"→"S"，设置标识符为"KA1"，在图纸中插入常开触点 KA1，并进行线路连接，如图 2-5-18 所示。（**提示**：常开触点 KA1 由 PLC 控制，其相关电路和设备选型将在任务九完成。）

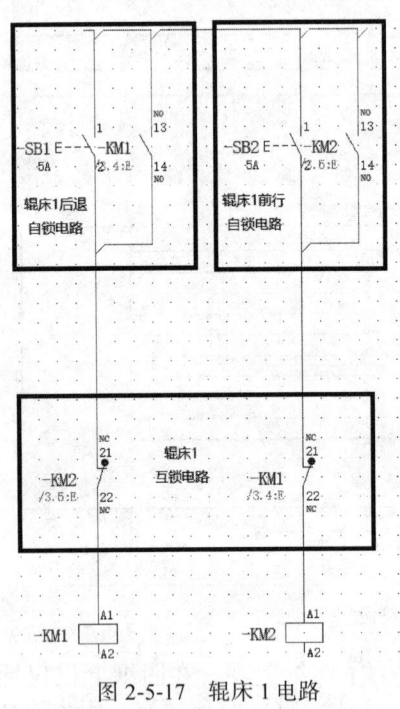

图 2-5-17 辊床 1 电路

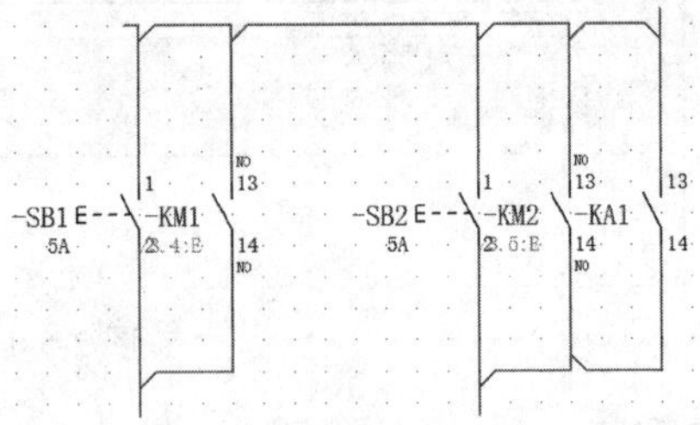

图 2-5-18 KA1 插入及线路连接

四、辊床 2 电路绘制

同样的方法，完成辊床 2 后退、前行的自锁电路和互锁电路，以及插入常开触点 KA2，并进行电路连接，如图 2-5-19 所示。

注意：KA2 和 KA1 在电路中所使用的连接符号有区别，这跟电路设计有关，大家可以自行分析。

五、辊床 3 电路绘制

按照图 2-5-20，放置 KM5 的常开触点，插入常开触点 KA3，并进行电路连接。

项目二 电气原理图绘制

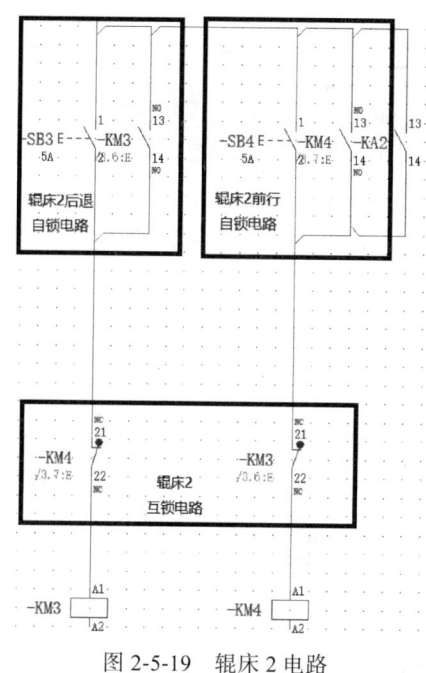

图 2-5-19 辊床 2 电路　　　　　　图 2-5-20 辊床 3 电路

六、其他设备插入

步骤一：选择"中断点"命令，在图纸的 A 行 0 列插入 L 中断点，在图纸的 E 行 0 列插入 N 中断点，在操作中可利用键盘"Tab"旋转符号，选择合适的符号显示状态进行放置。

步骤二：打开设备导航器，依次选中 Q1、Q2 和 Q3 的常开触点，将它们放置在图纸的合适位置。

步骤三：单击"插入"→"设备"，选中"传感器，开关和按钮"中的"OMR.A22NS-2BL-NGA-G112-NN/"，在 KA 线圈上方插入，设置其标识符为"SA"。

步骤四：在设备导航器中，单击右键→"新设备"，选中"传感器，开关和按钮"中的"OMR.M22"，可看见导航器中新增设备"S1"，修改其名称为"SB5"，选中 SB5 的"3¶4（按钮，常闭触点）"，将其放置在图纸中断点 N 的右侧。

步骤五：单击"插入"→"设备"，选中"传感器，开关和按钮"中的"SIE.3SB3203-1CA21-0CC0"，在 SB5 的左侧插入，设置其标识符为"SB6"。

步骤六：在主界面的连接符号中选中合适连接符号，按照图 2-5-21 进行电路连接。注意图中断路器 Q2 的 13 号接线端子的连接方式，这是考虑到电气设备每个端子接线最好不超过 2 根的原则。

（提示：如果仅仅绘制电气原理图，对接线工艺不做要求，此处的连接可以如图 2-5-22 进行连接，也可以双击其连接符号，弹出"T 节点 向下"窗口，勾选"作为点描述"进行电路连接，如图 2-5-23 所示。）

步骤七：在图纸的下方，依次插入路径功能文本"自动运行"、"辊床 1 后退"、"辊床 1 前行"、"辊床 2 后退"、"辊床 2 前行"和"辊床 3 运行"。

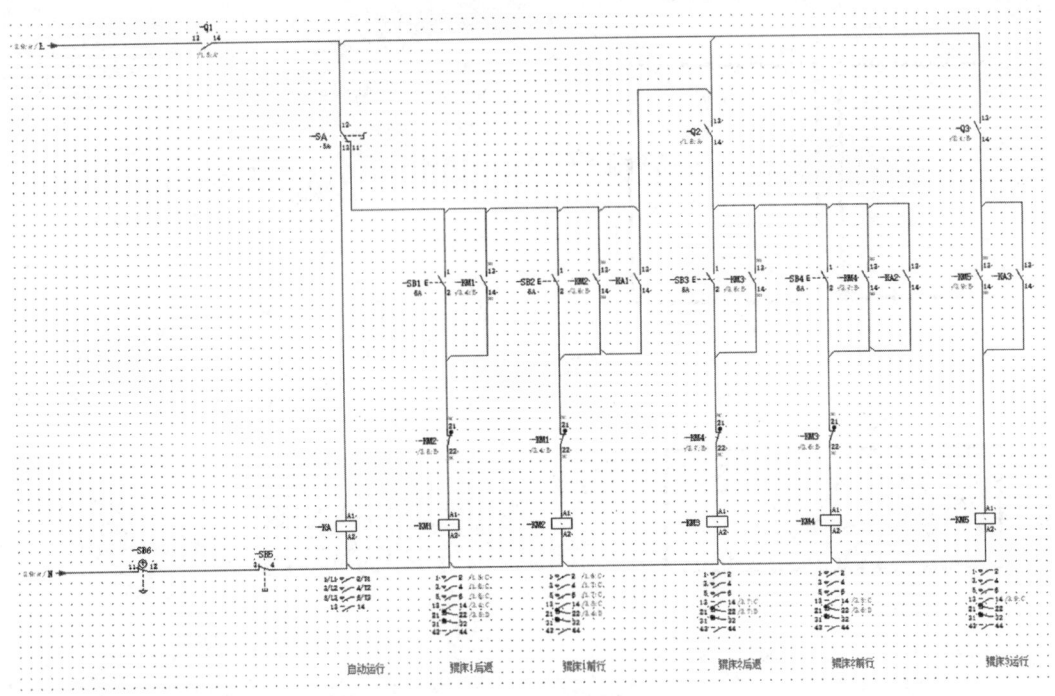

图 2-5-21 电路连接

图 2-5-22 接线方式一　　　　　　　图 2-5-23 接线方式二

七、设备关联

步骤一： 由前面任务可知，辊床 2 和辊床 3 的交流接触器没有进行选型。在页导航器中，双击打开"主电路"，选中"-?KM1"，单击右键→"属性"，单击"显示设备标识符"右侧拓展按钮，在"设备标识符 - 选择"窗口中，选择"KM3"，进行设备关联。完成后，可看到"主电路"图纸中，"-?KM1"变成了"KM3/3.6：E"，如图 2-5-24 所示，表明本页图纸的 KM3 与位于第 3 页图纸的第 6 列第 E 行的 KM3 已经完成了设备关联。

步骤二： 同样的方法，完成"-?KM2"和"KM4"、"-?KM3"和"KM5"的关联。

八、控制端子插入

步骤一： 考虑到 SB1～SB7 以及 SA 安装控制柜的柜门上，柜内外设备需要通过接线端子进行连接，故在电路图上相应位置插入控制端子，注意端子的上端接入控制柜内设备，端子的下端接入控制柜外设备。打开端子排导航器，选中端子排 X2 的 8～19 号端子，插入到相应位置。（**提示：** 可利用键盘 Tab 切换端子符号的方向，放置端子时，鼠标上附带的端子会显示 a 端和 b 端，a 端为上端，b 端为下端。）

项目二　电气原理图绘制

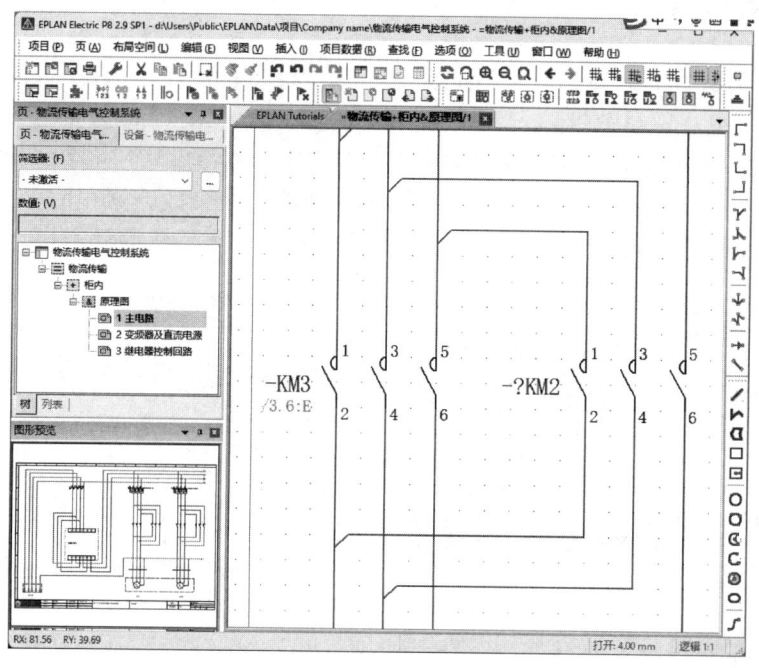

图 2-5-24　设备关联

步骤二：端子插入完成后，单击"视图"→"外部目标"，图纸中端子会显示箭头，表明其方向连接的是柜外或柜门上的设备，如图 2-5-25 所示，通过该项操作可检查端子的放置方向是否正确，如果放置方向不对，在后续 3D 布线的环节会出现飞线。

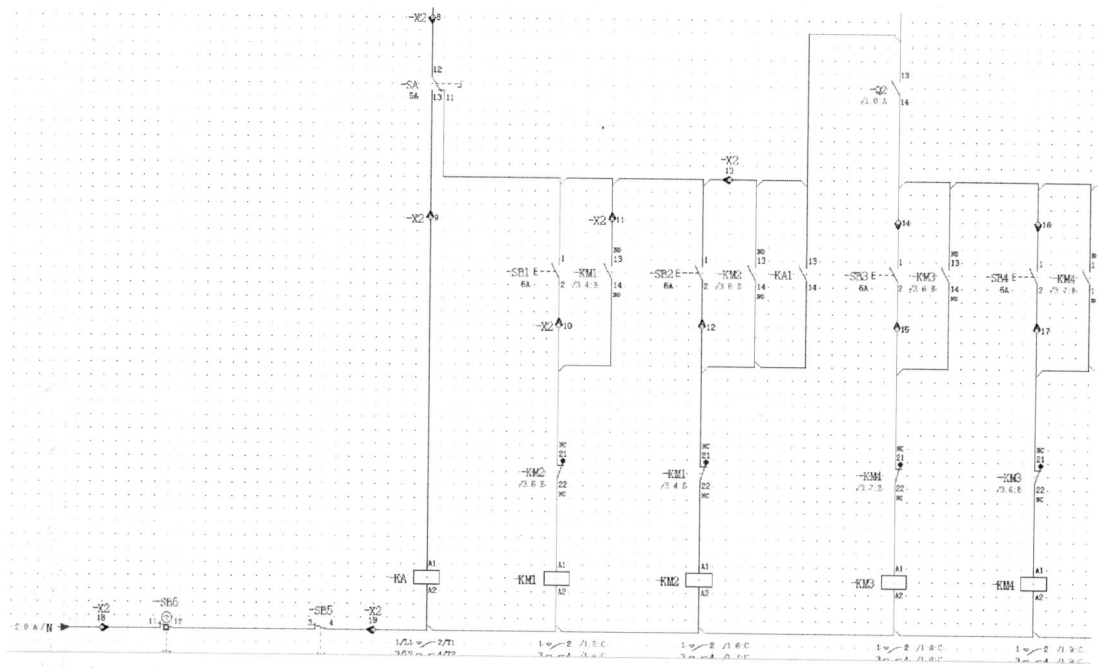

图 2-5-25　插入控制端子

123

【任务测评】

步骤一：单击"项目数据"→"消息"→"执行项目检查"，执行项目检查。

步骤二：单击"项目数据"→"消息"→"管理"，弹出"消息管理"窗口，查看检查结果，如图 2-5-26 所示。可看到"消息管理"的错误信息已经缩减为 3 个错误，并指明其错误分别为"KA1""KA2"和"KA3"无主功能，上个任务累积的 18 错误均得到了修正，本次任务所产生的 3 个错误将在任务九进行修正。本任务测评通过。

图 2-5-26 "消息管理"窗口

任务六　PLC 供电电路绘制

【任务描述】

如图 2-6-1 所示，在任务五的基础上，绘制 PLC 供电电路。

具体要求：

1）新建一个名称为"PLC 供电电路"的多线原理图页。

2）图中 PLC 型号为 S7-1500 SIE.6ES7512-1CK01-0AB0，因"物流传输电气控制系统"只占用了 10 个数字量输入点，4 个数字量输出点，那么对于该 PLC 设备只使用了其中 X11 输入输出模块，所以，本任务在接线的时候只需要给 X11 供电。

【相关知识】

一、黑盒的概念

黑盒由图形元素构成，代表物理上存在设备。通常用黑盒描述标准符号库中没有的符号。电气设计过程中，会遇到很多工作场景需要用黑盒处理。常见情景如下：

1）描述符号库中没有的设备或配件符号。

2）描述符号库中不完整的设备或配件。

3）表示 PLC 装配件。

4）描述一个复杂的设备，例如变频器，这些设备符号在几张图纸上都要用到，并且形成关联参考。

5）描述同一设备标识符下由几个符号组成，如带有制动线圈的电动机。

6）描述备用电缆的连接（如果不用黑盒，就会产生"没有目标的电缆连接"错误）。

7）描述几个嵌套的设备标识。

8）描述重新给端子定义设备标识，因为端子设备标识不能被移动。

9）描述不能用标准符号代表的特殊保护设备，通常这些设备要显示触点映像。

项目二 电气原理图绘制

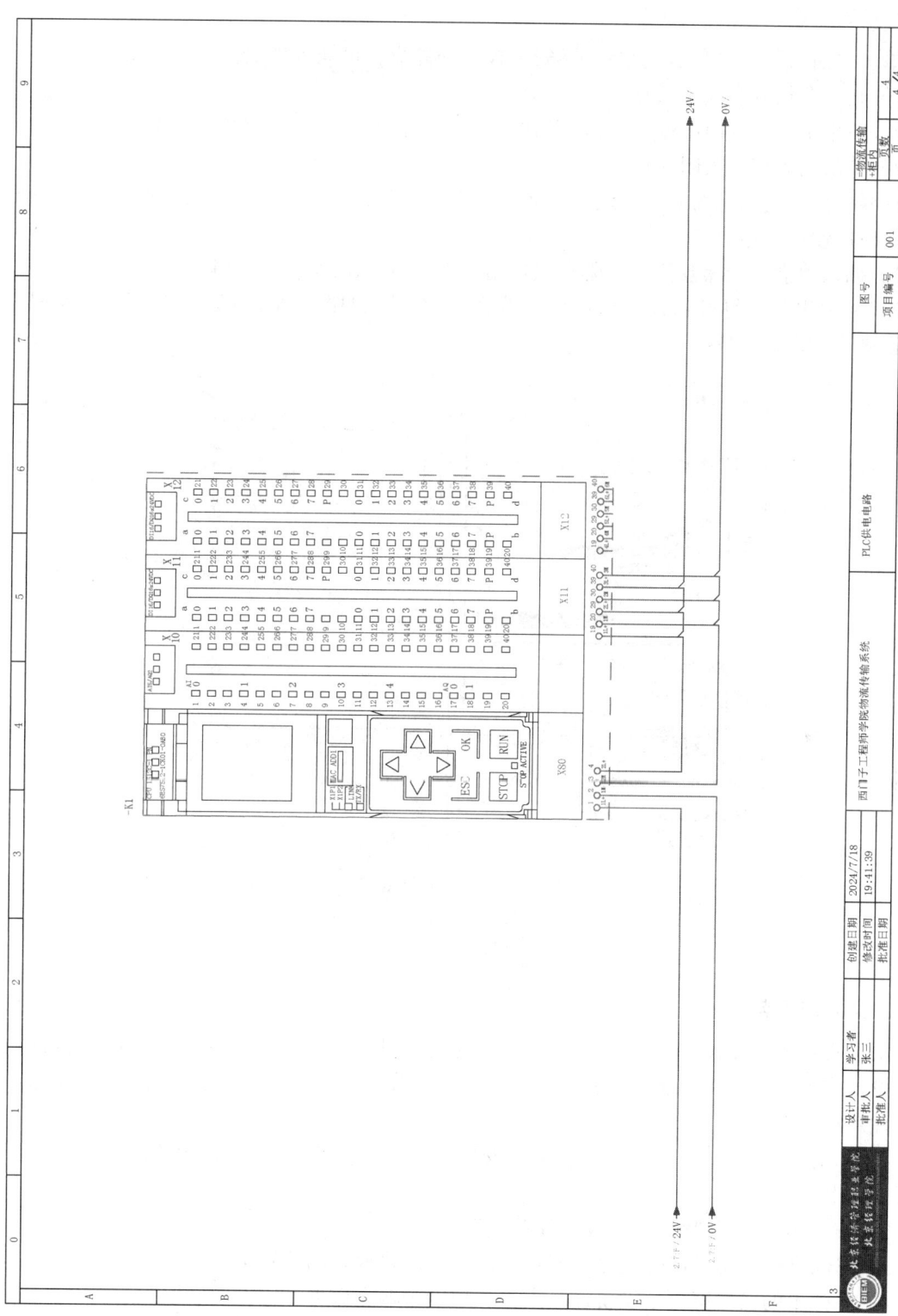

图 2-6-1 PLC 供电电路

二、黑盒的制作

1. 插入黑盒

单击"插入"→"盒子/连接点/安装板"→黑盒,可插入黑盒。

1)画一个长方形代表黑盒。

2)在指定的属性内部输入数值,如设备名称、技术参数、功能文本等属性。

3)单击"确定"关闭窗口。

这样,黑盒连同它的属性一起被写入项目中。通常,默认的黑盒是长方形。但是,会有一些应用使用多边形。

1)插入黑盒,当黑盒符号系附在鼠标指针上,按"Backspace"键。

2)在弹出的"符号选择"窗口中,选择"DC2",如图 2-6-2 所示,利用这个符号,就可以画一个多边形黑盒。

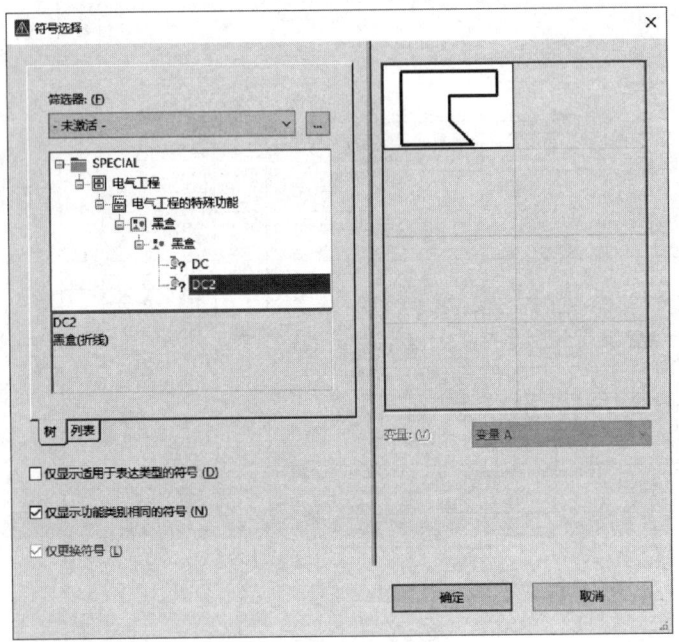

图 2-6-2 黑盒的多边形符号

2. 插入连接点

用黑盒代表一个物理上的设备,所关心的是它对外的连接,不具体关注其内部的连接。设备连接点通常用来连接黑盒外部的连接点。设备连接点有两种,一种是单向连接,另一种是双向连接。

1)单击"插入"→"盒子/连接点/安装板"→"设备连接点",设备连接点系附在鼠标指针上。

2)按"Tab"键选择想要的设备连接点变量。

3)移动光标,单击鼠标左键将连接点放置在想要放置的位置上。

4)在弹出的属性窗口"设备连接点"选项卡中输入数据。

5)单击"确定"按钮。

图 2-6-3 所示的是用一个黑盒描述一个变频器。如果需要编辑一个设备连接点,双击

该设备连接点，会弹出属性窗口，在属性菜单中进行修改。

另外一种快速编辑的方法，是用表格式编辑的方法。选择所有黑盒中的设备连接点，单击鼠标右键，选择"表格式编辑"命令，在弹出的窗口单元格中进行修改，如图 2-6-4 所示，修改完成后关闭此窗口，数据得到保存。

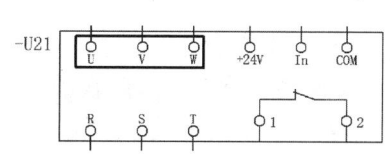

图 2-6-3 用黑盒描绘的变频器

图 2-6-4 表格式编辑

三、黑盒的功能定义

制作完的黑盒仅仅图形化描述了一个变频器，它实现逻辑上的智能了吗？双击黑盒弹出属性标签。它的主标签还是显示黑盒，图形与逻辑还没有匹配。

因此，必须为它重新定义功能。EPLAN 的功能定义库是不能被修改和添加的，应该把变频器归结到类似的类别中。变频器应该属于变频器类，所以要将黑盒的功能定义由"黑盒"改为"变频器"，如图 2-6-5 所示。

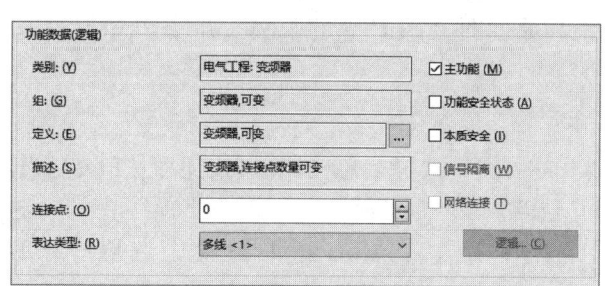

图 2-6-5 黑盒功能的重新定义

再次双击黑盒弹出属性标签，它的主标签显示"变频器"，图形与逻辑实现了相互匹配。如图 2-6-6 所示。

图 2-6-6 黑盒主标签与功能定义一致

四、黑盒的组合

黑盒制作完成后，图形要素中的黑盒、设备连接点以及黑盒内部的图形要素是分散的。当移动黑盒或设备连接点，仅仅是个体对象的移动。但我们在移动变频器的时候，希望整个符号都在移动。这就需要把整个黑盒的各个对象绑定在一起。选中黑盒及整个所有对象，在键盘是英文的状态下按"G"键，或通过"编辑"→"其他"→"组合"，将它们组合在一起。组合后的黑盒在单击黑盒或设备连接点移动的时候，所有对象都随之移动。通过"编辑"→"其他"→"取消组合"命令，可取消黑盒的组合。

当编辑组合后的黑盒，无论是单击黑盒还是设备连接点，只要是黑盒的对象，总是弹出黑盒的属性窗口。这或许不总是操作者想要的，如果想要编辑设备连接点的属性，需要弹出设备连接点的窗口，而这时却弹出黑盒的窗口，将无法编辑或修改设备连接点信息。这时，请按住"Shift"键，双击设备连接点，就会弹出设备连接点窗口。"Shift"键的作用是在操作的时候，暂时炸开组合的要素。

黑盒代表了常规符号库中无法实现的设备描述，在制作和使用时应注意以下几点：

1）用设备连接点作为黑盒对外部的连接，因为设备连接点总是与黑盒联系在一起。

2）黑盒内部符号的表达类型要改变为"图形"。如果是"多线"或"单线"会参与原理图的评估和 BOM 表的生成。

3）将按钮 -S1 移动到黑盒 -U1 内部，得到按钮的新 DT（DEVICE TAG，即设备名称）为 -U1-S1；将没有 DT 的按钮移动到黑盒 -U1 内部，得到按钮的新 DT 为 -U1。

4）DT 同名的黑盒可以实现关联参考。

五、PLC 盒子

在 EPLAN 中用 PLC 盒子描述 PLC 系统的硬件表达，例如：数字输入/输出卡、模拟输入/输出卡、电源单元、通信模块、总线单元和拓扑结构等。

通过"插入"→"盒子/连接点/安装板"→"PLC 盒子"调出画 PLC 盒子的命令，本节主要讨论总览图上和原理图上 PLC 卡的画法，并使 PLC 卡总览图和原理图形成关联参考。

1. 制作 PLC 总览卡

1）新建一页图纸页，页类型选择"总览"，页描述为"PLC 总览图"。

2）单击菜单栏"选项"→"设置"，弹出"设置"窗口，选中"项目"→"项目名称"→"设备"→"PLC"，在 PLC 相关设置中选取"SIMATIC S7（I/Q）"，如图 2-6-7 所示。

3）打开新建的总览页，单击菜单栏"插入"→"盒子/连接点/安装板"→"PLC 盒子"，画一个竖向显示的 PLC 盒子。

4）单击菜单栏"插入"→"盒子/连接点/安装板"→"PLC 卡电源"，卡电源符号系附在鼠标指针上，按"Tab"键旋转方向使其连接点方向向右连接，单击鼠标左键，弹出"PLC 连接点"属性窗口，连接点代号自动命名为"1"，在连接点描述输入"L+"，单击"确定"按钮关闭窗口。

5）单击菜单栏"插入"→"盒子/连接点/安装板"→"PLC 连接点（数字输入）"，PLC 连接点符号附在鼠标上，按"Tab"键旋转方向使其连接点方向向右连接，与"L+"保持一定间距，放置在其下面，单击鼠标左键，弹出"PLC 连接点"属性窗口，连接点代号自动命名为"2"，地址自动命名"I0.0"，单击"确定"按钮关闭窗口。

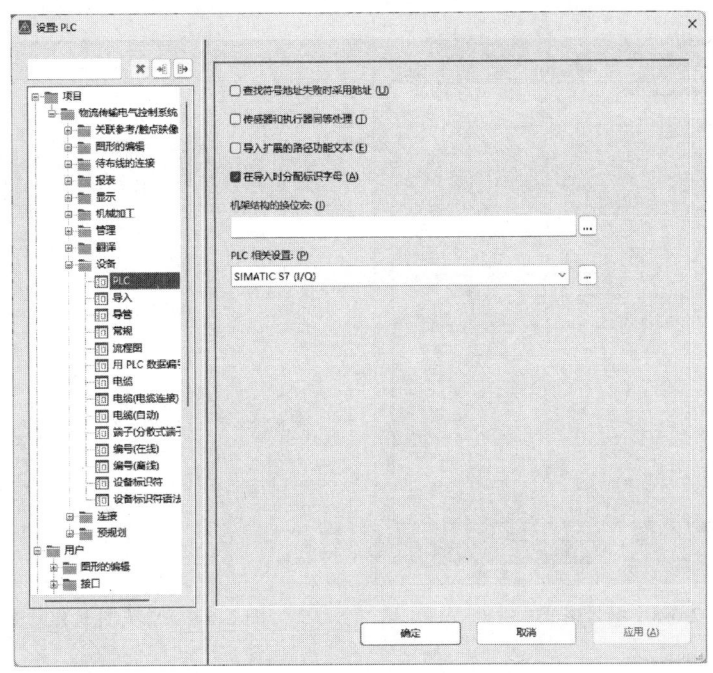

图 2-6-7　PLC 设置

6）选中 PLC 连接点"I0.0"，单击鼠标右键，选中"多重复制"命令，数量输入"7"，单击"确定"按钮，弹出"插入模式"窗口，选择"编号"，并单击编号格式后面的拓展按钮，进入"编号格式"窗口，确保"名称"标签下的"PLC 连接点"复选框打钩，如图 2-6-8 所示。单击"确定"按钮，关闭"插入模式"窗口。PLC 连接点 3～9 被放置，地址自动命名为 I0.1～I0.7。

7）菜单栏"插入"→"盒子/连接点/安装板"→"PLC 卡电源"，卡电源符号系附在鼠标指针上，按"Tab"键旋转方向使其连接点方向向右连接，单击鼠标左键，弹出"PLC 连接点"属性窗口，连接点代号自动命名为"10"，在连接点描述输入"M"，单击"确定"按钮关闭窗口。

至此完成了 PLC 总览卡的制作。通过单击菜单栏中"项目数据"→"PLC"→"导航器"，打开 PLC 导航器，在导航器中显示了制作的 –A1 卡，在图形编辑器上显示制作好的 PLC 总览卡如图 2-6-9 所示。

2. 制作 PLC 输入卡

1）新建一页图纸页，页类型选择"多线原理图（交互式）"，页描述为"PLC 数字输入卡"。

2）打开新建的原理图页，单击菜单栏"插入"→"盒子/连接点/安装板"→"PLC 盒子"，画一个横向显示的 PLC 盒子。

3）打开 PLC 导航器，展开 –A1 卡显示，将连接点"1"拖放到原理图 PLC 盒子中，同理将 PLC 连接点 2～10 拖放到原理图 PLC 盒子中，注意保持 PLC 连接点的间距，使显示看起来比较美观。

这样，从导航器中将 PLC 连接点拖放到原理图上，保证了数据的一致性，从而自动建立了原理图 PLC 输入点和总览图 PLC 输入点的关联参考，如图 2-6-10 所示。其中 /5.2: A 表明有一种展示类型放置在第 5 页第二列第 A 行。

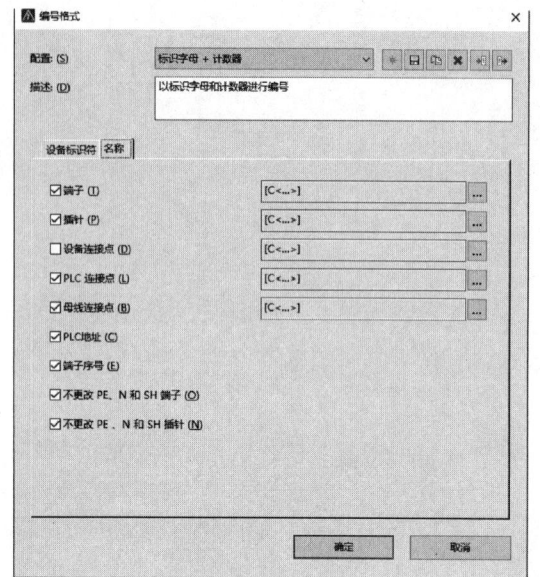

图 2-6-8 编号格式

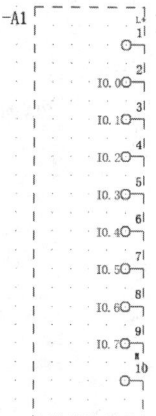

图 2-6-9 总览图上 PLC 数字输入卡

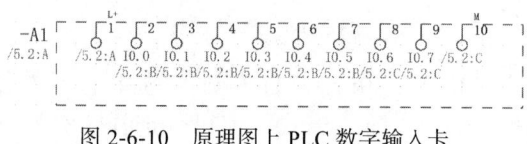

图 2-6-10 原理图上 PLC 数字输入卡

通常，PLC 总览图用于系统的总貌显示，以及 PLC 输入输出点的快速定位和查找。在设计中还是以原理图设计为主，因为需要赋予原理图 PLC 更丰富的信息。例如，功能文本、符号地址等属性信息。这些信息只需在原理图上输入或赋予，就会自动传递给总览图上，不必二次手动输入。为了实现这样的功能，通常在总览图 PLC 连接点属性上"显示"标签下，添加如下属性显示：功能文本（自动）<20031>，符号地址（自动）<20404>。

在制作有关 PLC 系统的硬件描述时，建议应用 PLC 盒子进行制作。尽量避免用黑盒制作，因为用黑盒制作的 PLC 无法实现自动编制的功能。

【技能操作】

一、新建页

在"页导航器"中，选中"原理图"，单击右键→"新建"，设置页名为"4"，页描述为"PLC 供电电路"，如图 2-6-11 所示，完成页面新建。

二、插入设备

单击"插入"→"设备"，选中"PLC"的"SIE.6ES7512-1CK01-0AB0"，利用键盘 Tab 切换到 PLC 的总揽形式，如图 2-6-12 所示，在图纸合适的位置单击鼠标，插入 PLC 设备。

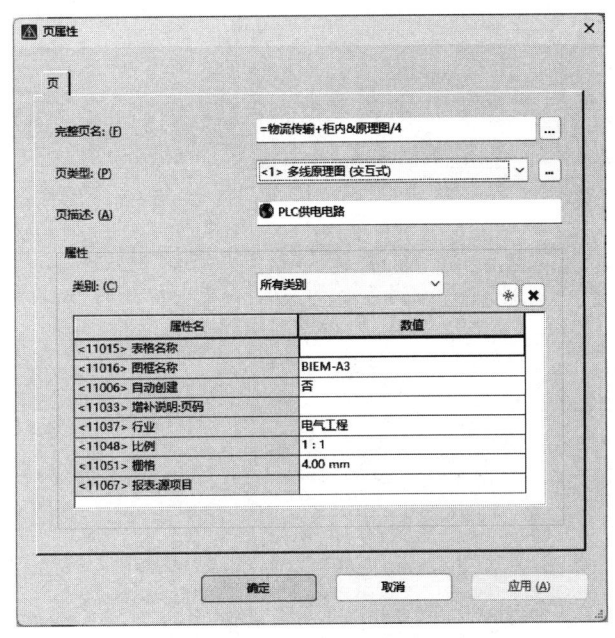

图 2-6-11　新建页

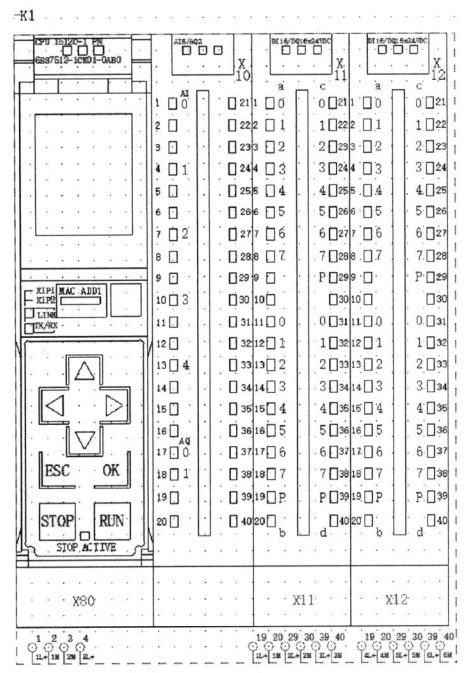

图 2-6-12　PLC 的总揽形式

三、插入中断点

步骤一：选择"中断点"命令，在图纸的 E 行 0 列插入 24V 中断点，在图纸的 F 行 0 列插入 0V 中断点，在操作中可利用键盘"Tab"旋转符号，选择合适的符号显示状态进行放置。

步骤二：再在图纸的 E 行 9 列插入 24V 中断点，在图纸的 F 行 9 列插入 0V 中断点，注意其位置在对应的网格上，可看到对应的中断点之间自动进行了连接，如图 2-6-13 所示。

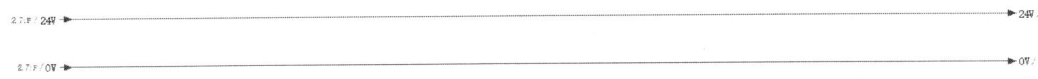

图 2-6-13　中断点连接

四、电路连接

在主界面的连接符号中选中合适连接符号，按照任务要求进行电路连接，如图 2-6-14 所示，完成操作。

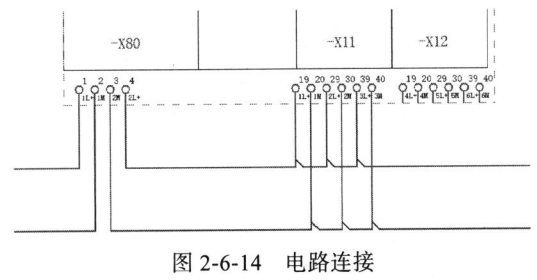

图 2-6-14　电路连接

【任务测评】

步骤一： 单击“项目数据”→“消息”→“执行项目检查”，执行项目检查。

步骤二： 单击“项目数据”→“消息”→“管理”，弹出“消息管理”窗口，查看检查结果，如图 2-6-15 所示。可看到“消息管理”的错误信息新增 16 个提示，并在消息文本中指明“缺少的 PLC 连接点总揽”。

消息管理 - 物流传输电气控制系统

行	状态	类别	号码	页	布局空间	设备标识符	消息文本
1		提示	004005	=物流传输+柜内&原理图/4		=物流传输+柜内-K1:3	缺少的 PLC 连接点总览
2		提示	004005	=物流传输+柜内&原理图/4		=物流传输+柜内-K1:2	缺少的 PLC 连接点总览
3		提示	004005	=物流传输+柜内&原理图/4		=物流传输+柜内-K1:4	缺少的 PLC 连接点总览
4		提示	004005	=物流传输+柜内&原理图/4		=物流传输+柜内-K1:1	缺少的 PLC 连接点总览
5		提示	004005	=物流传输+柜内&原理图/4		=物流传输+柜内-K1:20	缺少的 PLC 连接点总览
6		提示	004005	=物流传输+柜内&原理图/4		=物流传输+柜内-K1:19	缺少的 PLC 连接点总览
7		提示	004005	=物流传输+柜内&原理图/4		=物流传输+柜内-K1:30	缺少的 PLC 连接点总览
8		提示	004005	=物流传输+柜内&原理图/4		=物流传输+柜内-K1:29	缺少的 PLC 连接点总览
9		提示	004005	=物流传输+柜内&原理图/4		=物流传输+柜内-K1:40	缺少的 PLC 连接点总览
10		提示	004005	=物流传输+柜内&原理图/4		=物流传输+柜内-K1:39	缺少的 PLC 连接点总览
11		提示	004005	=物流传输+柜内&原理图/4		=物流传输+柜内-K1:20	缺少的 PLC 连接点总览
12		提示	004005	=物流传输+柜内&原理图/4		=物流传输+柜内-K1:19	缺少的 PLC 连接点总览
13		提示	004005	=物流传输+柜内&原理图/4		=物流传输+柜内-K1:30	缺少的 PLC 连接点总览
14		提示	004005	=物流传输+柜内&原理图/4		=物流传输+柜内-K1:29	缺少的 PLC 连接点总览
15		提示	004005	=物流传输+柜内&原理图/4		=物流传输+柜内-K1:40	缺少的 PLC 连接点总览
16		提示	004005	=物流传输+柜内&原理图/4		=物流传输+柜内-K1:39	缺少的 PLC 连接点总览
17		错误	007005	=物流传输+柜内&原理图/3		=物流传输+柜内-KA2	设备无主功能
18		错误	007005	=物流传输+柜内&原理图/3		=物流传输+柜内-KA3	设备无主功能
19		错误	007005	=物流传输+柜内&原理图/3		=物流传输+柜内-KA1	设备无主功能

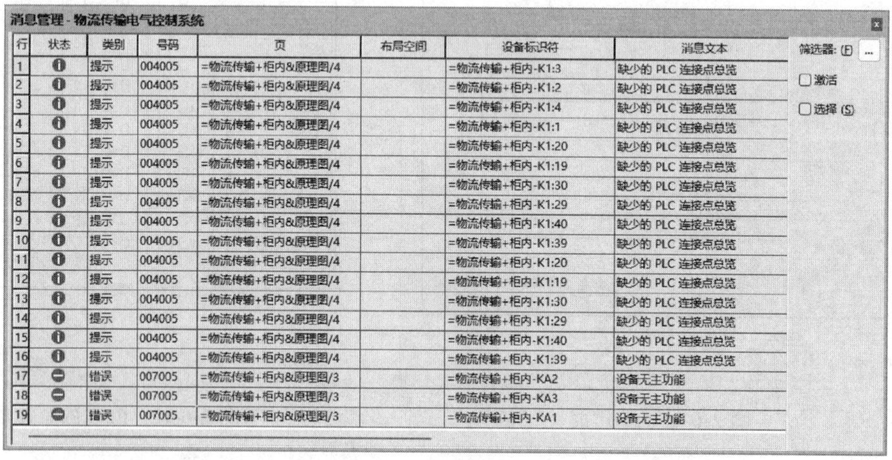

图 2-6-15 “消息管理”窗口

步骤三： 根据已有信息，本任务所采用 PLC 的总揽可以通过报表生成，在电气检查中无需进行连接点总揽检查，故单击“项目数据”→“消息”，在弹出的“执行项目检查”窗口中，单击“设置”右侧的拓展按钮，弹出“设置：消息和项目检查”窗口，在其左侧窗口选中“PLC/ 总线”，在对应的右侧窗口第 3 行的“检查类型”中，修改“离线”为“否”，如图 2-6-16 所示，“确定”后，“消息管理”窗口的错误依旧保持为任务五所产生的 3 个错误，如图 2-6-17 所示，无新增错误，本任务测评通过。

ID	级
001	端子
002	插头
003	电缆
004	PLC/总线
005	连接
007	设备
008	外语
010	关联参考
011	中断点
012	2D 安装板...
013	部件数据
014	宏
015	报表
016	黑盒
017	设备标识符
018	EPLAN 5 数...
019	EPLAN 21 ...

行	号码	消息文本	类别	检查类型	筛选器
1	004003	属于已显示的配置值 '%1!s!' 的 ...	提示	模块指定	无筛选器
2	004004	缺少的总线端口总览	提示	否	全部行业
3	004005	缺少的 PLC 连接点总览	提示	否	全部行业
4	004006	无连接点的 PLC-盒子	提示	否	全部行业
5	004007	机架 %1!s!' 安装在自己上	错误	离线	全部行业
6	004009	机架 '%2!s!' 的插槽 '%1!s!' 被多...	错误	离线	全部行业
7	004010	未知机架 '%1!s!'	警告	离线	全部行业
8	004013	机架 '%1!s!': 环形连接	错误	离线	全部行业
9	004016	机架'%1!s!'不唯一	错误	离线	全部行业
10	004018	输出端无执行器	提示	否	全部行业
11	004019	输入端无传感器	提示	否	全部行业
12	004020	一个通道内包含了多个I/O连接点	错误	离线	全部行业
13	004021	一个CPU内相同的地址出现了多次	错误	离线	全部行业
14	004022	PLC 卡的一个通道内相同连接点...	错误	否	全部行业
15	004023	缺少地址	警告	否	全部行业
16	004024	缺少连接点描述	提示	否	全部行业
17	004025	缺少插槽	错误	离线	全部行业

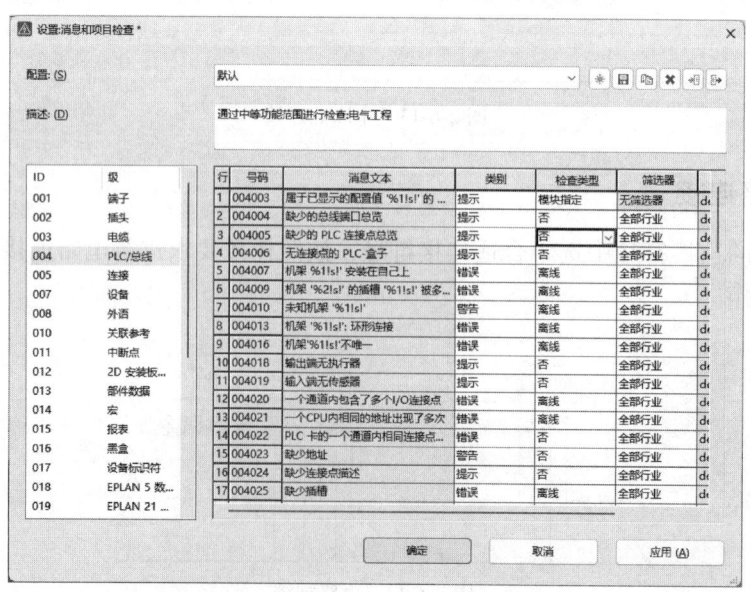

图 2-6-16 “设置：消息和项目检查”窗口

项目二 电气原理图绘制

图 2-6-17 "消息管理"窗口

任务七 PLC 连接点放置

【任务描述】

如图 2-7-1 所示，在任务六的基础上，新建页，并在新建页面上放置 PLC 连接点。
具体要求：
1）新建一个名称为"PLC 数字量输入电路"的多线原理图页。
2）在新建图纸上放置 10 个 PLC 数字量输入点。
注意事项：
"物流传输电气控制系统"PLC 连接点属性分配如表 2-7-1 所示，包括 PLC 数字量输入点代号、功能文本、符号地址、PLC 地址和通道代号。

表 2-7-1 PLC 连接点属性

序号	PLC 数字量输入点	功能文本	符号地址	PLC 地址	通道代号
1	-X11: 1	辊床 1 后退	I0.0	I0.0	0
2	-X11: 2	辊床 2 后退	I0.1	I0.1	1
3	-X11: 3	辊床 3 运行	I0.2	I0.2	2
4	-X11: 4	辊床自动运行	I0.3	I0.3	3
5	-X11: 5	辊床 1 占位信号	I0.4	I0.4	4
6	-X11: 6	辊床 1 到位信号	I0.5	I0.5	5
7	-X11: 7	辊床 2 占位信号	I0.6	I0.6	6
8	-X11: 8	辊床 2 到位信号	I0.7	I0.7	7
9	-X11: 11	辊床 3 占位信号	I1.0	I1.0	8
10	-X11: 12	辊床 3 到位信号	I1.1	I1.1	9

【相关知识】

电气控制技术的进步伴随着科学技术的飞速发展和生产工艺的持续优化，从最初的手动操作到高度自动化的控制系统。电气控制不仅极大地提高了生产效率，还显著增强了生产过程的稳定性和可靠性。PLC（可编程序逻辑控制器）作为这一领域的重要代表，凭借其强大的功能和易于使用的特点，在多个工业领域，包括机械、冶金、化工等，都获得了广泛的应用。

133

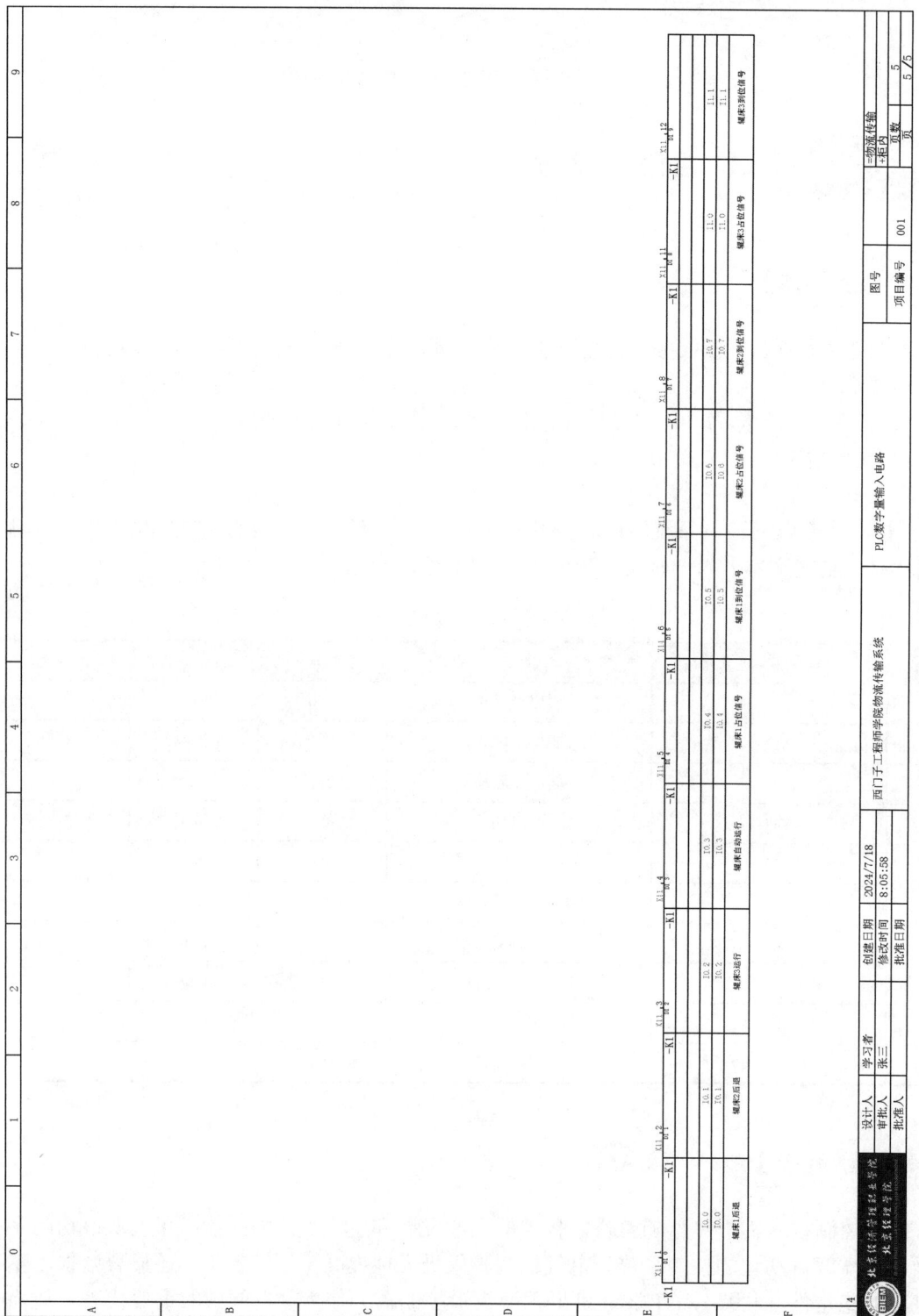

图 2-7-1 PLC 数字量输入电路

在 EPLAN 这样的电气设计软件中，数据交换功能对于提高设计效率和准确性至关重要。EPLAN 支持多种 PLC 类型的数据交换，这意味着用户可以在设计过程中轻松地将 PLC 的配置信息、程序代码等数据导入或导出，从而实现设计数据与 PLC 控制系统的无缝对接。此外，随着 OPC UA 等工业通信协议的普及，不同硬件、软件和系统之间的数据互联互通成为可能，这将进一步推动工业自动化的发展。

随着电气控制技术的不断发展和 EPLAN 等设计软件功能的不断完善，以及 OPC UA 等通信协议的广泛应用，我们有理由相信未来的工业自动化将更加高效、智能和可持续。

一、PLC 系统组成

可编程序控制器（Programmable Controller）原本应简称 PC，为了与个人计算机专称 PC 相区别，所以可编程序控制器简称为 PLC（Programmable Logic Controller），但并非说 PLC 只能控制逻辑信号。PLC 是专门针对工业环境应用设计的，自带直观、简单并易于掌握编程语言环境的工业现场控制装置。

PLC 有着与计算机类似的结构，由硬件系统和软件系统两大部分组成。PLC 基本组成包括中央处理器（CPU）、存储器、输入/输出接口（I/O）、编程器以及电源模块等。PLC 内部各组成单元之间通过电源总线、控制总线、地址总线和数据总线连接，外部则根据实际控制对象配置相应设备与控制装置构成 PLC 控制系统。

1. 中央处理器（CPU）

中央处理器（CPU）是 PLC 的核心部件，集成了控制器、运算器和寄存器，负责执行 PLC 内部的所有逻辑运算和数据处理任务。CPU 通过数据总线、地址总线、控制总线和电源总线与 PLC 的其他部分（如存储器、I/O 接口、编程器等）进行连接和通信。

小型 PLC：通常采用 8 位或 16 位微处理器或单片机，如 8031、M6800 等，成本低廉。

中型 PLC：采用 16 位或 32 位微处理器或单片机，如 8086、8096 系列单片机，集成度高、运算速度快且可靠性高。

大型 PLC：则需要采用高速位片式微处理器，以满足更复杂、更高速的控制需求。

CPU 按照 PLC 内系统程序赋予的功能，指挥 PLC 控制系统完成各项工作任务，包括数据采集、逻辑判断、控制输出等。

2. 存储器

PLC 内的存储器用于存放系统程序、用户程序和数据，主要分为系统程序存储器、用户程序存储器和数据存储器三类。

系统程序存储器：存放由 PLC 制造厂家编写的系统程序，包括系统管理程序、用户指令解释程序和功能程序与系统程序调用等。这些程序决定了 PLC 的基本功能，采用 ROM 或 EPROM 等非易失性存储器，确保电源断开后数据不丢失。

用户程序存储器：用于存放用户编写的 PLC 应用程序。在调试阶段，用户程序以调试程序的形式存放在 RAM 中，便于修改和调试。调试完成后，将用户执行程序固化到 EPROM 中长期使用。

数据存储器：用于存放 PLC 运行过程中生成的中间结果数据和组态数据，如输入输出状态、定时器/计数器值等。由于这些数据不断变化且不需要长期保存，因此采用

RAM 作为存储介质。RAM 具有高密度、低功耗的特点，并可通过锂电池作为备用电源，在断电时保持数据不丢失。

3. 接口

输入/输出接口（I/O 接口）是 PLC 与外部设备（如传感器、执行器等）进行连接的桥梁。PLC 的输入接口用于接收外部信号，将其转换为 PLC 内部可识别的数字信号；输出接口则将 PLC 内部的控制信号转换为外部设备可执行的信号。

输入接口：包括直流输入、交流输入和交直流输入等类型，用于接收来自工业现场的各种控制信号。

输出接口：包括晶体管输出、晶闸管输出和继电器输出等类型。晶体管输出和晶闸管输出为无触点输出型电路，适用于高频小功率负载和低频负载；继电器输出为有触点输出型电路，适用于高电压、大电流负载。

4. 编程器

编程器是用户与 PLC 之间进行交互的重要工具，用于将用户编写的程序下载到 PLC 的用户程序存储器中，并用于检查、修改和调试用户程序。现代 PLC 制造厂家大都开发了计算机辅助 PLC 编程支持软件，用户可以在个人计算机上安装这些软件后，通过图形化界面进行程序编辑、修改和调试。此外，编程器还可用于监视用户程序的执行过程，显示 PLC 状态、内部器件及系统参数等信息。

5. 电源

PLC 的电源模块负责将外部供给的交流电转换成供 CPU、存储器等内部元件所需的直流电。PLC 电源通常采用高质量、工作稳定性好、抗干扰能力强的开关稳压电源，以确保 PLC 系统的稳定运行。许多 PLC 电源还可向外部提供直流 24V 稳压电压，用于向输入接口上的电气元件供电，从而简化外围配置。

二、PLC 工作过程

PLC 上电后，在系统程序的监控下周而复始地按一定的顺序对系统内部的各种任务进行查询、判断和执行等。

1. 上电初始化

PLC 上电后，首先对系统进行初始化，包括硬件初始化、I/O 模块配置检查、停电保持范围设定及清除内部继电器、复位定时器等。

2. CPU 自诊断

在每个扫描周期须进行自诊断，通过自诊断对电源、PLC 内部电路、用户程序的语法等进行检查，一旦发现异常，CPU 使异常继电器接通，PLC 面板上的异常指示灯 LED 亮，内部特殊寄存器中存入出错代码并给出故障显示标志。如果不是致命错误则进入 PLC 的停止（STOP）状态；如果是致命错误，则 CPU 被强制停止，等待错误排除后才转入 STOP 状态。

3. 与外部设备通信

与外部设备通信阶段，PLC 与其他智能装置、编程器、终端设备、彩色图形显示器、其他 PLC 等进行信息交换，然后进行 PLC 工作状态的判断。

PLC 有 STOP 和 RUN 两种工作状态，如果 PLC 处于 STOP 状态，则不执行用户程序，将通过与编程器等设备交换信息，完成用户程序的编辑、修改和调试任务；如果 PLC 处于 RUN 状态，则将进入扫描过程，执行用户程序。

三、设计方式

在 EPLAN 中，可以有三种不同的方式来设计 PLC：基于地址点（Address-oriented）、基于板卡（DT-oriented）、基于通道（Channel-oriented）。这三种设计方法无本质区别，区别在于有的是调取符号，有的是调用宏。差异在于，可以选择逐点放置，也可以自定义通道（有点类似于将 PLC 点分组，一个组一个组地放置），或者整个模块一下子放到页面上。选择哪种设计方式取决于项目的具体需求、规模以及团队的偏好。对于小型或简单的项目，基于地址点的方式可能更为直接和有效。而对于大型或复杂的项目，基于板卡或基于通道的方式可能更加高效和易于管理。在实际应用中，可以根据项目的具体情况灵活选择或结合使用这些设计方式。

1. 基于地址点

特点：此方法侧重于逐个使用 PLC 的 I/O 地址点进行设计。每个 I/O 点都作为独立的符号或元素放置在图纸上，适用于需要高度细节控制或项目规模相对较小的场景。

优势：易于理解每个 I/O 点的具体作用，便于维护和故障排查。

劣势：当项目规模较大时，图纸可能变得复杂且难以管理，需要频繁地切换图纸来查看不同部分的连接。

2. 基于板卡

特点：此方法将 PLC 的 I/O 板卡作为宏进行定义，通过拖放宏来快速完成设计。每个宏代表了一个或多个 I/O 点，可以根据需要自定义宏的点数。

优势：显著提高绘图速度，图纸更加整洁易读。通过宏的批量操作，可以大幅减少重复劳动。

劣势：可能需要一定的前期工作来创建和配置宏。同时，对于需要高度定制化的 I/O 点配置，可能需要创建多个宏来满足需求。

3. 基于通道

特点：此方法将相关的 I/O 点（包括电源点）组织成通道，通过拖放通道来完成设计。在 EPLAN 中，这通常意味着将具有共同特征或功能的 I/O 点组合在一起，并为它们分配相同的通道代号。

优势：增强了图纸的组织性和可读性，使得相关人员可以更容易地理解系统的结构和功能。同时，通过通道的方式可以更好地管理大型 PLC 项目中的复杂连接。

劣势：需要仔细规划通道的结构和代号，以确保系统的清晰性和一致性。此外，对于某些复杂的系统，可能需要创建多个层次的通道来满足需求。

【技能操作】

一、新建页

在"页导航器"中，选中"原理图"，单击右键→"新建"，设置页名为"5"，页描述为"PLC 数字量输入电路",如图 2-7-2 所示,完成页面新建。

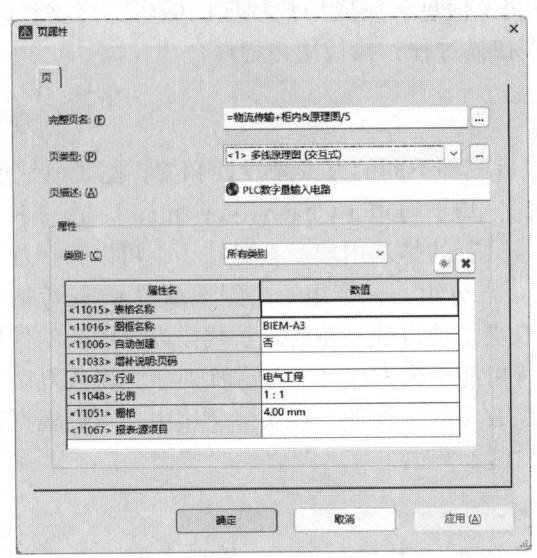

图 2-7-2 新建页

二、PLC 连接点放置及属性设置

步骤一：单击"项目数据"→"PLC"→"导航器",打开 PLC 导航器,选中"–X11：1 ~ –X11：8"号端子(可按下 Shift+ 鼠标单击),以及"–X11：11 ~ –X11：12"号端子(使用 Ctrl+ 鼠标单击),单击右键→"放置",依次在图纸中进行插入,如图 2-7-3 所示。

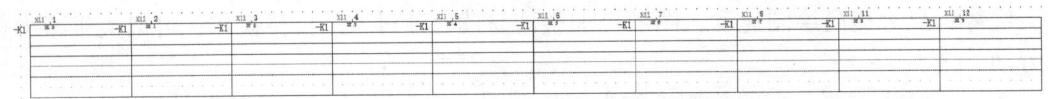

图 2-7-3 PLC 连接点放置

步骤二：在图纸中,利用鼠标框选所有端子,单击右键→"表格式编辑",打开"表格式编辑"窗口,设置"PLC 地址"为"I0.0 ~ I1.1","通道代号"为"0 ~ 9","符号地址"为"I0.0 ~ I1.1","功能文本"依次为"辊床 1 后退""辊床 2 后退""辊床 3 运行""辊床自动运行""辊床 1 占位信号""辊床 1 到位信号""辊床 2 占位信号""辊床 2 到位信号""辊床 3 占位信号""辊床 3 到位信号",如图 2-7-4 所示。

行	<20000> 名称(标识性)	<20026> 功能定义	<20400> PLC 地址	<20407> 通道代号	<20405> 数据类型	<20402> 符号地址	<20404> 符号地址(自动)	<20011> 功能文本	<20031> 功能文本(自动)	<20388> 信号范围
1	=物流传输+柜内-K1:1	PLC 连接点...	I0.0	0	BOOL	I0.0	I0.0	辊床1后退	辊床1后退	
2	=物流传输+柜内-K1:2	PLC 连接点...	I0.1	1	BOOL	I0.1	I0.1	辊床2后退	辊床2后退	
3	=物流传输+柜内-K1:3	PLC 连接点...	I0.2	2	BOOL	I0.2	I0.2	辊床3运行	辊床3运行	
4	=物流传输+柜内-K1:4	PLC 连接点...	I0.3	3	BOOL	I0.3	I0.3	辊床自动运行	辊床自动运行	
5	=物流传输+柜内-K1:5	PLC 连接点...	I0.4	4	BOOL	I0.4	I0.4	辊床1占位信号	辊床1占位信号	
6	=物流传输+柜内-K1:6	PLC 连接点...	I0.5	5	BOOL	I0.5	I0.5	辊床1到位信号	辊床1到位信号	
7	=物流传输+柜内-K1:7	PLC 连接点...	I0.6	6	BOOL	I0.6	I0.6	辊床2占位信号	辊床2占位信号	
8	=物流传输+柜内-K1:8	PLC 连接点...	I0.7	7	BOOL	I0.7	I0.7	辊床2到位信号	辊床2到位信号	
9	=物流传输+柜内-K1:11	PLC 连接点...	I1.0	8	BOOL	I1.0	I1.0	辊床3占位信号	辊床3占位信号	
10	=物流传输+柜内-K1:12	PLC 连接点...	I1.1	9	BOOL	I1.1	I1.1	辊床3到位信号	辊床3到位信号	

图 2-7-4 PLC 连接点属性设置

步骤三： 属性设置完成后，可看图纸中各端子的相关数据显示在图纸上，如图 2-7-5 所示。

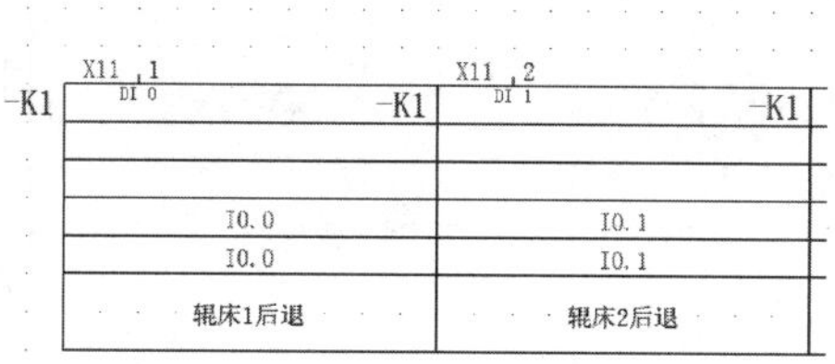

图 2-7-5 显示端子数据的 PLC 连接点

【任务测评】

步骤一： 单击"项目数据"→"消息"→"执行项目检查"，执行项目检查。
步骤二： 单击"项目数据"→"消息"→"管理"，弹出"消息管理"窗口，查看检查结果，如图 2-7-6 所示。"消息管理"窗口显示无新增错误，本任务测评通过。

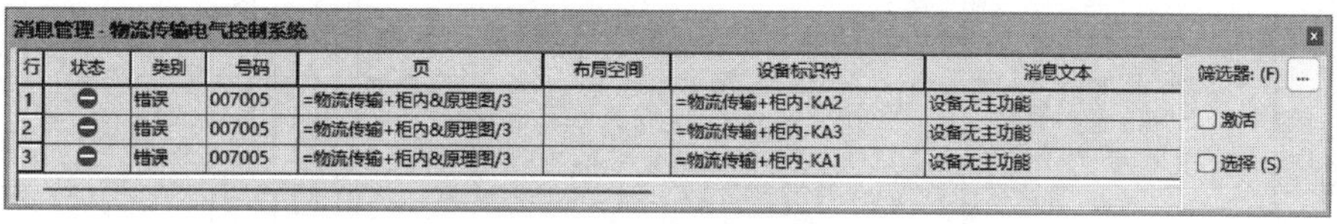

图 2-7-6 "消息管理"窗口

任务八　PLC 数字量输入电路绘制

【任务描述】

如图 2-8-1 所示，在任务七的基础上，绘制 PLC 数字量输入电路。
具体要求：
1）图中 S1～S6 设备为行程开关，因在控制柜外，故暂不进行选型。
2）图中包含控制柜内设备和柜外设备，要求在图纸中标注连接端子，注意端子的方向，一般而言，端子的上端接入控制柜内设备，端子的下端接入控制柜外设备。

【相关知识】

EPLAN 中的 PLC 管理可以与不同的 PLC 配置程序进行数据交换，可以分开管理多个 PLC 系统，可以为 PLC 连接点重新分配地址。对于采用总线系统的 PLC 控制系统，EPLAN 同样提供了强大的配置数据交换功能，以确保 PLC 系统能够与总线系统无缝集成，实现高效的数据通信和控制。

在原理图编辑环境中，有专门的 PLC 命令与工具栏，各种 PLC 按钮与菜单中的各项 PLC 命令具有对应的关系。EPLAN 中使用 PLC 盒子和 PLC 连接点来表达 PLC。

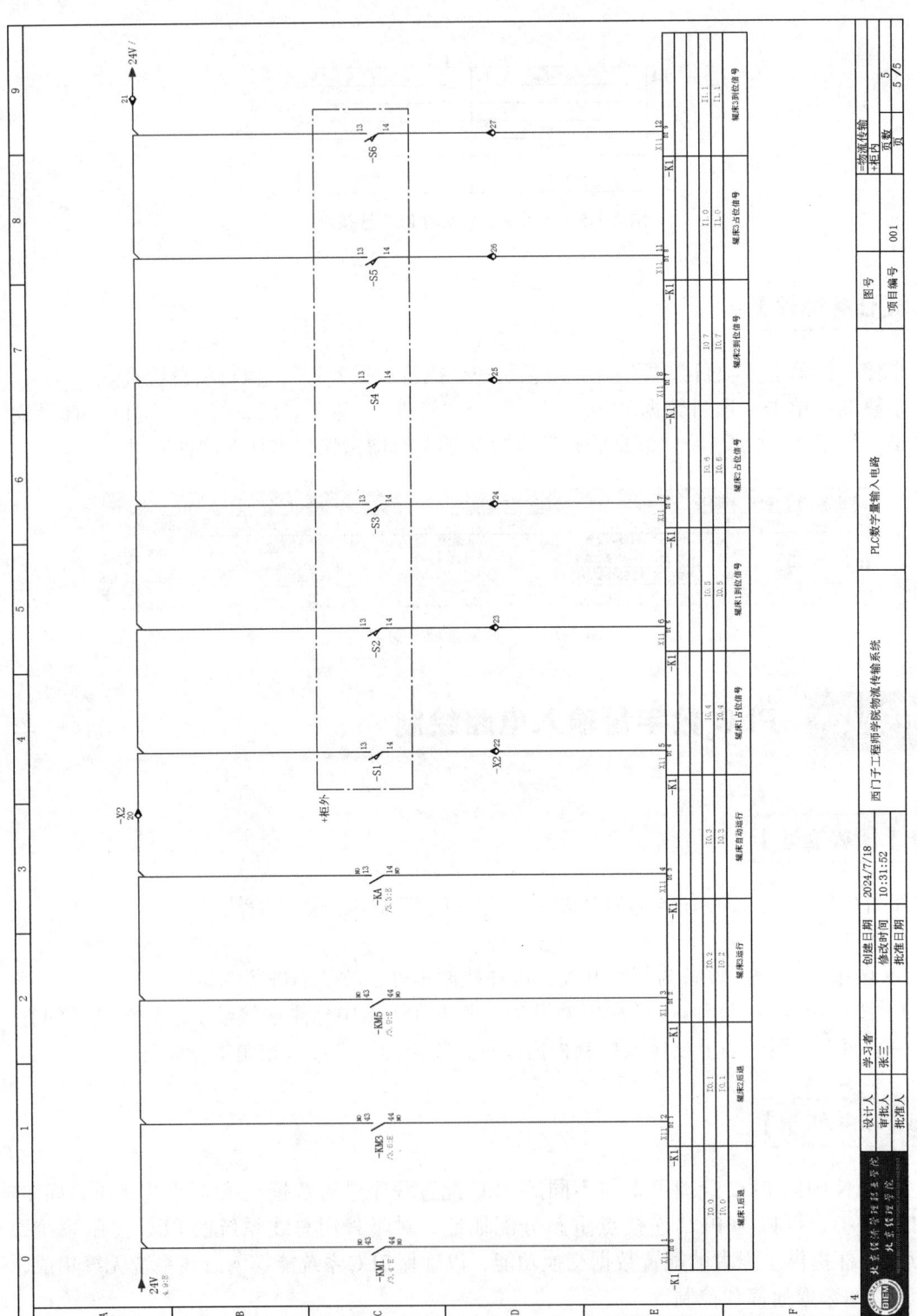

图 2-8-1 PLC 数字量输入电路

一、创建 PLC 盒子

在原理图中绘制各种 PLC 盒子，描述 PLC 系统的硬件表达。

1. 插入 PLC 盒子

选择菜单栏中的"插入"→"盒子连接点 / 连接板 / 安装板"→"PLC 盒子"按钮，此时光标变成交叉形状并附加一个 PLC 盒子符号。

将光标移动到需要插入 PLC 盒子的位置上，移动光标，选择 PLC 盒子的插入点，单击确定 PLC 盒子的角点，再次单击确定另一个角点，确定插入 PLC 盒子，此时光标仍处于插入 PLC 盒子的状态，重复上述操作可以继续插入其他的 PLC 盒子。PLC 盒子插入完毕，按右键"取消操作"命令或"Esc"键即可退出该操作。

2. 设置 PLC 盒子的属性

在插入 PLC 盒子的过程中，用户可以对 PLC 盒子的属性进行设置。双击 PLC 盒子或在插入 PLC 盒子后，弹出 PLC 盒子属性设置窗口，在该窗口中可以对 PLC 盒子的属性进行设置。

1）在"显示设备标识符"中输出 PLC 盒子的编号，PLC 盒子名称可以是信号的名称，也可以自己定义。

2）打开"符号数据 / 功能数据"选项卡，显示 PLC 盒子的符号数据，在"编号 / 名称"文本框中显示 PLC 盒子编号名称，单击"拓展"按钮，弹出"符号选择"窗口，在符号库中重新选择 PLC 盒子符号，单击"确定"按钮，显示选择名称后的 PLC 盒子。

3）打开"部件"选项卡，显示 PLC 盒子中已添加部件。在左侧"部件编号 – 件数 / 数量"列表中显示添加的部件。单击空白行"部件编号"中的"拓展"按钮，系统弹出"部件选择"窗口，在该窗口中显示部件管理库，可浏览所有部件信息，为元件符号选择正确的元件。

二、PLC 导航器

选择菜单栏中的"项目数据"→"PLC"→"导航器"命令，打开"PLC"导航器，包括"树"标签与"列表"标签。在"树"标签中包含项目所有 PLC 的信息，在"列表"标签中显示配置信息。

在选中的 PLC 盒子上单击鼠标右键，弹出相应的快捷菜单，提供新建和修改 PLC 的功能。

1）选择"新建"命令，弹出"部件选择"窗口，选择 PLC 型号，创建一个新的 PLC，也可以选择一个相似的 PLC 执行复制命令，进行修改而达到新建 PLC 的目的。

2）直接将"PLC"导航器中的 PLC 连接点拖动到 PLC 盒子上，直接完成 PLC 连接点的放置。若需要插入多个连接点，选择第一个连接点 +Shift 键 + 最后一个连接点，拖住最后一个连接点放入原理图中即可。

三、PLC 连接点

通常情况下，PLC 连接点代号在每张卡中仅允许出现一次，而在 PLC 中可多次出现。如果附加通过插头名称区分 PLC 连接点，则连接点代号允许在一张卡中多次出现。连接点描述每个通道只允许出现一次，而每个卡可出现多次。卡电源可具有相同的连接点描述。

在实际设计中常用的 PLC 连接点有：PLC 数字输入（DI）、PLC 数字输出（DO）、PLC 模拟输入（AI）、PLC 模拟输出（AO）、PLC 连接点（可编程的 I/O 点）、PLC 端口和网络连接点。

1. PLC 数字输入

首先，单击菜单栏"选项"→"设置"，弹出"设置"窗口，在该窗口，选中"项目"→"项目名称"→"设备"→"PLC"，在"PLC 相关设置"中选中"SIMATIC S7（I/Q）"，单击"确定"。

再选择菜单栏中的"插入"→"盒子连接点/连接板/安装板"→"PLC 连接点（数字输入）"命令，或单击"盒子"工具栏中的"PLC 连接点（数字输入）"按钮，此时光标变成交叉形状并附加一个"PLC 连接点（数字输入）"符号。将光标移动到 PLC 盒子边框上，移动光标，单击鼠标左键确定 PLC 连接点（数字输入）的位置。此时，光标仍处于放置 PLC 连接点（数字输入）的状态，重复上述操作可以继续放置其他的 PLC 连接点（数字输入）。PLC 连接点（数字输入）放置完毕，按右键"取消操作"命令或"Esc"键即可退出该操作。

在光标处于放置 PLC 连接点（数字输入）的状态时按"Tab"键，旋转 PLC 连接点（数字输入）符号，变换 PLC 连接点（数字输入）模式。

2. 设置 PLC 连接点（数字输入）的属性

在插入 PLC 连接点（数字输入）的过程中，用户可以对 PLC 连接点（数字输入）的属性进行设置。双击 PLC 连接点（数字输入）或在插入 PLC 连接点（数字输入）后，弹出 PLC 连接点（数字输入）属性设置窗口，在该窗口中可以对 PLC 连接点（数字输入）的属性进行设置。

1）在"显示设备标识符"中输入 PLC 连接点（数字输入）的编号。单击右侧的"拓展"按钮，弹出"设备标识符"窗口，在该窗口中选择 PLC 连接点（数字输入）的标识符，完成选择后，单击"确定"按钮，关闭窗口。

2）在"连接点代号"文本框中自动输入 PLC 连接点（数字输入）连接代号。

3）在"地址"文本框中自动显示地址 I0.0。其中，PLC（数字输入）地址以 I 开头，PLC 连接点（数字输出）地址以 Q 开头，PLC 连接点（模拟输入）地址以 PIW 开头，PLC 连接点（模拟输出）地址以 PQW 开头。选择菜单栏中的"项目数据"→"PLC"→"地址/分配列表"命令，弹出"地址/分配列表"窗口，通过将为编程准备的 I/O 列表直接复制到对应位置，也可以通过"附件"按钮中的"导入分配列表"和"导出分配列表"命令，和不同的 PLC 系统交换数据。

PLC 连接点（数字输出）、PLC 连接点（模拟输入）、PLC 连接点（模拟输出）的插入方法与 PLC 连接点（数字输入）相同，这里不再赘述。

四、PLC 电源和 PLC 卡电源

在 PLC 设计中，为避免传感器故障对 PLC 本体的影响，确保安全回路切断 PLC 输出端时 PLC 通信系统仍然能够正常工作，把 PLC 电源和通道电源分开供电。

1. PLC 卡电源

为 PLC 卡供电的电源称为 PLC 卡电源。

选择菜单栏中的"插入"→"盒子连接点/连接板/安装板"→"PLC 卡电源"命

令,或单击"盒子"工具栏中的"PLC 卡电源"按钮,此时光标变成交叉形状并附加一个 PLC 卡电源符号。

将光标移动到 PLC 盒子边框上,移动光标,单击鼠标左键确定 PLC 卡电源的位置。此时,光标仍处于放置 PLC 卡电源的状态,重复上述操作可以继续放置其他的 PLC 卡电源。PLC 卡电源放置完毕,按右键"取消操作"命令或"Esc"键即可退出该操作。

在光标处于放置 PLC 卡电源的状态时按"Tab"键,旋转 PLC 卡电源符号,变换 PLC 卡电源模式。

2. 设置 PLC 卡电源的属性

在插入 PLC 卡电源的过程中,用户可以对 PLC 卡电源的属性进行设置。双击 PLC 卡电源或在插入 PLC 卡电源后,弹出 PLC 卡电源属性设置窗口,在该窗口中可以对 PLC 卡电源的属性进行设置。在"显示设备标识符"中输入 PLC 卡电源的编号;在"连接点符号"文本框中自动输入 PLC 卡电源连接代号;在"连接点描述"文本框中输入 PLC 卡电源符号,例如 DC、L+、M。

3. PLC 电源

为 PLC I/O 通道供电的电源为 PLC 连接点电源。

选择菜单栏中的"插入"→"盒子连接点/连接板/安装板"→"PLC 连接点电源"命令,或单击"盒子"工具栏中的"PLC 连接点电源"按钮,此时光标变成交叉形状并附加一个 PLC 连接点电源符号。

将光标移动到 PLC 盒子边框上,移动光标,单击鼠标左键确定 PLC 连接点电源的位置。此时光标仍处于放置 PLC 连接点电源的状态,重复上述操作可以继续放置其他的 PLC 连接点电源。PLC 连接点电源放置完毕,按右键"取消操作"命令或"Esc"键即可退出该操作。

在光标处于放置 PLC 连接点电源的状态时按"Tab"键,旋转 PLC 连接点电源符号,变换 PLC 连接点电源模式。

4. 设置 PLC 连接点电源的属性

在插入 PLC 连接点电源的过程中,用户可以对 PLC 连接点电源的属性进行设置。双击 PLC 连接点电源或在插入 PLC 连接点电源后,弹出 PLC 连接点电源属性设置窗口,在该窗口中可以对 PLC 连接点电源的属性进行设置。在"显示设备标识符"中输入 PLC 连接点电源的编号;在"连接点代号"文本框中自动输入 PLC 连接点电源代号;在"连接点描述"文本框中输入 PLC 连接点电源,例如 1M、2M。

五、创建 PLC

创建 PLC 包括创建窗口宏和总览宏。

框选 PLC,选择菜单栏中的"编辑"→"创建窗口宏/符号宏"命令,或在选中电路上单击鼠标右键选择"创建窗口宏/符号宏"命令,或按"Ctrl+F5"键,系统弹出"另存为"窗口。在"目录"文本框中输入 PLC 目录,在"文件名"文本框中输入 PLC 名称。

在"表达类型"下拉列表中显示 EPLAN 中"多线"类型。在"变量"下拉列表中可选择变量 A,勾选"考虑页比例"复选框,单击"确定"按钮,完成 PLC 窗口宏创建。

选择菜单栏中的"插入"→"窗口宏/符号宏"命令，或按"M"键，系统弹出"选择宏"窗口，在之前的保存目录下选择创建的宏文件。

单击"打开"命令，此时光标变成交叉形状并附加选择的宏符号，将光标移动到需要插入宏的位置上，在原理图中单击鼠标左键确定插入宏。此时，系统自动弹出"插入模式"窗口，选择插入宏的标识符编号格式与标号方式，此时，光标仍处于插入宏的状态，重复上述操作可以继续插入其他的宏。宏插入完毕，按右键"取消操作"命令或"Esc"键即可退出操作。

【技能操作】

一、插入设备

步骤一：单击"项目数据"→"设备"→"导航器"，打开设备导航器，在导航器中，选中 KM1 的"43¶44（常开触点）"，单击右键→"放置"，在图纸合适位置，单击鼠标完成 KM1 常开触点插入。

步骤二：同样的方法，依次完成 KM3、KM5 和 KA 的常开触点插入，如图 2-8-2 所示。

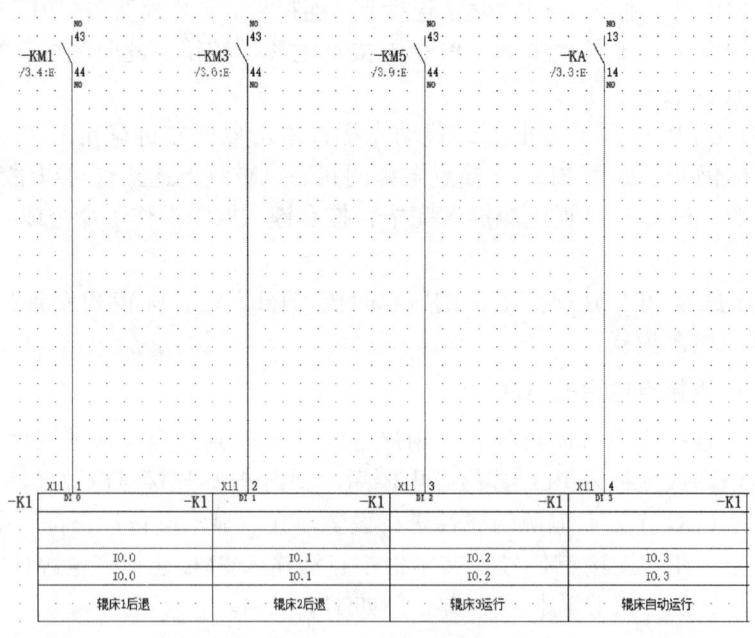

图 2-8-2　设备插入

二、插入符号

步骤一：在菜单栏，单击"符号"按钮，弹出"符号选择"窗口，在左侧窗口选中"IEC_symbol"→"传感器，开关和按钮"→"限位开关，机械的"→"限位开关，常开触点，2个连接点"→"SSEND"，确定后，在图纸合适位置单击鼠标，弹出"属性（元件）：常规设备"窗口，单击"确定"，完成限位开关 S1 的插入。

步骤二：同样的方法，分别插入限位开关 S2、S3、S4、S5、S6，如图 2-8-3 所示。

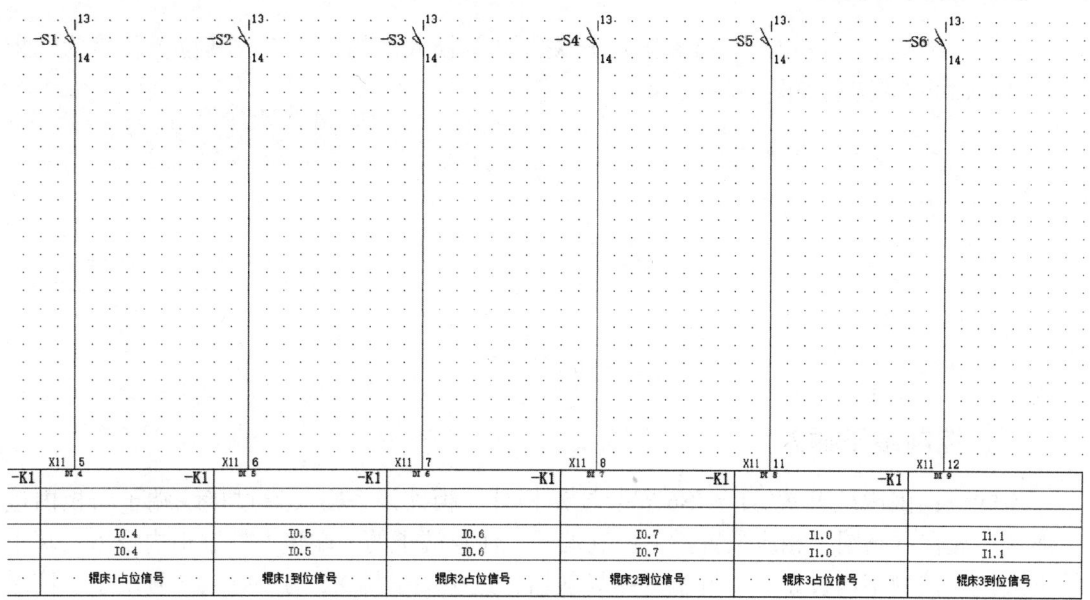

图 2-8-3 符号插入

三、插入中断点

选择"中断点"命令,在图纸的 A 行 0 列和 A 行 9 列插入 24V 中断点,在操作中可利用键盘"Tab"旋转符号,选择合适的符号显示状态进行放置,注意其位置在对应的网格上,可看到对应的中断点之间自动进行了连接,如图 2-8-4 所示。

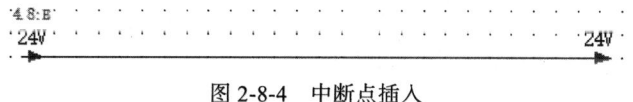

图 2-8-4 中断点插入

四、连接电路

在主界面的连接符号中选中合适连接符号,按照任务要求进行电路连接,如图 2-8-5 所示,完成操作。

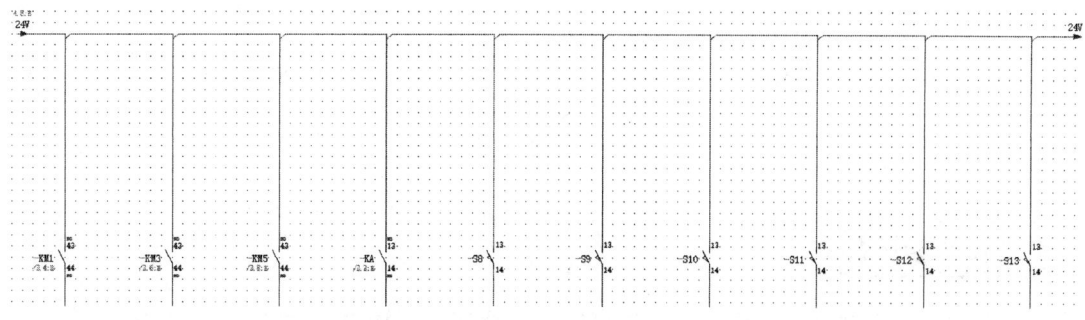

图 2-8-5 电路连接

五、插入结构盒

单击"结构盒"按钮,在所有限位开关的外侧插入结构盒,修改其位置代号为"柜外",插入后的结构盒如图2-8-6所示。

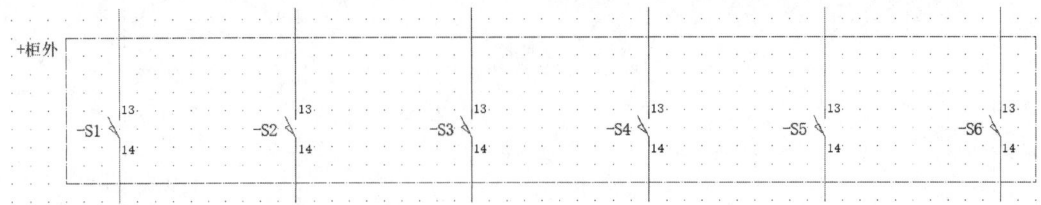

图 2-8-6 结构盒插入

六、控制端子插入

步骤一:因限位开关 S1~S6 安装控制柜外,柜外设备需要通过接线端子与柜内进行连接,故在电路图上相应位置插入控制端子,注意端子的上端接入控制柜内设备,端子的下端接入控制柜内设备。打开端子排导航器,选中端子排 X2 的 19~27 号端子,依次插入到相应位置。(**提示**:可利用键盘 Tab 切换端子符号的方向,放置端子时,鼠标上附带的端子会显示 a 端和 b 端,a 端为上端,b 端为下端。)

步骤二:端子插入完成后,单击"视图"→"外部目标",图纸中端子会显示箭头,表明其方向连接的是柜外的设备,如图 2-8-7 所示,通过该项操作可检查端子的放置方向是否正确,如果放置方向不对,在后续 3D 布线的环节会出现飞线。

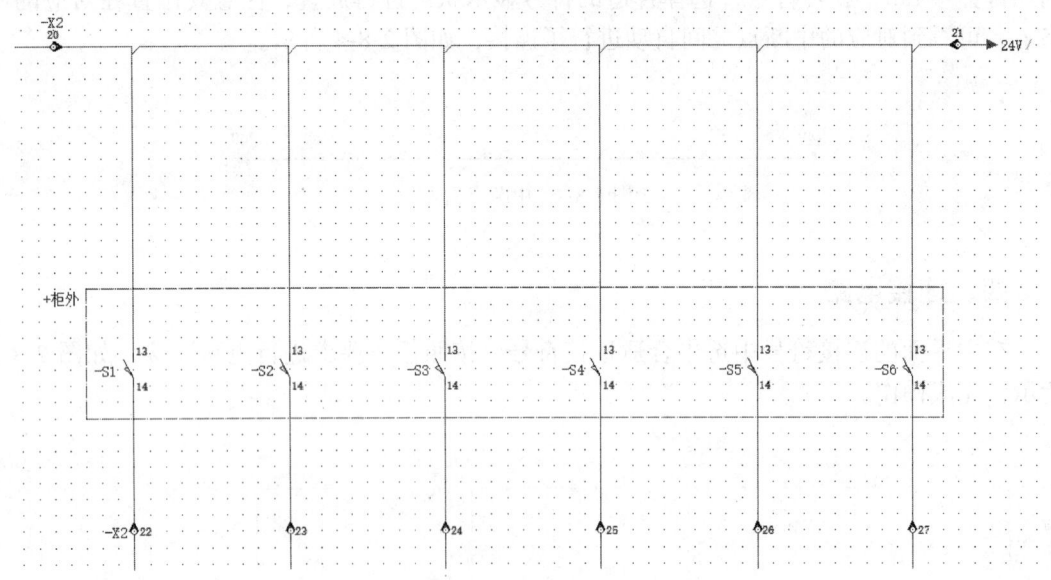

图 2-8-7 控制端子插入

🎤【任务测评】

步骤一:单击"项目数据"→"消息"→"执行项目检查",执行项目检查。

步骤二： 单击"项目数据"→"消息"→"管理"，弹出"消息管理"窗口，查看检查结果，如图 2-8-8 所示。"消息管理"窗口显示无新增错误，本任务测评通过。

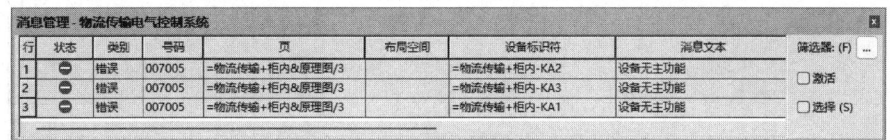

图 2-8-8 "消息管理"窗口

任务九　PLC 数字量输出电路绘制

【任务描述】

如图 2-9-1 所示，在任务八的基础上，绘制 PLC 数字量输出电路。

具体要求：

1）新建一个名称为"PLC 数字量输出电路"的多线原理图页。

2）在新建图纸上放置 4 个 PLC 数字量输出点。

3）图中继电器使用型号为 SIE.3RH2122-1HB40，并需要将与之相关的图纸中的设备进行关联。

注意事项：

"物流传输电气控制系统"PLC 连接点属性分配如表 2-9-1 所示，包括 PLC 数字量输出点代号、功能文本、符号地址、PLC 地址和通道代号。

表 2-9-1　PLC 连接点属性

序号	PLC 数字量输出点	功能文本	符号地址	地址	通道代号
1	-X11：33	辊床 1 后退	Q0.0	Q0.0	10
2	-X11：34	辊床 2 后退	Q0.1	Q0.1	11
3	-X11：35	辊床 3 运行	Q0.2	Q0.2	12
4	-X11：36	变频器控制	Q0.3	Q0.3	13

【相关知识】

EPLAN 中 PLC 编址有三种方式：地址、符号地址、通道代号。在 PLC 的连接点及连接点电源的属性窗口中，可以随意编辑地址，对于 PLC 卡电源（CPS），地址是无法输入的。

一、设置 PLC 编址

选择菜单栏中的"选项"→"设置"命令，弹出"设置"窗口，选择"项目"→"项目名称"→"设备"→"PLC"选项，在"PLC 相关设置"下拉列表中选择系统预设的一些 PLC 的编址格式，如图 2-9-2 所示。

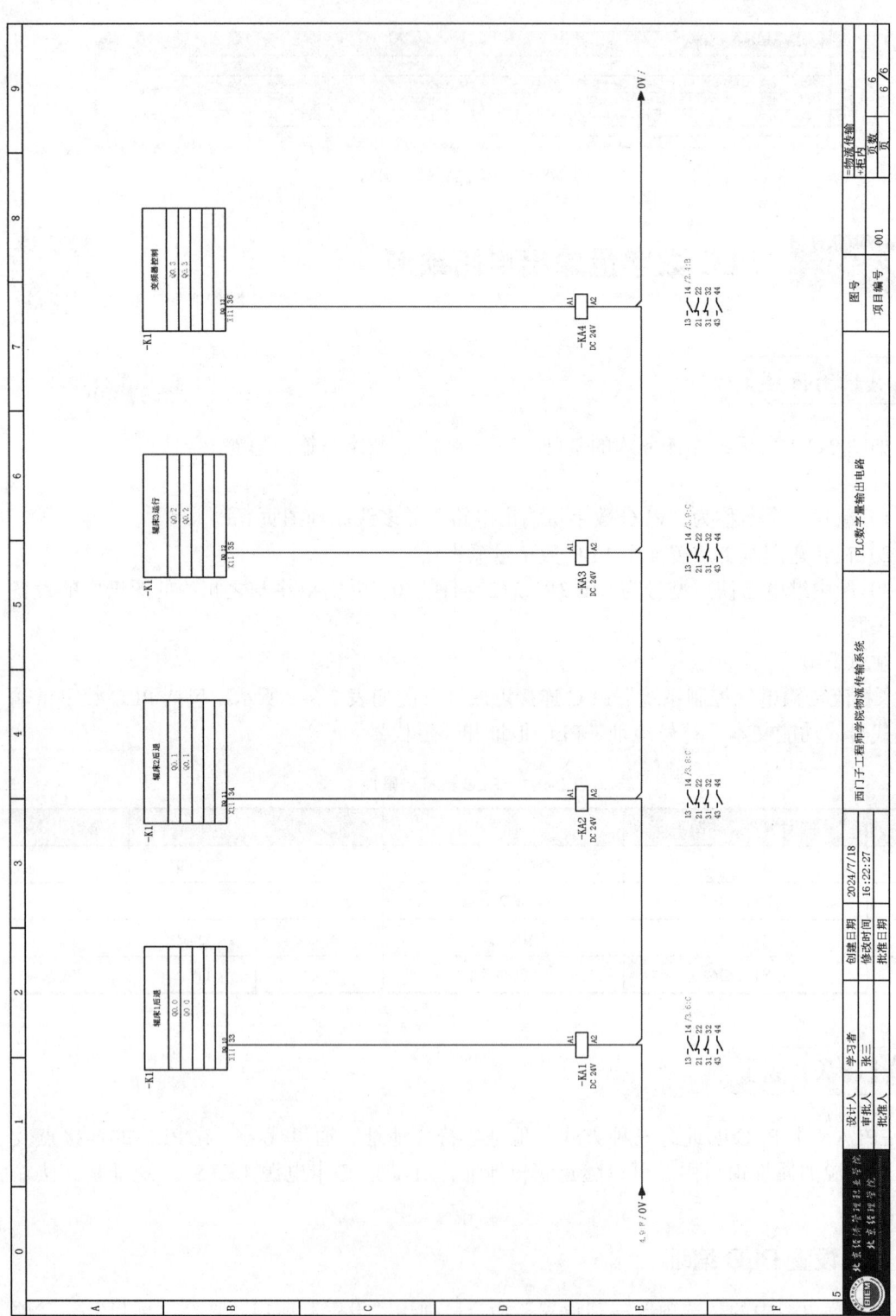

图 2-9-1 PLC 数字量输出电路

项目二　电气原理图绘制

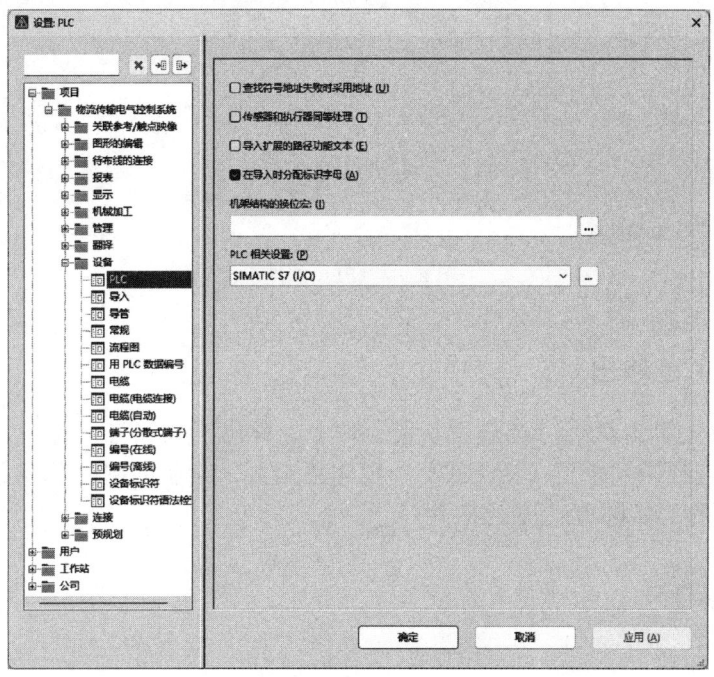

图 2-9-2　"PLC"选项

二、PLC 编址

选择整个项目或者在 PLC 导航器中选择需要编址的 PLC，选择菜单栏中的"项目数据"→"PLC"→"编址"命令，弹出"重新确定 PLC 连接点地址"窗口，如图 2-9-3 所示。

在"PLC 相关设置"下选择建立的 PLC 地址格式，勾选"数字连接点"复选框，激活"数字起始地址"选项，输入起始地址的输入端与输出端。勾选"模拟连接点"复选框，"模拟起始地址"选项，输入起始地址的输入端与输出端。在"排序"下拉列表中选择排序方式。

1) 根据卡的设备标识符和放置（图形）：在原理图中针对每张卡根据其图形顺序对 PLC 连接点进行编址（只有在所有连接点都已放置时此选项才有效）。

2) 根据卡的设备标识符和通道代号：针对每张卡根据通道代号的顺序对 PLC 连接点进行编址。

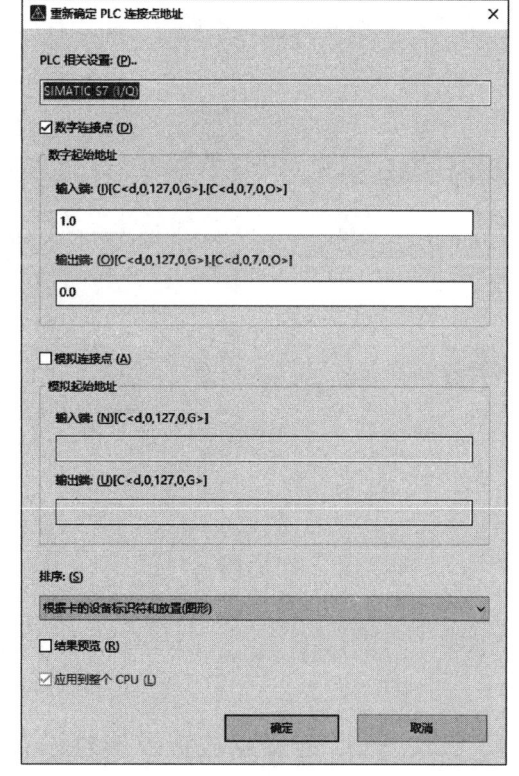

图 2-9-3　"重新确定 PLC 连接点地址"窗口

3) 根据卡的设备标识符和连接点代号：针对每张卡根据连接点代号的顺序对 PLC 连接点进行编址。此时要考虑插头名称并在连接点前排序，也就是说，连接点"-A1-1.2"在连接点"-A1-2.1"之前。

149

单击"确定"按钮，进行编址，结果如图 2-9-4 所示。

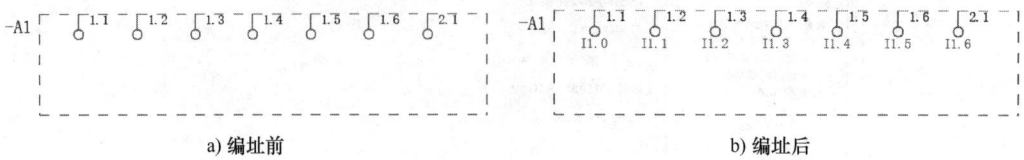

a) 编址前　　　　　　　　　　　　　　b) 编址后

图 2-9-4　PLC 编址

三、PLC 总览输出

在原理图页上单击鼠标，选择"新建"命令，弹出"页属性"窗口，在图纸中新建页，"页类型"选择未"总览（交互式）"，建立总览页，绘制的部件总览是以信息汇总的形式出现的，不作为实际电气接点应用。

【技能操作】

一、新建页

在"页导航器"中，选中"原理图"，单击右键→"新建"，设置页名为"6"，页描述为"PLC 数字量输出电路"，如图 2-9-5 所示，完成页面新建。

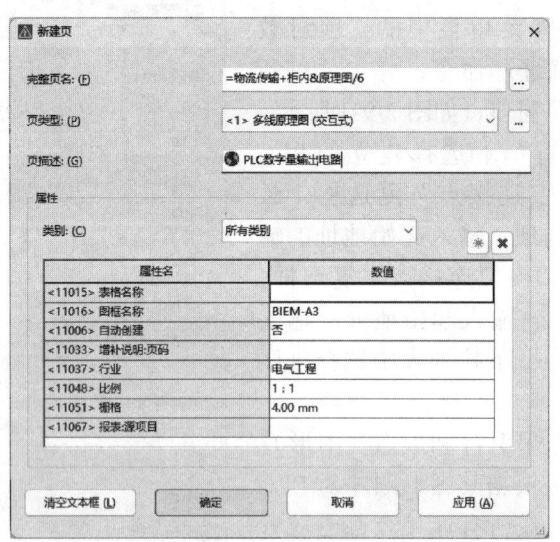

图 2-9-5　新建页

二、PLC 连接点放置及属性设置

步骤一：单击"项目数据"→"PLC"→"导航器"，打开 PLC 导航器，选中"-X11：33 ～ -X11：36"号端子（可按下 Shift+ 鼠标单击），单击右键→"放置"，依次在图纸中进行插入，如图 2-9-6 所示。

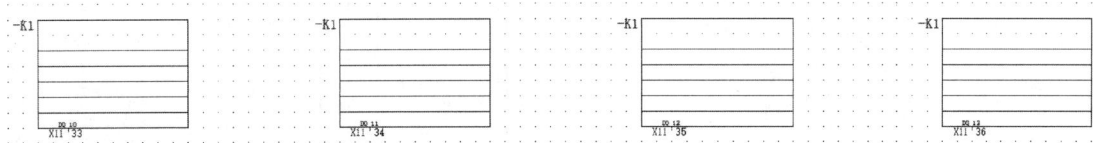

图 2-9-6　PLC 连接点放置

步骤二： 在图纸中，利用鼠标框选所有端子，单击右键→“表格式编辑”，打开“表格式编辑”窗口，设置“PLC 地址”为“Q0.0 ～ Q0.3”，“通道代号”为“10 ～ 13”，“符号地址”为“Q0.0 ～ Q0.3”，“功能文本”依次为“辊床 1 后退”“辊床 2 后退”“辊床 3 运行”“变频器控制”，如图 2-9-7 所示。

表格式编辑 - 物流传输电气控制系统

配置：(S)

PLC 连接点

行	<20000> 名称(标识性)	<20026> 功能定义	<20400> PLC 地址	<20407> 通道代号	<20405> 数据类型	<20402> 符号地址	<20404> 符号地址(自动)	<20011> 功能文本	<20031> 功能文本(自动)	<2038 信号范
1	=物流传输+柜内-K1:33	PLC 连接点,数字输出	Q0.0	10	BOOL	Q0.0	Q0.0	辊床1后退	辊床1后退	
2	=物流传输+柜内-K1:34	PLC 连接点,数字输出	Q0.1	11	BOOL	Q0.1	Q0.1	辊床2后退	辊床2后退	
3	=物流传输+柜内-K1:35	PLC 连接点,数字输出	Q0.2	12	BOOL	Q0.2	Q0.2	辊床3运行	辊床3运行	
4	=物流传输+柜内-K1:36	PLC 连接点,数字输出	Q0.3	13	BOOL	Q0.3	Q0.3	变频器控制	变频器控制	

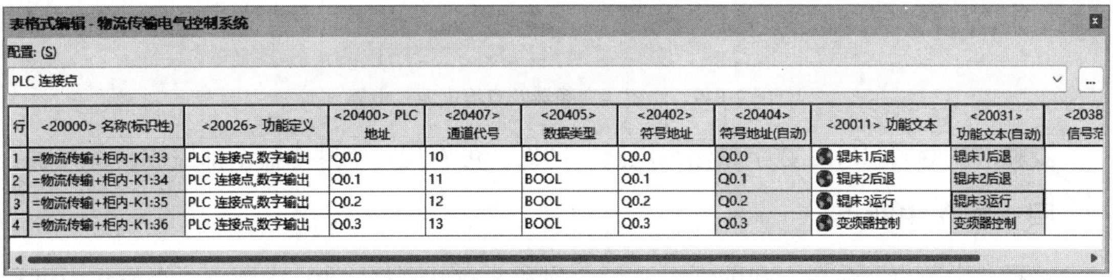

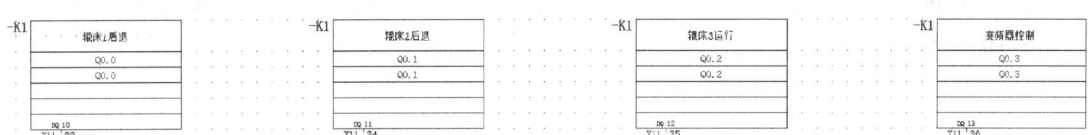

图 2-9-7　PLC 连接点属性设置

步骤三： 属性设置完成后，可看图纸中各端子的相关数据显示在图纸上，如图 2-9-8 所示。

图 2-9-8　显示端子数据的 PLC 连接点

三、插入设备

步骤一： 单击“插入”→“设备”，弹出“部件选择”窗口，选中“继电器，接触器”中的“SIE.3RH2122-1HB40”，在图纸合适的位置，插入继电器线圈。

步骤二： 双击该线圈，打开“属性（元件）：常规设备”窗口，单击“显示设备标识符”右侧拓展按钮，关联设备“KA1”，完成设备 KA1 的选型和关联。

步骤三： 同样的方法，依次完成设备 KA2、KA3 的选型和关联。

步骤四： 在图纸中，选中 KA3，复制粘贴生成 KA4。

步骤五： 在页导航器中，双击打开“变频器及直流电源”图纸，再在设备导航器中，选中 KA4 的“（13¶14 常开触点）”，单击右键→“放置”，在该图纸合适的位置插入 KA4 的常开触点，并利用连接符号，根据电路进行连接，如图 2-9-9 所示，完成“变频器及直流电源”电路修正。

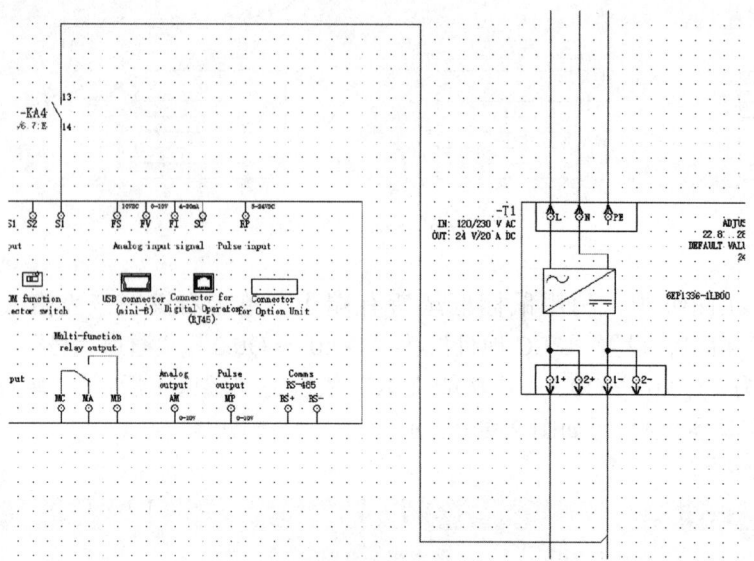

图 2-9-9 修正"变频器及直流电源"电路

步骤六：返回"PLC 数字量输出电路"图纸，可看到 4 个继电器全部完成设备关联。

四、插入中断点

选择"中断点"命令，在图纸的 E 行 0 列和 E 行 9 列插入 0V 中断点，在操作中可利用键盘"Tab"旋转符号，选择合适的符号显示状态进行放置，注意其位置在对应的网格上，可看到对应的中断点之间自动进行了连接。

五、连接电路

在主界面的连接符号中选中合适连接符号，按照任务要求进行电路连接，如图 2-9-10 所示。

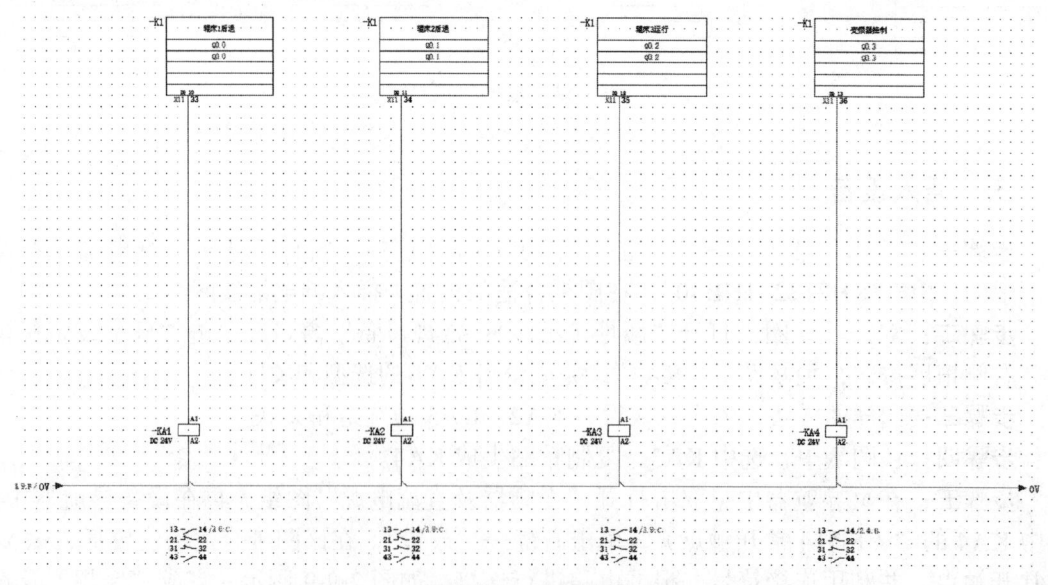

图 2-9-10 电路连接

【任务测评】

步骤一：单击"项目数据"→"消息"→"执行项目检查"，执行项目检查。

步骤二：单击"项目数据"→"消息"→"管理"，弹出"消息管理"窗口，查看检查结果，如图2-9-11所示。"消息管理"窗口显示无错误，表示前期的错误均得到了修正，该系统的电气原理图目前通过了电气检查，任务测评通过。

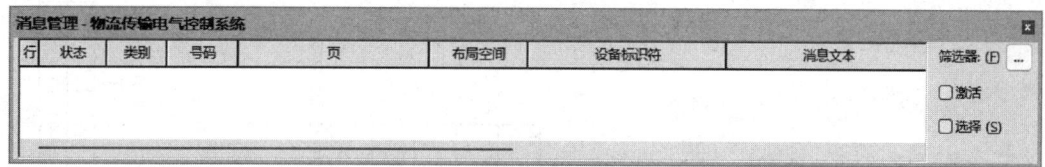

图2-9-11 "消息管理"窗口

任务十 HMI 电源电路绘制

【任务描述】

如图2-10-1所示，在任务九的基础上，绘制HMI电源电路。

具体要求：

1）新建一个名称为"HMI电源电路"多线原理图页。

2）根据图纸中内容的多少，调整绘图比例。

3）图中设备为HMI，型号为SIE.6AV2123–2GA03–0AX0，该设备一般位于控制柜柜门上，在绘图时要求标注连接端子，注意端子的方向，一般而言，端子的上端接入控制柜内设备，端子的下端接入控制柜外以及柜面设备。

【相关知识】

一、层管理

EPLAN图层的概念类似投影片，将不同属性的对象分别放置在不同的投影片（图层）上。例如，将原理图中的设备、连接点、黑盒等分别绘制在不同的图层上，每个图层可设定不同的线型、线条颜色，然后把不同的图层堆栈在一起成为一张完整的视图，这样就可使视图层次分明，方便图形对象的编辑与管理。一个完整的图形就是由它所包含的所有图层上的对象叠加在一起构成的。

1. 图层的设置

用图层功能绘图之前，用户首先要对图层的各项特性进行设置，包括建立和命名图层，设置当前图层，设置图层的颜色和线型，图层是否关闭，以及图层删除等。

EPLAN Electric P8提供了详细直观的"层管理"窗口，用户可以方便地通过对该窗口中各选项及其二级选项进行设置，从而实现创建新图层、设置图层颜色及线型的各种操作。

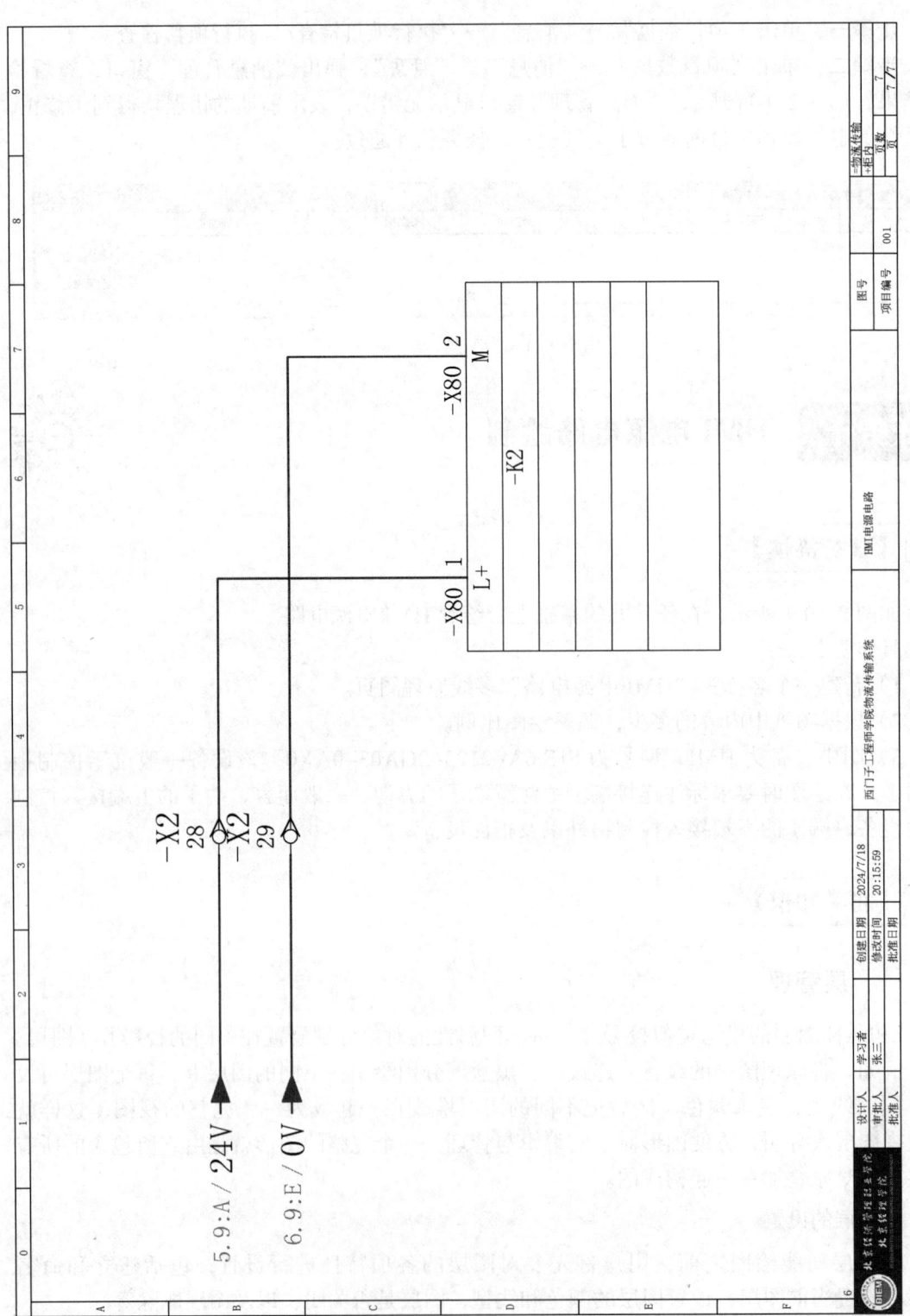

图 2-10-1 HMI 电源电路

选择菜单栏中的"项目数据"→"层管理"命令，系统打开"层管理"窗口，在该窗口中包括图形、符号图形、属性设置、特殊文本和 3D 图形这五个选项组，该五类下还包括不同类型的对象，分别对不同对象设置不同类型的层。

1）"新建图层"按钮：单击该按钮，图层列表中出现一个新的图层名称"新建_层 –1"，用户可以使用此名称，也可改名。

2）"删除图层"按钮：在图层列表中选中某一图层，然后单击该按钮，则把该图层删除。

3）"导入"按钮：在图层列表中导入选中的图层，单击该按钮，弹出"层导入"窗口，选择层配置文件"*.elc"，导入设置层属性的文件。

4）"导出"按钮：在图层列表中导出设置好的图层模板，单击该按钮，弹出"层导出"窗口，导出层配置文件"*.elc"。

2. 图层列表

图层列表区显示已有的层及特性。要修改某一层的某一特性，单击它对应的图标即可。列表区中各列的含义如下：

1）层：显示满足条件的图层名称。如果要对某图层修改，首先要选中该图层的名称。

2）描述：解释该图层中的对象。

3）"线型"下拉列表框：单击右侧的向下箭头，用户可从中选择。修改当前线型后，不论在哪个层中绘图都采用这种线型，但对各个层的线型设置是没有影响的。

4）"样式长度"下拉列表框：单击右侧的向下箭头，用户可从打开的选项列表中选择一种默认长度。

5）"线宽"下拉列表框：单击右侧的向下箭头，用户可从打开的选项列表中选择一种线宽，使之成为当前线宽。修改当前线宽后，不论在哪个层中绘图都采用这种线宽，但对各个图层的线宽设置是没有影响的。

6）颜色：显示和改变图层的颜色。如果要改变某一图层的颜色，单击其对应的颜色图标，系统打开选择颜色窗口，用户可从中选择需要的颜色，单击"扩展"按钮，扩展窗口，显示扩展的色板，增加可选择的颜色。

7）"方向"下拉列表框：单击右侧的向下箭头，用户可从打开的选项列表中选择一种文字的方向。

8）"角度"下拉列表框：单击右侧的向下箭头，用户可从打开的选项列表中选择一种对象放置角度，包括 0°、45°、90°、135°、180°、–45°、–90°、–135°。

9）"行间距"下拉列表框：单击右侧的向下箭头，用户可从打开的选项列表中选择一种行间距，包括单倍间距、1.5 倍间距、双倍间距。

10）"段落间距"下拉列表框：单击右侧的向下箭头，用户可从打开的选项列表中选择间距大小。

11）"文本框"下拉列表框：单击右侧的向下箭头，用户可从打开的选项列表中选择文本框类型，包括否、长方形、椭圆形、类椭圆。

12）"可见"复选框：勾选该复选框，该层在原理图中显示，否则不显示。

13）"打印"复选框：勾选该复选框，该层在原理图打印时可以打印，否则不能由打印机打出。

14)"锁定"复选框：勾选该复选框，图层呈现锁定状态，该层中的对象均不会显示在绘图区中，也不能由打印机打出。

15)"背景"复选框：勾选该复选框，该层在原理图中显示背景，否则不显示。

16)"可按比例缩放"复选框：勾选该复选框，该层在原理图中显示时可按比例缩放，否则不可缩放。

17)"3D 层"复选框：勾选该复选框，该层在原理图中显示 3D 层，否则不显示。

二、插头

插头、耦合器和插座是可分解的连接，称为插头连接，用来将元件、设备和机器连接起来。

在 EPLAN 中所有的插头连接都概括为"插头"，统一进行管理。将插头理解为多个插针的组合，插针分为公插针与母插针。插头包含多个用于安插到嵌入式插头的公插头。插头的配对物称为耦合器，通常配有母插头。

1. 插头符号

选择菜单栏中的"插入"→"符号"命令，系统将弹出"符号选择"窗口，选择"电气工程"→"端子和插头"选项组下包含专门的插针与插座符号。

工业上，用于插头连接的连接器叫做插接件，一般统称为插头。通常，插座一般指固定在底盘上的一半，插头一般指不固定的一半。

插针仅是插头的一部分，插头是由多个插针及其他附件（比如插头盖、锁紧螺钉等）组成的。有凸起的一端叫公插针，有凹槽的一端叫母插针。带公插针的插头称为公插头；带母插针的插头称为母插头。带公插针的插座称为公插座；带母插针的插座称为母插座。

1) 单击"插针"左侧的"+"符号，显示 2 个连接点，可选择不同类型的插针符号。

2) 插座在原理图中分插座与插头，根据连接点个数不同可分为 2、3、4、5。

选择需要的插头符号，单击"确定"按钮，原理图中在光标上显示浮动的插头符号，选择需要放置的位置，单击鼠标左键，自动弹出端子属性设置窗口，插头自动根据原理图中放置的元件编号进行更改，默认排序显示 X1，单击"确定"按钮，完成设置，插头被放置在原理图中，同时，在"插头"导航器中显示新添加的插头 X1，此时，光标仍处于放置插头状态，重复上述操作可以继续放置其他的插头。插头放置完毕，按右键"取消操作"命令或"Esc"键即可退出该操作。插头与插座总是成对出现的，完成插头放置后，放置插座的步骤相同，这里不再赘述。

2. 插头导航器

选择菜单栏中"项目数据"→"插头"→"导航器"命令，打开"插头"导航器。在"插头"导航器中包含项目所有的插头信息，提供和修改插头的功能，包括插头名称的修改、显示格式的改变、插头属性的编辑等。

(1) 筛选对象的设置

单击"筛选器"面板最上部的下拉列表按钮，可在该下拉列表框中选择想要查看的对象类别。

(2) 插入"插头"

在"插头"导航器中选择对象，向原理图中拖动，此时光标变成交叉形状并附加一个插头图形符号，移动光标，单击确定插头定义的位置。

（3）定位对象的设置

在"插头"导航器中还可以快速定位导航器中的元件在原理图中的位置。选择项目文件下的插头，单击鼠标右键，选择"转到（图形）"命令，自动打开该插头所在的原理图页，并高亮显示该插头的图形符号。

3. 新建插头

插头元件包括插头定义和插头图形。在"插头"导航器创建插头元件时，可直接创建插头元件，也可分开创建，根据实际情况进行创建。

（1）新建

1) 选择"新建"命令，弹出"功能定义"窗口，在该窗口中可以选择创建插头定义或插头图形，也可创建包含连接点的插针。

2) 选择"插头定义"→"插头定义，公插针"选项，单击确定，自动打开插头定义的属性编辑窗口，可设定"显示设备标识符"，单击"确定"按钮，关闭窗口，在"插头"导航器中显示创建的插头定义。在导航器中选中该插头定义，单击右键，选择"放置"命令，此时光标变成交叉形状并附加一个插头定义符号，移动移动光标，单击确定插头定义的位置。

3) 选择"插针"→"插针，2个连接点"→"N 公插针，2个连接点"选项，单击确定，自动打开公插头的属性编辑窗口，可设定"显示设备标识符"，单击"确定"按钮，关闭窗口，在"插头"导航器中显示创建的公插头。在导航器中选中该公插头，单击右键，选择"放置"命令，此时光标变成交叉形状并附加一个公插头符号，移动移动光标，单击确定公插头的位置。

4) 选择"插针"→"图形"选项，选择插入插针图形元件，单击确定，自动打开插针的属性编辑窗口，可设定"显示设备标识符"，单击"确定"按钮，关闭窗口，在"插头"导航器中显示创建的插针图形。在导航器中选中该插针图形，单击右键，选择"放置"命令，此时光标变成交叉形状并附加一个插针图形，移动移动光标，单击确定插针图形的位置。

（2）新建插头定义

1) 选择"生成插头定义"命令，弹出子菜单，可选择生成仅公插针、仅母插针、公插针和母插针的插头定义，及设备标识符。

2) 选择"生成插头定义"→"公插针和母插针"命令后，自动打开公插针和母插针的插头定义属性编辑窗口，可设定"显示设备标识符"，单击"确定"按钮，关闭窗口，在"插头"导航器中显示创建的公插针和母插针的插头定义。

（3）新建插针

1) 选择"生成插针"命令，弹出子菜单，可选择生成公插针、母插针、公插针和母插针。

2) 选择"生成插针"→"公插针"命令后，自动打开公插针属性编辑窗口，可设定"显示设备标识符"，单击"确定"按钮，关闭窗口，在"插头"导航器中显示创建的公插针。

【技能操作】

一、新建页

在"页导航器"中，选中"原理图"，单击右键→"新建"，设置页名为"7"，页描述为"HMI 电源电路",如图 2-10-2 所示,完成页面新建。

二、插入设备

单击"插入"→"设备",弹出"部件选择"窗口,选中"PLC"中的"SIE.6AV2123–2GA03–0AX0",在图纸合适的位置,插入 HMI 电源符号,在操作中可利用键盘"Tab"旋转符号,选择合适的符号显示状态进行插入,如图 2-10-3 所示。

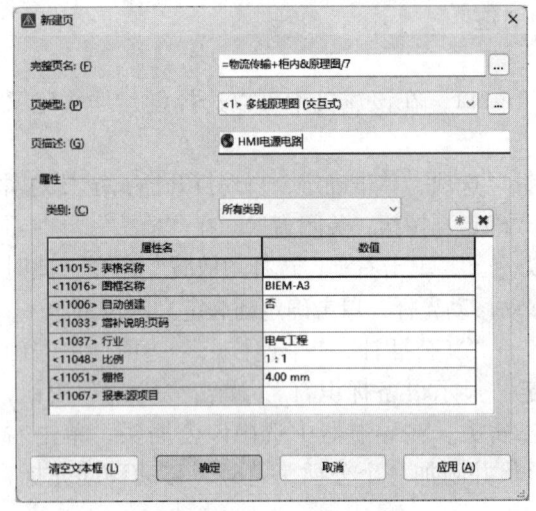

图 2-10-2 新建页

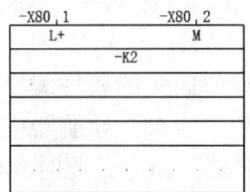

图 2-10-3 设备插入

三、放大电路

因为该图纸页面中所绘制内容较少,所以可以相应放大相关设备符号。选中"页导航器"中的"HMI 电源电路",单击右键→"属性",弹出"页属性"窗口,修改比例栏中数值为"3∶1",如图 2-10-4 所示,确定后,可看见该页图纸中的设备符号按比例放大,可将该符号拖放到图纸合适位置。

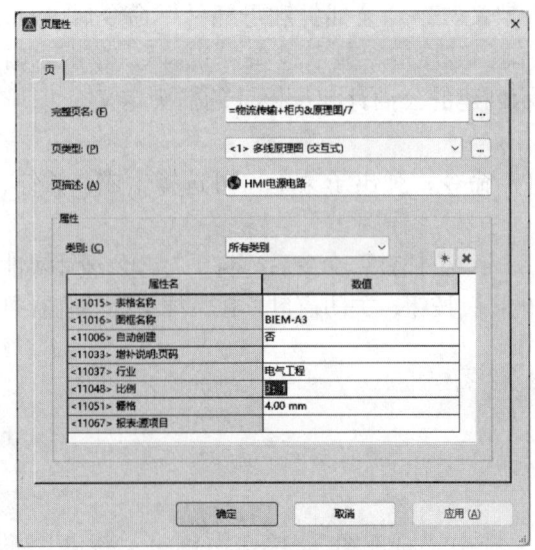

图 2-10-4 比例设置

四、插入中断点

选择"中断点"命令,在图纸的 B 行 1 列分别插入 24V 中断点,0V 中断点,在操作中可利用键盘"Tab"旋转符号,选择合适的符号显示状态进行放置。

五、连接电路

在主界面的连接符号中选择合适连接符号,按照任务要求进行电路连接,如图 2-10-5 所示。

六、控制端子插入

步骤一:因为 HMI 一般位于控制柜柜面,需要通过端子与控制柜内的设备连接。打开端子排导航器,选中端子排 X2 的 28–29 号端子,依次插入到相应位置。(**提示**:可利用键盘 Tab 切换端子符号的方向,放置端子时,鼠标上附带的端子会显示 a 端和 b 端,a 端为上端,b 端为下端。)

步骤二:端子插入完成后,单击"视图"→"外部目标",图纸中端子会显示箭头,表明其方向连接的是柜面上的设备,如图 2-10-6 所示,通过该项操作可检查端子的放置方向是否正确,如果放置方向不对,在后序 3D 布线的环节会出现飞线。

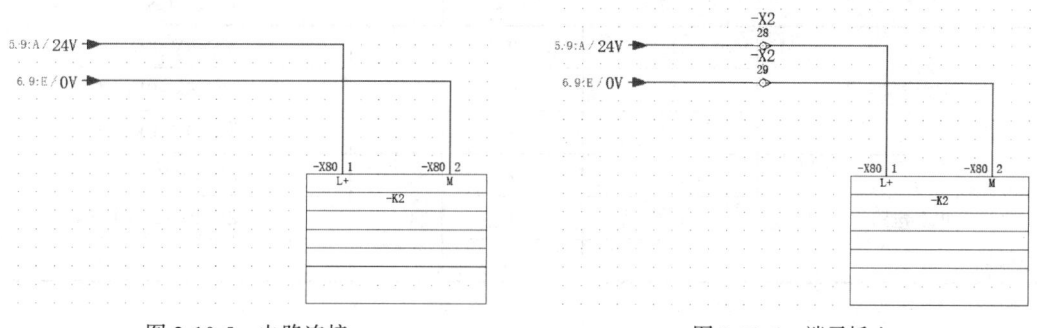

图 2-10-5 电路连接　　　　　　　　图 2-10-6 端子插入

【任务测评】

步骤一:单击"项目数据"→"消息"→"执行项目检查",执行项目检查。

步骤二:单击"项目数据"→"消息"→"管理",弹出"消息管理"窗口,查看检查结果,如图 2-10-7 所示,"消息管理"窗口显示无错,表明该系统的电气原理图目前通过了电气检查,任务测评通过;若"消息管理"窗口中显示问题,则根据错误信息提示进行修改,修改完成后,重新进行检查。检查通过,完成操作。

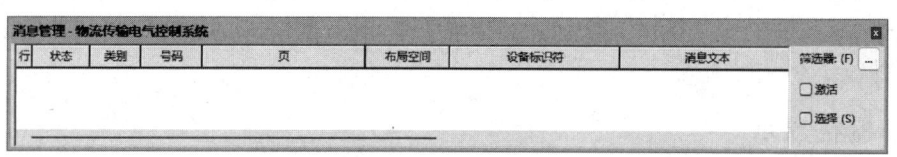

图 2-10-7 "消息管理"窗口

任务十一　导线颜色和线径确定

【任务描述】

在前期的基础上，完成"物流传输电气控制系统"电气原理图的导线颜色和线径确定。

具体要求：

电气原理图中的导线颜色和线径设置要求如表 2-11-1 所示。

表 2-11-1　导线颜色和线径设置要求

电路类型	功能线	颜色	线径	型号
主电路	L1	黄	2.5	ZC-RV-YE-2.5
	L2	绿		ZC-RV-GN-2.5
	L3	红		ZC-RV-RD-2.5
	N	蓝		ZC-RV-BU-2.5
	PE	黄绿		ZC-RV-GNYE-2.5
继电器控制回路	L	红	1.5	ZC-RV-RD-1.5
	N	蓝		ZC-RV-BU-1.5
	控制线	黑		ZC-RV-BK-1.5
PLC 电路	24V	棕	0.75	ZC-RV-BN-0.75
	0V	蓝		ZC-RV-BU-0.75
	控制线	白		ZC-RV-WH-0.75

【相关知识】

精确定位工具是指能够快速准确地定位某些特殊点（如端点、中点、圆心等）和特殊位置（如水平位置、垂直位置）的工具，在"视图"工具栏显示包括捕捉模式、栅格、对象捕捉、开 / 关输入框、智能连接等功能开关按钮，如图 2-11-1 所示。

图 2-11-1　"视图"工具栏

原理图设计时，设备两端连接过程中，通常绘图人员需要注意的是捕捉至栅格，单击"视图"工具栏中的"栅格"按钮，打开栅格，根据栅格大小，将栅格分为 A、B、C、D、E 五种。

一、栅格显示

栅格是覆盖整个坐标系（UCS）XY 平面的直线或点组成的矩形图案。使用栅格类似于在图形下放置一张坐标纸。利用栅格可以对齐对象并直观显示对象之间的距离。

1. 栅格显示

用户可以应用栅格显示工具使工作区显示网格，它是一个形象的画图工具，就像传统的坐标纸一样。单击"视图"工具栏中的"栅格"按钮，或按"Ctrl+Shift+F6"快捷键，打开或关闭栅格，用于控制是否显示栅格。

2. 栅格样式

若栅格太大，放置设备时容易布局不均。若栅格过小，设备不易对齐，根据栅格 X 轴间距和 Y 轴间距设置栅格在水平与垂直方向的间距。根据栅格大小，将栅格分为 A、B、C、D、E 五种，单击工具栏中相应的按钮，切换栅格类型。

3. 捕捉到栅格

选择菜单栏中的"选项"→"捕捉到栅格"命令，或单击"视图"工具栏中的"开/关捕捉到栅格"按钮，则系统可以在工作区生成一个隐含的栅格（捕捉栅格），这个栅格能够捕捉光标，约束它只能落在栅格的某一个节点上，使用户能够高精度地捕捉和选择这个栅格上的点。

4. 对齐到栅格

单击"视图"工具栏中的"对齐至栅格"按钮，则系统会自动将选中的元件对齐至栅格。

二、动态输入

激活"动态输入"，在光标附近显示出一个提示框（称为"工具提示"），工具提示中显示出对应的命令提示和光标的当前坐标值。选择菜单栏中的"选项"→"输入框"命令，或单击"视图"工具栏中的"开/关输入框"按钮，或按"C"快捷键，打开或关闭动态输入，该按钮用于控制是否显示动态输入。

三、对象捕捉模式

EPLAN 中经常要用到一些特殊点，如圆心，切点，线段或圆弧的端点、中点等，如果只利用光标在图形上选择，要准确地找到这些点是十分困难的，因此，EPLAN 提供了一些识别这些点的工具，通过工具即可容易地构造新几何体，精确地绘制图形，其结果比传统手工绘图更精确且更容易维护。在 EPLAN 中，这种功能称为对象捕捉功能。

选择菜单栏中的"选项"→"对象捕捉"命令，或单击"视图"工具栏中"开/关对象捕捉"按钮，控制捕捉功能的开关，可以基于对象端点、中点或者对象的交点，沿着某个路径选择一点。

四、智能连接

原理图中元件的自动连接只要满足元件的水平或垂直对齐即可实现，相对性地，移动原理图中的元件，当元件之间不再满足水平或垂直对齐时，元件间的连接自动断开，需要利用角连接重新连接，这种特性对于原理图的布局有很大困扰，步骤过于繁琐。这里引入"智能连接"，自动跟踪元件自动连接线。

1. 移动元件

选择菜单栏中的"选项"→"智能连接"命令，或单击"视图"工具栏中的"智能连接"按钮,激活智能连接。单击鼠标左键,选择图 2-11-2 中的元件,在原理图内移动元件,松开鼠标左键后将自动跟踪自动连接线,如图 2-11-3 所示。如果不再需要使用智能连接,则重新选择菜单栏中的"选项"→"智能连接"命令,取消激活连接,单击鼠标左键,选择元件,在原理图内移动元件,松开鼠标左键后将自动断开连接线,如图 2-11-4 所示。

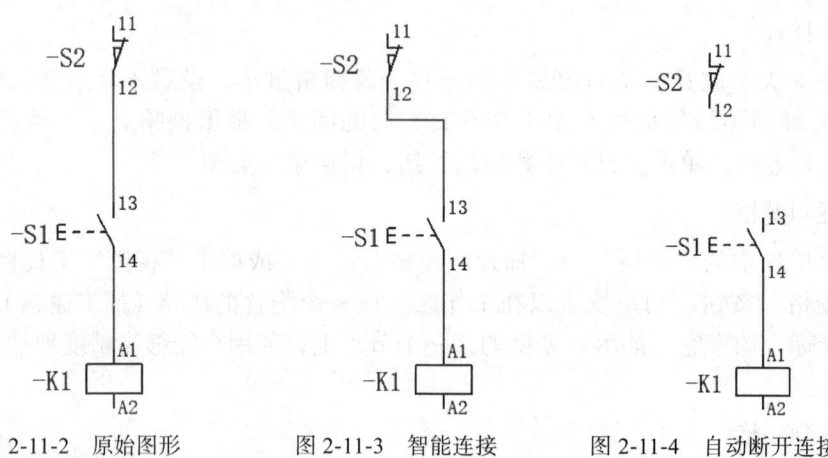

图 2-11-2 原始图形　　　图 2-11-3 智能连接　　　图 2-11-4 自动断开连接

2. 剪切复制元件

在智能连接情况下,也可进行剪切和复制操作。

选择菜单栏中"选项"→"智能连接"命令,激活智能连接。选择菜单栏中的"编辑"→"剪切"命令,单击鼠标左键,选择图 2-11-2 中的元件,剪切该元件,同时在元件连接段开出自动添加"中断点"符号;选择菜单栏中"编辑"→"粘贴"命令,单击鼠标左键,在原理图内粘贴元件,同时系统弹出"插入模式"窗口,选择"编号"选项,自动递增粘贴元件的编号,单击"确定"按钮,完成元件粘贴。同时,粘贴元件连接断开处自动添加"中断点"符号,如图 2-11-5 所示。

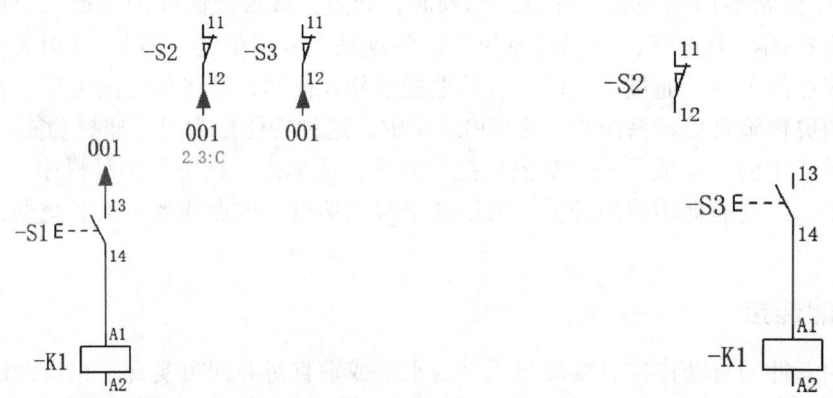

图 2-11-5 智能剪切粘贴连接　　　图 2-11-6 自动断开连接

如果不再需要使用智能连接,则重新选择菜单栏中的"选项"→"智能连接"命令,取消激活智能连接。选择菜单栏中的"编辑"→"剪切"命令,单击鼠标左键,选择元件,完成元件剪切,同时元件连接取消;选择菜单栏中"编辑"→"粘贴"命令,单击鼠标左键,在原理图内粘贴元件,如图 2-11-6 所示。

五、直接编辑

一般情况下,修改原理图中元件的设备标识符和计数参数等文本,可以通过双击元件,打开"属性"窗口,在显示设备标识符中进行修改。也可以,单击"视图"工具栏中的"直接编辑"按钮,直接修改元件设备的标识符和计数参数等文本,直接在需要修改的文本上单击,显示编辑显示框,在弹出的文本框中输入新的名称。

【技能操作】

一、连接定义点插入及选型

步骤一:在页导航器中,双击打开"主电路",单击"插入"→"连接定义点",在X1 的 1 号端子上端位置,单击鼠标,弹出"属性(元件):连接定义点"窗口,单击"颜色 / 编号"右侧拓展按钮,选中为黄色(YE);单击"截面积 / 直径"右侧拓展按钮,选中为"2,5";设置"截面积 / 直径单位"为"mm²",如图 2-11-7 所示。

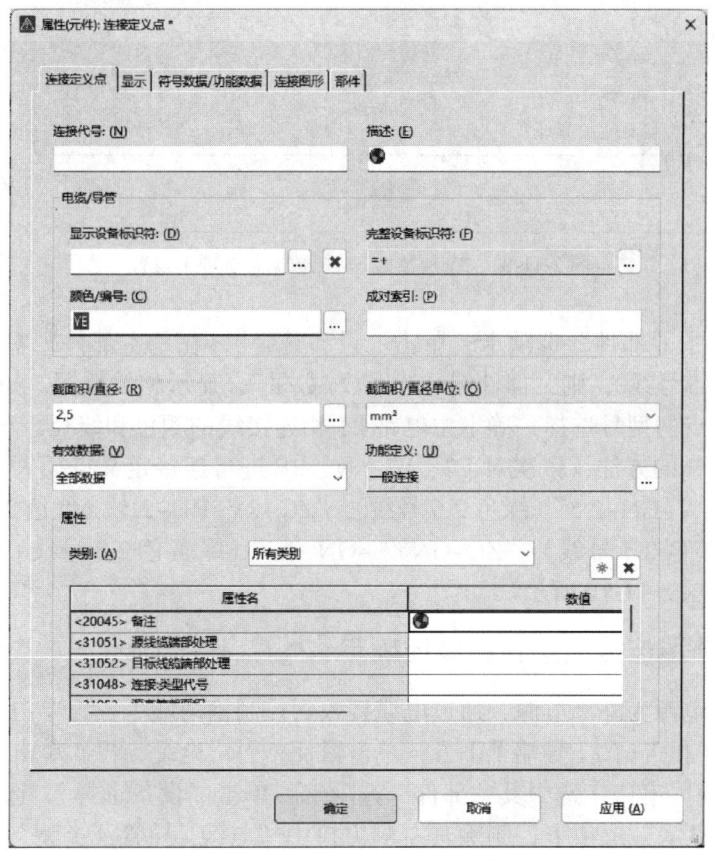

图 2-11-7 "属性(元件):连接定义点"窗口

步骤二:选中"符号数据 / 功能数据"选项卡,单击"编号 / 名称"栏右侧拓展按钮,打开"符号选择"窗口,选中"SPECIAL"→"常规"→"常规特殊功能"→"连接"→"连接定义"→"CDP",则"编号 / 名称"栏显示为"308/CDP",如图 2-11-8 所示。

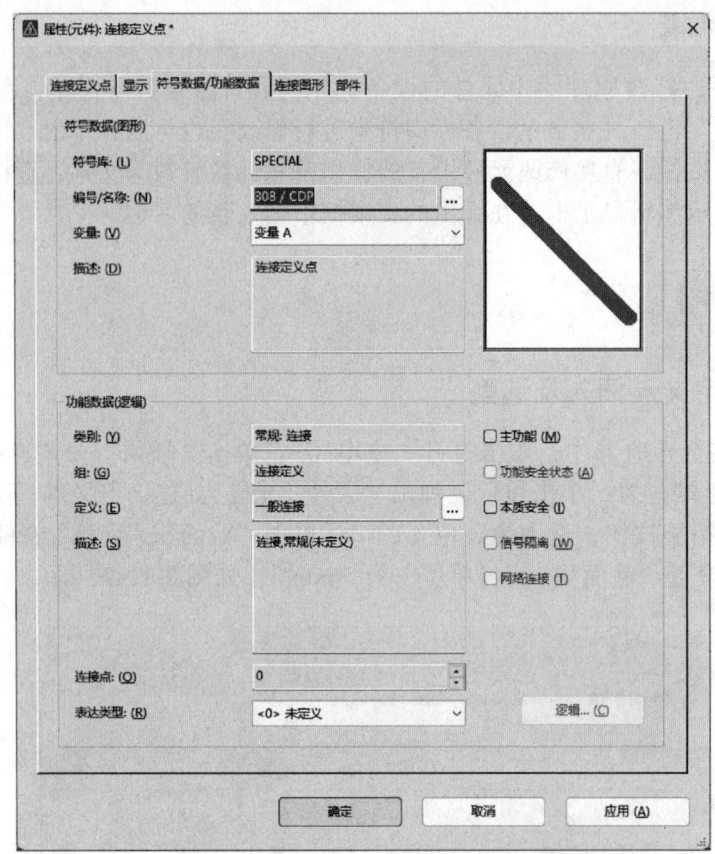

图 2-11-8 "符号数据 / 功能数据"选项卡设置

步骤三：选中"部件"选项卡，单击"设备选择"，在"主部件"中选中"ZC-RV-YE-2.5"（黄色 2.5 号线），则"部件编号 – 件数 / 数量"，显示相关数据，如图 2-11-9 所示，完成其连接定义点的型号选择，确定主电路 L1 相连接线的颜色和线径。

步骤四：同样的方法，依次对 L2、L3、N、PE 进行连接定义点插入及型号选择，型号分别为"ZC-RV-GN-2.5"（绿色 2.5 号线）、"ZC-RV-RD-2.5"（红色 2.5 号线）、"ZC-RV-BU-2.5"（蓝色 2.5 号线）、"ZC-GNYE-GN-2.5"（绿黄色 2.5 号线），完成后图纸显示连接定义点如图 2-11-10 所示。

二、主电路图连接线颜色和线径确定

步骤一：总电源为外部电源，通过电缆接入到控制柜内端子上，单击"插入"→"电缆定义"，在端子排 X1 的 1 号端子下方，单击鼠标，引出电缆，再次单击鼠标，弹出"属性（元件）：电缆"窗口，选中其"部件"选项卡，单击"设备选择"，选择"LAPP.0035 0133"；选中"显示"选项卡，删除其左侧窗口中"电缆 / 导管：类型"；确定后，完成电缆 W4 的插入，如图 2-11-11 所示。

步骤二：本页图纸为主电路图，根据 L1、L2、L3、N、PE 分别为黄、绿、红、蓝、黄绿花色，线径 2.5 的原则，可通过复制、粘贴连接定义点，分别将每一根连接线使用连接定义点确定该连接线的颜色和线径。完成主电路图连接线颜色和线径确定如图 2-11-12 所示。

项目二 电气原理图绘制

图 2-11-9 "部件"选项卡设置

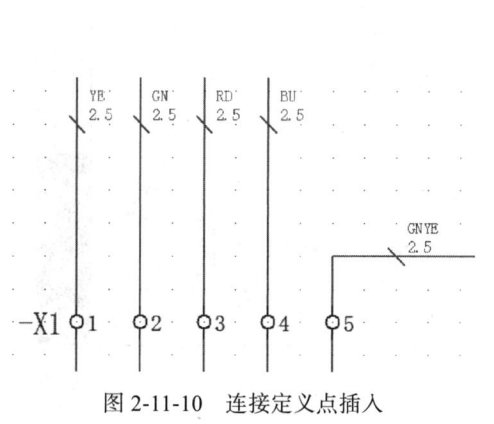

图 2-11-10 连接定义点插入

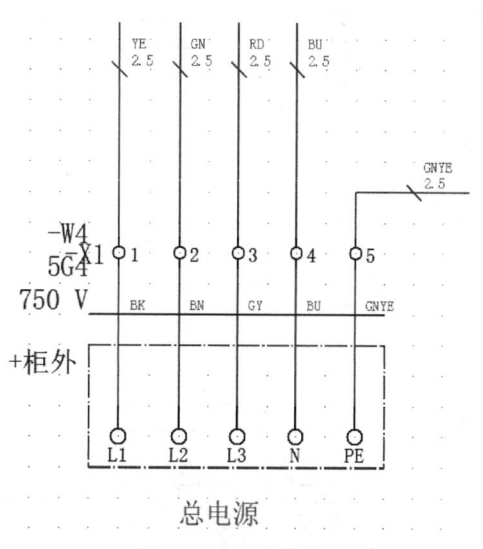

图 2-11-11 电缆插入

165

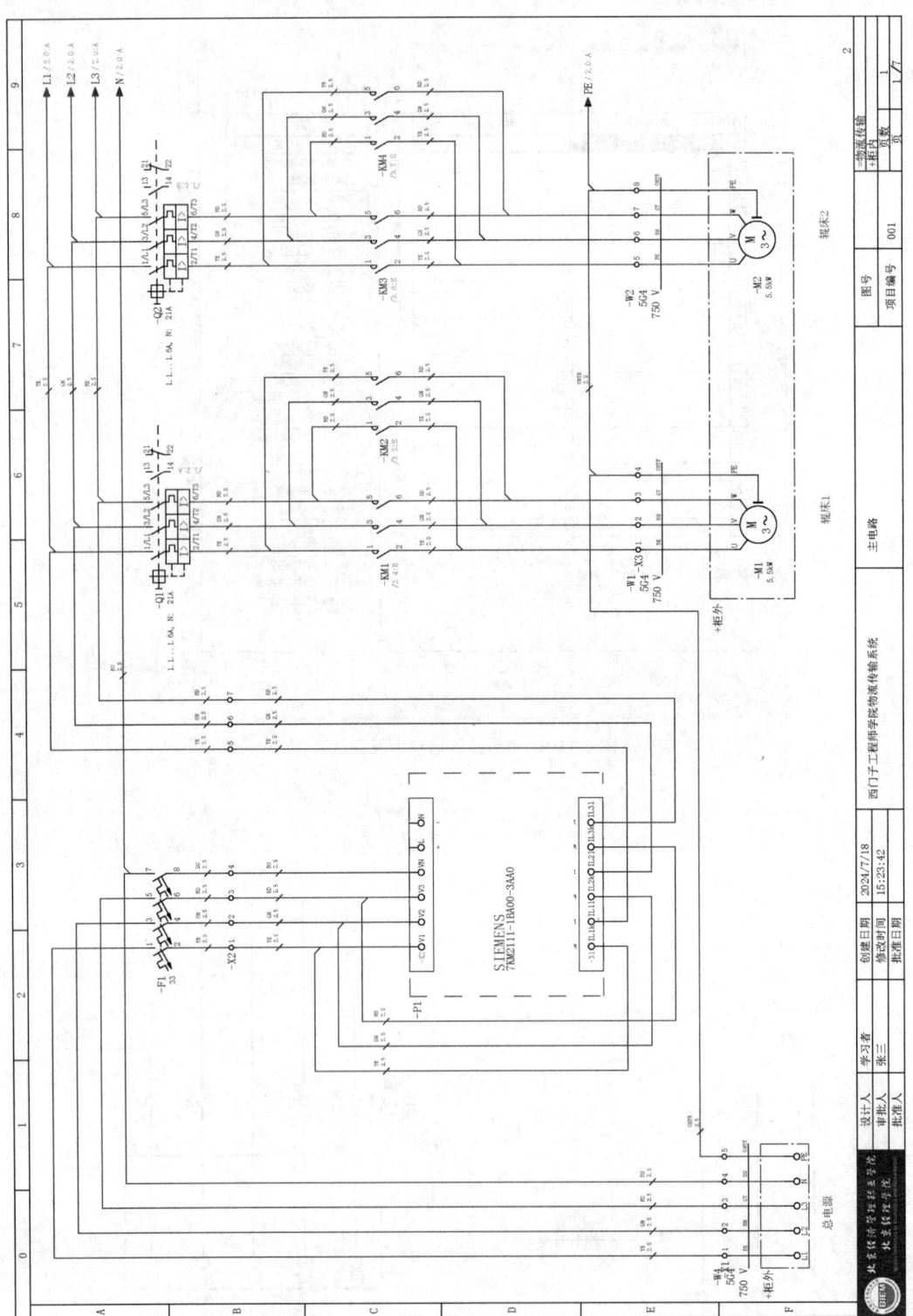

图 2-11-12 主电路

三、变频器及直流电源图连接线颜色和线径确定

步骤一：在页导航器中，双击打开"变频器及直流电源"电路图，在本页图纸中，变频器主电路根据 L1、L2、L3、N、PE 分别为黄、绿、红、蓝、黄绿花色，线径 2.5 的原则，设定连接线颜色和路径。

步骤二：直流电源输入电路连接线根据火线为红色 1.5，零线为蓝色 1.5 的原则设定，分别选择型号"ZC-RV-RD-1.5"（红色 1.5 号线）、"ZC-RV-BU-1.5"（蓝色 1.5 号线）。

步骤三：输出电路连接线 24V 选择为棕色 0.75，0V 选择为蓝色 0.75 进行设置，其型号依次选择为"ZC-RV-BN-0.75"（棕色 0.75 号线）、"ZC-RV-BU-0.75"（蓝色 0.75 号线）。

步骤四：变频器控制线选择为白色 0.75 进行设置，其型号选择为"ZC-RV-WH-0.75"（白色 0.75 号线）。完成变频器及直流电源图连接线颜色和线径确定如图 2-11-13 所示。

四、继电器控制回路图连接线颜色和线径确定

在页导航器中，双击打开"继电器控制回路"电路图，在本页图纸中，控制线选择为黑色 1.5，其型号选择为"ZC-RV-BK-1.5"（黑色 1.5 号线）。可通过复制粘贴进行绘制，完成继电器控制回路图连接线颜色和线径确定，如图 2-11-14 所示。

五、PLC 供电电路图连接线颜色和线径确定

打开 PLC 供电电路图，在本页图纸中，24V 连接线选择为棕色 0.75、0V 连接线选择为蓝色 0.75 进行设置，其型号依次选择为"ZC-RV-BN-0.75"（棕色 0.75 号线）、"ZC-RV-BU-0.75"（蓝色 0.75 号线）。完成 PLC 供电电路图连接线颜色和线径确定，如图 2-11-15 所示。

六、PLC 数字量输入电路连接线颜色和线径确定

打开 PLC 数字量输入电路图，在本页图纸中，均为 PLC 控制连接线，设定连接线颜色均为白色，线径为 0.75，型号为"ZC-RV-WH-0.75"（白色 0.75 号线），完成 PLC 数字量输入电路连接线颜色和线径确定，如图 2-11-16 所示。

七、PLC 数字量输出电路连接线颜色和线径确定

打开 PLC 数字量输出电路图，在本页图纸中，均为 PLC 控制连接线，连接线颜色均为白色，线径为 0.75，型号为"ZC-RV-WH-0.75"（白色 0.75 号线），完成 PLC 数字量输出电路连接线颜色和线径确定，如图 2-11-17 所示。

八、HMI 电源电路连接线颜色和线径确定

打开 HMI 电源电路图，在本页图纸中，24V 连接线选择为棕色 0.75、0V 连接线选择为蓝色 0.75 进行设置，其型号依次选择为"ZC-RV-BN-0.75"（棕色 0.75 号线）、"ZC-RV-BU-0.75"（蓝色 0.75 号线）。完成 HMI 电源电路连接线颜色和线径确定，如图 2-11-18 所示。

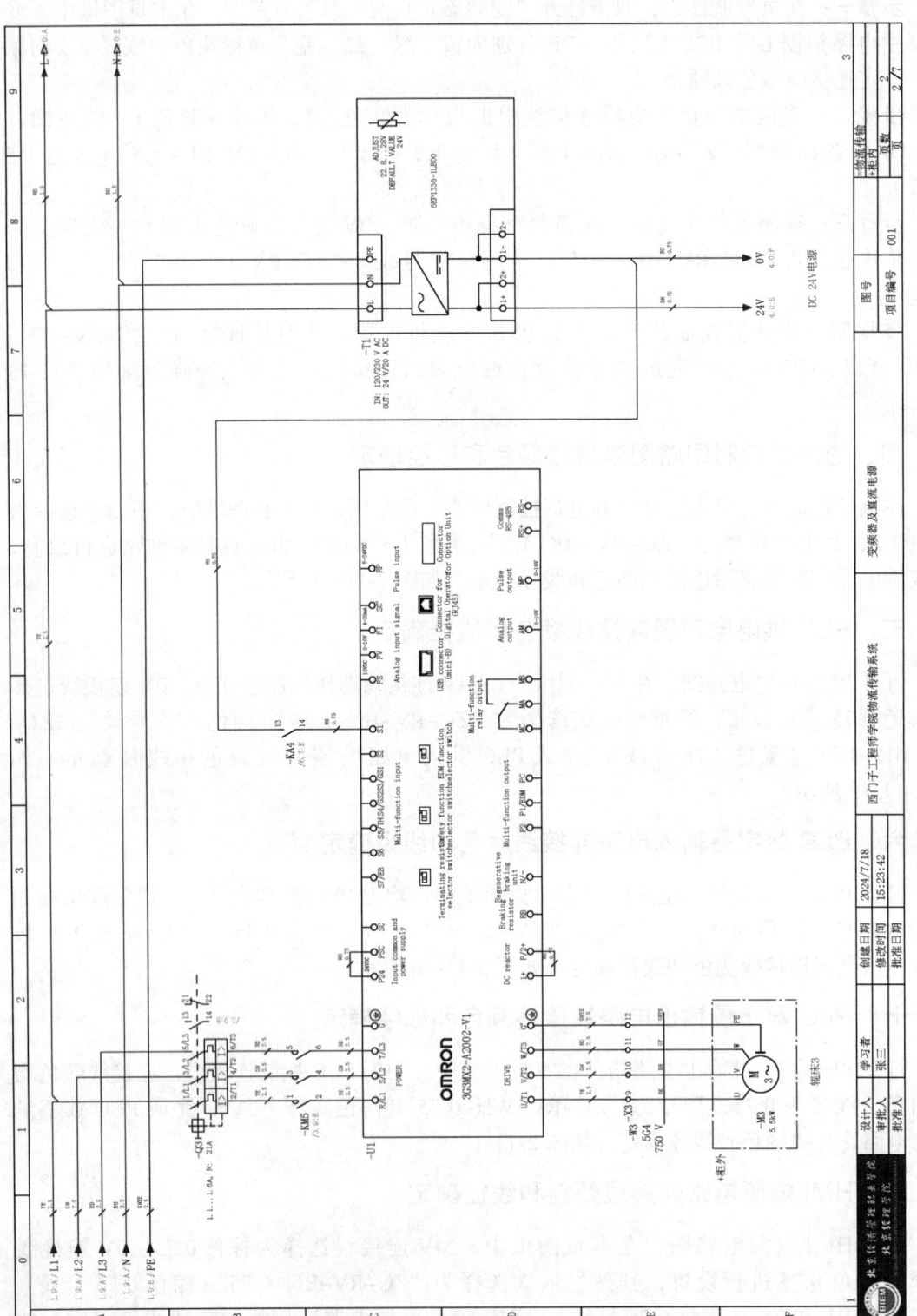

图 2-11-13 变频器及直流电源

项目二 电气原理图绘制

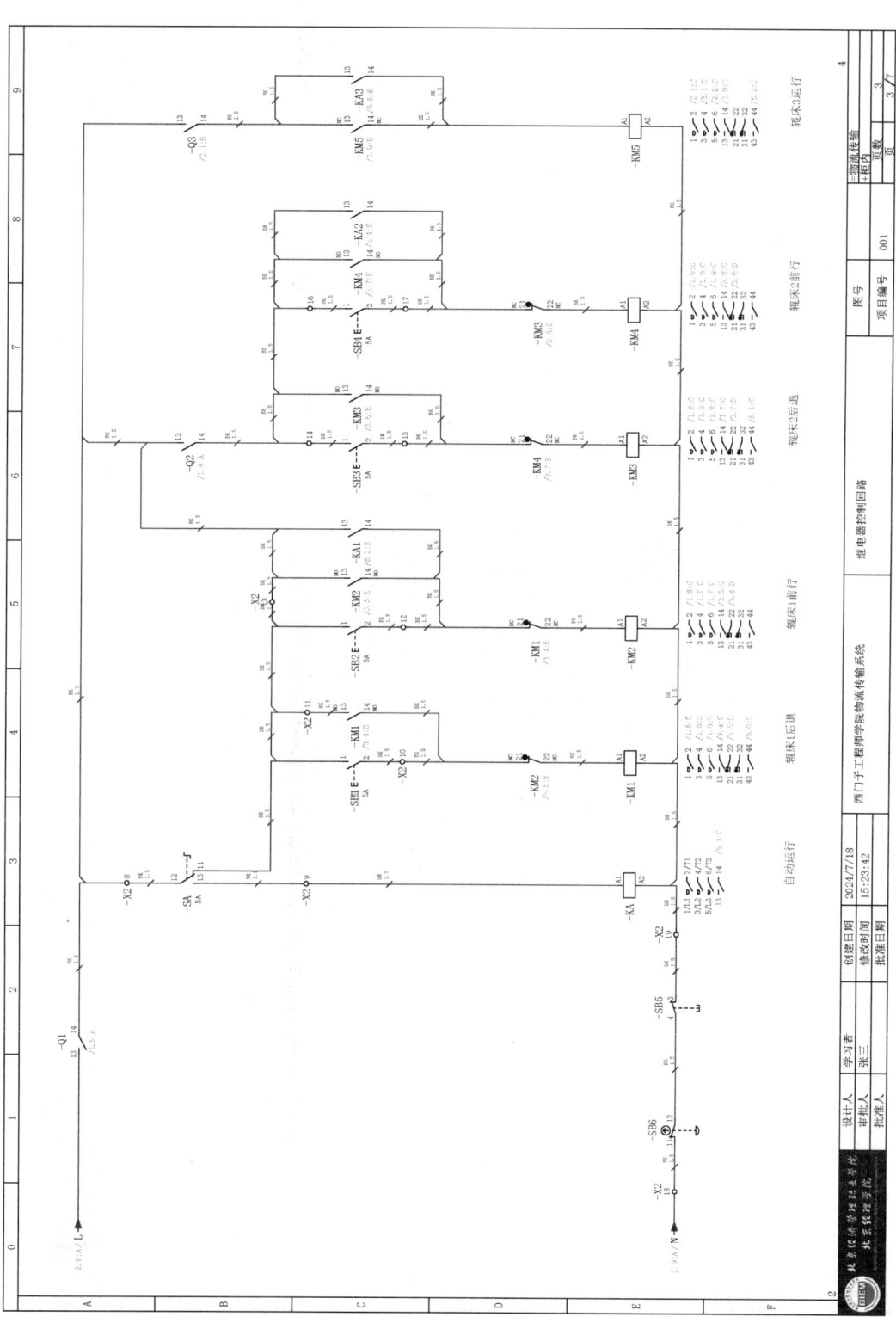

图 2-11-14 继电器控制回路

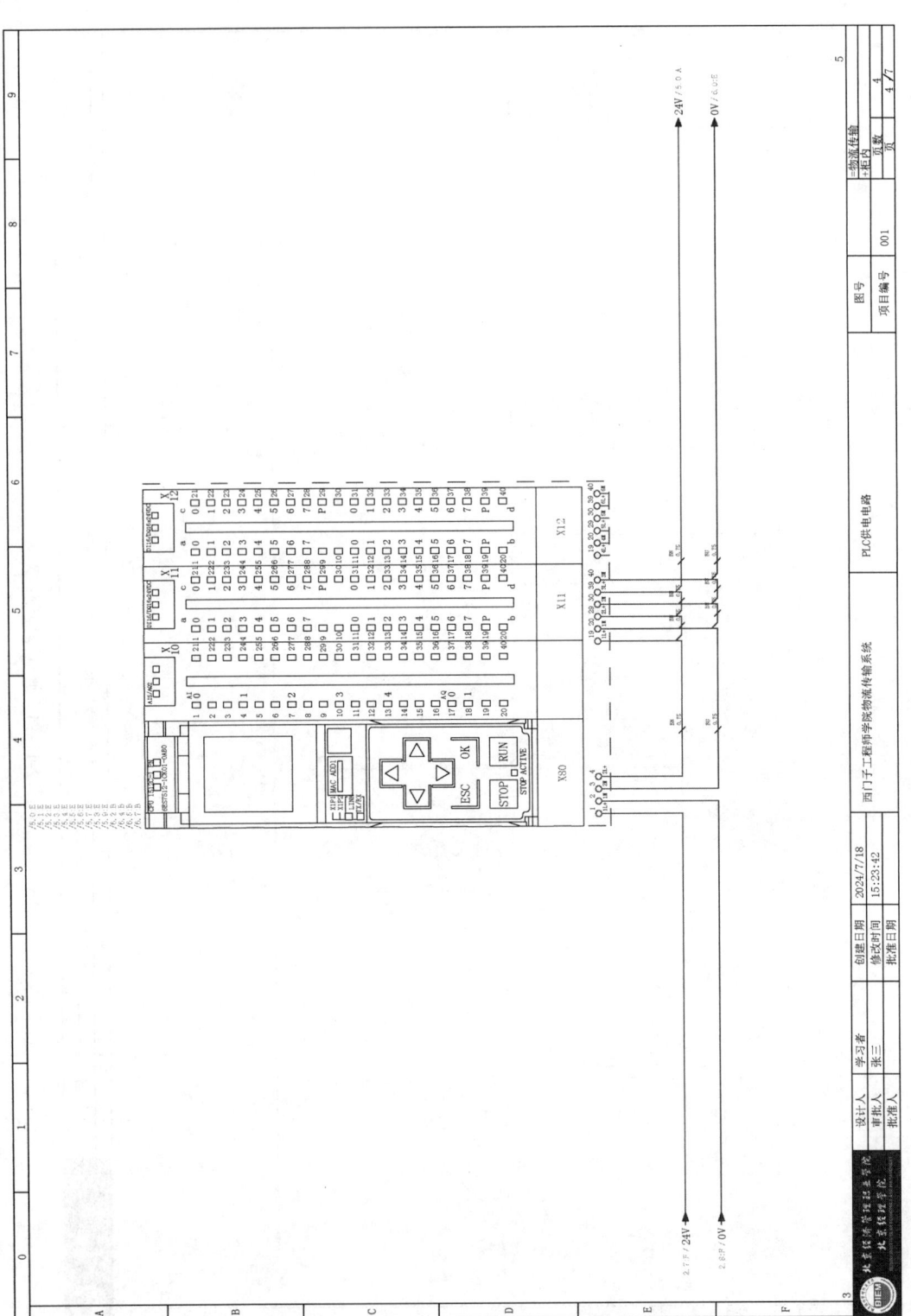

图 2-11-15 PLC 供电电路

项目二 电气原理图绘制

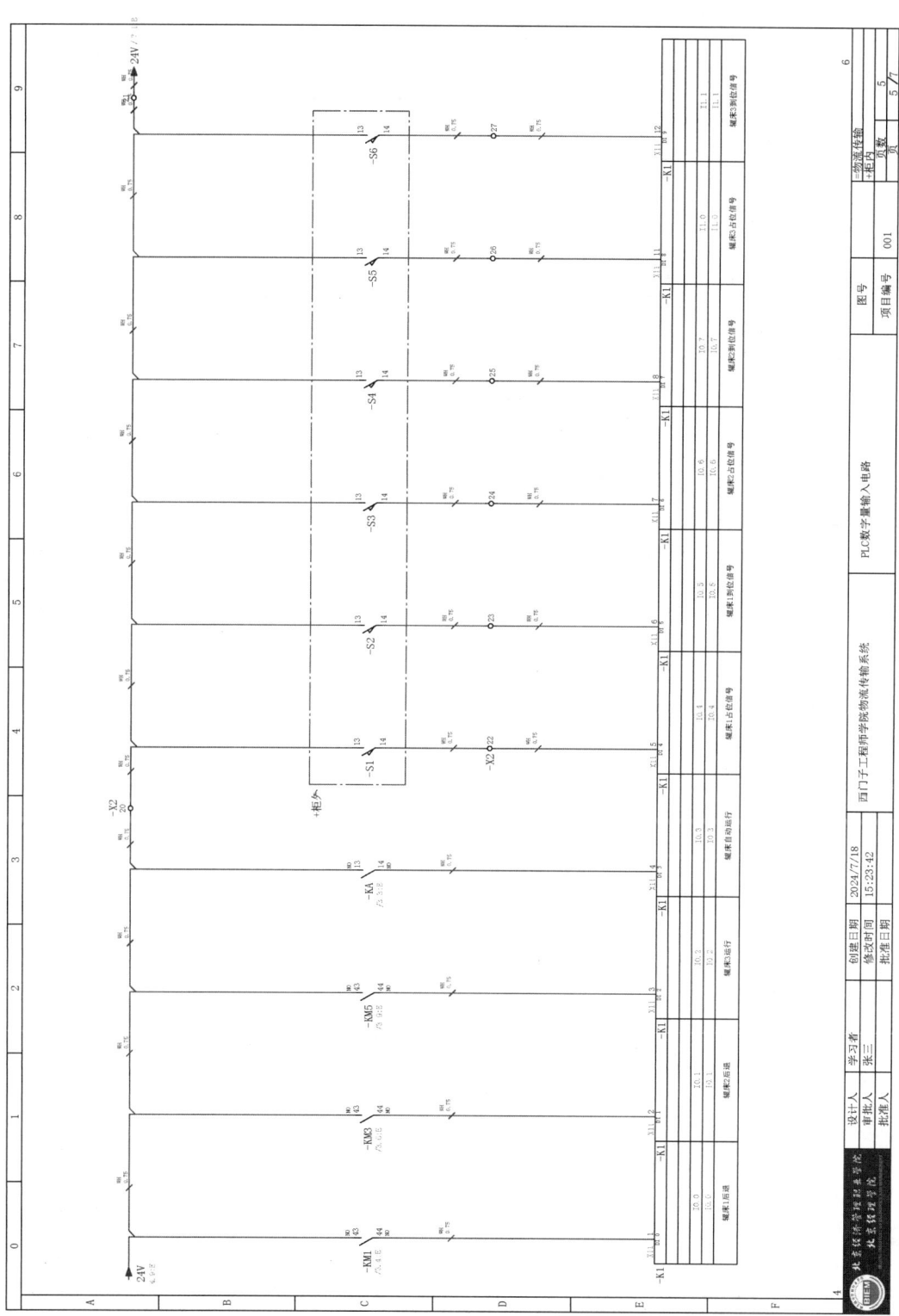

图 2-11-16 PLC 数字量输入电路

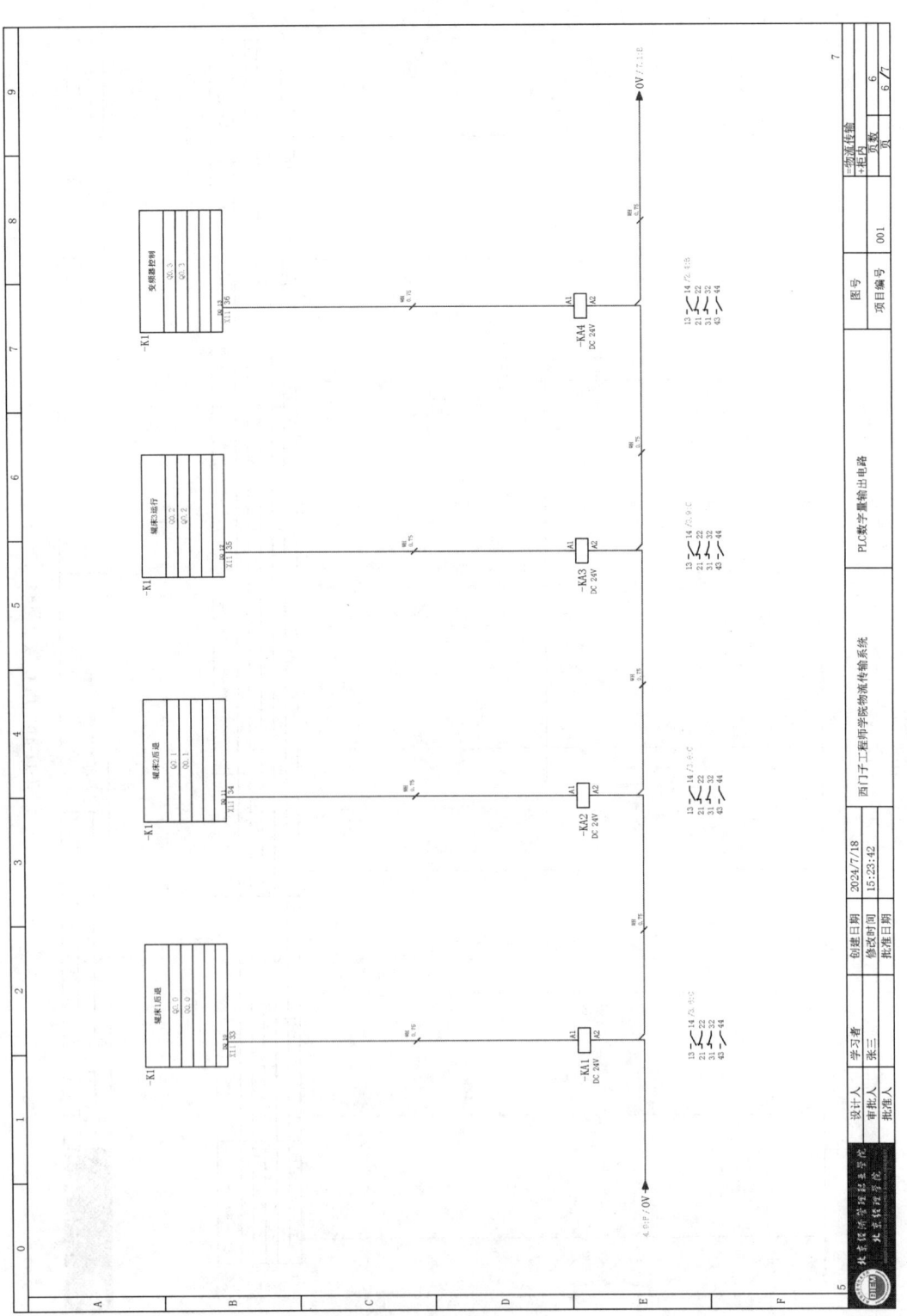

图 2-11-17 PLC 数字量输出电路

项目二 电气原理图绘制

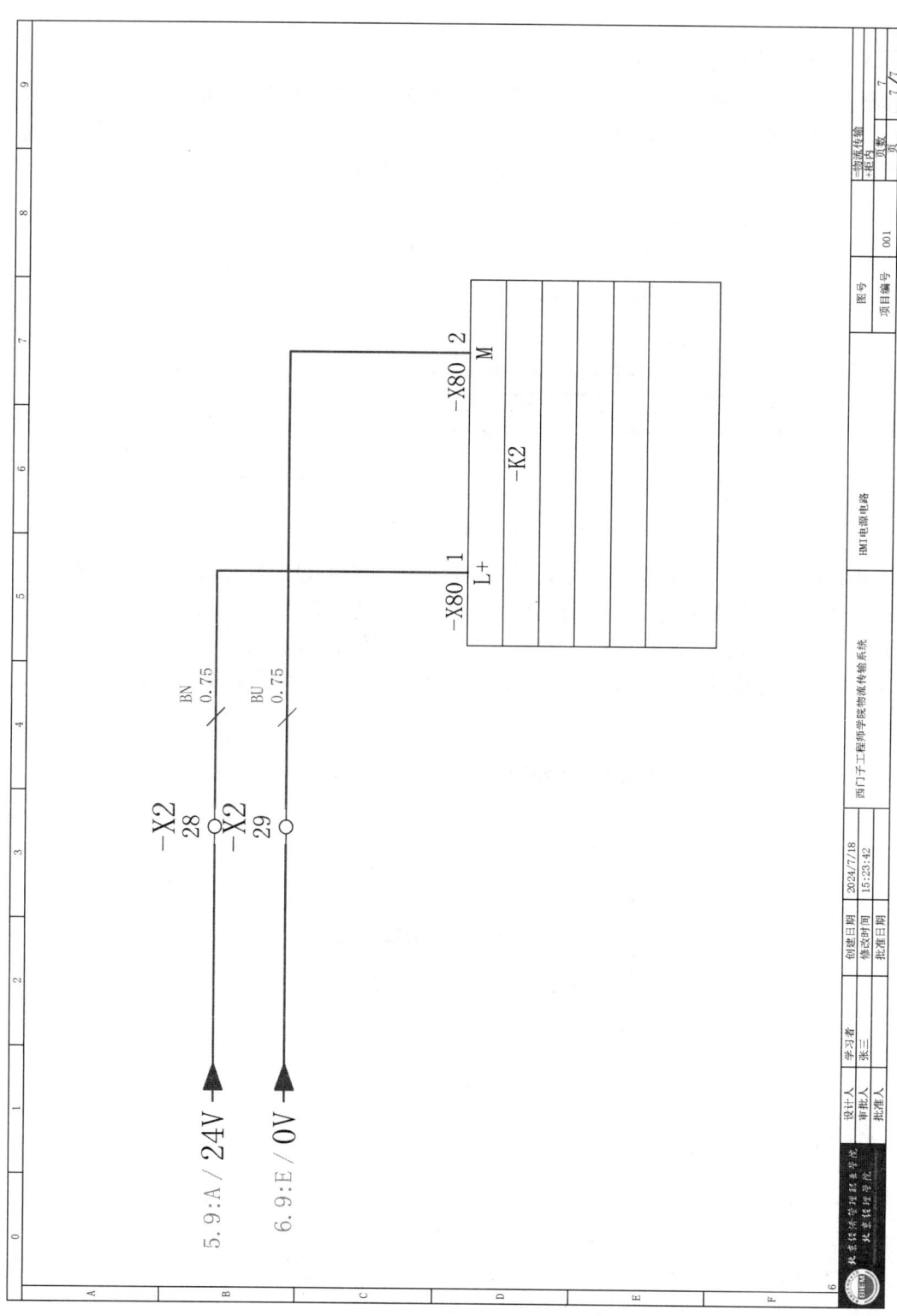

图 2-11-18 HMI 电源电路

【任务测评】

一、连接检查

步骤一：单击"项目数据"→"连接"→"导航器"，打开"连接"导航器，单击"筛选器"右侧拓展按钮，弹出"筛选器"窗口，单击"规则"栏拓展按钮，选择"连接：截面积/直径"，勾选"激活"选项，如图2-11-19所示。

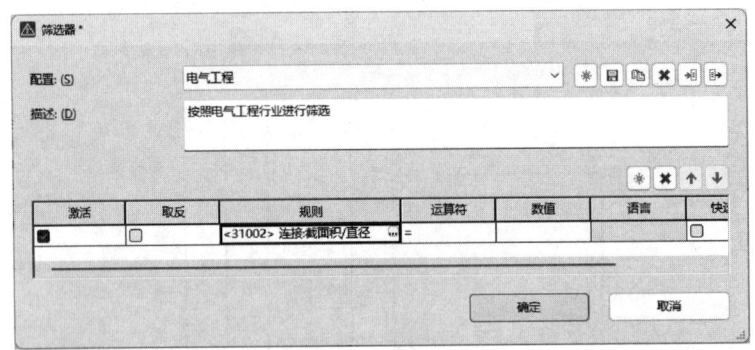

图2-11-19 "筛选器"窗口

步骤二：确定后，在"连接"导航器中显示的就是没有设定导线截面积的连接导线。根据导航器提示，单击右键→"转到（图形）"，将相应的连接线进行颜色和线径定义。由图2-11-20可知，目前本任务只有直流电源T1的4条连接线没有进行定义，通过查询可知这4条线为内部连线，不涉及接线工艺，不需要进行连接线颜色和线径设定。连接测试通过。

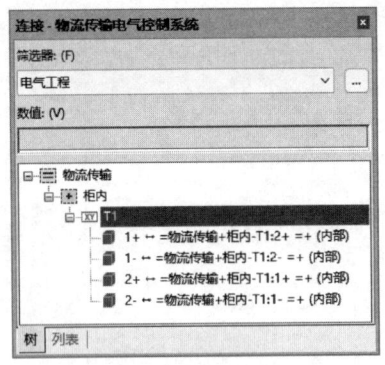

图2-11-20 连接导航器

二、电气检查

步骤一：单击"项目数据"→"消息"→"执行项目检查"，执行项目检查。

步骤二：单击"项目数据"→"消息"→"管理"，弹出"消息管理"窗口，查看检查结果，如图2-11-21所示，"消息管理"窗口显示无错，表明该系统的电气原理图目前通过了电气检查，任务测评通过；若"消息管理"窗口中显示问题，则根据错误信息提示进行修改，修改完成后，重新进行检查。检查通过，完成操作。

图 2-11-21 "消息管理"窗口

任务十二 导线编号和命名

【任务描述】

在前期的基础上,完成"物流传输电气控制系统"电气原理图的导线的编号和命名。具体要求:
1)编号基于连接进行,每个连接命名一次。
2)编号放置相互对齐。
3)编号命名为 3 位数字,所有原理图统一命名。

【相关知识】

当原理图设计完成后,用户可以逐个地手动更改这些编号,但是这样比较繁琐而且容易出现错误。EPLAN 为用户提供了强大的连接自动编号功能。首先要确定一种编号方案,即要确定线号字符集(数字/字母的组合方式)、线号的产生规则(是基于电位、基于信号还是基于连接等)、线号的外观(位置/字体等)等。

每个公司对线号编号的要求都不尽相同,比较常见的编号有以下几种:
1)主回路用电位 + 数字,PLC 部分用 PLC 地址,其他用字母 + 计数器的方式。
2)用相邻的设备连接点代号。
3)页号 + 列号 + 计数器等。

一、连接编号设置

选择菜单栏中的"选项"→"设置"命令,弹出"设置"窗口,选择"项目"→"项目名称"→"连接"→"连接编号"选项,打开项目默认属性下的连线编号设置界面,单击"配置"栏后的"新建"按钮,新建一个 EPLAN 线号编号的配置文件,该配置文件包括筛选器配置、放置配置、名称配置、显示配置。

1. "筛选器"选项卡
1)行业:勾选需要进行连接编号的行业。
2)功能定义:确定可用连接的功能定义。

2. "放置"选项卡
(1)符号(图形)
EPLAN 在自动放置线号时,在图纸中自动放置的符号显示复制的连接符号所在符号库、编号/名称、变量、描述。

(2) 放置数

在图纸中放置线号设置的规则，包括4个单选按钮，选择不同的单选按钮，连接放置效果不同：

1) 在每个独立的部分连接上：在连接的每个独立部分连接上放置一个连接定义点。对于并联回路，每一根线叫一个连接。

2) 每个连接一次：分别在连接图形的第一个独立部分连接上放置一个连接定义点。根据图框的报表生成方向确定图形的第一部分连接。

3) 每页一次：每页一次在不换页的情况下等同于每个连接一次，涉及换页使用中断点时，选择每页一次，会在每页的中断点上都生成线号。

4) 在连接的开端和末尾：分别在连接的第一个和最后一个部分上放置连接定义点。

5) 使放置相互对齐：勾选该复选框，部分连接保持水平，部分连接之间的距离相同，部分连接拥有共用的坐标区域，放置的连接相互对齐。

3. "名称"选项卡

显示编号规则，新建、编辑、删除一个命名规则，根据需要调整编号的优先顺序。单击"格式组"栏后的"新建"按钮，弹出"连接编号：格式"窗口，定义编号的连接组、连接组范围、显示可用的格式元素和设置的格式预览。

在"连接组"中选择已预定义的连接组，包括11种，如图2-12-1所示。

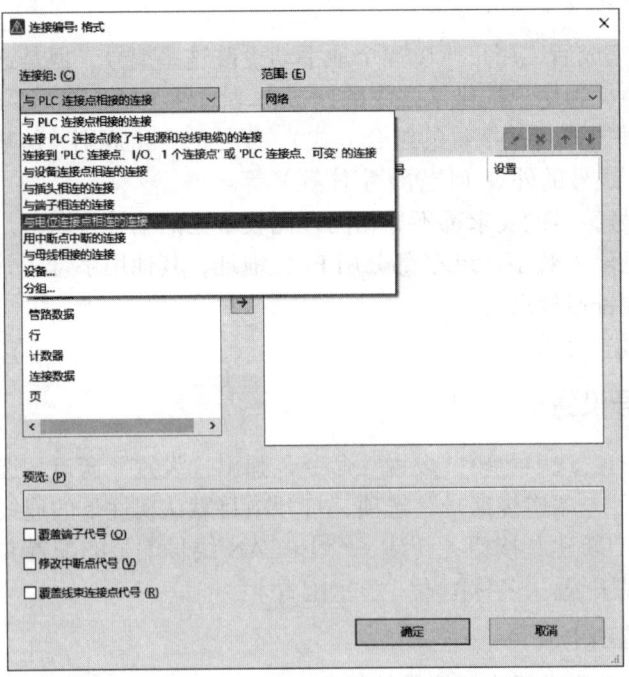

图 2-12-1 "连接编号：格式"窗口

1) 常规连接（即全部任意连接）。

2) 与PLC连接点相接的连接。

3) 连接PLC连接点（除了卡电源和总线电缆）的连接：将卡电源和总线电缆视为特殊，并和常规连接一起编号。

4) 连接到"PLC 连接点、I/O、1 个连接点"或"PLC 连接点、可变"的连接：与功能组的 PLC 连接点"PLC 连接点、I/O、1 个连接点"或"PLC 连接点、可变"相连的连接。已取消的 PLC 连接点将不予考虑。仅当可设置的 PLC 连接点（功能定义点"PLC 连接点，多功能"）通过信号类型被定义为输入端或输出端时，才被予以考虑。

5) 与设备连接点相连的连接。

6) 与插头相连的连接。

7) 与端子相连的连接。

8) 与电位连接点相连的连接。

9) 与中断点中断的连接。

10) 与母线相接的连接。

11) 设备：在选择列表窗口中可选择在项目中存在的设备标识符。输入设备标识符时通过全部连接到相应功能的连接定义连接组。

12) 分组：在选择列表窗口中可选择已在组合属性中分配的值。连接组将通过全部已指定组合的值的连接定义。

在"范围"下拉列表中选择编号范围，包括电位、信号、网路、单个连接和到执行器或传感器。在实现 EPLAN 线号自动编号之前，需要先了解 EPLAN 内部的一些逻辑传递关系，在 EPLAN 中，电位、网络、信号、连接以及传感器这几个因素直接关系到线号编号规则的作用范围。

1) 电位：从电源到耗电设备之间的所有回路，电位的传递过变频器、变压器、整流器等整流设备时发生改变，电位可以通过电位连接点或者电位定义点来定义。

2) 信号：非连接性元件之间的所有回路。

3) 网络：元件之间的所有回路。

4) 连接：每个物理性连接。

在"可用的格式元素"列表中显示可作为连接代号组成部分的元素。在"所选择的格式元素"列表中显示格式元素的名称、符号显示和已设置的值。单击"向右推移"按钮，将"可用格式元素"添加到"所选的格式元素"列表中。在"预览"选项下显示名称格式的预览。

信号中的非连接性元件指的是端子和插头等元件，所以代号需要另外设置。

1) 勾选"覆盖端子代号"复选框，使用连接代号覆盖端子代号，不勾选该复选框，则端子代号保持原代号不变。

2) 勾选"修改中断点代号"复选框，使用连接代号覆盖中断点名称，不勾选该复选框，则中断点保持原代号不变。

3) 勾选"覆盖线束连接点代号"复选框，使用连接代号覆盖线束连接点代号，不勾选该复选框，则线束连接点保持原代号不变。

单击"所选的格式元素"栏后的"新建""编辑""删除"按钮，可进行命名规则的相关操作。

4."显示"选项卡

显示连接编号的水平、垂直间隔，字体格式，如图 2-12-2 所示。

在"角度"下拉列表中包含"与连接平行"选项，如果选择"与连接平行"，生成的线号的字体方向自动与连接方向平行，如图 2-12-3 所示。

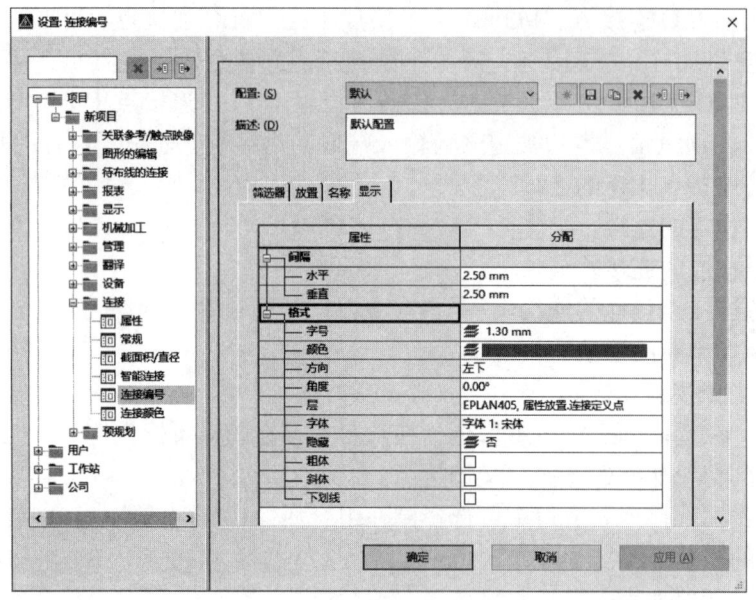

图 2-12-2 "显示"选项卡

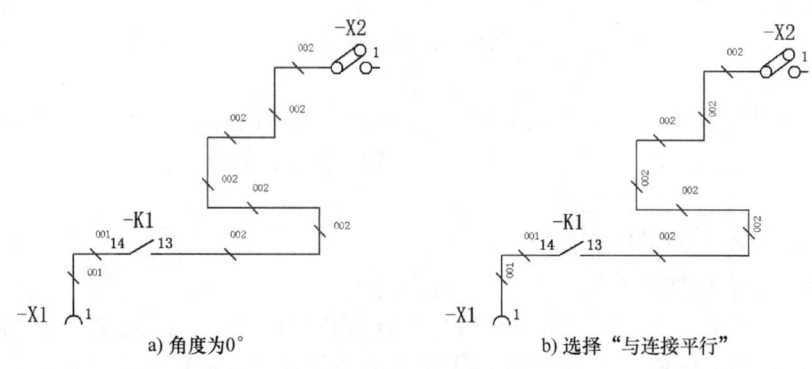

a) 角度为0°　　　　　　　b) 选择"与连接平行"

图 2-12-3 连接编号放置方向

二、放置连接编号

完成连接编号规则设置后，需要在原理图中放置线路编号，首先需要选中进行编号的部分电路或单个甚至多个原理图页，也可以是整个项目。

选择菜单栏中的"项目数据"→"连接"→"放置"命令，弹出"放置连接定义点"窗口，选择定义好的配置文件，若需要对整个项目进行编号，勾选"应用到整个项目"复选框。

单击"确定"按钮，在所选择区域根据配置文件设置的规则为线路添加连接定义点，"放置数"默认选择"每个连接一次"，默认情况下，每个连接定义点的连接代号为"????"，如图 2-12-4 所示。

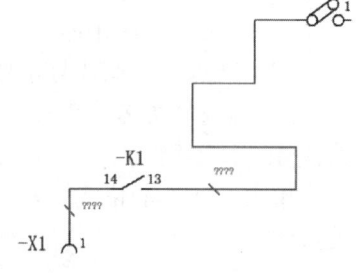

图 2-12-4 添加连接定义点

三、手动编号

如果项目中有一部分线号需要手动编号，那么在显示连接编号位置放置的问号代号进行修改。双击连接定义点的问号代号，弹出属性设置窗口，修改"连接代号"文本框，修改为实际的线号。

手动编号的作用范围与配置的编号方案有关。例如，如果编号是基于电位进行的，那么与手动放置编号的连接电位相同的所有连接均会被放置手动编号，也就是说相同编号只需手动编号一处即可。手动放置的编号处于自动编号的范围外，否则自动产生的编号会与手动编号重复。

四、自动编号

需要选中进行编号的部分电路或单个甚至多个原理图页，也可以是整个项目。选择菜单栏中的"项目数据"→"连接"→"编号"→"命名"，弹出"对连接进行说明"窗口，如图 2-12-5 所示，根据配置好的编号方案执行自动编号。

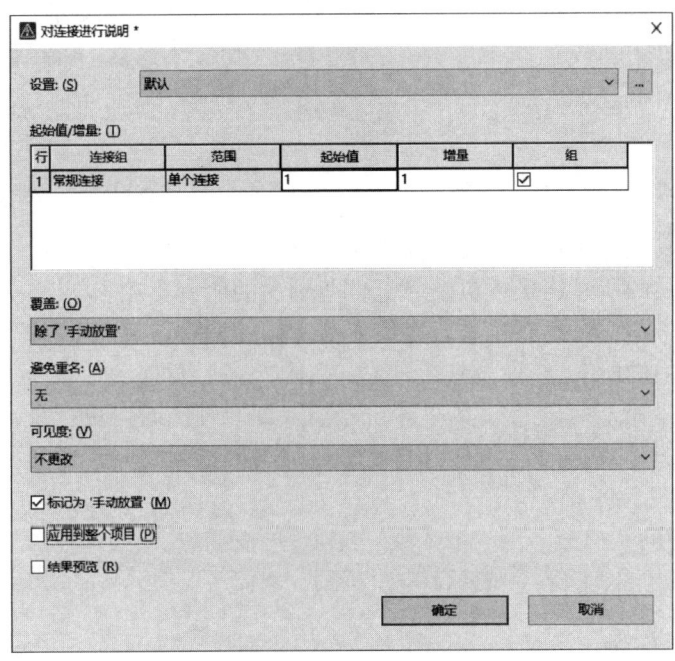

图 2-12-5 "对连接进行说明"窗口

"起始值/增量"表格中列出当前配置中的定义规则。在"覆盖"下拉列表确定进行编号的连接定义点范围，包括"全部""除了'手动放置'""无"。在"避免重名"下拉列表中设置是否允许重名。在"可见度"下拉列表中选择显示的连接类型，包括不更改、均可见、每页和范围一次。勾选"标记为'手动放置'"复选框，所有的连接被分配手动放置属性。勾选"应用到整个项目"复选框，编号范围为整个项目。勾选"结果预览"复选框，在编号执行前显示预览结果。

单击"确定"按钮，完成设置，弹出"对连接进行说明：结果预览"窗口，如图 2-12-6 所示，对结果进行预览，对不符合的编号可进行修改。单击"确定"按钮，按照预览结果对选择区域的连接定义点进行标号，可以发现原理图上的"????"用编号代替。

五、手动批量更改线号

通过设定编号规则，可以实现 EPLAN 的自动线号编号，在自动编号过程中，因为某些原因，不一定能够完全生成自己想要的线号，这时候需要进行手动修改，逐个地修改步骤又过于繁琐，可以通过 EPLAN 进行设置，手动批量修改。

选择菜单栏中的"选项"→"设置"命令，弹出"设置"窗口中选择"用户"→"图形的编辑"→"连接符号"，勾选"在整个范围内传输连接代号"复选框，单击"确定"按钮，关闭窗口。在原理图中选择单个线号，双击弹出线号属性窗口，对该线号的"连接代号"进行修改，单击"确定"按钮，弹出"传输连接代号"窗口，如图 2-12-7 所示。

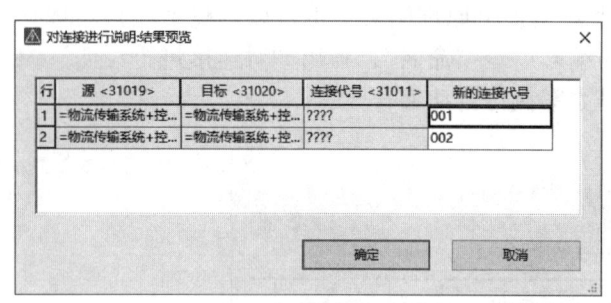

图 2-12-6 "对连接进行说明：结果预览"窗口

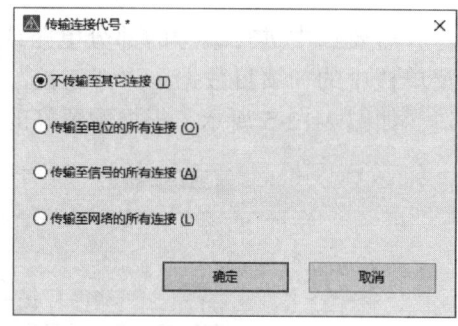

图 2-12-7 "传输连接代号"窗口

1）不传输至其他连接：只更改当前连接线号。
2）传输至电位的所有连接：更改该电位范围内的所有连接。
3）传输至信号的所有连接：更改该信号范围内的所有连接。
4）传输至网络的所有连接：更改该网络范围内的所有连接。

在 EPLAN 中，元件、连接、文本等符号插入到原理图时，鼠标单击确定的插入点位置，"插入点"是一个点，为减少原理图形的多余图形，提高原理图的可读性，默认情况下不显示"插入点"。

选择菜单栏中的"视图"→"插入点"命令，显示或关闭插入点，插入点为黑色实心小点。显示插入点可检测元件等对象在插入时是否对齐到栅格。

六、连接分线器

在 EPLAN 中，默认情况下，系统在导线的 T 形交叉点或十字交叉点处，无法自动连接，如果导线确实需要相互连接的，就需要用户自己手动插入连接分线器。

选择菜单栏中的"插入"→"连接分线器 / 线束分线器"命令，弹出子菜单，子菜单包含"连接分线器""连接分线器（十字接头）""线路连接器（角）""线路连接器"。

1. 插入连接分线器

选择菜单栏中的"插入"→"连接分线器 / 线束分线器"→"连接分线器"命令，此时光标变成交叉形状并附加一个连接分线器符号。

将光标移动到想要需要插入连接分线器的元件水平或垂直位置上，出现红色的连接符号表示电气连接成功。移动光标，选择连接分线器插入点，在原理图中单击鼠标左键确定插入连接分线器。此时光标仍处于插入连接分线器的状态，重复上述操作可以继续插入其他的连接分线器。连接分线器插入完毕，按右键"取消操作"命令或"Esc"键即可退出该操作。

2. 确定连接分线器方向

在光标处于放置连接分线器的状态按"Tab"键，旋转连接分线器连接符号，变换连接分线器连接模式。

3. 设置连接分线器的属性

在插入连接分线器的过程中，用户可以对连接分线器的属性进行设置。双击连接分线器或在插入连接分线器后，弹出连接分线器属性设置窗口，在该窗口中可以对连接分线器的属性进行设置，在"显示设备标识符"中输入连接分线器的编号，连接分线器点名称可以是信号的名称，也可以自己定义。

七、线束连接

在多线原理图中，伺服控制器或变频器有可能会连接一个或多个插头，要表达它们的每一个连接，图纸会显得非常紧凑和凌乱。信号线束是一组具有相同性质的并行信号线的组合，通过线束线路连接可以大大地简化图纸，使其看起来更加清晰。

线束连接点根据类型不同，包括 5 种类型：直线、角、T 节点、十字接头、T 节点分配器。其中，进入线束并退出线束的连接点一端显示为细状，线束和线束之间的连接点为粗状。

选择菜单栏中的"插入"→"线束连接点"命令，弹出子菜单，子菜单包含"直线""角""T 节点""十字接头""T 节点分配器"。

1. 直线

1）选择菜单栏中"插入"→"线束连接点"→"直线"命令，此时光标变成十字形状，光标上显示浮动的线束连接点直线符号。

2）将光标移动到想要放置线束连接点直线的元件的水平或垂直上，在光标处于放置线束连接点直线的状态时按"Tab"键，旋转线束连接点直线符号，变换线束连接点直线模式。移动光标，出现红色的符号，表示电气连接成功。单击插入线束连接点直线后，此时光标仍处于插入线束连接点直线的状态，重复上述操作可以继续插入其他的线束连接点直线。

3）设置信号线束的属性。在插入信号线束的过程中，用户可以对信号线束的属性进行设置。双击线束连接点直线或在插入线束连接点直线后，弹出线束连接点属性设置窗口，在该窗口中可以对信号线束的属性进行设置，在"线束连接点代号"中输入线束的编号。

2. 角

1）选择菜单栏中"插入"→"线束连接点"→"角"命令，此时光标变成十字形状，光标上显示浮动的线束连接点角符号。

2）将光标移动到想要放置线束连接点角的元件的水平或垂直上，在光标处于放置线束连接点直线的状态时按"Tab"键，旋转线束连接点角符号，变换线束连接点角模式。移动光标，出现红色的符号，表示电气连接成功。单击插入线束连接点角后，此时光标仍处于插入线束连接点角的状态，重复上述操作可以继续插入其他的线束连接点角。

3）设置信号线束的属性。在插入信号线束的过程中，用户可以对信号线束的属性进行设置。双击线束连接点角或在插入线束连接点角后,弹出线束连接点属性设置窗口,在该窗口中可以对信号线束的属性进行设置,在"线束连接点代号"中输入线束的编号。

同样的方法插入线束连接 T 节点、线束连接十字接头、线束连接 T 节点分配器。线束连接点的作用类似总线,它把许多连接汇总起来用一个中断点送出去,所以线束连接点往往与中断点配合使用。

【技能操作】

一、设置编号

步骤一:单击"选项"→"设置",弹出"设置"窗口,在左侧窗口依次展开"项目"→"物流传输电气控制系统"→"连接"→"连接编号";在右侧窗口,设置"配置"为"基于连接",选中"放置"选项卡,在"放置数"中选择"每个连接一次",勾选"使放置相互对齐",如图 2-12-8 所示。

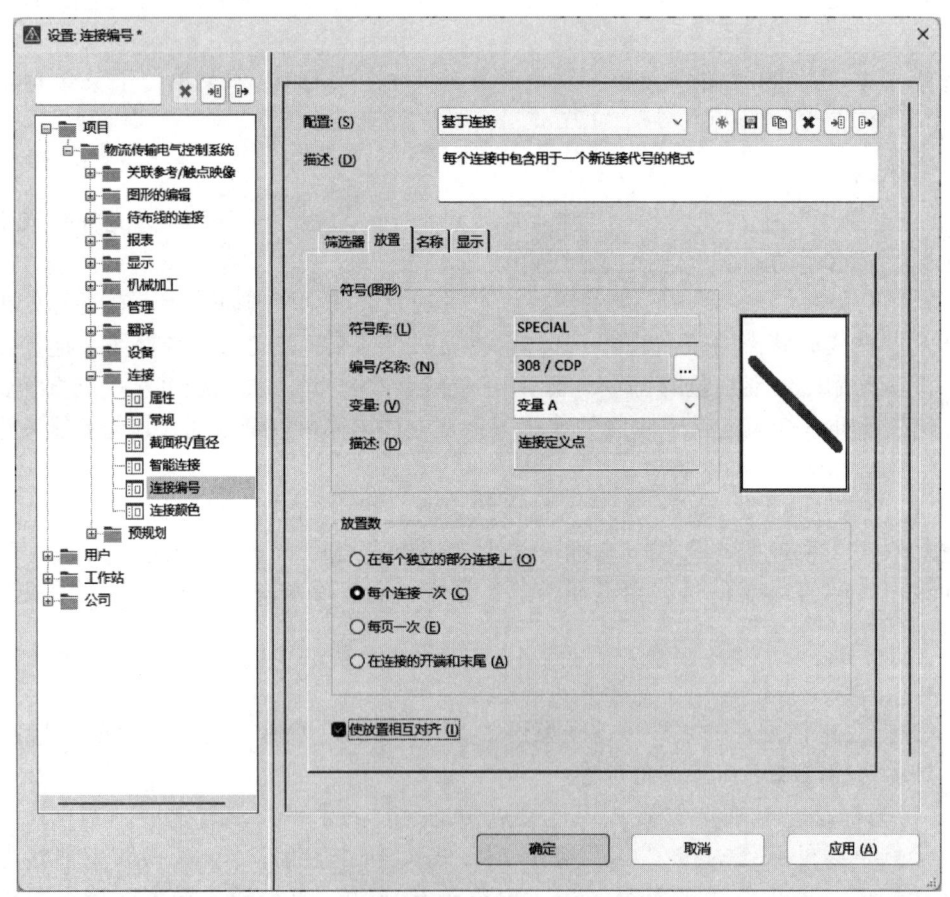

图 2-12-8 "设置"窗口

步骤二:选中"名称"选项卡,双击"常规连接",双击"计数器",弹出"格式:计数器"窗口,将最小位数设定为"3",如图 2-12-9 所示,单击"确定",完成设置。

二、导线编号放置和命名

步骤一：在页导航器中选中“物流传输电气控制系统”，单击“项目数据”→“连接”→“编号”→“放置”，弹出“放置连接定义点”窗口，勾选“应用到整个项目”，如图 2-12-10 所示。

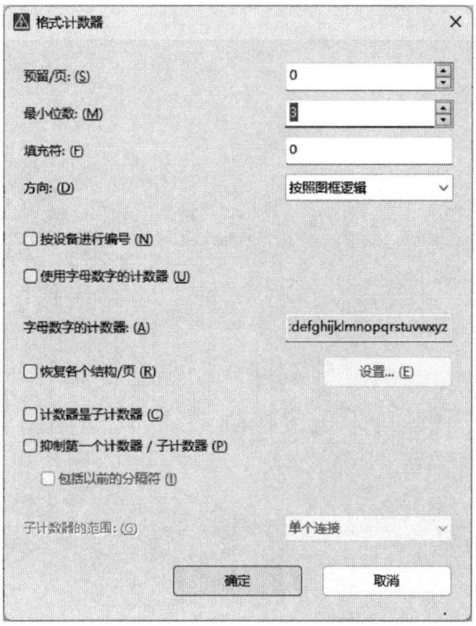

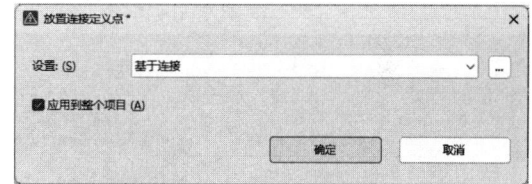

图 2-12-9　“格式计数器”窗口

图 2-12-10　“放置连接定义点”窗口

步骤二：在页导航器中选中“物流传输电气控制系统”，单击“项目数据”→“连接”→“编号”→“命名”，弹出“对连接进行说明”窗口，勾选“应用到整个项目”和“结果预览”，弹出“对连接进行说明：结果预览”窗口，可看到本系统共有 172 根连接线，如图 2-12-11 所示，单击“确定”后，可以看到“物流传输控制系统”电气原理图中所有的连接导线都完成编号放置和命名，如图 2-12-12 ～图 2-12-18 所示（见插页）。

行	<31019> 源	<31020> 目标	<31011> 连接代号	新的连接代号
157	=物流传输+柜内-...	=物流传输+柜外-S...		157
158	=物流传输+柜内-...	=物流传输+柜内-...		158
159	=物流传输+柜内-...	=物流传输+柜外-S...		159
160	=物流传输+柜内-...	=物流传输+柜外-S...		160
161	=物流传输+柜内-...	=物流传输+柜内-...		161
162	=物流传输+柜内-...	=物流传输+柜内-...		162
163	=物流传输+柜内-...	=物流传输+柜内-...		163
164	=物流传输+柜内-...	=物流传输+柜内-...		164
165	=物流传输+柜内-...	=物流传输+柜内-...		165
166	=物流传输+柜内-...	=物流传输+柜内-...		166
167	=物流传输+柜内-...	=物流传输+柜内-...		167
168	=物流传输+柜内-...	=物流传输+柜内-...		168
169	=物流传输+柜内-...	=物流传输+柜内-...		169
170	=物流传输+柜内-...	=物流传输+柜内-...		170
171	=物流传输+柜内-...	=物流传输+柜内-...		171
172	=物流传输+柜内-...	=物流传输+柜内-...		172

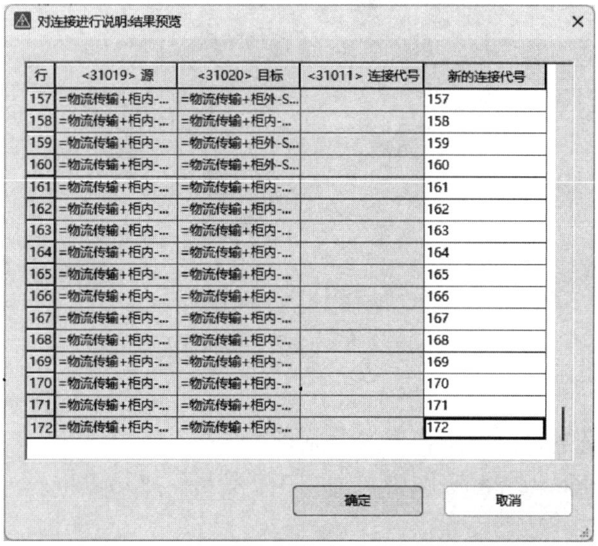

图 2-12-11　“对连接进行说明：结果预览”窗口

项目三　3D 布局设计

任务一　创建线槽和导轨

【任务描述】

如图 3-1-1 所示,在项目二的基础上,完成"物流传输电气控制系统"所用箱柜、线槽、导轨 3D 布局。

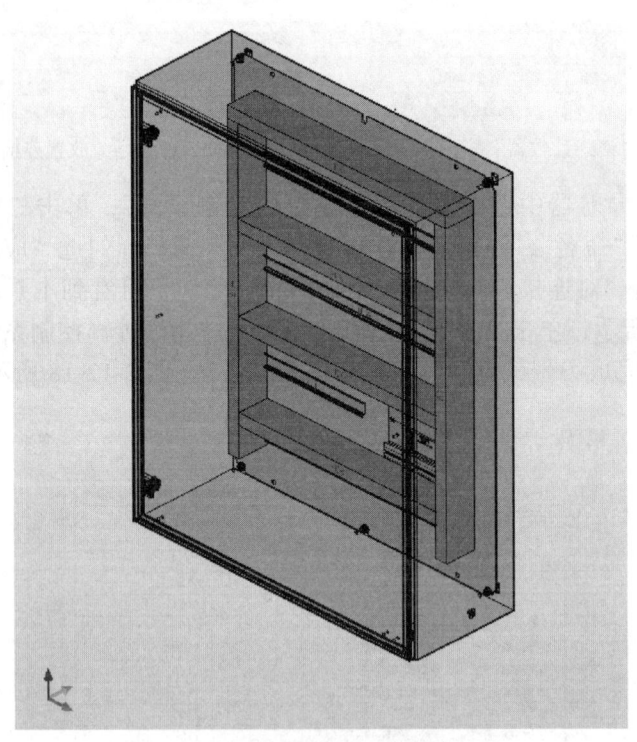

图 3-1-1　箱柜、线槽、导轨 3D 布局

具体要求:

1)创建一个布局空间,并命名为"控制柜"。

2)在 EPLAN Electric P8 软件中添加"3D 视角""Pro Panel""Pro Panel 布线"工具栏。

3)在布局空间中,完成箱柜、线槽、导轨的 3D 布局。

📚【相关知识】

一、布局空间

1. 布局空间

EPLAN 电气原理图空间是基于 2D 空间模式,但箱柜安装板空间是以 3D 为基础的空间模式。EPLAN Pro Panel 的 3D 工作环境就是一个布局空间,相对于 2D 空间,布局空间为三维立体空间模式,具有三维坐标参考系。

2. 3D 视角

在 3D 空间环境中,需要切换不同视角来进行装配布局观察,EPLAN Pro Panel 提供了如图 3-1-2 所示的 3D 视角工具栏,用于快速切换视角。"3D 视角"工具栏上的按钮功能如表 3-1-1 所示。

图 3-1-2 "3D 视角"工具栏

表 3-1-1 "3D 视角"工具栏

按钮图标	功能解释	按钮图标	功能解释
	3D 视角,上(上视图)		3D 视角,后(后视图)
	3D 视角,下(下视图)		西南等轴视图(西/南视角)
	3D 视角,左(左视图)		东南等轴视图(东/南视角)
	3D 视角,右(右视图)		西北等轴视图(西/北视角)
	3D 视角,前(前视图)		东北等轴视图(东/北视角)
	旋转视角(自由旋转视图)		

3. 创建布局空间

单击菜单栏中"布局空间"→"新建",在弹出的布局空间属性窗口中,如图 3-1-3 所示,输入布局空间的名称、描述、结构标识符等信息,也可以添加备注信息,单击"确定",完成布局空间的创建。

二、放置箱柜

电气工程中,电气元件基本上都是布置在电控箱及电控柜中,在电气元件布置空间前,需要插入电控箱或电控柜。

1. 命令菜单

(1)插入箱柜

➢ 单击菜单栏"插入"→"箱柜"。

➢ 操作工具条:

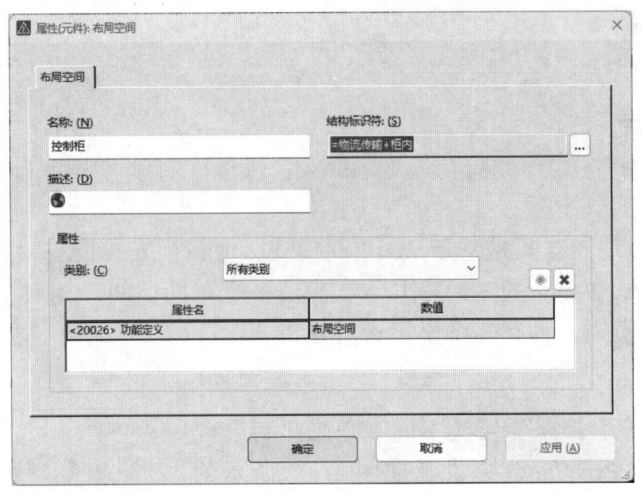

图 3-1-3 布局空间属性窗口

（2）旋转箱柜
- 单击菜单栏"选项"→"更改旋转角度"。
- 操作工具条：
- （3）激活安装面
- 布局空间导航器，选取对应安装面，单击右键选择"直接激活"命令。

2. 插入箱柜

单击菜单栏"插入"→"箱柜"，弹出"部件选择"窗口，选择部件"RIT.1016600"，单击"确定"，鼠标光标上会显示所选箱柜的 3D 模型，如图 3-1-4 所示，选取期望放置的位置，单击鼠标左键确认放置完成。

3. 旋转箱柜

未完成放置的箱柜，通过单击工具条上"更改选装角度"或按下"Ctrl+Shift+R"，可进行箱柜的旋转，箱柜以插入点为基准点，按逆时针方向旋转，每单击一次按钮旋转 90°，旋转到所需要的角度和放置位置，单击鼠标左键进行确定，完成旋转和放置，如图 3-1-5 所示。

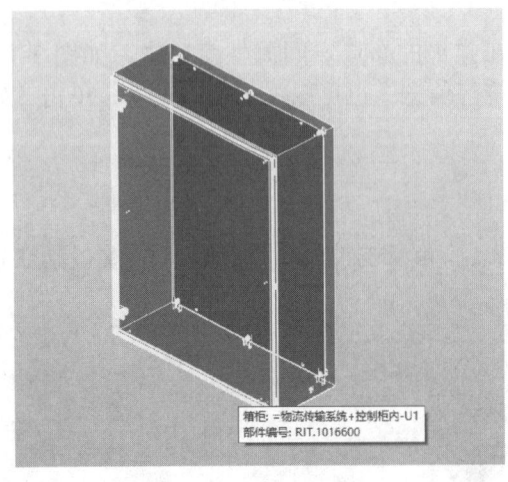

图 3-1-4 箱柜插入图示

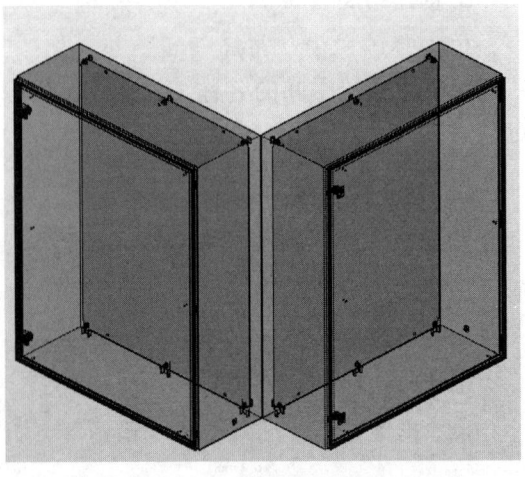

图 3-1-5 箱柜的放置

4. 激活安装面

箱柜插入到布局空间中后，需要激活对应的安装面才能进行线槽、导轨和电气元器件的放置。

激活安装面的操作步骤如下：

1）单击菜单栏中"布局空间"→"导航器"，选择需要激活的安装面。

2）单击鼠标右键，选择"直接激活"。

安装面激活后，绘图工作区由 3D 箱柜视图直接切入安装面正视图状态，并开启栅格显示模式，安装面以"绿色"背景显示。在布局导航器中，激活的安装面以"粉色"状态显示，其他箱柜件以隐藏状态（橘色小圆点）显示，如图 3-1-6 所示。

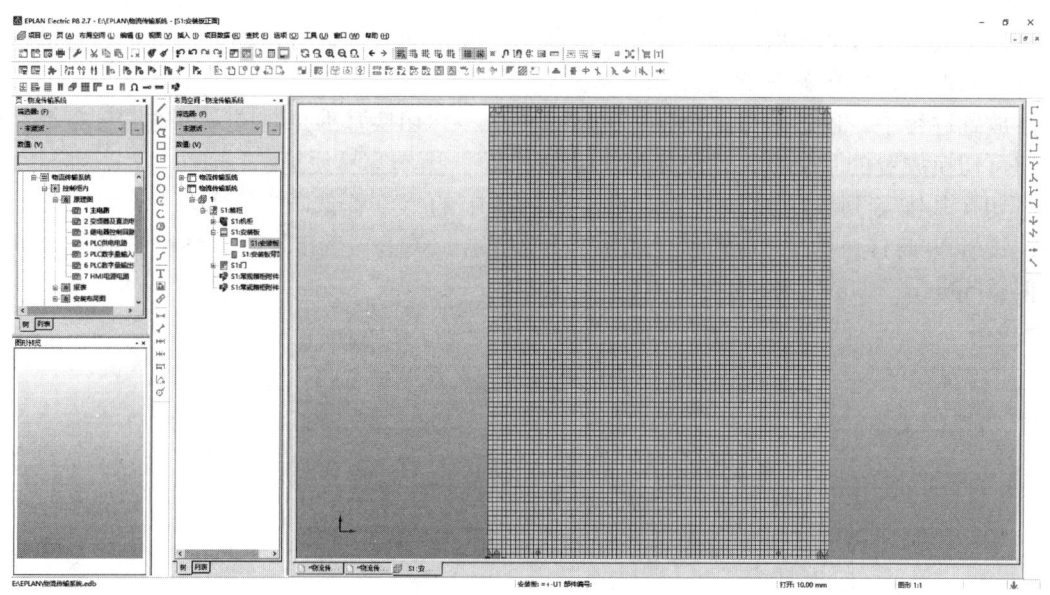

图 3-1-6　安装面激活显示状态

三、放置线槽

线槽在 EPLAN Pro Panel 中和安装导轨都属于机械类部件，同时线槽也自动隶属于 Pro Panel 的布线路由。在布线状态下，可分析布线的槽满率，帮助用户分析布线是否合理。

1. 命令菜单

（1）插入线槽

➢ 单击菜单栏"插入"→"线槽"。

➢ 操作工具条：

（2）切换基准点

➢ 单击菜单栏"选项"→"切换基准点"。

➢ 操作工具条：

（3）放置选项

➢ 单击菜单栏"选项"→"放置选项"。

➢ 操作工具条:

（4）修改长度

➢ 单击菜单栏"编辑"→"图形"→"修改长度"。

➢ 操作工具条:

2. 插入线槽

在安装面激活状态，单击菜单栏"插入"→"线槽"，弹出"部件选择"窗口，选择部件"RIT.TS.8800750"，单击"确定"。

3. 放置线槽

确定线槽部件选择后，进入线槽放置状态，线槽随光标进行移动，单击鼠标左键选择放置起始点，即可放置。

放置过程中，通过单击菜单栏中的"选项"→"切换基准点"或者单击工具条上对应按钮可切换放置的基准点。建议使用快捷键"A"，操作容易便捷。

切换基准点到线槽的左上角，单击工具条中的"放置选项"，弹出"放置选项"窗口，设置 Y 偏移量为"–50mm"，如图 3-1-7 所示，单击"确定"后，线槽的基准点就向上偏移 50mm，如图 3-1-8 所示。

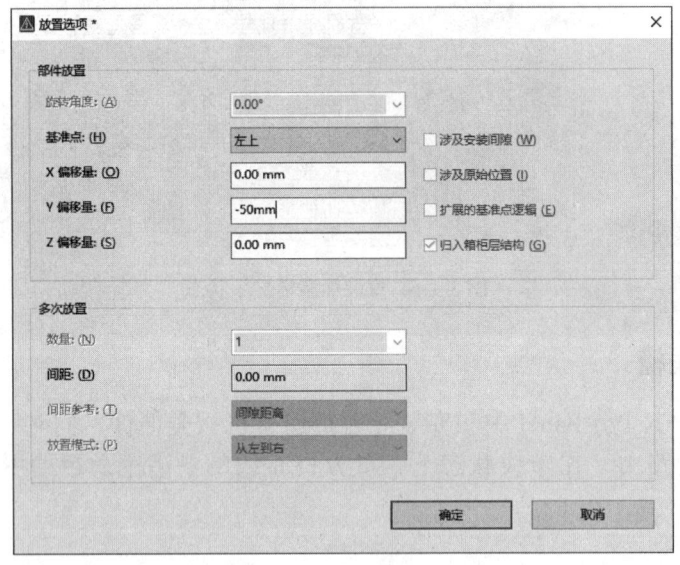

图 3-1-7　放置选项设置

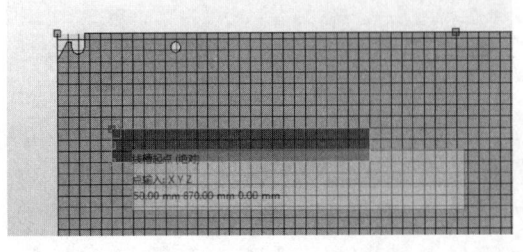

a）偏移前

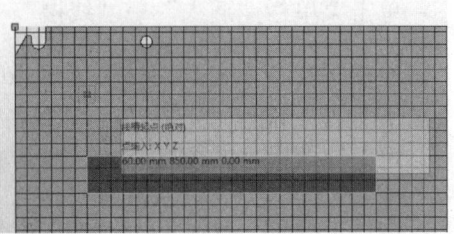

b）偏移后

图 3-1-8　基准点偏移

四、放置导轨

导轨属于机械类部件，使用导轨是工业电气元器件的一种安装方式，电气元器件可方便地卡在导轨上而无需用螺钉固定，方便维护。

1. 命令菜单

- 单击菜单栏"插入"→"安装导轨"。
- 操作工具条：

2. 导轨放置

（1）基于基准点放置导轨

单击菜单栏中"插入"→"安装导轨"，弹出"部件选择"窗口，选择"RIT.SZ.2313150"，单击"确定"。安装导轨系附于鼠标上，通过按"A"键选择导轨的基准插入点，选择导轨的左侧中心点，当鼠标接近线槽 –U4 时，线槽也会显示它的中心基准点，将导轨的基准点和线槽的中心基准点对齐，单击鼠标左键放置导轨起点，如图 3-1-9 所示。

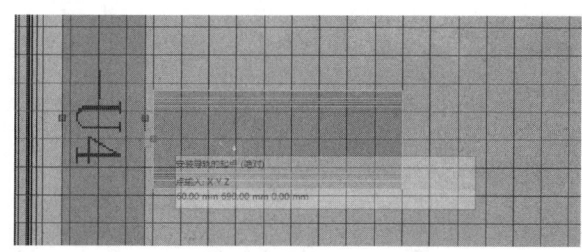

图 3-1-9　导轨起点放置

向右移动导轨，使导轨的右侧基准点和右侧线槽的左侧中心基准点对齐，单击鼠标左键完成导轨终点放置，由此完成整个导轨的放置。

（2）通过"放置选项"放置导轨

这个放置方法与插入线槽类似。

（3）通过线槽居中放置导轨

单击菜单栏中"插入"→"安装导轨"，弹出"部件选择"窗口，选择"RIT.SZ.2313150"，单击"确定"。安装导轨系附于鼠标上，单击鼠标右键选择"导入长度"，单击上侧线槽 –U2，读取线槽 –U2 长度；再单击鼠标右键选择"放置在中间"，单击下侧线槽 –U5，安装导轨被放置在两个线槽 –U2 和 –U5 之间，如图 3-1-10 所示。

3. 自由放置导轨

选择工具栏上的"显示栅格"按钮，在图形编辑器上显示栅格，如图 3-1-11 所示。

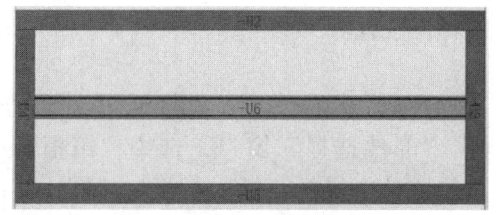

图 3-1-10　导轨的居中放置

图 3-1-11　"栅格"工具栏

根据导轨的位置插入导轨，通过数栅格（1栅格=10mm）的数量确定起点的位置，然后单击鼠标左键确定起点位置，移动鼠标拉伸导轨长度，达到预定的长度时，单击鼠标左键确定导轨的终点。

4. 编辑导轨

双击导轨，弹出"属性"窗口，在该窗口可修改"显示设备标识符"，单击"确定"，安装板上显示编辑修改后的导轨设备标识符。

【技能操作】

一、新建布局空间

步骤一：在菜单栏中，单击"布局空间"→"导航器"，打开"布局空间"导航器。

步骤二：在该导航器中，单击右键→"新建"，弹出"属性（元件）：布局空间"窗口，修改名称为"控制柜"，通过"结构标识符"右侧的拓展按钮，修改高层代号为"物流传输"，位置代号为"柜内"，如图3-1-12所示，完成布局空间新建。

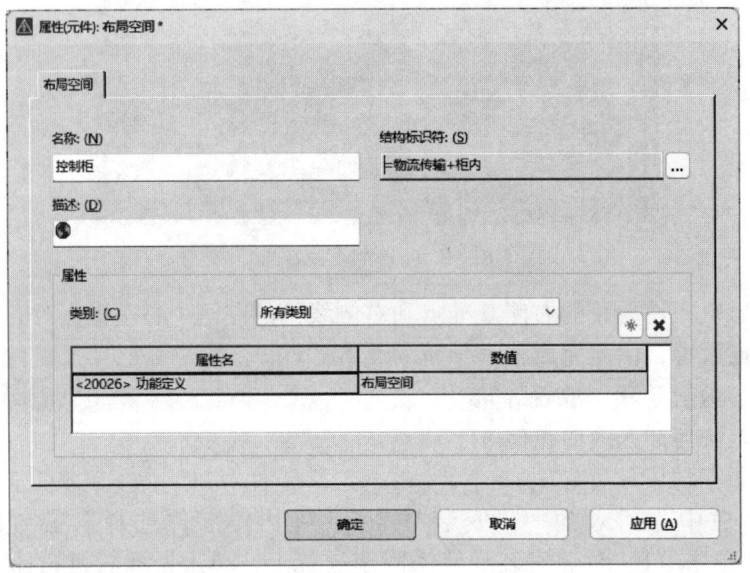

图3-1-12 "属性（元件）：布局空间"窗口

二、添加3D操作工具栏

在工具栏右侧空白处，单击鼠标右键，弹出相应菜单，如图3-1-13所示，勾选"3D视角""Pro Panel""Pro Panel布线"，实现3D操作工具栏添加，如图3-1-14所示，在工具栏上按住鼠标左键，拖动鼠标，调整3D操作工具栏位置。

三、插入箱柜

单击Pro Panel工具栏中"箱柜"按钮，弹出"部件选择"窗口，选中"箱柜"中的"RIT.AE.1016600"，确定后，在工作区中合适位置单击鼠标，插入箱柜，如图3-1-15所示。

项目三　3D 布局设计

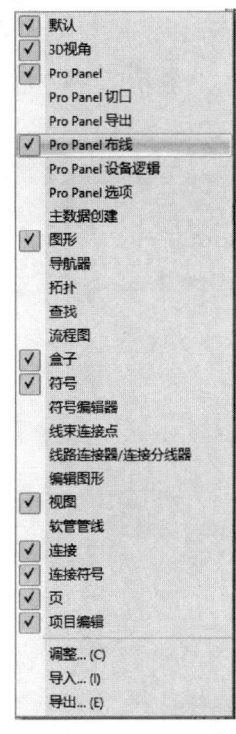

图 3-1-13　工具栏菜单

图 3-1-14　3D 操作工具栏

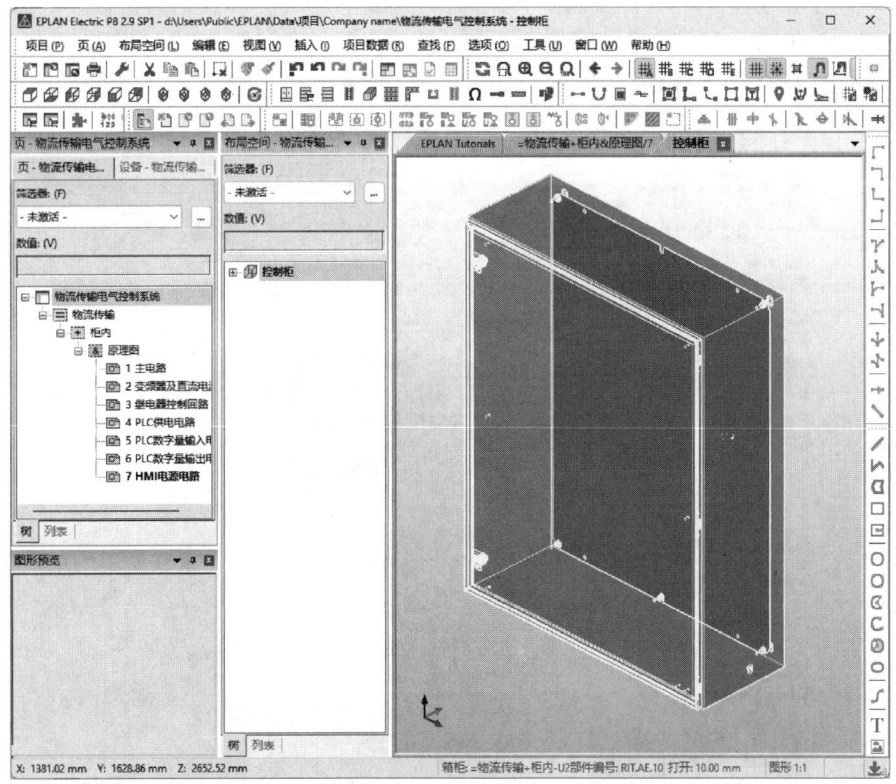

图 3-1-15　箱柜插入

191

四、创建线槽

步骤一： 在"布局空间"导航器中，展开"控制柜"→"箱柜"→"安装板"，双击打开"安装板正面"，如图 3-1-16 所示。

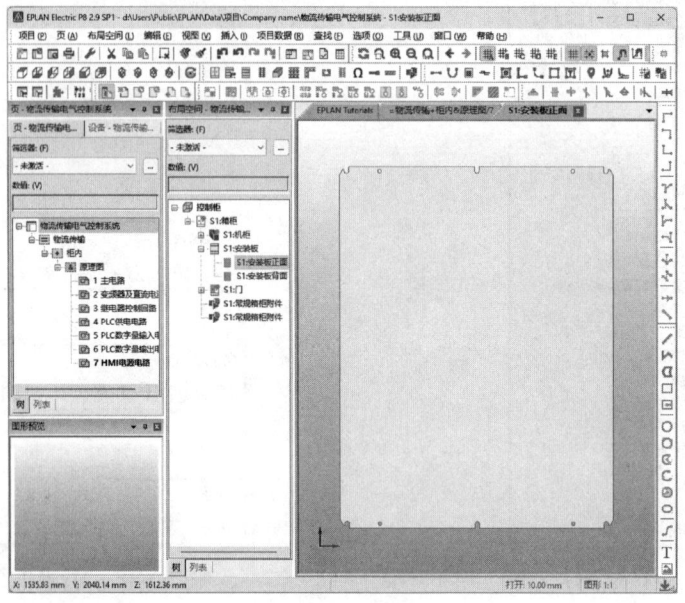

图 3-1-16　打开安装板

步骤二： 单击 Pro Panel 工具栏中"线槽"按钮，弹出"部件选择"窗口，选中"电缆槽"中的"RIT.TS.8800750"，确定后，通过鼠标单击确定线槽的起点和终点，在安装板正面合适位置依次插入线槽，如图 3-1-17 所示。（**提示：** 通过按下键盘上"A"，可以切换线槽的不同插入点，注意线槽衔接处不要重叠，否则容易导致飞线。）

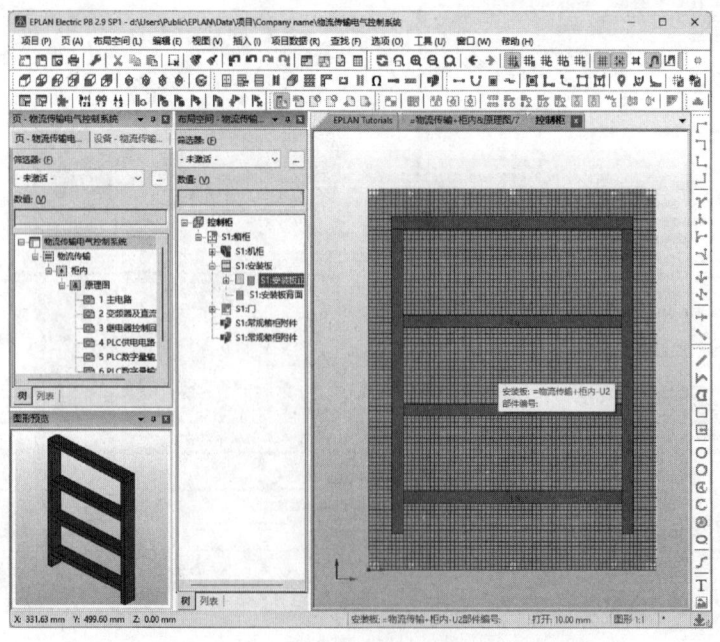

图 3-1-17　插入线槽

五、插入导轨

步骤一： 单击 Pro Panel 工具栏中"安装导轨"按钮，弹出"部件选择"窗口，选中"安装导轨"中的"RIT.SZ.8800750"，确定后，通过鼠标单击确定线槽的起点和终点，在安装板正面合适位置依次插入安装导轨，如图 3-1-18 所示。

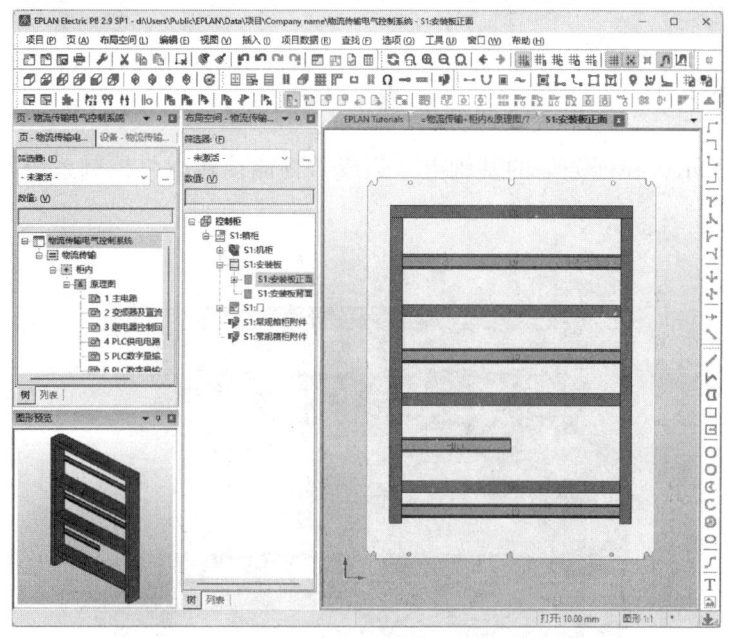

图 3-1-18 插入安装导轨

步骤二： 单击菜单栏中"插入"→"设备"，弹出"部件选择"窗口，选中"PLC"中的"6ES7590–1AB60–0AA0"，在安装板正面中合适的位置单击鼠标，插入 PLC 专用导轨，如图 3-1-19 所示。

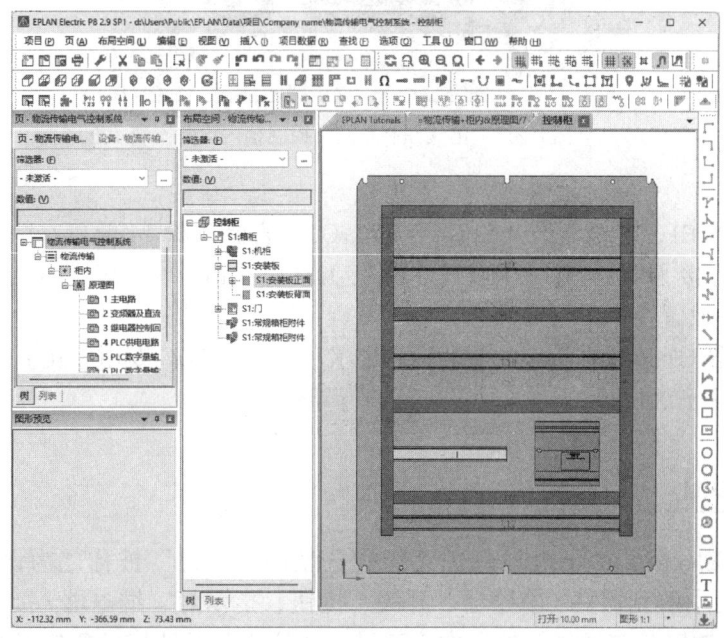

图 3-1-19 插入 PLC 专用导轨

步骤三：在"布局空间"导航器中，双击"控制柜"，可看到整个控制柜的全貌；单击"3D 视角"工具栏中的"旋转视角"，可以旋转查看控制柜的各个方向。

任务二　安装板设备安装

【任务描述】

如图 3-2-1 所示，在任务一的基础上，完成"物流传输电气控制系统"控制柜内设备安装。

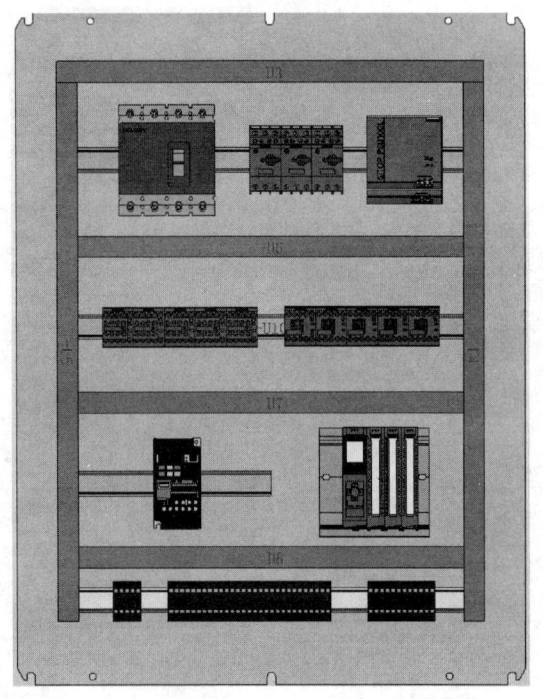

图 3-2-1　"物流传输电气控制系统"控制柜内设备安装示意图

具体要求：

1）将断路器 F1，电机保护开关 Q1、Q2、Q3，直流电源 T1 放置在第一行导轨。

2）将交流接触器 KM1、KM2、KM3、KM4、KM5，继电器 KA、KA1、KA2、KA3、KA4 依次放置在第二行导轨。

3）将变频器 U1 放置在第三行导轨、PLC K1 放置在 PLC 专用导轨上。

4）将连接端子 X1、X2、X3 放置在第四行导轨上。

【相关知识】

在 EPLAN Electric P8 电气原理图上经过选型的"组件"被称之为设备。这里的设备泛指电气工程中的元器件（断路器、开关、按钮、指示灯、继电器/接触器、变频器、PLC 等）。在"3D 安装布局导航器"中，通过"拖拉式"设计将设备放置在 3D 空间的安装板上完成设备的放置。

一、显示设备

单击菜单栏"项目数据"→"设备/部件"→"3D 安装布局导航器",打开 3D 安装布局导航器,导航器中显示了所有选型的设备,可以进行树结构和列表结构显示设备。

二、查找设备

在"3D 安装布局导航器"中,展开高层代号、位置代号,可以看到相应设备,如图 3-2-2 所示。

三、放置设备

在布局空间导航器中,展开空间内选项,选中"S1:安装板正面",单击右键→"直接激活",安装板被激活,如图 3-2-3 所示。

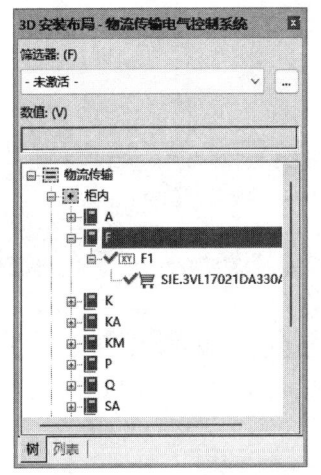

图 3-2-2　3D 安装布局导航器中的设备

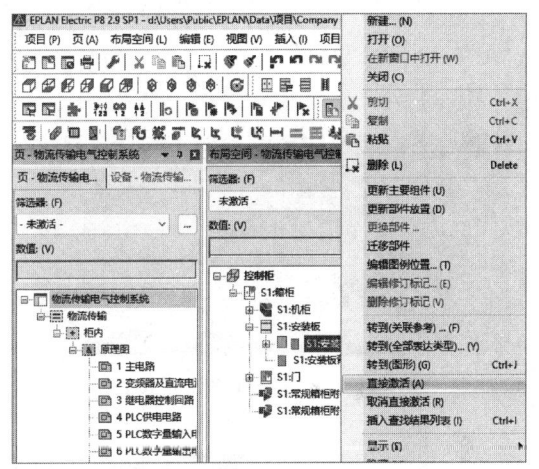

图 3-2-3　选中"S1:安装板正面"

在"3D 安装布局导航器"中,选中要放置的设备,单击右键选择"放置"命令,此时设备系附于鼠标上,选中合适的位置,单击鼠标左键,设备被放置在安装导轨上。

【技能操作】

一、安装设备

步骤一: 单击"项目数据"→"设备/部件"→"3D 安装布局导航器",在该导航器中,选中"物流传输"→"柜内"→"F",单击右键→"放置",在安装板的第一条导轨中间单击鼠标,将断路器 F1 安装在导轨上。

步骤二: 同样的方法,在导轨上安装电机保护开关"Q"、直流电源"T"、交流接触器"KM"、继电器"KA"、变频器"U1"、PLC"K1",PLC 插入时,可通过按下键盘字母 A,来切换设备的不同插入点,选择合适的插入点,单击鼠标,选中"装配线"进行插入,如图 3-2-4 所示将 PLC 安装在专用导轨上。

第一行导轨安装有断路器 F1,电机保护开关 Q1、Q2 和 Q3、直流电源 T1,如图 3-2-5 所示;

第二行导轨安装有交流接触器 KM1、KM2、KM3、KM4 和 KM5，继电器 KA、KA1、KA2、KA3、KA4 和 KA5，如图 3-2-6 所示；

第三行导轨安装有变频器 U1，专用导轨上安装有 PLC K1，如图 3-2-7 所示。

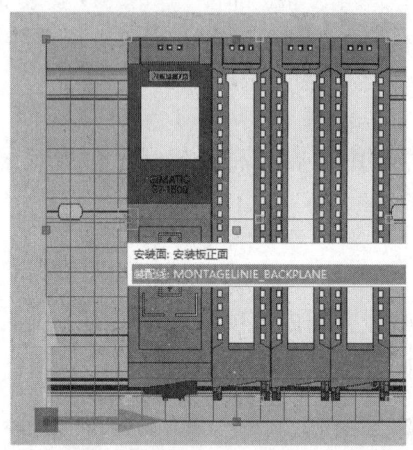

图 3-2-4　安装 PLC

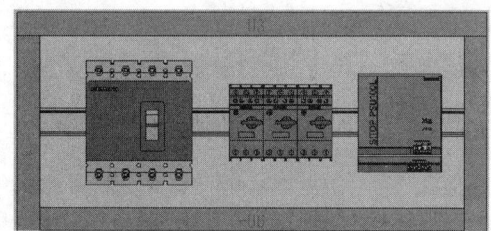

图 3-2-5　第一行导轨安装的设备

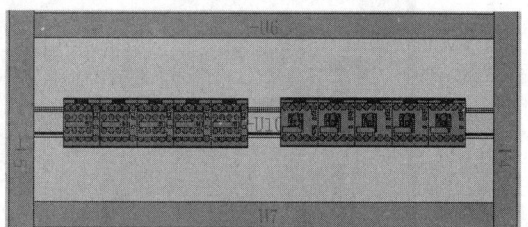

图 3-2-6　第二行导轨安装的设备

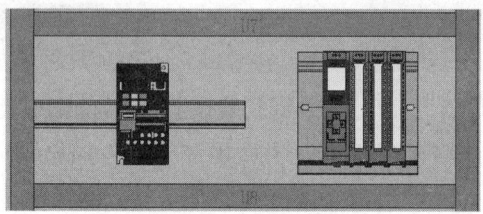

图 3-2-7　第三行导轨安装的设备

二、安装端子

在"3D 安装布局"导航器中，选中端子"X"，单击右键→"放置"，弹出"放置多个端子排的部件"，单击"是"，在安装板的第四行导轨上，依次单击鼠标，放置端子 X1、X2、X3，如图 3-2-8 所示。完成本任务操作。

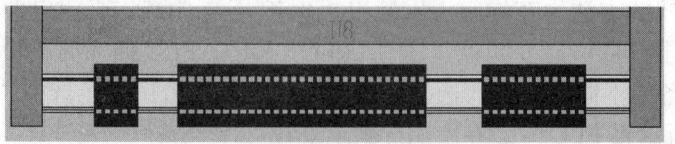

图 3-2-8　第四行轨道安装的设备

项目三　3D 布局设计

任务三　安装板设备 3D 布线

【任务描述】

如图 3-3-1 所示，在任务二的基础上，完成"物流传输电气控制系统"控制柜内安装板上设备 3D 布线。

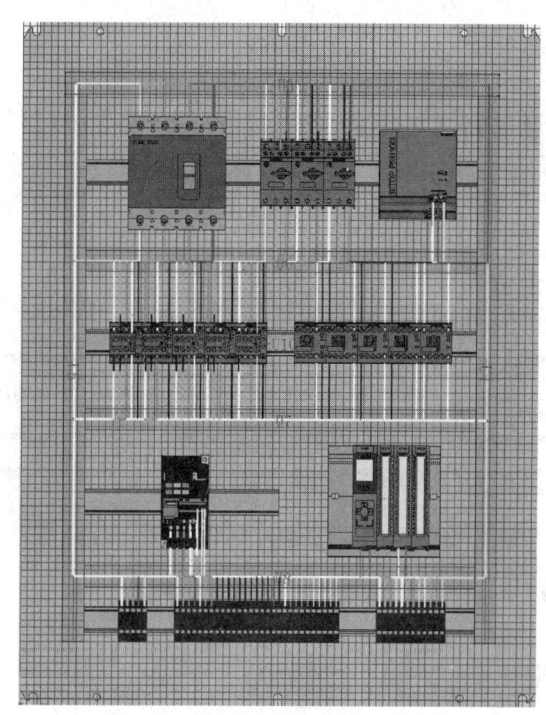

图 3-3-1　"物流传输电气控制系统"控制柜内安装板上设备 3D 布线示意图

具体要求：

1）完成安装板上设备的 3D 布线。
2）布线不能有飞线。
3）布线应该遵循设备端子的方向，不可越过设备进行布线。

【相关知识】

当安装板的设备安装完成后，可以初步在安装板上完成相应设备的自动布线。自动布线时，一般根据布线网络规划来自动布线，导线会根据元件的位置以及线槽件（在电气工程中，物理上的线槽件就是一个布线路径）自动执行布线，计算导线长度等信息。在 EPLAN 中，要实现布线，还需要定义布线连接，即连接的形式以及连接的规格。

一、连接导航器

单击菜单栏中"项目数据"→"连接"→"导航器"，进入连接导航器。在导航器

197

中，可以进行布线、查看、跳转等操作。

二、连接定义

在导航器中，选中一条导线，单击鼠标右键选择"转到（图形）"命令，跳转到原理接线图中，进行连接查看。

在连接导航器中，也可以直接对连接进行属性的定义，选择"属性"命令，进入"属性"窗口。在该窗口中，选择"部件"选项卡，选择下侧的"设备选择"按钮，可选择导线的部件，部件中的功能模板信息及部件属性信息会自动写入到连接属性信息中，原理图中会自动填写连接定义点，显示线色和截面积信息。

三、布线

元件、布线路径、连接都已经定义完成后，可以对该导线进行 3D 布线了。在连接导航器中，单击右键选择"布线（布局空间）"。执行"布线（布局空间）"命令后，会自动在所选连接的下方产生一个"3D 安装布局"的布线连接，如图 3-3-2 所示。

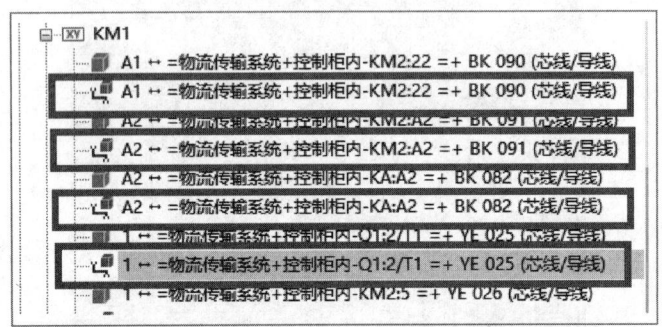

图 3-3-2　3D 布线连接

四、3D 布线检视

选中其中"1= 物流传输 + 柜内 –Q1：2/T1=+YE 025（芯线 / 导线）"，单击鼠标右键选择"转到图形"命令，可查看布线效果，例如布线路径和布线方向，如图 3-3-3 所示。

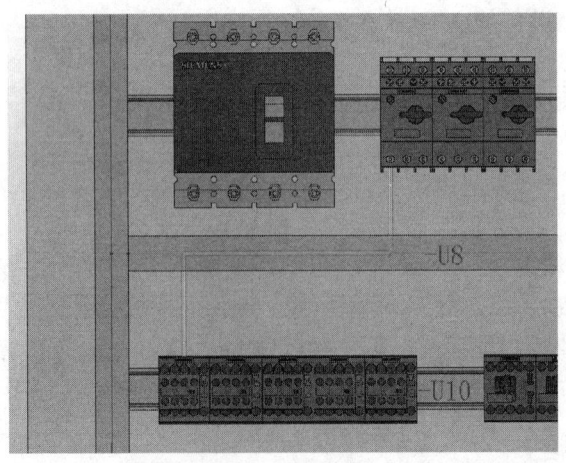

图 3-3-3　3D 布线查看

五、连接属性检视

可选中相关布线连接，单击鼠标右键选择"属性"命令，查看该连接的布线信息。例如，长度、走线路径、源和目标的出现方向，如图 3-3-4 所示。

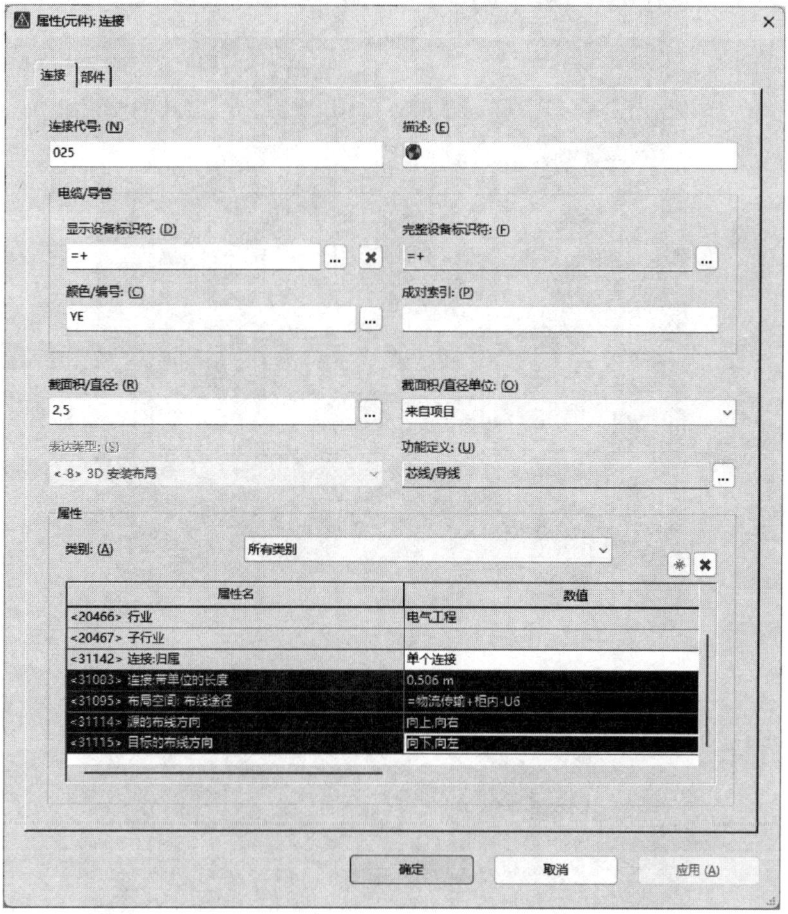

图 3-3-4　连接属性

【技能操作】

一、3D 初次布线

在"布局空间"导航器中，选中"安装板正面"，单击"布线（布局空间）"按钮，开始进行布线，布线完成后，如图 3-3-5 所示，可通过单击工具栏中"旋转视角"，拖动鼠标，可查看配盘的各个角度。注意观察是否有不合适的接线。如果存在不合适的飞线或者是布线方向不对，需要进行布线修正。

二、布线修正

步骤一：通过观察，发现变频器和 PLC 有几根线的布线方向有问题，如图 3-3-6 所示，根据要求，变频器和 PLC 的布线应该为"向下"。

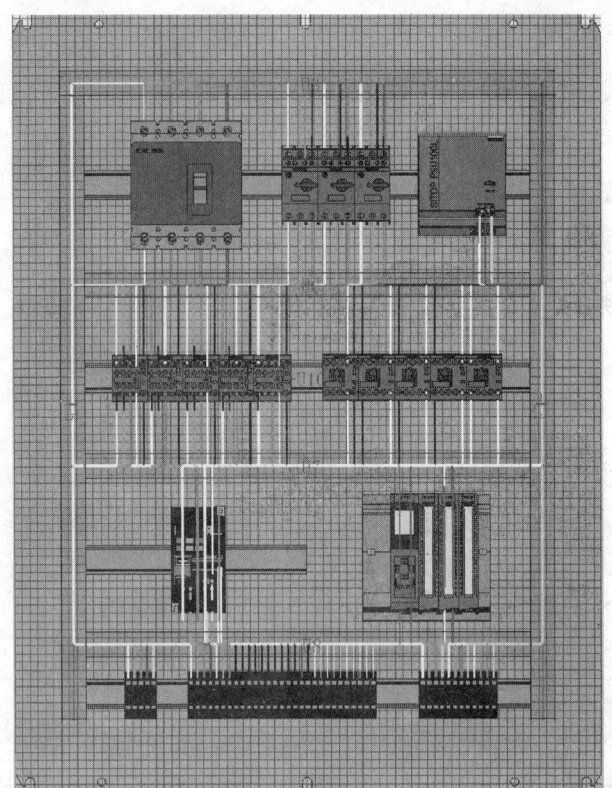

图 3-3-5 初次布线

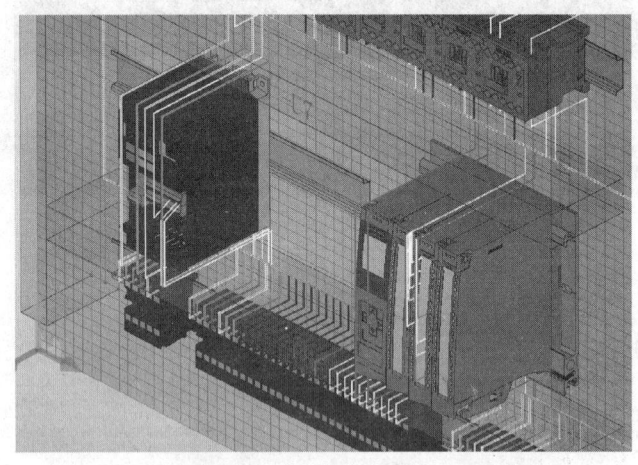

图 3-3-6 变频器和 PLC 的布线方向错误

步骤二： 双击变频器的侧面，弹出"属性（元件）：部件放置"窗口，选中"连接点排列样式"选项卡，勾选"本地连接点排列样式"，将变频器所有连接点的"布线方向"修改为"向下"，如图 3-3-7 所示，单击"确定"。

步骤三： 同样的方法，将 PLC 所有连接点的"布线方向"修改为"向下"，单击"确定"。

步骤四： 再次单击"布线（布局空间）"按钮，重新进行布线。布线完成后，可看到，相应的布线方向已经完成修正。完成操作。

项目三 3D布局设计

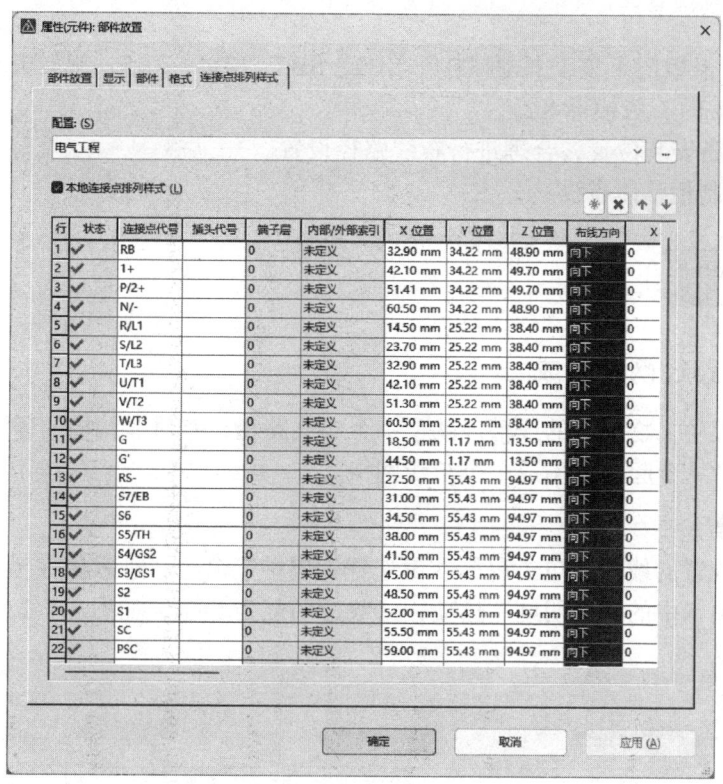

图 3-3-7 "布线方向"修改

任务四 控制柜门设备安装及布线

【任务描述】

如图 3-4-1 所示，在任务三的基础上，完成"物流传输电气控制系统"控制柜柜门上设备安装及 3D 布线。

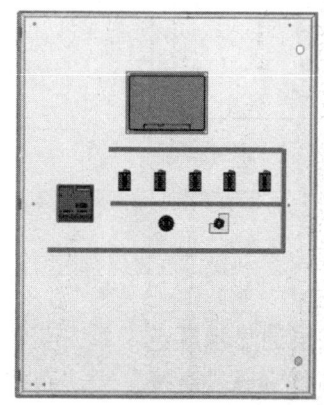

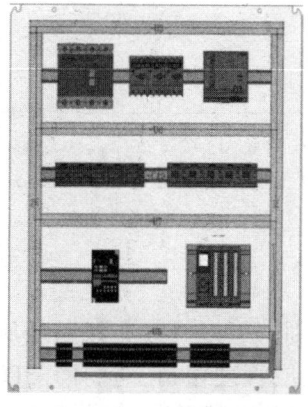

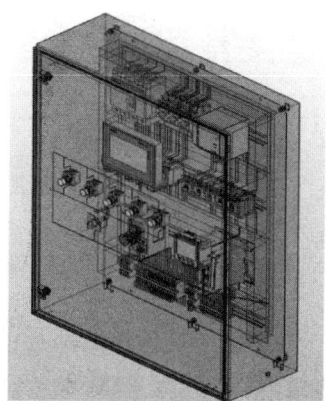

a) 柜门设备及布线路径 b) 安装板非线槽手工路径 c) 3D控制柜

图 3-4-1 控制柜柜门上设备安装及 3D 布线示意图

201

具体要求:

1)在控制柜柜门上安装按钮 SB1、SB2、SB3、SB4、SB5,旋转开关 SA,急停按钮 SB6,电压表 P1,触摸屏 K2。

2)根据设备安装位置,合理进行布线路径设置。

3)完成控制柜整体布线。

【相关知识】

一、布线路径网络生成

在电气工程中,物理上的线槽件就是一个布线路径,有时非线槽的手工路径也是一个布线路径,两者结合起来可构成一个布线网络。

1. 线槽设置

选择所有放置的线槽,单击鼠标右键选择"属性"命令,进入属性(元件)窗口,选择"格式"选项卡中的"透明度"选项,修改透明度为 50%,如图 3-4-2 所示。

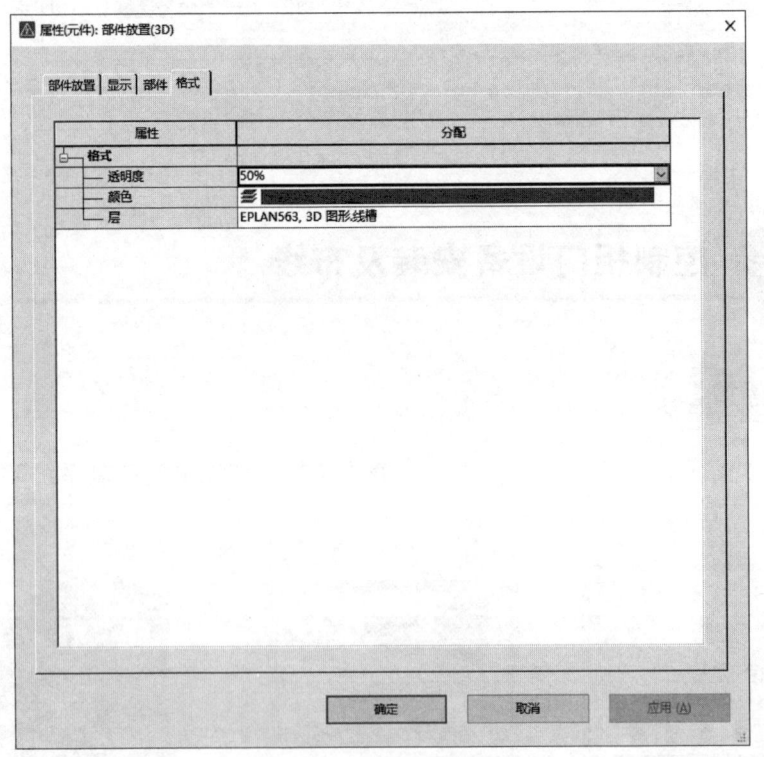

图 3-4-2 透明度设置

2. 修改布线路径层

为了便于自动布线路径的识别,可以修改布线路径所在层的显示颜色。单击菜单栏"项目数据"→"层管理",进入层管理窗口,选择"3D 图形"→"连接"→"布线路径"→"EPLAN684",修改其颜色为"粉色",如图 3-4-3 所示。

项目三　3D 布局设计

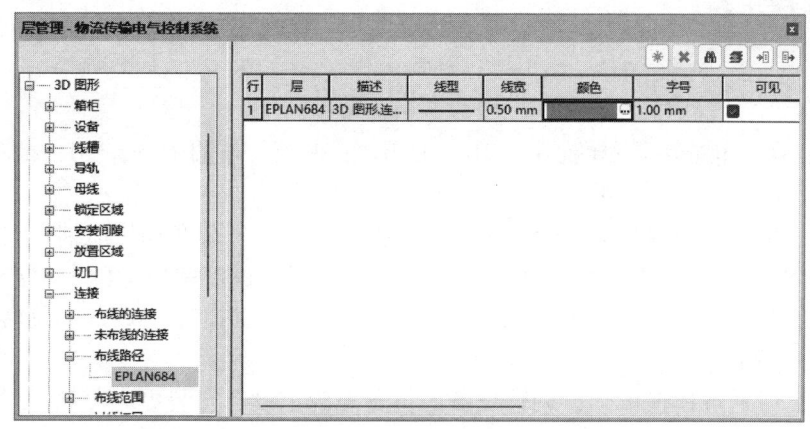

图 3-4-3　层管理窗口

3. 生成布线路径网络

单击菜单栏中"项目数据"→"连接"→"生成布线路径网络",检查安装板线槽,将产生如图 3-4-4 所示效果。

二、插入布线路径

在 EPLAN Pro Panel 非线槽布线路径,可以手动放置布线路径来将非线槽类的走线路由虚拟化表达出来。

单击菜单栏中"插入"→"布线路径",在安装板或门上单击鼠标左键,确定布线路径起点,拉出布线线条,再次单击鼠标左键,确定节点,依次下去,根据具体情况进行布线路径绘制,路径绘制完成,单击鼠标右键选择"取消操作"命令或按下"Esc"键,完成操作。

在布局空间导航器里,选择"安装板",单击鼠标右键,选择"显示"→"选择"命令,再单击"3D 视角"工具栏中的"旋转视角""右视图"按钮,变换视角,将门和安装板的路径通过插入布线路径命令进行连接,使门上布线路由和安装板布线路由接通,如图 3-4-5 所示。

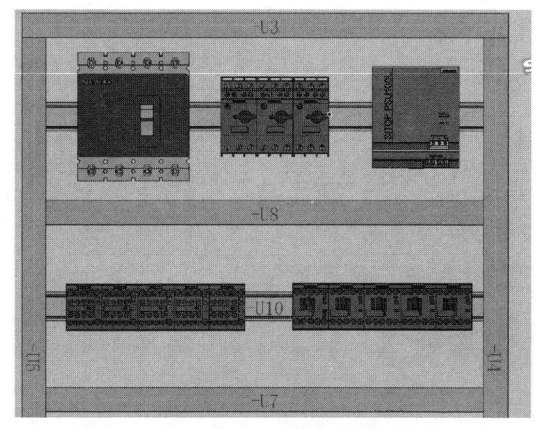

图 3-4-4　布线路径网络

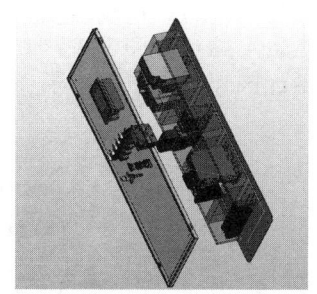

图 3-4-5　右侧布线路径连接

203

✱【技能操作】

一、安装设备

步骤一：在"布局空间"导航器窗口中，展开"控制柜"→"门"→"S1：箱柜"→"S1：门"，双击打开"S1：门外侧"。

步骤二：单击"项目数据"→"设备/部件"→"3D安装布局导航器"，打开导航器，在该导航器中，选中按钮"SB"，单击右键→"放置"，在控制柜柜门上单击鼠标，将按钮安装在控制柜柜门上。同样的方法，将电压表"P1"、触摸屏"K2"和旋转开关"SA"装在控制柜柜门上。

步骤三：可通过拖拽鼠标，调整设备的位置。为了设备安装更为美观，对于五个外形相同的按钮均匀分布在同一水平线上，选中五个按钮，单击"编辑"→"其它"→"均匀分布（水平）"，调整后控制柜的柜面如图3-4-6所示。

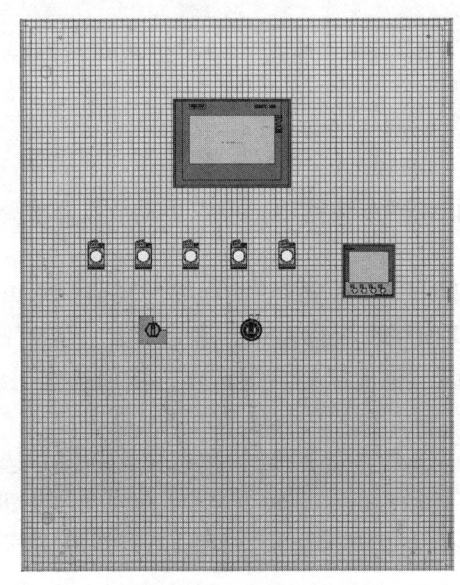

图3-4-6　控制柜柜面安装

二、控制柜布线路径设置

步骤一：在"布局空间"导航器窗口中，双击"安装板正面"，打开"安装板正面"，单击"布线路径"按钮，确定布线路径起点，拉出布线线条，再次单击鼠标左键，确定节点，依次下去，路径如图3-4-7所示，当布线需要从安装板延伸到柜门内侧，从线槽内节点拉出线条如图3-4-8所示。

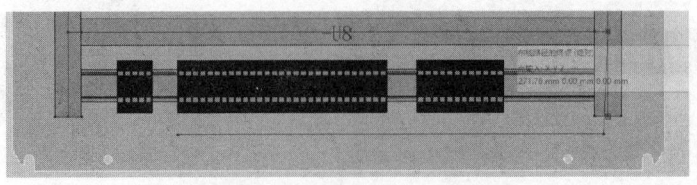

图3-4-7　端子下方布线

步骤二：在"布局空间"导航器中，选中"控制柜"，单击右键→"显示"→"仅门"，窗口显示"门外侧"，如图 3-4-9 所示。

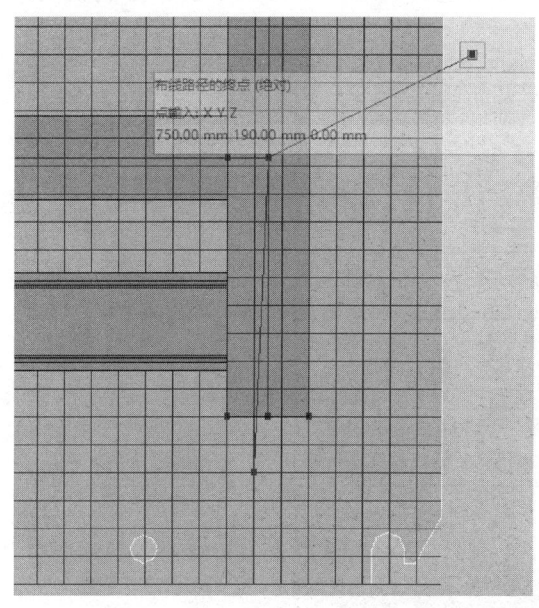

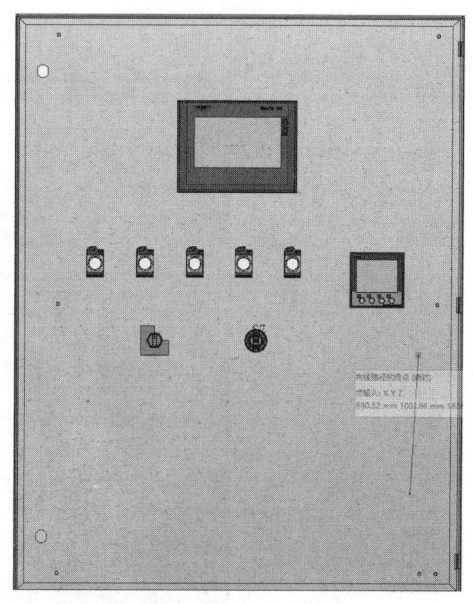

图 3-4-8　拉出线条进行布线延伸　　　　　图 3-4-9　门外侧

步骤三：单击工具栏的"3D 视角，后"，窗口显示"门内侧"，可看到鼠标拉出的线条延伸到门后，如图 3-4-10 所示；在门上通过单击鼠标，在相应的设备下方进行布线路径设置，如图 3-4-11 所示。

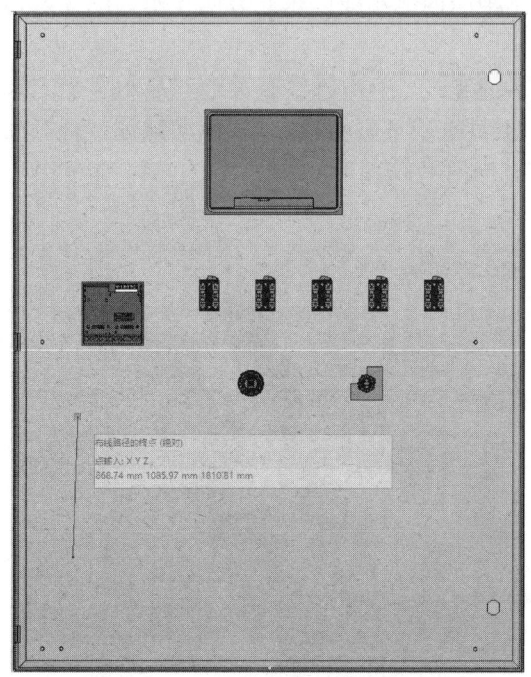

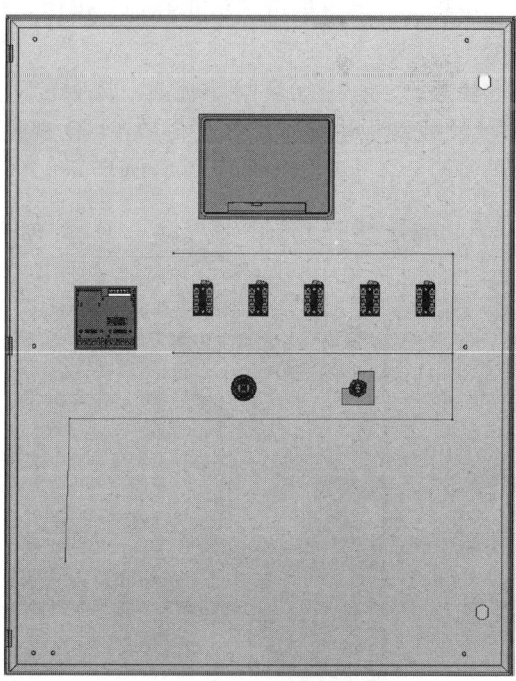

图 3-4-10　门内侧　　　　　　　　图 3-4-11　门内侧布线路径

三、控制柜布线

步骤一：单击"布线（布局空间）"按钮，开始进行布线，布线完成后，控制柜门内侧布线如图 3-4-12 所示；

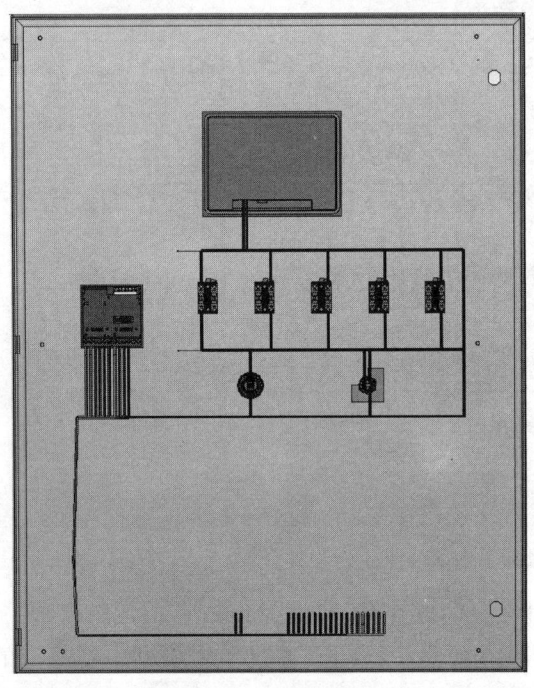

图 3-4-12　门内侧布线

步骤二：通过单击"东北等轴"按钮，控制柜门内侧布线以东北方向显示如图 3-4-13 所示；

步骤三：在布局空间导航器中选中"S1：安装板"，单击鼠标右键→"显示"→"选择"，将安装板也显示出来，再单击 3D 视角"工具栏中"旋转视角"，拖动鼠标，查看配电柜接线的各个角度，如图 3-4-14 所示。到此，所有布线完成。

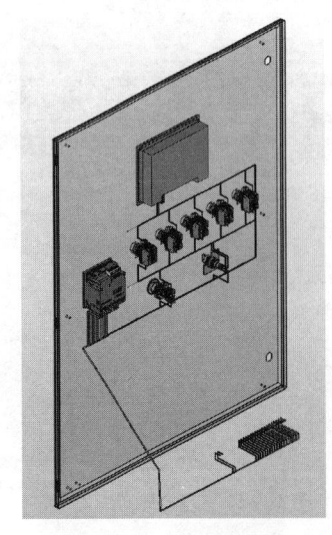

图 3-4-13　东北等轴视角　　　　　图 3-4-14　所有布线完成

任务五　槽满度分析

【任务描述】

在任务四的基础上，完成"物流传输电气控制系统"槽满率设置，并显示槽满率状态。

具体要求：
1）设置槽满率上限为 50，警告值为 40。
2）显示槽满率状态，根据槽满率状态判断是否要进行更改布线。

【相关知识】

在 EPLAN Pro Panel 中，布线功能使导线按照程序设定的原则进行了自动布线，给出布线长度的估算，将走线路由信息写入对应的属性中。但存在的问题是一个走线路由（如"线槽"）可能会走过多的导线，超出了线槽的布线容量。EPLAN 可以对线槽等走线路由进行槽满度的分析。

如果已知线槽的尺寸和接线的外径，则程序可以估算布线路径的大小是否足够容纳所有接线。随着连接数量的增加，线槽内的导线数量也在增加。这尤其在线槽的交叉范围内会导致空间问题。显示槽满率功能提供有关线槽和手动布线路径内空间余量的反馈信息，由此可以识别，必须在哪里有针对地更改布线，以迫使布线穿过低强度占用的布线路径（即便另一条路径更短，但会导致重叠）。

线槽槽满率通过一个彩色标识符显示。这时存在三种状态：
1）红色：通道/布线路径已满。
2）黄色：槽满率低于上限，但高于警告极限。
3）绿色：槽满率小于警告极限。

槽满率上限和警告极限可作为项目设置进行设定。

一、槽满率设置

单击菜单栏中"选项"→"设置"，打开 EPLAN 的"设置"窗口，选择"项目"→"项目名称"→"待布线的连接"→"常规"，进入连接的常规设置选项，在该设置中选择"布线"选项卡，可设置"槽满率上限 [%]"和"[%] 时警告"，按照标准，槽满率上限为 80%，警告极限为 70%。

二、槽满率显示

选择菜单栏"项目数据"→"连接"→"槽满率"命令显示布线的槽满率，当线槽中显示红色，表示通道/布线路径已满；当线槽中显示绿色，表示槽满率小于警告极限。

三、更改布线

当布线路径的槽满率发生报警，证明该路径布线存在不合理状态，需要设计者干预布线，将一部分连接更改为其他布线路径，从而使布线归于合理状态。

选择"项目数据"→"连接"→"更改布线"命令，依据界面下方状态的提示"选择源布线路径"，选取需要更改的线槽点；再根据提示"选择目标布线路径"，选取需要的线槽点，按"空格"键确定，弹出连接选择窗口，如图3-5-1所示。

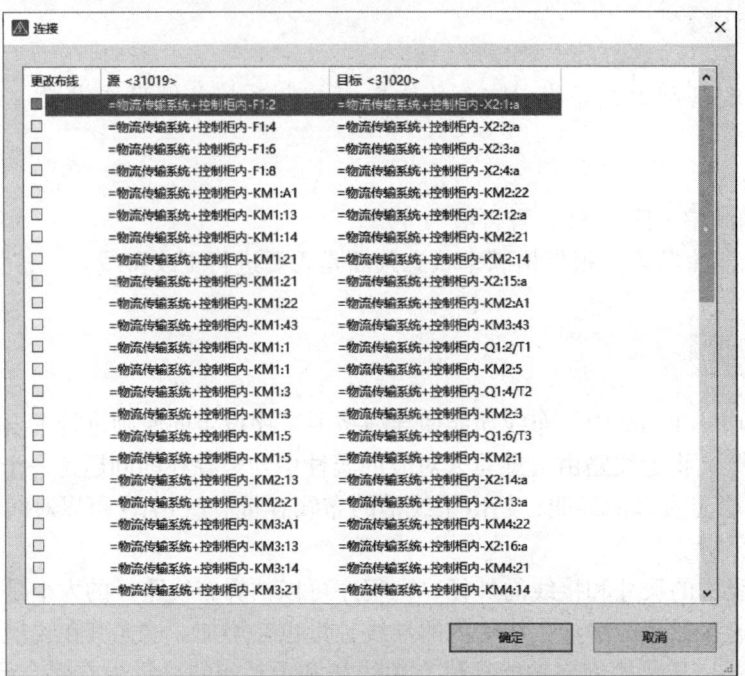

图 3-5-1　更改布线连接选择

按"Ctrl"键可以多重选择，完成选择后，单击"确定"按钮，完成布线的更改。再单击菜单栏中"项目数据"→"连接"→"更新槽满率"，重新检查是否布线合理。

【技能操作】

一、槽满率设置

单击"选项"→"设置"，弹出"设置"窗口，在左侧窗口选中"项目"→"物流传输电气控制系统"→"待布线的连接"→"常规"，在右侧窗口，选中"布线"选项卡，勾选"请在计算长度时考虑最小弯曲半径"，"槽满率上限"设定为"50"，"40%"时警告，如图3-5-2所示，单击"确定"。

二、槽满率显示

单击"视图"→"连接"→"槽满率"，双击"安装板正面"，显示布线的槽满率。
当线槽中显示为红色时，表示槽满率超过警告值，通道/布线路径过满；
当线槽中显示为绿色时，表示槽满率小于警告值，通道/布线路径合适。
从当前显示来看，该项目线槽中呈现绿色，如图3-5-3所示，表示槽满率是位于警告值以下。

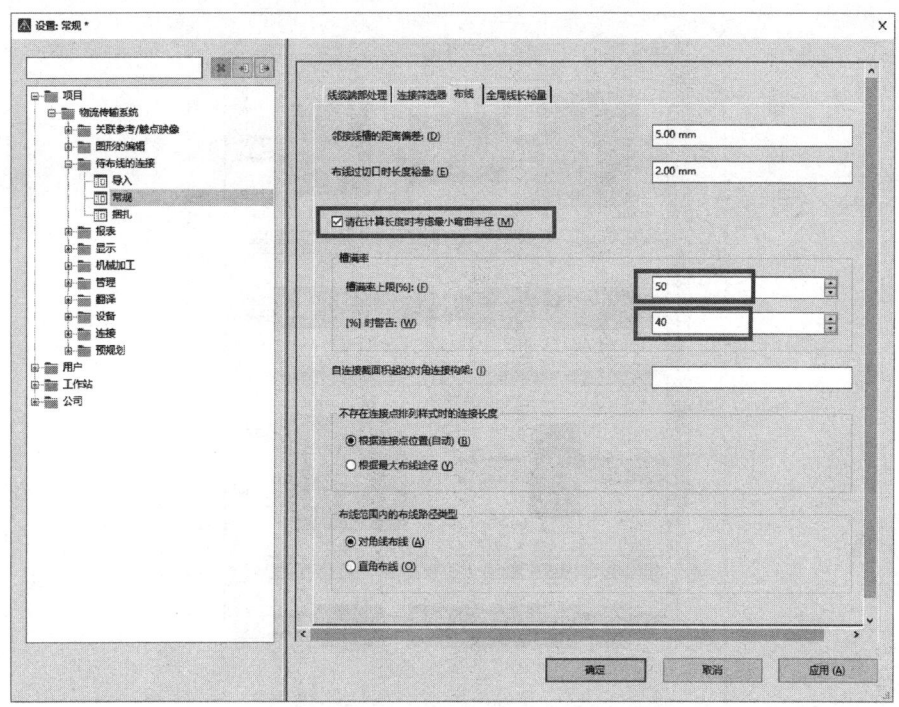

图 3-5-2 槽满率设置

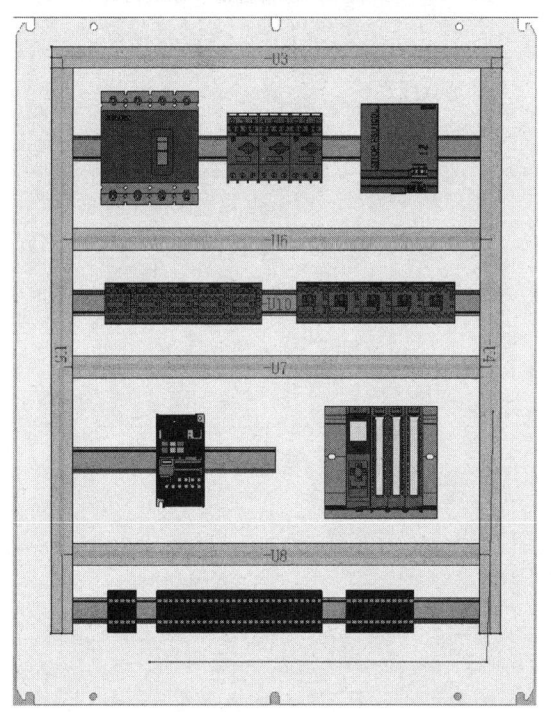

图 3-5-3 槽满率低于警告值（彩图见封二）

大家可以自行调整，如果调整上限值为 10 和警告值为 5，单击"更新槽满率"，可以看到线槽呈现红色，如图 3-5-4 所示，表示槽满率超过警告值。

再次调回原有数值，更新槽满率，线槽再次呈现绿色，说明本任务布线合理，不需要更改布线，完成操作。

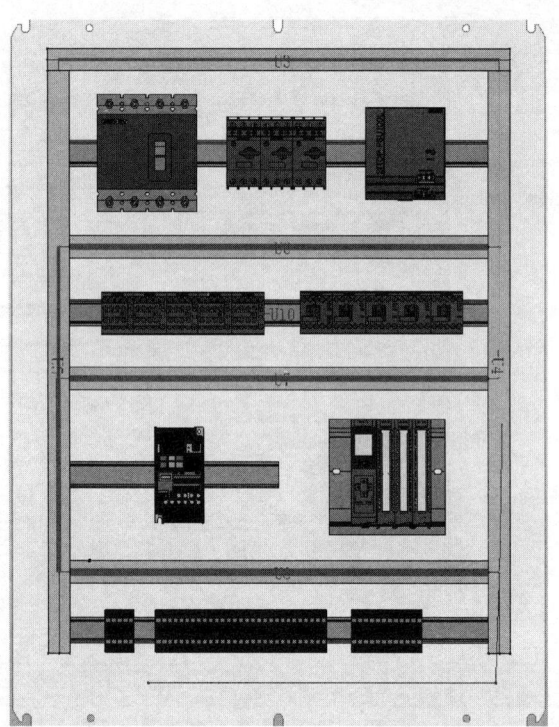

图 3-5-4 槽满率超过警告值（彩图见封二）

项目四　项目导出

任务一　报表生成

📄【任务描述】

在项目三的基础上，完成"物流传输电气控制系统"的端子连接图、PLC 地址概览、连接列表、部件汇总表和电缆连接图等报表的生成。

注意事项：生成报表的图框为"BIEM-A3"。

📚【相关知识】

EPLAN 的强大功能体现在设计过程的各个方面，但是从设计理念和工作效率方面考虑，最突出的功能就是报表的功能。报表是将项目数据以图形或表格的方式输出，用于评估原理图的设计及后期项目施工的指导。

一、报表设置

选择菜单栏中"选项"→"设置"命令，系统弹出"设置"窗口，在"项目"→"项目名称"→"报表"选项，包括"显示/输出""输出为页""部件"三个选项，如图 4-1-1 所示。

1. 显示/输出

打开"显示/输出"选项，设置报表的显示与输出格式。在该选项卡中可以进行报表的有关选项设置。

1) 相同文本替换为：对于相同文本，为避免重复显示，使用"="替代。

2) 可变数值替换为：用于对项目中占位符对象的控制在部件汇总表中，替代当前的占位符文本。

3) 输出组的起始页偏移量：作为添加的报表变量。

4) 将输出组填入设备标识块：与属性设置窗口中"输出组"配合使用，作为添加的报表变量。

5) 电缆、端子/插头：处理最小数量记录数据时允许制定项目数据输出。

6) 电缆表格中读数的符号：在端子图表中，使用指定的符号替代芯线颜色。

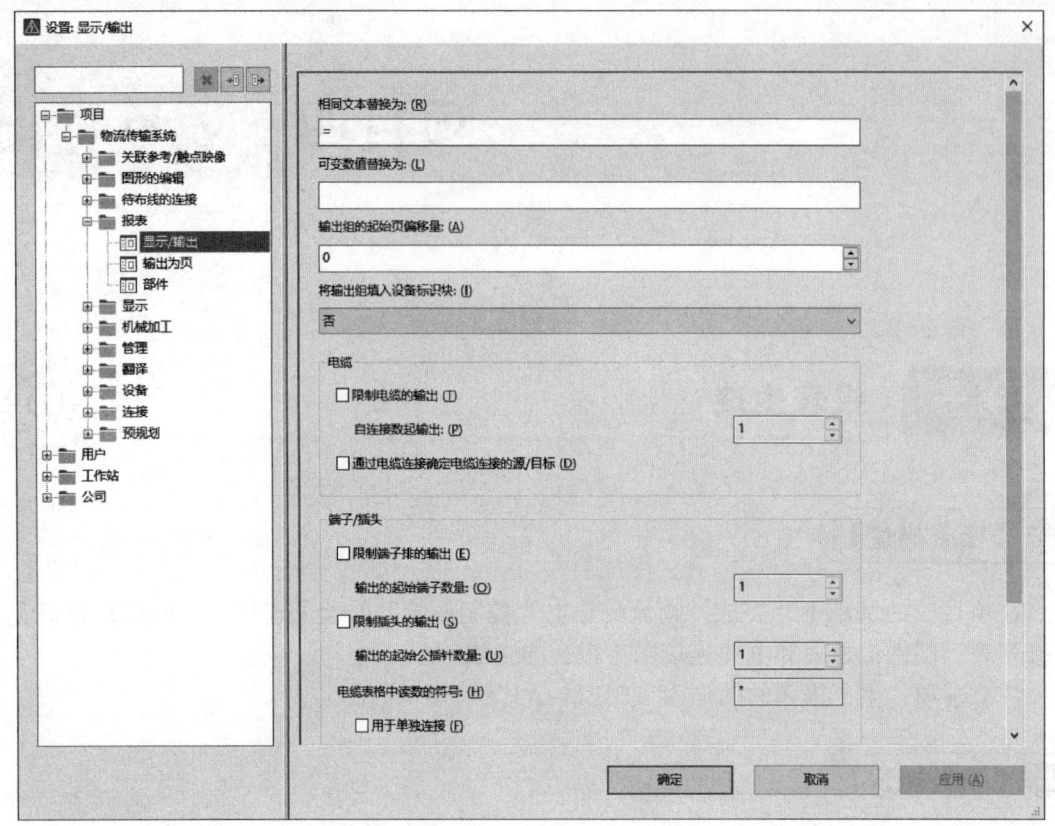

图 4-1-1 "设置"窗口

2. 输出为页

打开"输出为页"选项,预定设置表格,如图 4-1-2 所示。在该选项卡中可以进行报表的有关选项设置。

1) 报表类型:默认系统下提供所有报表类型,根据项目要求,选择需要生成的项目类型。

2) 表格:确定表格模板,单击其下拉菜单,选择"查找"命令,弹出"选择表格"窗口,用于选择表格模板,激活"预览"复选框,预览表格,单击"打开"按钮,导入选中的表格。

3) 页分类:确定输出的图纸页报表的保存结构,单击其拓展按钮,弹出"页分类 – 邮件列表"窗口,设置排序依据。

4) 部分输出:根据"页分类"设置,为每一个高层代号生成一个同类的部分报表。

5) 合并:分散在不同页上的表格合并在一起连续生成。

6) 报表行的最小数量:指定了到达换页前生成数据集的最小行数。

7) 子页面:输出报表时,报表页名用子页名命名。

8) 字符:定义子页的命名格式。

3. 部件

打开"部件"选项卡,如图 4-1-3 所示,用于定义在输出项目数据生成报表时部件的处理操作。在该选项卡中可以进行报表的有关选项设置。

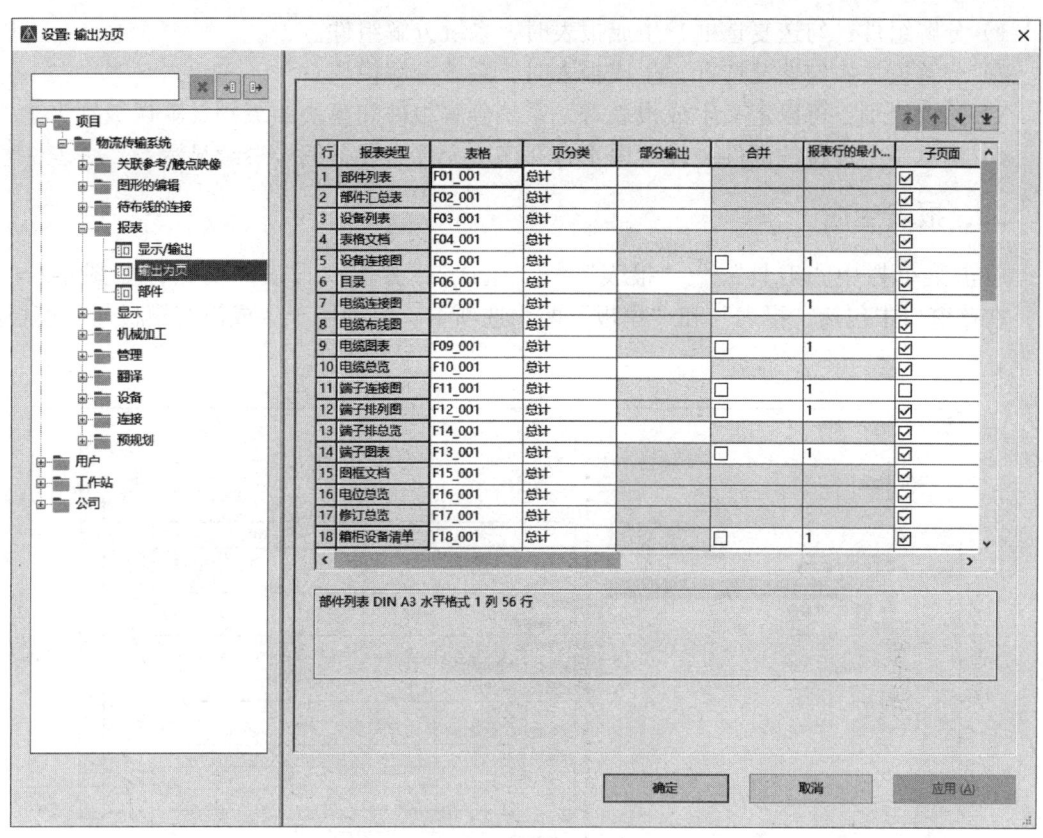

图 4-1-2 "输出为页"选项卡

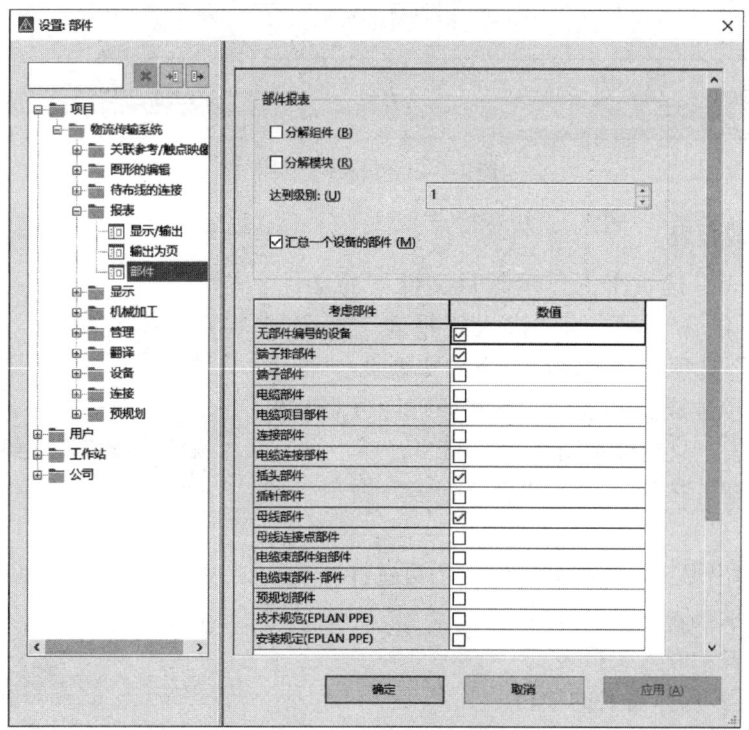

图 4-1-3 "部件"选项卡

1）分解组件：勾选复选框，生成报表时，系统分解组件。
2）分解模块：勾选复选框，生成报表时，系统分解模块。
3）达到级别：可以定义生成报表时，系统分解组件和模块的级别，默认级别为1。
4）汇总一个设备的部件：设置用于合并多个元件为设备编号继续显示。

二、报表生成

单击菜单栏中"工具"→"报表"→"生成"，弹出"报表"窗口，如图4-1-4所示，在该窗口中包括"报表"和"模板"两个选项卡，分别用于生成没有模板与有模板的报表。

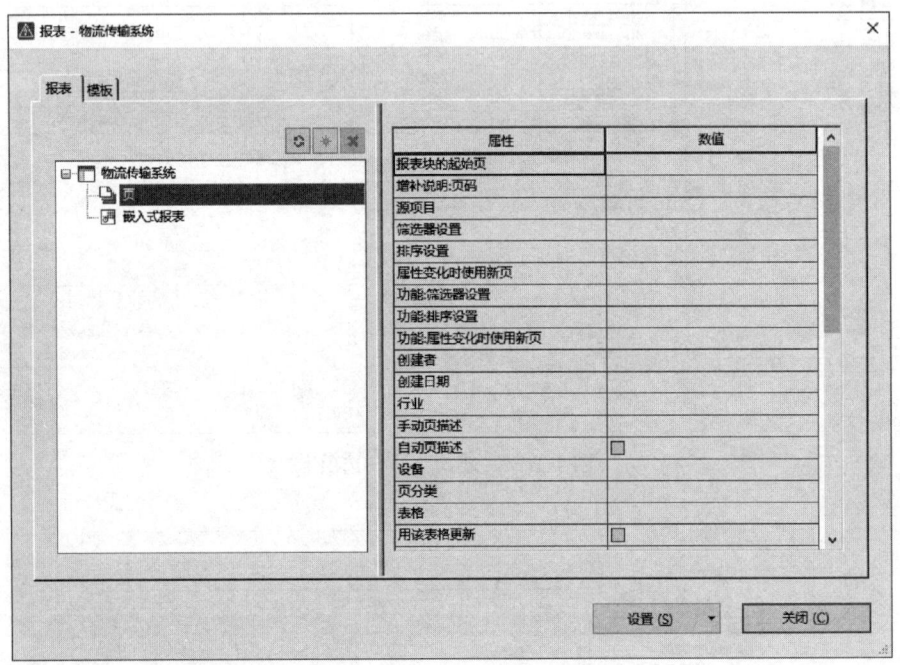

图 4-1-4 "报表"选项卡

1. 自动生成报表

打开"报表"选项卡，显示项目文件下的文件。在项目文件下包含"页"与"嵌入式报表"两个选项，展开"页"选项，显示该项目下的图纸页；"嵌入式报表"不是单独成页的报表，是在原理图或安装板图中放置的报表，只统计本图纸中的部件。

单击"新建"按钮，打开"确定报表"窗口，如图4-1-5所示。

1）在"输出形式"下拉列表中显示可选项。
◇ 页：表示报表一页页显示。
◇ 手动放置：嵌入式报表。
2）源项目：选择需要的项目。
3）选择报表类型：选择生成报表的类型，安装

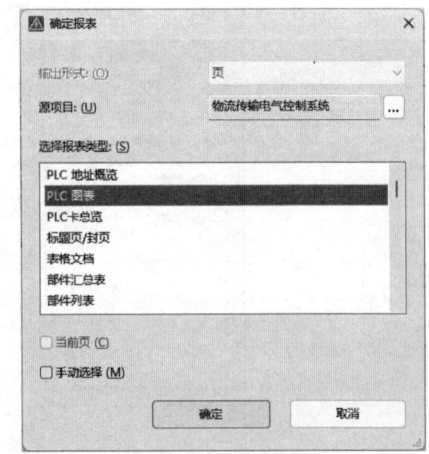

图 4-1-5 "确定报表"窗口

板的报表是柜箱设备清单。

4）当前页：生成当前页的报表。

5）手动选择：不勾选复选框，生成的报表包含所有柜体；勾选该复选框，包括多个机柜时，生成选中机柜的报表。

单击"设置"按钮，在该按钮下包含三个命令："显示/输出""输出为页"和"部件"，用于设置报表格式。

2. 按照模板生成报表

如果一个项目中建立多个报表（部件汇总、电缆图表、端子图表、设备列表），而以后使用同样的报表和格式，我们就可以建立报表模板。报表模板只是保存了生成报表的规则（筛选器、排序）、格式（报表类型）、操作、放置路径，并不生成报表。

打开"模板"选项卡，定义显示项目文件下生成的报表种类，如图 4-1-6 所示。新建报表的方法与 1. 相同，不过这里生成的是模板文件。

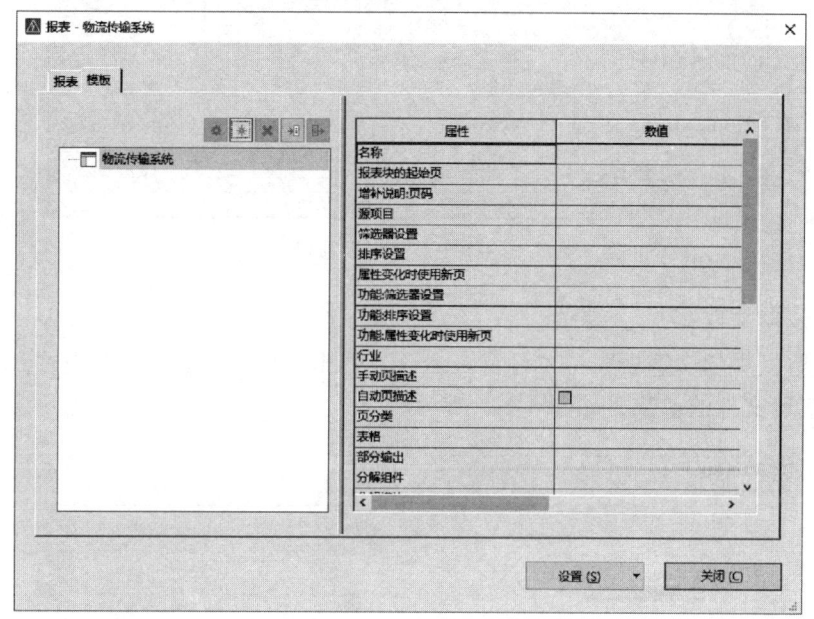

图 4-1-6 "模板"选项卡

3. 报表操作

完成报表模板文件的设置后，可直接生成目的报表文件，也可以对报表文件进行其余操作，包括报表的更新等。

1）报表的更新：当原理图出现更改时，需要对已经生成的报表进行及时更新，选择菜单栏中"工具"→"报表"→"更新"命令，自动更新报表文件。

2）生成项目报表：选择菜单栏中的"工具"→"报表"→"生成项目报表"，自动生成所有报表模板文件。

三、打印与报表输出

1. 打印输出

为方便原理图的浏览、交流，经常需要将原理图打印到图纸上。EPLAN 提供了直接将原理图打印输出的功能。

在打印之前首先进行页面设置。选择菜单栏中的"项目"→"打印"命令，即可弹出"打印"窗口，如图 4-1-7 所示。

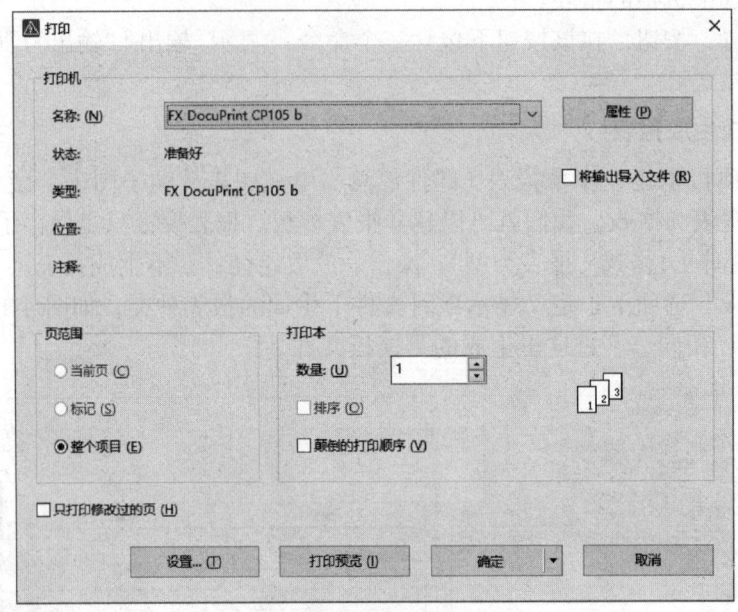

图 4-1-7 "打印"窗口

2. 设置接口参数

选择菜单栏中的"选项"→"设置"命令，弹出"设置"窗口，打开"用户"→"接口"，设置接口文件的参数，如图 4-1-8 所示。

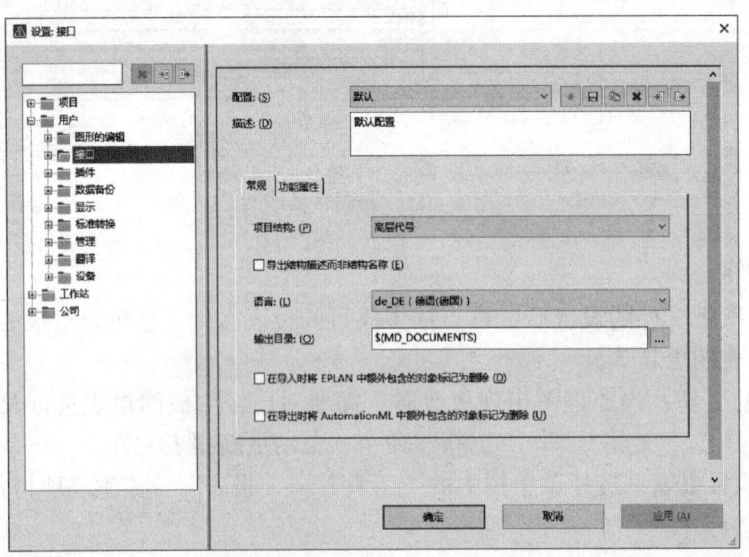

图 4-1-8 "接口"选项

在该选项下显示导入导出的不同类型的文件，将这些设置进行管理与编辑，并以配置形式保存，方便不同类型文件进行导入导出时使用。对于特殊设置，在使用特定命令时，再进行设置。

3. 导出 PDF 文件

在绘制的电气原理图中，经常会使用到 PDF 导出功能，打开导出的 PDF 文件后，单击中断点，可以跳转到关联参考的目标，同时会对图纸进行放大，对图纸的审图有很大帮助。

在"页"导航器中选择需要导出的图纸页，选择菜单栏中的"页"→"导出"→"PDF"命令，弹出"PDF 导出"窗口，如图 4-1-9 所示。

1）在"源"栏中显示选中的图纸页。

2）选择"配置"后的拓展按钮，切换到"设置：PDF 导出"窗口，如图 4-1-10 所示，选择"常规"选项卡，若勾选"使用缩放"选项并输出缩放级别，则导出的 PDF 文件根据要求修改缩放图纸。勾选"简化的跳转功能"复选框，整个项目的所有跳转功能均得到简化，只能跳转到对应主功能处，而不是跳转点的左、中、右分别跳转到不同地方。单击"确认"退出设置窗口，只有导出整个项目文件 PDF 时才会有图纸上的跳转功能，只导出图纸的一部分是没有这个功能的。

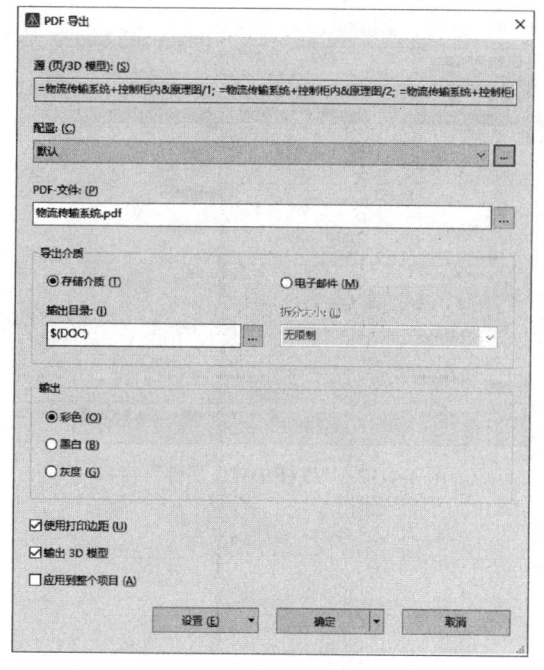

图 4-1-9 "PDF 导出"窗口

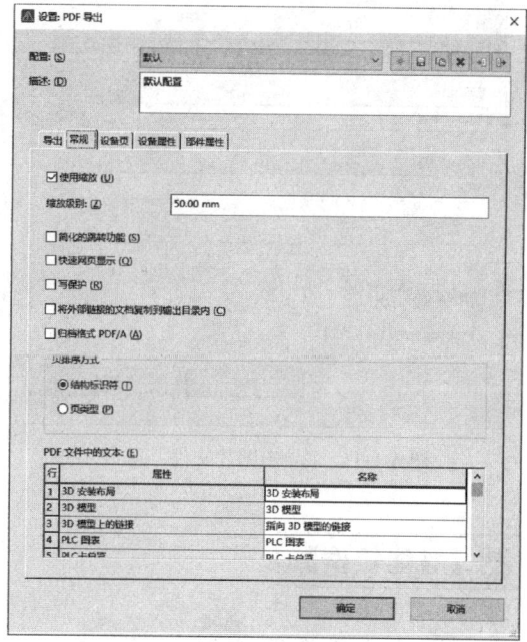

图 4-1-10 "设置：PDF 导出"窗口

3）"输出目录"选项下显示导出 PDF 文件的路径。

4）"输出"选项下显示输出 PDF 文件的颜色设置，有 3 种选择，即黑白、彩色或灰度。

5）勾选"使用打印边距"复选框，导出 PDF 文件时设置页边距。

6）勾选"输出 3D 模型"复选框，导出 PDF 文件中包含 3D 模型。

7）勾选"应用到整个项目"复选框，将导出 PDF 文件中的设置应用到整个项目。

8）单击"设置"按钮，显示三个命令：输出语言、输出尺寸、页边距。

完成设置后，单击"确定"按钮，生成 PDF 文件。

4. 导出图片文件

可以把原理图以不同的图片格式输出，输出格式包括 BMP、GIF、JPG、PNG 和 TIFF。可以导出一个单独的图纸页，也可以制定文件名，导出多个图纸页时，不能自主分配文件名，需要使用代号替代。

在"页"导航器中选择需要导出的图纸页，选择菜单栏中的"页"→"导出"→"图片文件"命令，弹出"导出图片文件"窗口，导出图片文件，如图 4-1-11 所示。

5. 导出 DXF/DWG 文件

DXF/DWG 文件导出时，需要设置原理图中的层、颜色、字体和线型，完成这些设置后，方便 DXF/DWG 文件的导入和导出。

在"页"导航器中选择需要导出的图纸页，选择菜单栏中的"页"→"导出"→"DXF/DWG 文件"命令，弹出"DXF/DWG 文件"窗口，导出 DXF/DWG 文件，如图 4-1-12 所示。

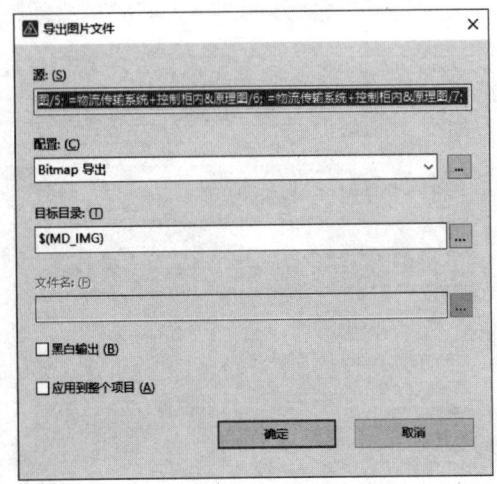
图 4-1-11 "导出图片文件"窗口

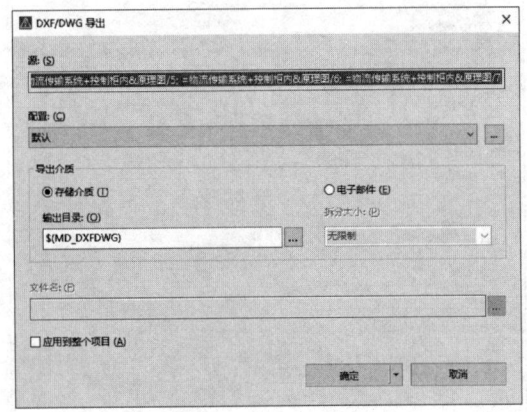
图 4-1-12 "DXF/DWG 文件"窗口

【技能操作】

一、生成端子连接图

步骤一：单击"工具"→"报表"→"生成"，弹出"报表"窗口，在该窗口选中"报表"选项卡，单击"新建"按钮，弹出"确定报表"窗口，选中"端子连接图"，如图 4-1-13 所示。

步骤二：确定后，弹出"设置–端子连接图"窗口，可根据需要进行设置，也可选择默认，如图 4-1-14 所示。

步骤三：确定后，弹出"端子连接图（总计）"窗口，设定"高层代号"为"物流传输"，"位置代号"为"柜内"，"文档类型"为"报表"，如图 4-1-15 所示，单击"确定"，生成端子连接图。

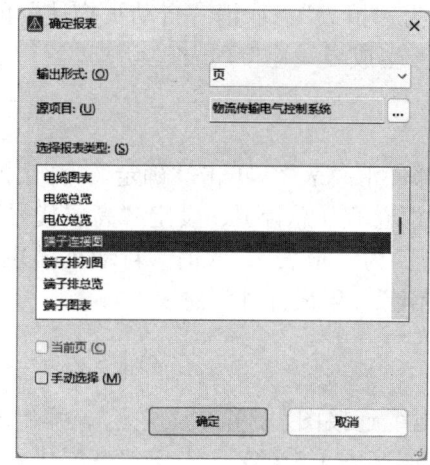
图 4-1-13 "确定报表"窗口

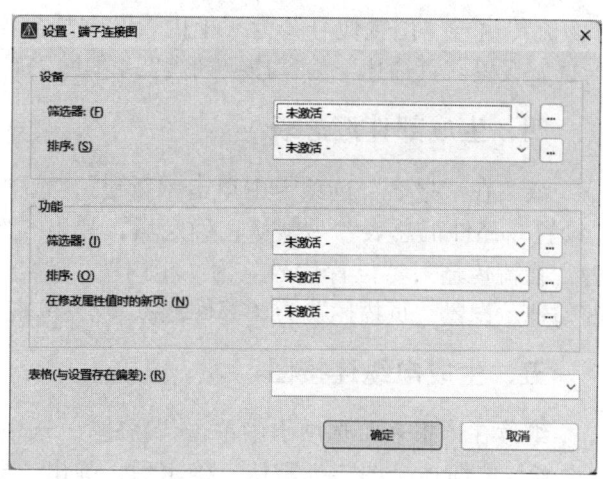
图 4-1-14 "设置 – 端子连接图"窗口

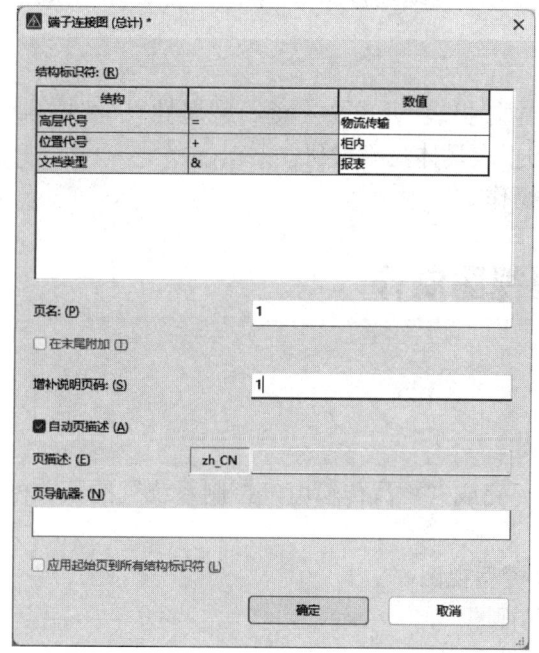
图 4-1-15 "端子连接图（总计）"窗口

二、生成 PLC 地址概览

继续在"报表"选项卡中单击"新建"，选中"PLC 地址概览"，单击"确定"，弹出的"设置 –PLC 地址概览"为默认，确定后，在弹出的"PLC 地址概览（总计）"设定"高层代号"为"物流传输"，"位置代号"为"柜内"，"文档类型"为"报表"，取消"自动页描述"的勾选，设置"页描述"为"PLC 地址概览"，单击"确定"，生成 PLC 地址概览。

三、生成连接列表

继续在"报表"选项卡中单击"新建"，选中"连接列表"，单击"确定"，弹出的"设置 – 连接列表"为默认，确定后，弹出"连接列表（总计）"，设定"高层代号"为

"物流传输","位置代号"为"柜内","文档类型"为"报表",取消"自动页描述"的勾选,设置"页描述"为"连接列表",单击"确定",生成导线连接列表。

四、生成部件汇总表

继续在"报表"选项卡中单击"新建",选中"部件汇总表",单击"确定",弹出的"设置–部件汇总表"为默认,确定后,弹出"部件汇总表(总计)",设定"高层代号"为"物流传输","位置代号"为"柜内","文档类型"为"报表",取消"自动页描述"的勾选,设置"页描述"为"部件汇总表",单击"确定",生成部件汇总表。

五、生成电缆连接图

继续在"报表"选项卡中单击"新建",选中"电缆连接图",单击"确定",弹出的"设置–电缆连接图"为默认,确定后,弹出"电缆连接图(总计)",设定"高层代号"为"物流传输","位置代号"为"柜内","文档类型"为"报表",取消"自动页描述"的勾选,设置"页描述"为"电缆连接图",单击"确定",生成电缆连接图。

六、图框修改

在页导航器中,选中"报表",单击右键→"属性",图框名称选择为"BIEM-A3",单击"确定"。生成后的报表具体见附加册。

到此,完成本任务操作。

任务二　模型视图制作

【任务描述】

在任务一的基础上,完成"物流传输电气控制系统"的相关模型视图的创建。
具体要求:
1)创建控制柜 3D 模型视图。
2)创建安装板钻孔视图。
3)创建控制柜柜门钻孔视图。
4)创建安装板布局设计图。
5)能根据图纸需求设计创建合适的表格。
6)相关图纸图框为"BIEM-A3"。

【相关知识】

完成 3D 箱柜布局后,在 3D 空间中含有箱柜、线槽、导轨及电气元器件,3D 元件得到正确的摆放和虚拟,实现了 3D 的原型设计。3D 原型通过不同角度的投影,实现了 3D 到 2D 的快速转换,2D 的工艺文档指导生产车间进行有效的安装和接线。

模型视图是装备安装表面的标准视图或视图,它们用于显示目的和创建绘图。可以使用 EPLAN 标准平台功能在模型视图中绘制箱柜生产的附加信息,例如尺寸、文本等。

模型视图是通过指定两点来定义的。当创建标准视图时，显示3D视图的整个内容并缩放到模型视图中。在装备的安装表面的模型视图中，只有配备的安装表面和放置在其上的元件被适合缩放。模型视图可以插入任何页类型中。

【技能操作】

一、创建新的切口图例表格

步骤一：单击"工具"→"主数据"→"表格"→"复制"，弹出"复制表格"窗口，在窗口下方，"文件类型"选中"切口图例（*.f47）"，在窗口中选中F47_001.f47，如图4-2-1所示。

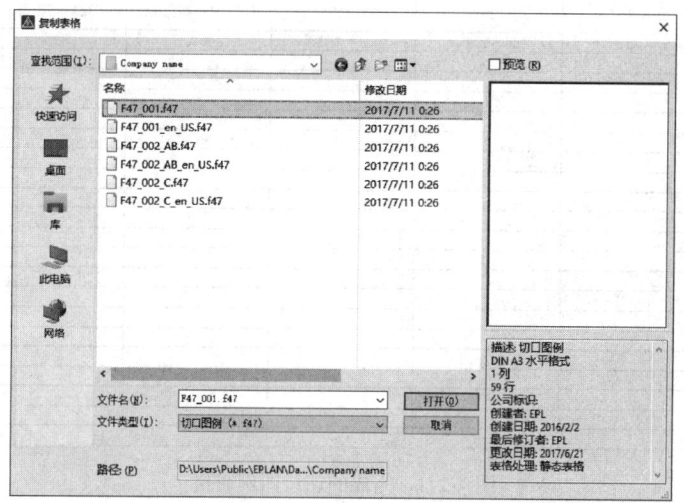

图4-2-1 "复制表格"窗口

步骤二：单击"打开"，弹出"创建表格"窗口，在文件名中输入"F47_001-BIEM"，如图4-2-2所示，单击"保存"，在页导航器中生成"F47_001-BIEM.f47 切口图例"新表格。

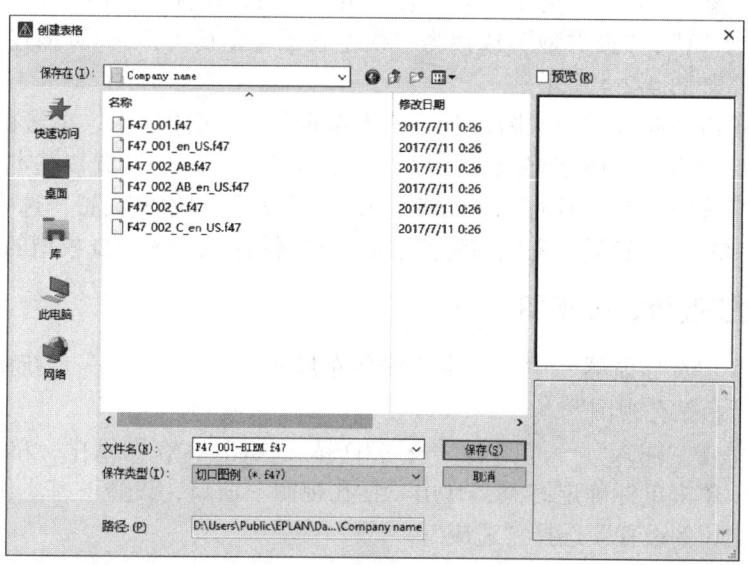

图4-2-2 "创建表格"窗口

步骤三：在新表格中，删除"行数""切口规格：边缘长度""切口规格：半径/倒角"等不需要的数据和相关的行列线条。

步骤四：修改外框的高度为 220mm，宽度为 210mm，水平直线长度为 210mm，垂直直线长度为 220mm，利用"多重复制"制作行列直线，调整表格的抬头文本高度为 8mm，行高度为 4mm，列宽度为 30mm，利用"编辑"→"其它"→"对齐"调整文本位置，完成表格制作，如图 4-2-3 所示。（**提示**：也可以下载学习资料中的 F47_001-BIEM.f47 文件，将其复制放置于 D:\Users\Public\EPLAN\Data\ 表格 \Company name 目录下备用。）

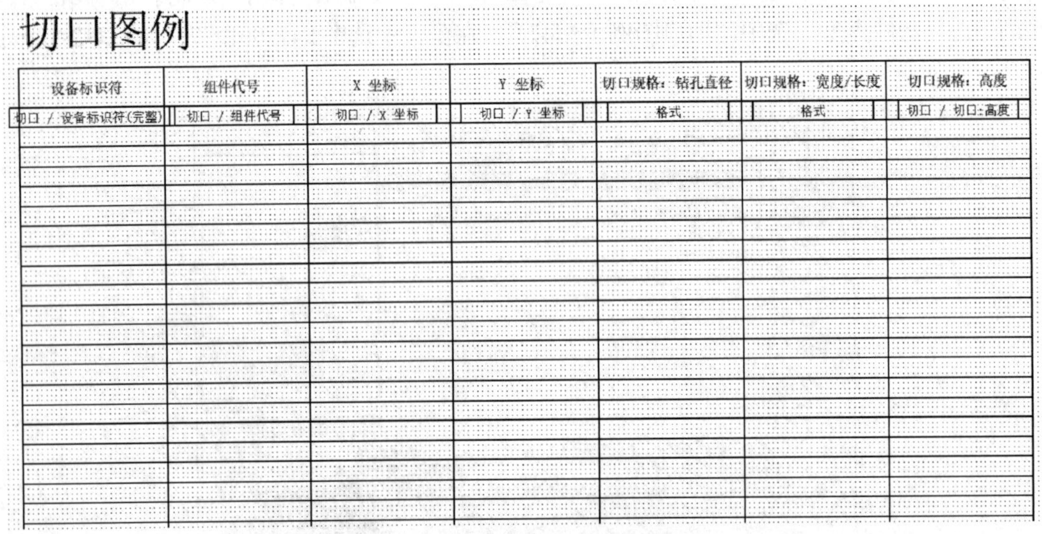

图 4-2-3　完成的切口图例表格

二、创建控制柜 3D 模型视图

步骤一：在"页导航器"中，选中"物流传输电气控制系统"，单击右键→"新建"，弹出"新建页"窗口，单击"完整页名"右侧拓展按钮，设置"文档类型"为"安装布局图"，"页名"为"1"；"页类型"选择为"模型视图（交互式）"；"页描述"修改为"控制柜 3D 模型"，如图 4-2-4 所示。

步骤二：单击"插入"→"图形"→"模型视图"，在图纸中，单击鼠标确定起点，拖拽鼠标，然后单击鼠标确定终点，弹出"模型视图"窗口，设置"基本组件"为"控制柜"，"视角"选中"东南等轴"，"风格"选中"阴影"，"比例设置"选中"适应"，如图 4-2-5 所示，单击"确定"，完成物流传输电气控制系统控制柜 3D 模型的创建。

三、创建安装板钻孔视图

步骤一：在"页导航器"中，选中"安装布局图"，单击右键→"新建"，修改"页描述"为"安装板钻孔视图"。

步骤二：单击"插入"→"图形"→"2D 钻孔视图"，在图纸中，单击鼠标确定起点，拖拽鼠标，单击鼠标确定终点，弹出"钻孔视图"窗口，设置"基本组件"为"S1：安装板正面"，"比例设置"选择"适应"。

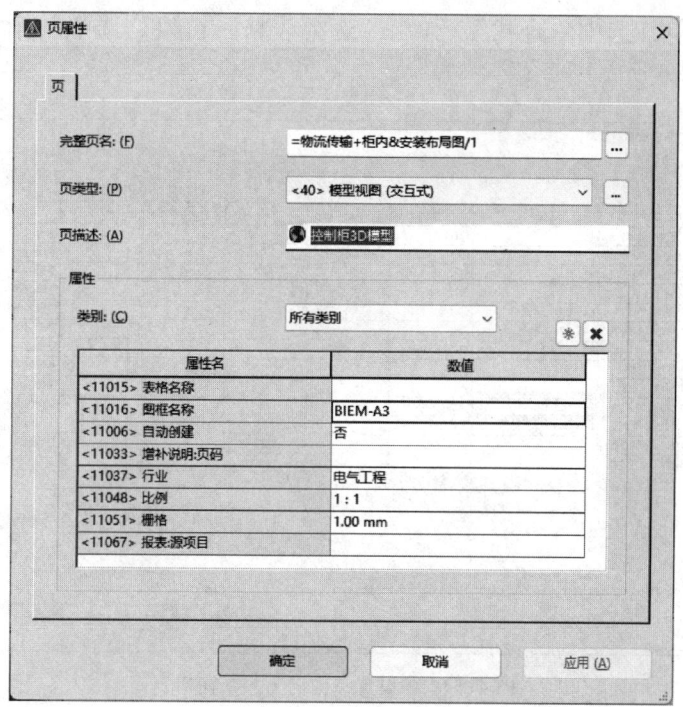

图 4-2-4　页属性设置

图 4-2-5　模型视图设置

步骤三：单击"工具"→"报表"→"生成",弹出"报表"窗口,单击"设置"按钮,选中"输出为页",弹出"设置：输出为页"窗口,在第 45 行切口图例的"表格"

中，单击下拉菜单，选中"查找"，弹出"选择表格"窗口，选中制作好的"F47_001-BIEM"，如图4-2-6所示。

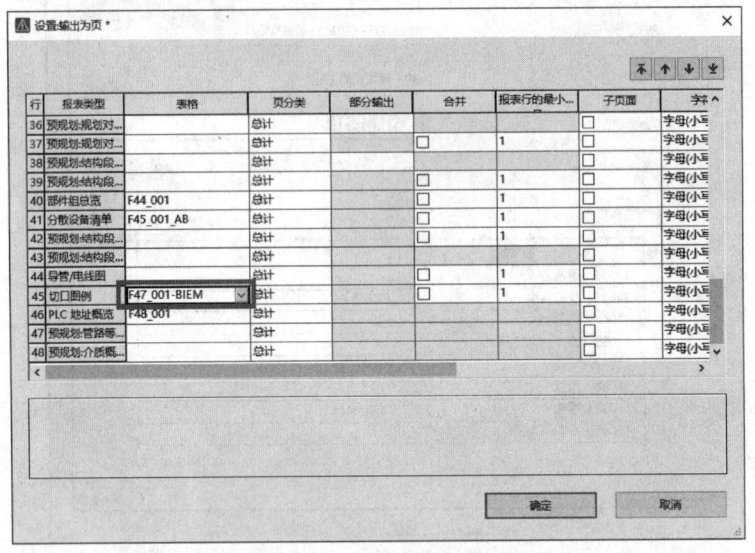

图4-2-6 "设置：输出为页"窗口

步骤四：回到"报表"窗口，单击"新建"，弹出"确定报表"窗口，"输出形式"选中为"手动放置"，"选择报表类型"选中"切口图例"，勾选"当前页"和"手动选择"，如图4-2-7所示，单击"确定"，弹出"手动选择"窗口，在左侧窗口选中"2"，单击"向右推移"，将可使用的"2"设置为选定的，如图4-2-8所示，确定后，在图纸合适的位置单击鼠标，插入切口图例。完成安装板钻孔视图的创建。

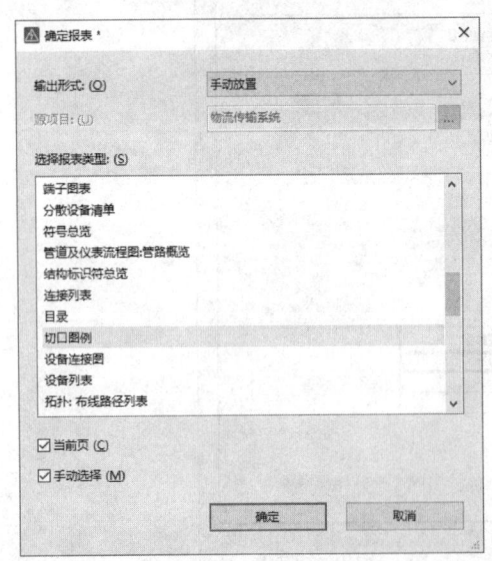

图4-2-7 "确定报表"窗口

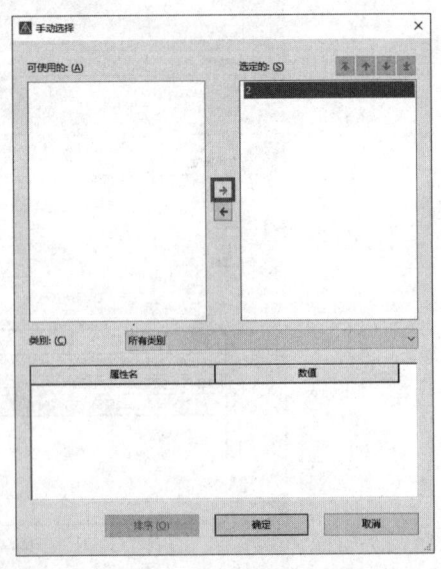

图4-2-8 "手动选择"窗口

四、创建柜门钻孔视图

步骤一：在"页导航器"中，选中"安装布局图"，单击右键→"新建"，单击"完整页名"右侧拓展按钮,修改"页名"为3;修改"页描述"为"柜门钻孔视图"。

步骤二:单击"插入"→"图形"→"2D钻孔视图",在图纸中,单击鼠标确定起点,拖拽鼠标,单击鼠标确定终点,弹出"钻孔视图"窗口,设置"基本组件"为"S1:门外侧","比例设置"选择"适应"。

步骤三:单击"工具"→"报表"→"生成",弹出"报表"窗口,单击"新建",弹出"确定报表"窗口,输出形式选中为"手动放置",选择报表类型选中"切口图例",勾选"当前页"和"手动选择",单击"确定",弹出"手动选择"窗口,如图4-2-9所示,在左侧窗口选中"3",单击"向右推移",将可使用的"3"设置为选定的,确定后,在图纸合适的位置单击鼠标,插入切口图例。完成柜门钻孔视图的创建。

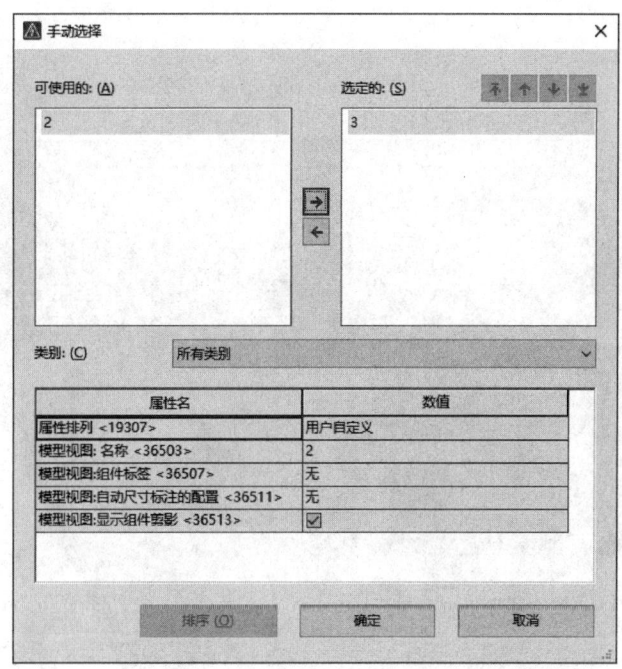

图4-2-9 "手动选择"窗口

五、安装板布局设计

步骤一:在"页导航器"中,选中"安装布局图",单击右键→"新建",单击"完整页名"右侧拓展按钮,修改"页名"为4;修改"页描述"为"安装板布局设计视图"。

步骤二:单击"插入"→"图形"→"模型视图",在图纸中,单击鼠标确定起点,拖拽鼠标,单击鼠标确定终点,并弹出"模型视图"窗口,设置"基本组件"为"S1:安装板正面","比例设置"为"适应",在窗口下方"模型视图:自动尺寸标注的配置"数值栏中单击拓展按钮,弹出"设置:自动尺寸标注"窗口,设置"配置"为"电气工程",单击"确定",完成安装板布局设计。

生成的"控制柜3D模型"如图4-2-10所示;
生成的"安装板钻孔视图"如图4-2-11所示;
生成的"柜门钻孔视图"如图4-2-12所示;
生成的"安装板布局设计视图"如图4-2-13所示。

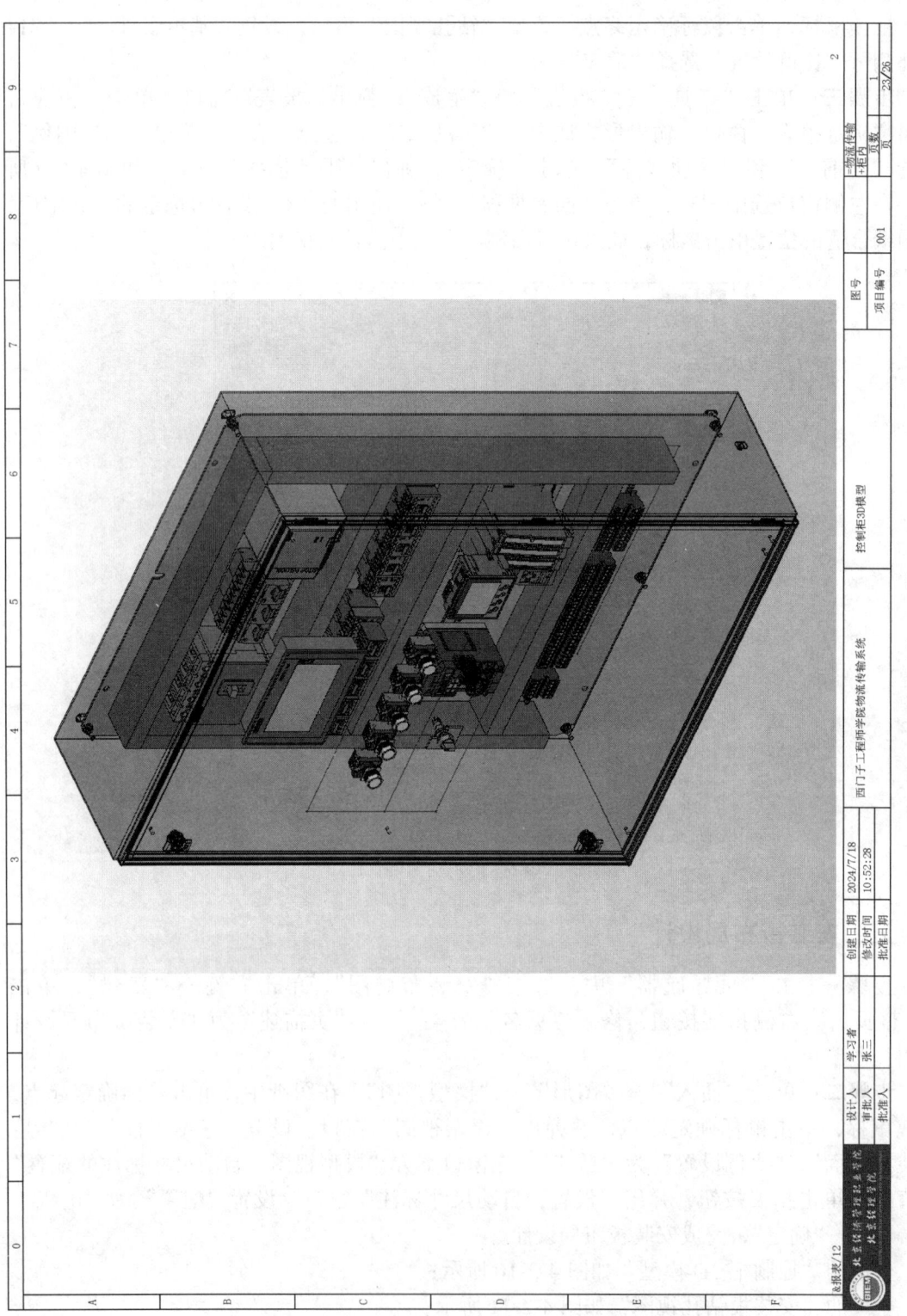

图 4-2-10 控制柜 3D 模型

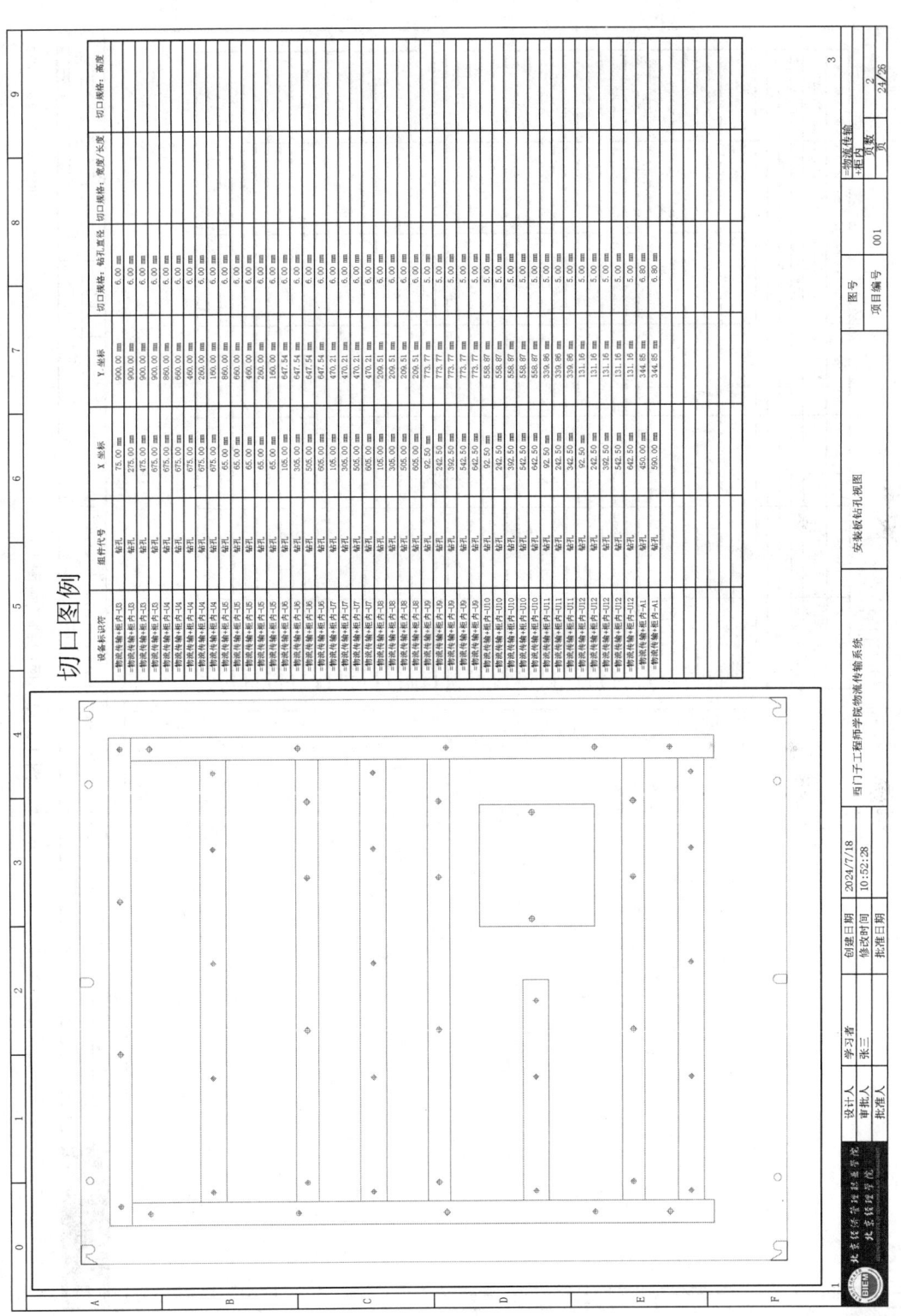

图 4-2-11 安装板钻孔视图

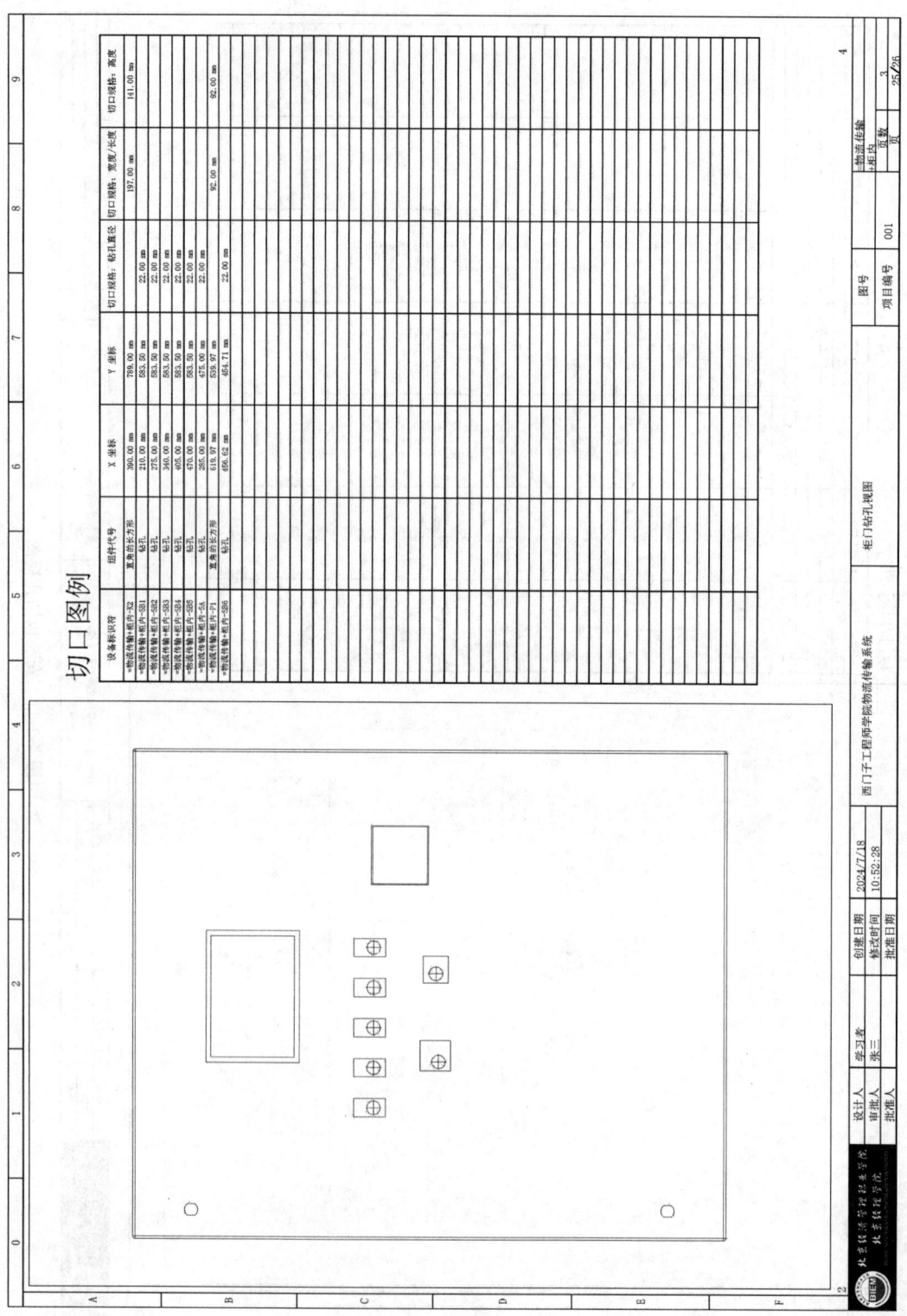

图 4-2-12 柜门钻孔视图

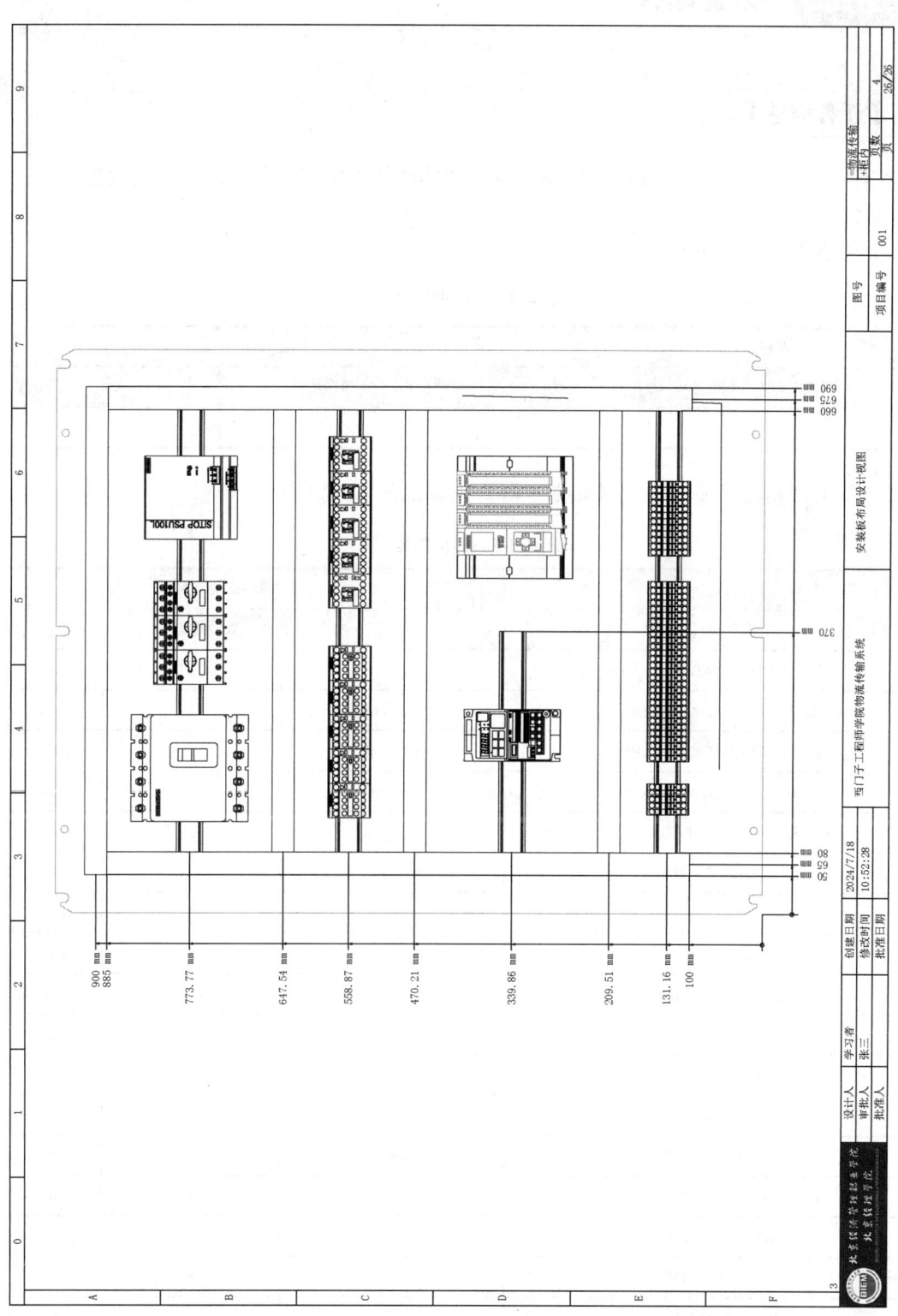

图 4-2-13 安装板布局设计视图

任务三　标签制作

📄 【任务描述】

在任务二的基础上，根据需求标签，完成"物流传输电气控制系统"相关数据导出。具体要求：

1）需求表格如表 4-3-1 所示。

表 4-3-1　需求表格

公司名称			
部件编号	厂商	部件数量	单价

2）导出"物流传输电气控制系统"相关数据如表 4-3-2 所示。

表 4-3-2　导出数据

公司名称	北京经济管理职业学院		
部件编号	厂商	部件数量	单价
SIE.6ES7590-1AB60-0AA0	Siemens	1	0.00
SIE.3VL17021DA330AB1	Siemens	1	0.00
SIE.6ES7512-1CK01-0AB0	Siemens	1	0.00
SIE.6AV2123-2GA03-0AX0	Siemens	1	0.00
SIE.3RT2015-1AP61		1	0.00
SIE.3RH2122-1HB40	Siemens	4	0.00
SIE.3RT2015-1AP04-3MA0		5	0.00
SIE.7KM2111-1BA00-3AA0		1	0.00
SIE.3RV2011-1AA15	Siemens	3	0.00
OMR.A22NS-2BL-NGA-G112-NN/		1	
OMR.M22		5	0.00
SIE.3SB3203-1CA21-0CC0	Siemens	1	0.00
SIE.6EP1336-1LB00	Siemens AG	1	0.00
OMR.3G3MX2-A2002-V1		1	0.00
RIT.AE.1016600		1	0.00
RIT.TS.8800750		6	0.00
RIT.SZ.2313750		4	0.00
SIE.1TL0001-1DB3	Siemens	3	0.00

【相关知识】

为了在生产设备现场直观地识别设备和连接，有必要给设备和连接导出制造数据和贴上标签。例如，可在设备上贴上标签和标牌。标签和标牌上输出的信息可直接从 EPLAN 获得：

1）组件和连接的所有标识性和描述性信息都可用于制造数据导出 / 标签。
2）可以用用户自定义的配置保存制造数据导出 / 标签输出设置，以便于再次使用。
3）供货范围内包括可以根据用户需求进行调整的预定义配置。
4）可选择输出语言。

输出形式可以是 *.txt 和 Excel 文件。在每个配置中指定一个 Excel 模板，这样在输出后就能立即打开 Excel，新文件就能马上加载到 Excel。这样就可以在 Excel 表格中准备适合某一特定输出的表格。

【技能操作】

一、制作 Excel 模板

新建一个 Excel 表格，在表格中输入公司名称、#H#；部件编号、厂商、部件数量、单价；###、###、###、###；调整表格宽度，合并表格，居中，如图 4-3-1 所示，保存到桌面，取名为"模板"。

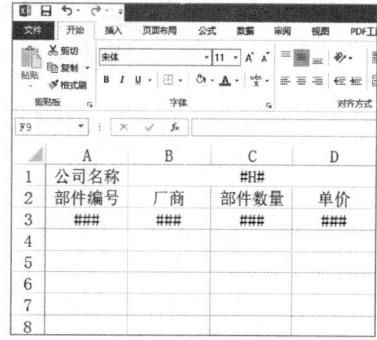

图 4-3-1　制作 Excel 模板

二、创建标签

步骤一： 回到 EPLAN 软件，单击"工具"→"制造数据"→"导出 / 标签"，弹出"导出制造数据 / 输出标签"窗口，单击"设置"下拉菜单，选中"部件汇总表"，如图 4-3-2 所示。

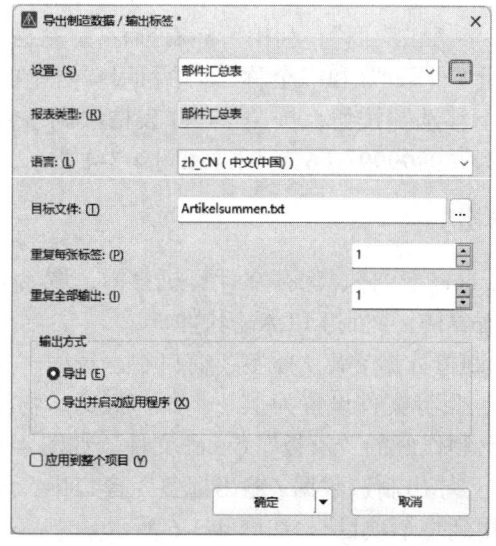

图 4-3-2　"导出制造数据 / 输出标签"窗口

步骤二： 单击"设置"右侧拓展按钮，弹出"设置：制造数据导出/标签"窗口，选中"表头"选项卡，在左侧窗口中，选中"项目属性"，单击"向右推移"，弹出"属性－项目属性"窗口，单击"类别"下拉菜单，选中"数据"，在下方窗口选中"公司名称"，如图4-3-3所示，单击"确定"，可看到"表头"选项卡右侧窗口中生成"项目属性（公司名称）"。

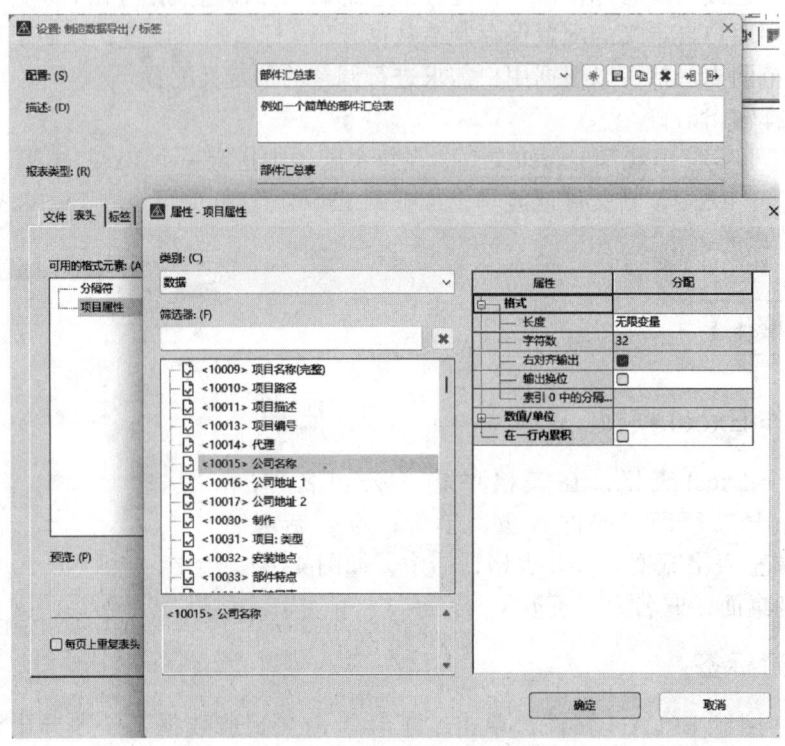

图 4-3-3 "表头"选项卡设置

步骤三： 同样的方法，选中"标签"选项卡，在其"可用的格式元素"中，选用"部件""部件参考"和"部件参考供应商"，利用"向右推移"，挑选"部件编号""购买价格/价格单位 币种1""总量（件数）"和"全称"，并利用"所选的格式元素"右侧的"删除""向上移动"和"向下移动"按钮，按照Excel表格项调整窗口各元素的顺序，设置"每页输出的标签行数"为"999999"（6个9），如图4-3-4所示。

三、部件汇总表导出

步骤一： 新建一个Excel空表格，保存在计算机桌面，取名为"物流传输电气控制系统部件汇总标签"，关闭该表格，回到EPLAN软件。

步骤二： 在"设置：制造数据导出/标签"窗口中，选中"文件"选项卡，文件类型选中为"EXCEL© 文件"，目标文件设置为上一步制作好的"物流传输电气控制系统部件汇总标签"，模板设置为已制作好的"模板"Excel文件，如图4-3-5所示。

步骤三： 确定后，在"导出制造数据/输出标签"窗口中，输出方式选中"导出并启动应用程序"，勾选"应用到整个项目"，如图4-3-6所示。

项目四 项目导出

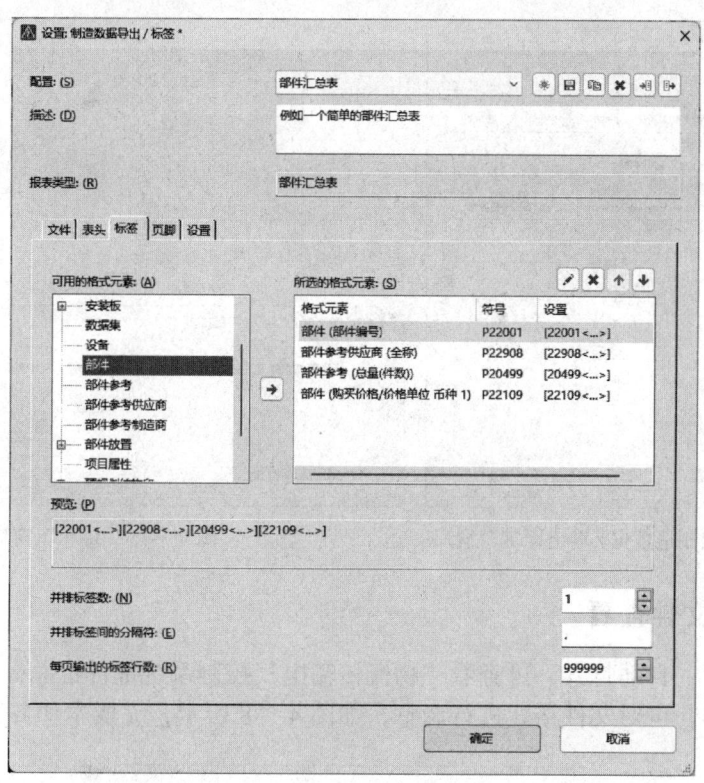

图 4-3-4 "标签"选项卡设置

图 4-3-5 "文件"选项卡设置

步骤四：确定后，弹出"提示"窗口，如图 4-3-7 所示，单击"是"，开始导出。

233

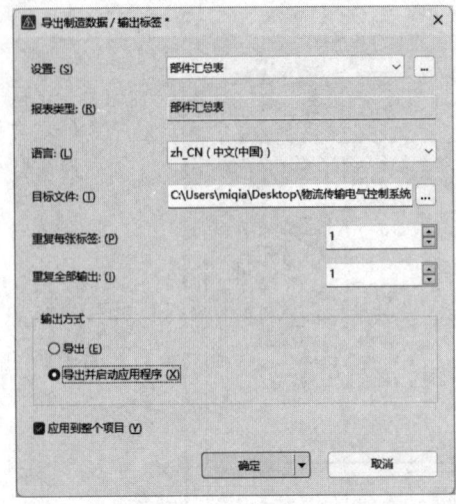

图 4-3-6 "导出制造数据/输出标签"窗口

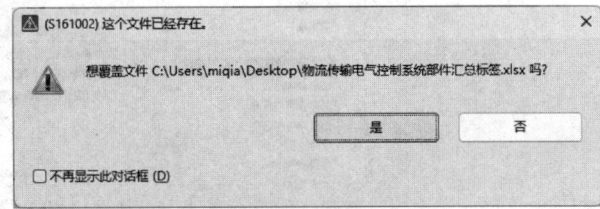

图 4-3-7 "提示"窗口

四、导出文件查看

文件导出后,自动打开,可查看"物流传输电气控制系统部件汇总标签"表格中相应数据,根据内容,可对文件格式进行调整,如图 4-3-8 所示,完成本任务操作。

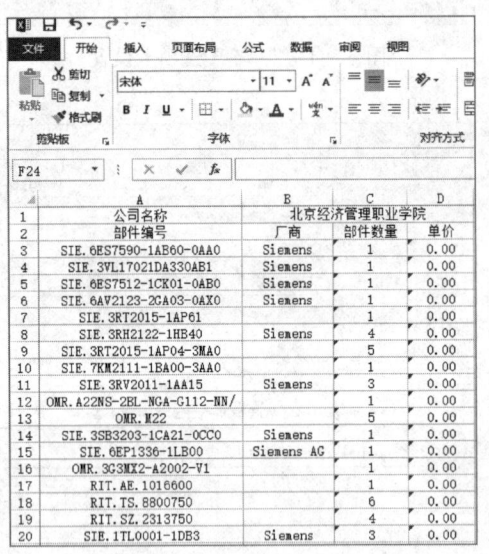

图 4-3-8 导出文件格式调整

任务四　封面和目录制作

【任务描述】

在前期任务的基础上,为"物流传输电气控制系统"项目生成封面和图纸目录,并导出本项目所有图纸。

【技能操作】

一、封面生成

步骤一： 单击"工具"→"报表"→"生成"，弹出"报表"窗口，选中"报表"选项卡，单击右下角"设置"→"输出为页"，选中"26 标题页/封页"，单击其下拉菜单，选择"BIEM 标题页"文件。

步骤二： 在"报表"窗口，单击"新建"，弹出"确定报表"窗口，"选择报表类型"选中"标题页/封页"，确定后，设定高层代号为"物流传输"，文档类型为"封面"。

步骤三： 确定后，在页导航器中，选中"封面"，单击右键→"属性"，弹出"页属性"窗口，设置图框名称为"BIEM–A3"，表格名称为"BIEM 标题页"，如图 4-4-1 所示，单击确定，生成项目封面，如图 4-4-2 所示。

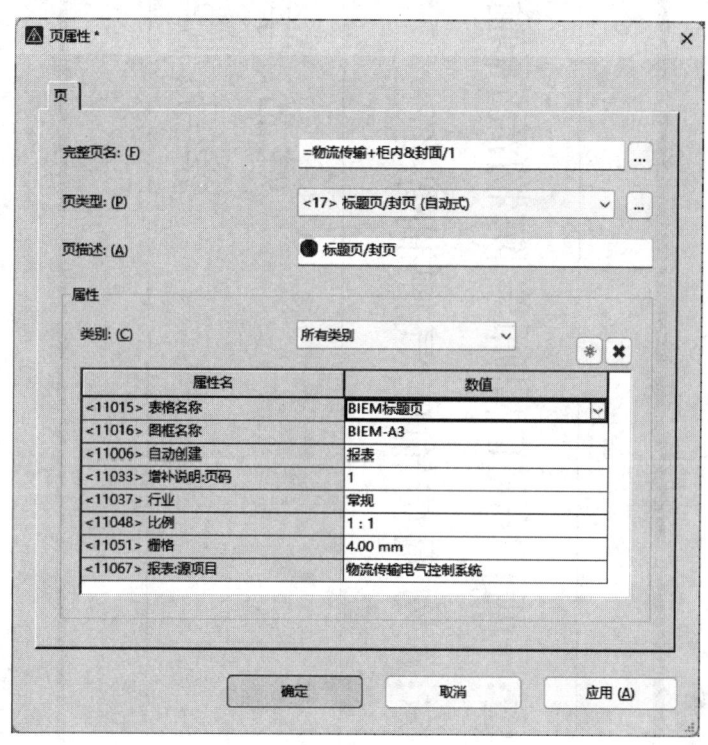

图 4-4-1 页属性设置

二、目录生成

步骤一： 继续在"报表"选项卡中，单击"新建"，弹出"确定报表"窗口，"选择报表类型"选中"目录"，确定后，设定高层代号为"物流传输系统"，位置代号为"柜内"，文档类型为"目录"。

步骤二： 确定后，在页导航器中，选中"目录"，单击右键→"属性"，弹出"页属性"窗口，设置图框名称为"BIEM–A3"，单击确定，生成项目目录，如图 4-4-3 所示。

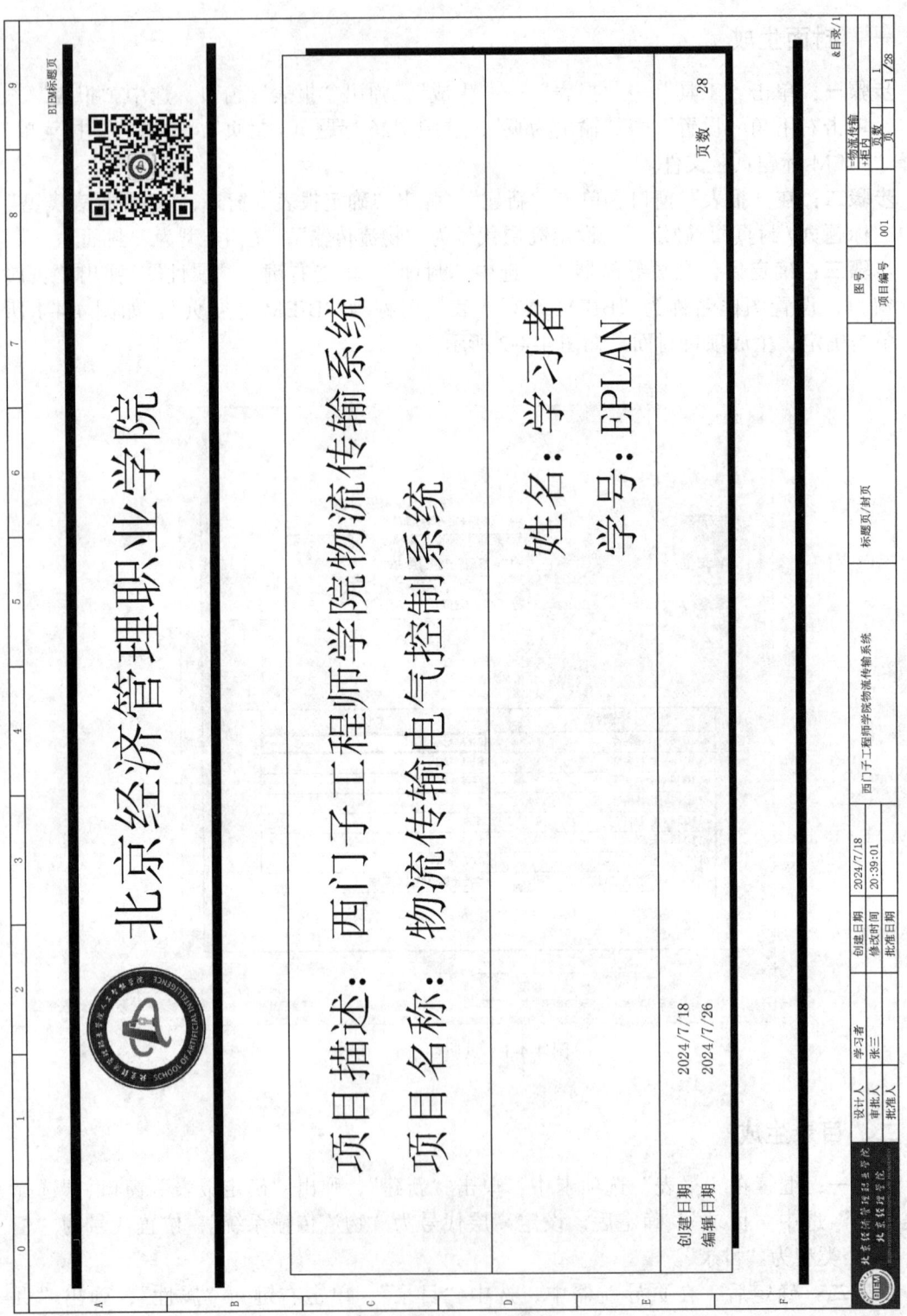

图 4-4-2 项目封面

	0	1	2	3	4	5	6	7	8	9
	目录	页		页描述				增补页字段		F06_001
								栏 X：=自动生成的页数表手工修改		
									日期	编辑者
A	=物流传输+柜内&封面/1	标题页/封面							2024/7/26	MIQIA X
	=物流传输+柜内&目录/1	目录：=物流传输+柜内&封面/1 - =物流传输+柜内&安装布局图/4							2024/7/26	MIQIA X
B	=物流传输+柜内&原理图/1	主电路							2024/7/25	MIQIA
	=物流传输+柜内&原理图/2	变频器及直流电源							2024/7/25	MIQIA
	=物流传输+柜内&原理图/3	继电器控制回路							2024/7/25	MIQIA
	=物流传输+柜内&原理图/4	PLC供电电路							2024/7/25	MIQIA
	=物流传输+柜内&原理图/5	PLC数字量输入电路							2024/7/25	MIQIA X
	=物流传输+柜内&原理图/6	PLC数字量输出电路							2024/7/25	MIQIA X
	=物流传输+柜内&原理图/7	HMI电源电路							2024/7/25	MIQIA X
C	=物流传输+柜内&报表/1	端子连接图 =物流传输+柜内-X1							2024/7/25	MIQIA X
	=物流传输+柜内&报表/2	端子连接图 =物流传输+柜内-X2							2024/7/25	MIQIA X
	=物流传输+柜内&报表/3	端子连接图 =物流传输+柜内-X3							2024/7/25	MIQIA X
	=物流传输+柜内&报表/4	PLC地址概览							2024/7/25	MIQIA X
	=物流传输+柜内&报表/5	连接列表							2024/7/25	MIQIA X
	=物流传输+柜内&报表/6	连接列表							2024/7/25	MIQIA X
	=物流传输+柜内&报表/7.a	连接列表							2024/7/25	MIQIA X
	=物流传输+柜内&报表/7.b								2024/7/25	MIQIA X
	=物流传输+柜内&报表/7.c								2024/7/25	MIQIA X
D	=物流传输+柜内&报表/8	部件汇总表							2024/7/25	MIQIA X
	=物流传输+柜内&报表/9	电缆连接图							2024/7/25	MIQIA X
	=物流传输+柜内&报表/10	电缆连接图							2024/7/26	MIQIA X
	=物流传输+柜内&报表/12	电缆连接图							2024/7/26	MIQIA X
E	=物流传输+柜内&安装布局图/1	控制柜3D模型							2024/7/26	MIQIA X
	=物流传输+柜内&安装布局图/2	安装板钻孔视图							2024/7/26	MIQIA X
	=物流传输+柜内&安装布局图/3	柜门钻孔视图							2024/7/26	MIQIA X
	=物流传输+柜内&安装布局图/4	安装板布局设计+地图							2024/7/26	MIQIA X
F	=封面/1									

设计人	学习者		创建日期	2024/7/18	西门子工程师学院物流传输系统	目录：=物流传输+柜内&封面/1 -			
审批人	张三		修改时间	20:50:56		=物流传输+柜内&安装布局图/4			
批准人			批准日期			图号			
						项目编号	001	=物流传输+柜内封面/1	页内数 2/28

图 4-4-3 项目目录

三、项目图纸导出

在页导航器中,选中"物流传输电气控制系统",单击菜单栏"页"→"导出"→"PDF",弹出"PDF 导出"窗口,可以在"输出目录"中设定用来保存图纸的路径,也可以使用默认,$(DOC)表示 D:\Users\Public\EPLAN\Data\ 项目 \Company name\ 物流传输电气控制系统 .edb\DOC,并取消"输出 3D 模型"的勾选,如图 4-4-4 所示,确定后,在指定路径生成一个名称为"物流传输电气控制系统 .pdf"文件,包含本项目所有图纸,具体图纸见附加册。

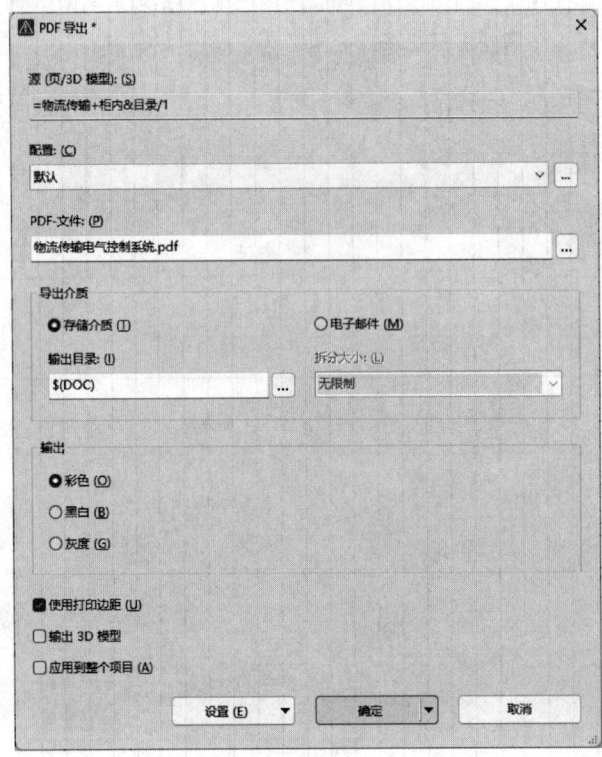

图 4-4-4 "PDF 导出"窗口

下篇

拓展实训篇

项目五 部件制作

任务一 断路器部件制作

【任务描述】

请收集断路器的相关信息,并完成 CHINT 公司的 NB1-63 3P C16 型号的断路器部件制作。

【任务资讯】

NB1-63(H)小型断路器

一、适用范围

NB1-63(H)小型断路器适用于交流 50Hz 额定电压 230/400V,额定电流至 63A 的线路中,起过载和短路保护作用,可在正常情况下作为线路的不频繁通断之用,也可作为断开线路进行线路及设备维修的隔离开关使用。断路器适用于工业、商业、高层和民用住宅等各种场所。

二、型号及含义

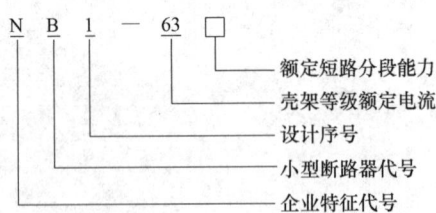

三、主要技术参数(见表 5-1-1)

表 5-1-1 NB1-63(H)主要技术参数

序号	技术参数	参数值
1	额定电压	1P:AC 230V/400V;2P、3P、4P:AC 400V
2	极数	1P、2P、3P、4P
3	外壳防护等级	IP20
4	额定短路能力	6000A、10000A(H)

四、接线

适用于铜导线连接,导线选择如表 5-1-2 所示,接线方式及剥线长度如图 5-1-1 所示。

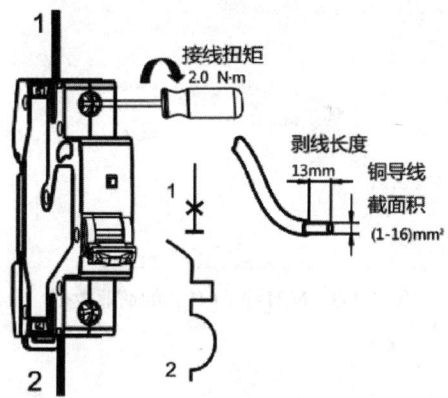

图 5-1-1 接线方式及剥线长度

表 5-1-2 导线选择

额定电流 I_n/A	1~6	10	16/20	25	32	40/50	63
铜导线截面积 /mm²	1	1.5	2.5	4	6	10	16

五、外形尺寸

NB1-63(H)的外形尺寸如图 5-1-2 所示。

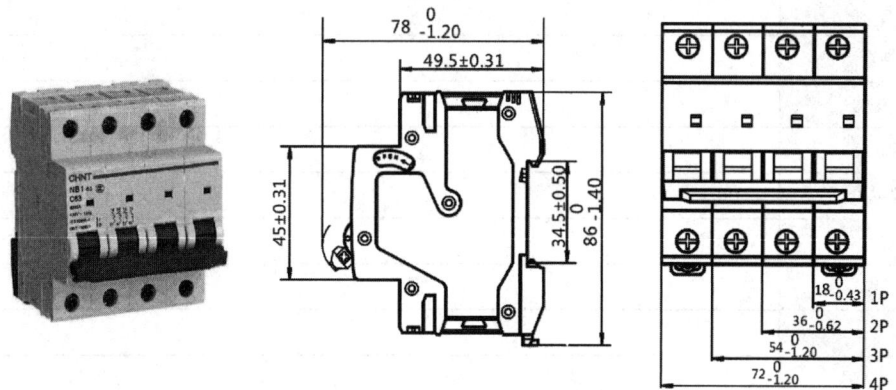

图 5-1-2 NB1-63(H)的外形尺寸

六、商业数据

NB1-63(H)的商业数据如图 5-1-3 所示。

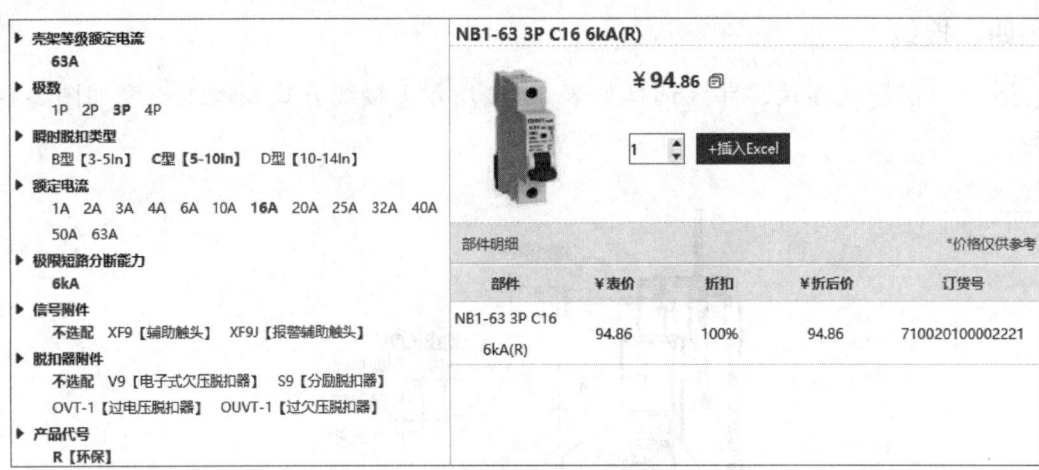

图 5-1-3　NB1-63（H）的商业数据

【学习准备】

1）请根据收集的断路器信息，完成 NB1-63 3P C16 资料汇总，如表 5-1-3 所示。

表 5-1-3　NB1-63 3P C16 资料汇总

一类产品组	A. 电气工程	B. 流体	C. 机械	D. 工艺工程
产品组	A. 常规	B. 未定义	C. 安全设备	D. 继电器，接触器
子产品组	A. 常规	B. 未定义	C. 断路器	D. 熔断器
行业/子行业	A. 电气工程	B. 机械	C. 工艺工程	D. 液压
部件编号				
类型编号				
名称 1				
制造商				
订货编号				
购买价格				
数量单位				
宽度				
高度				
深度				
连接点代号				
符号				
电压				
电压类型				
电流				
连接点截面积				

2）请下载 NB1-63 3P 断路器图片，如图 5-1-4 所示。（注：本篇的元器件图片放置于学习资料的"图片"文件夹，可下载备用。）

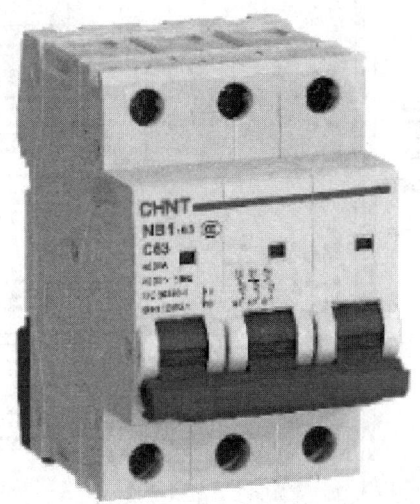

图 5-1-4　NB1-63 3P 断路器图片

3）请下载 NB1-63 3P 断路器二维模型 .dxf 文件和三维模型 .stp 文件，如图 5-1-5、图 5-1-6 所示。（注：本篇的元器件二维和三维模型分别放置于学习资料的"DXF_DWG"和"机械模型"文件夹，可下载备用。）

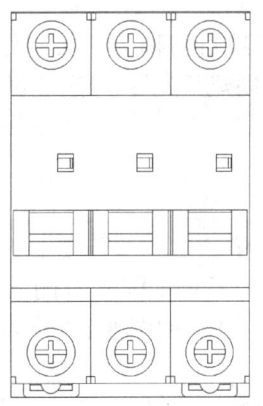 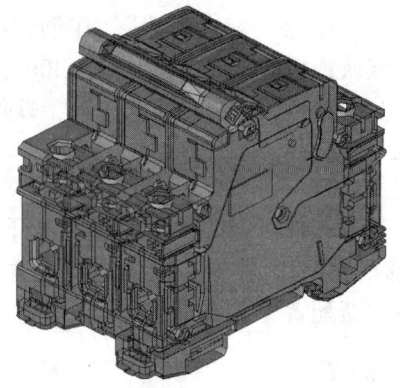

图 5-1-5　NB1-63 3P 二维模型　　　　　图 5-1-6　NB1-63 3P 三维模型

【技能操作】

一、文件归类

步骤一： 单击"选项"→"设置"→"用户"→"管理"→"目录"，如图 5-1-7 所示，单击"图片"、"DWG/DXF"和"机械模型"右侧拓展按钮，可知"图片"文件夹具体路径为 D:\Users\Public\EPLAN\Data\图片\Company name；"DWG/DXF"文件夹具体路径为 D:\Users\Public\EPLAN\Data\DXF_DWG\Company name；"机械模型"文件夹具体路径为 D:\Users\Public\EPLAN\Data\机械模型\Company name。

243

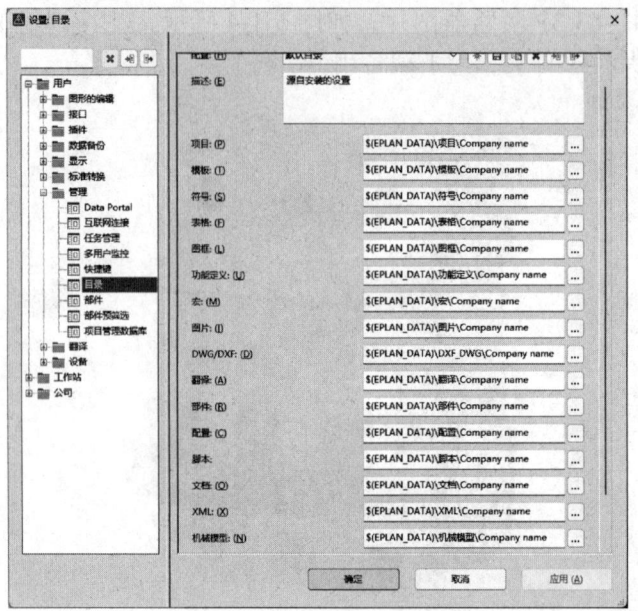

图 5-1-7 "用户管理"目录设置

步骤二：将下载好的元器件的图片、二维模型 .dxf 文件和机械模型 .stp 文件，根据查询得知的路径，依次放入"图片""DWG_DXF"和"机械模型"文件夹中。

二、新建项目

单击"项目"→"新建"，在创建项目窗口中，设置项目名称为"宏制作"；保存位置选择默认；模板选择为"IEC_tpl001.ept"；勾选"设置创建日期"；勾选"设置创建者"，如图 5-1-8 所示，单击"确定"后，软件进行模板导入。

三、项目结构及属性设置

步骤一：在打开的项目属性中打开"结构"选项卡，单击"页"右侧拓展按钮，打开"页结构"窗口，根据自己的需要建立相应的"页结构"。可单击配置右侧的"新建"按钮，在"新配置"窗口进行命名，例如设置名称为"宏结构"，如图 5-1-9 所示。

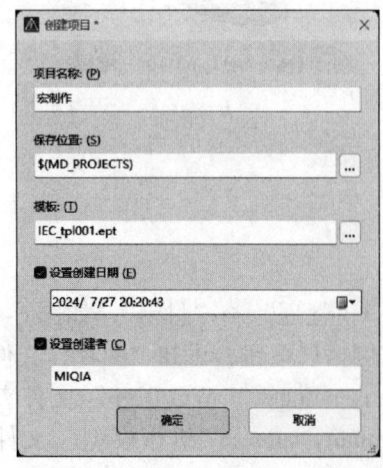

图 5-1-8 新建项目

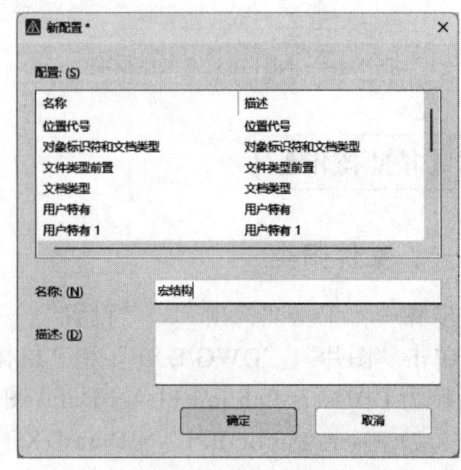

图 5-1-9 "新配置"窗口

步骤二：在"页结构"中将相应结构中除了"高层代号数"设置为"不可用"，其余结构均设置为"标识性"，并通过右侧上下箭头调整结构的顺序，如图 5-1-10 所示。

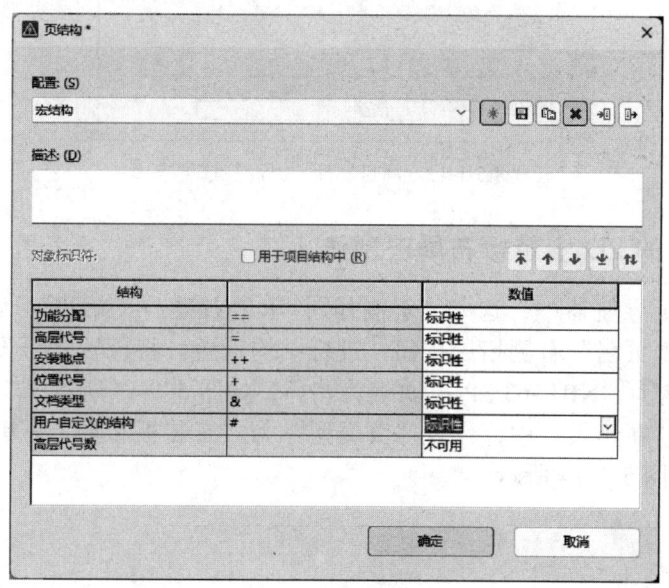

图 5-1-10 "页结构"窗口

步骤三：在打开的"结构"选项卡中，修改"常规流体设备"和"流体连接分线器"均为"高层代号和位置代号"，如图 5-1-11 所示，完成结构设置。

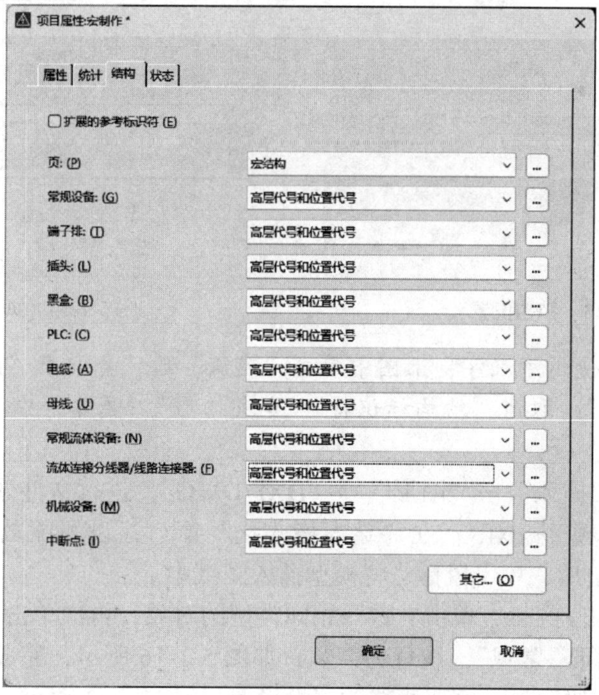

图 5-1-11 项目属性"结构"选项卡

步骤四：打开"属性"选项卡，可根据需要进行相应属性设置，不需要的属性均可删除，修改项目类型为"宏项目"，如图 5-1-12 所示。

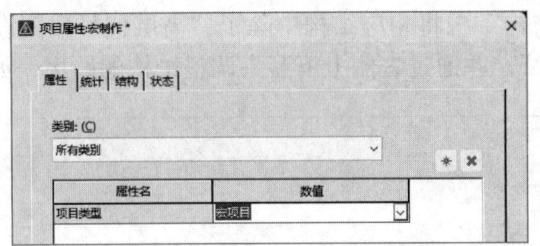

图 5-1-12　项目属性"属性"选项卡

四、断路器的 2D 安装板布局宏制作

步骤一：在页导航器中，选中"宏制作"，单击右键→"新建"，弹出的"新建页"窗口，单击"完整页名"右侧拓展按钮，进行结构设置。将位置代号设置为"断路器"，用户自定义的结构为"NB1-63 3P"，页名为"1"，如图 5-1-13 所示。

步骤二：在"新建页"中，设置"页类型"为"安装板布局（交互式）"；"页描述"为"变量 A"，如图 5-1-14 所示。

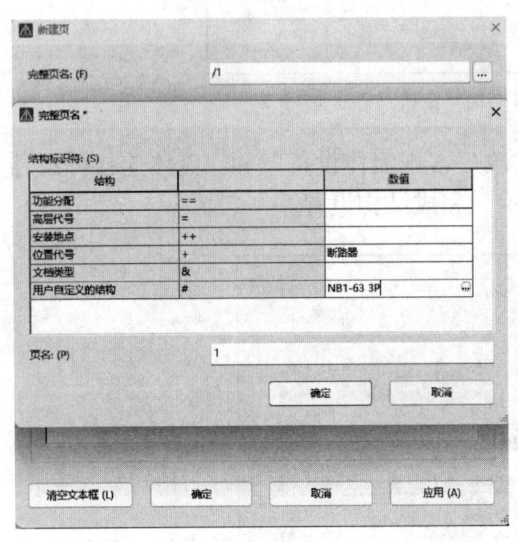

图 5-1-13　结构设置

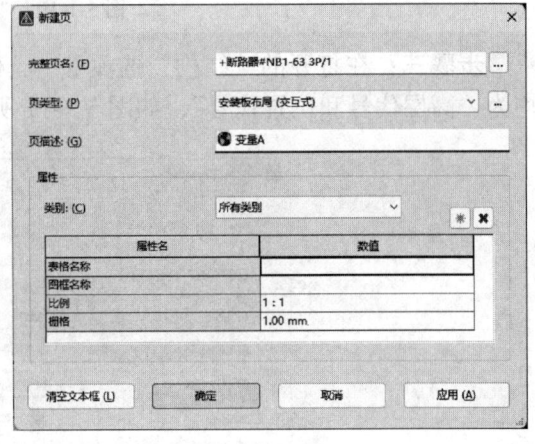

图 5-1-14　页属性设置

（提示：因名称使用了汉字，上图中单击"确认"后，会弹出"设备标识符语法检查窗口"，单击"确认"，取消"结构标识符""电气工程""流体"中的"激活检验"前的勾选。）

步骤三：单击"插入"→"图形"→"DXF/DWG"，进行文件选择，选中"NB1-63 3P 小型断路器二维模型 .dxf"，在"导入格式化"窗口，设置缩放比例为"1∶1"，如图 5-1-15 所示，确定后，单击鼠标，将模型插入图纸中。

步骤四：选中一段圆弧，单击右键→相同类型的对象，再次单击右键→属性，修改层为"EPLAN100，图形 . 常规"，线宽为"0"，如图 5-1-16 所示，完成圆弧线的属性设置；同样的操作，选中一段直线，完成直线的属性设置。

步骤五：单击"插入"→"符号"，选中"SPECIAL"→"常规"→"常规特殊功能"→"部件放置"→"PANP"，如图 5-1-17 所示；单击"确认"后，框选整个图形；在其属性窗口中，打开"格式"，修改层为"EPLAN493，属性放置 . 部件放置 . 图例索引"；打开"显示"选项卡，在"属性排列"中，选中"上侧中部，内部，0°"，如图 5-1-18 所示。

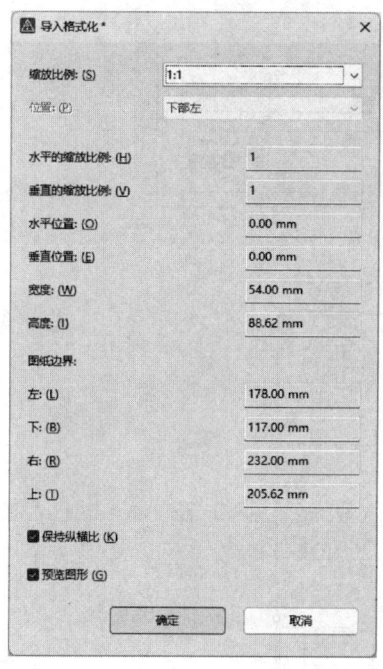

图 5-1-15　缩放比例设置

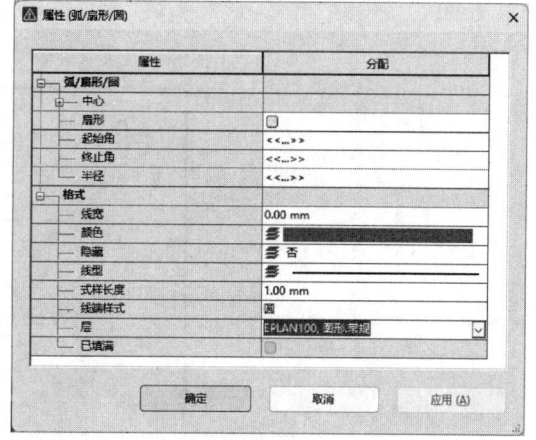

图 5-1-16　圆弧线设置

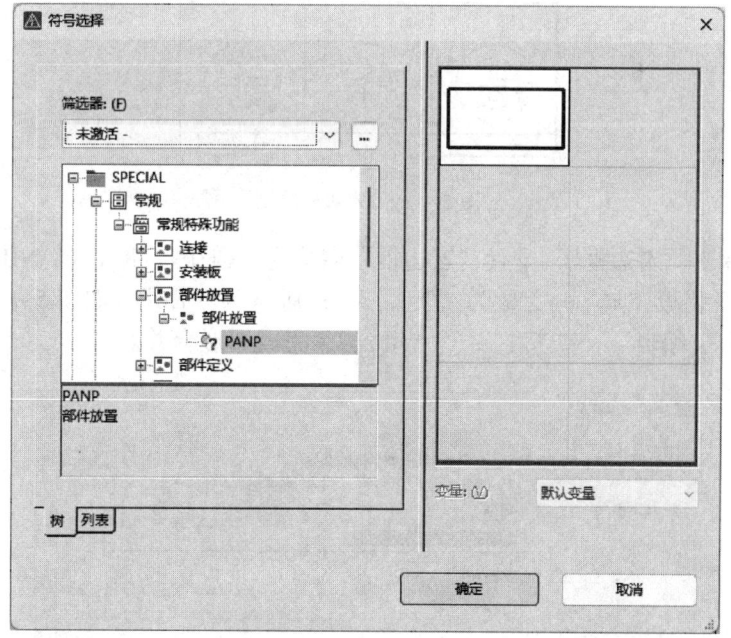

图 5-1-17　符号选择窗口

步骤六：单击"插入"→"盒子/连接点/安装板"→"宏边框"，框选图形（**提示**：一般宏边框与宏实际间距大小不超过 4mm，可以通过选择栅格 C 来辅助绘制），如图 5-1-19 所示。

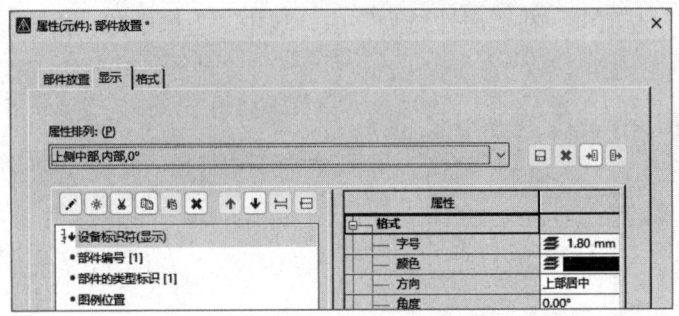

图 5-1-18 属性排列设置

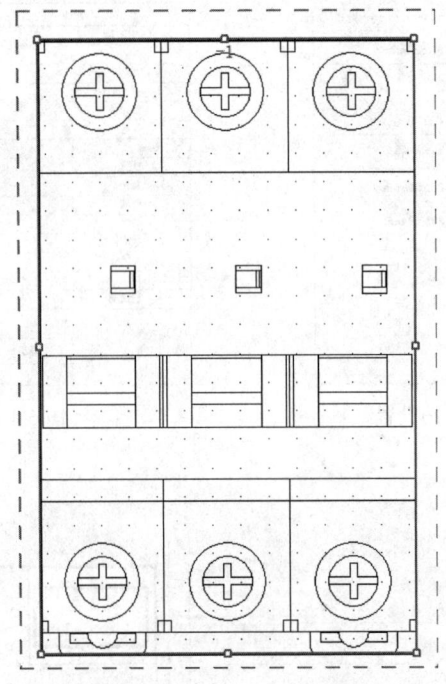

图 5-1-19 宏边框绘制

步骤七：双击"宏边框"，设置"宏边框"名称为"CHINT\ 断路器 \NB1-63 3P.ema"；表达类型为"安装板布局"；变量为"变量 A"；版本为"1.0"，如图 5-1-20 所示。全选所有图形，单击"编辑"→"其它"→"组合"，完成图形合并。

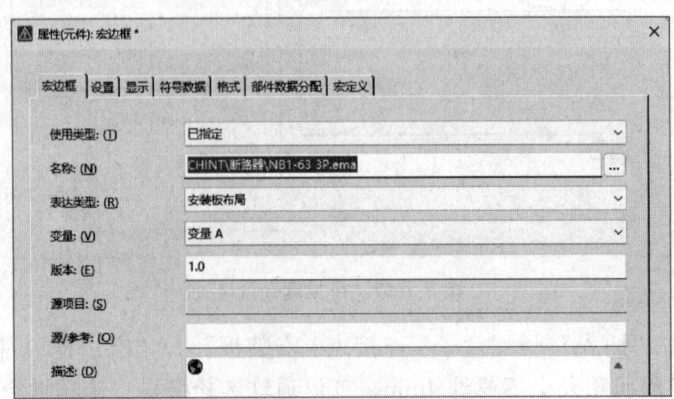

图 5-1-20 宏边框设置

步骤八：单击"项目数据"→"宏"→"导航器"，打开宏导航器并展开，选中"NB1-63 3P"，单击右键→自动生成宏，如图 5-1-21 所示。确定后，完成 NB1-63 3P 的 2D 安装板布局宏制作。

五、断路器的 3D 宏制作

步骤一：单击"选项"→"设置"→"项目"→"管理"→"3D 导入"，调节"细节清晰度"为"高"，如图 5-1-22 所示。

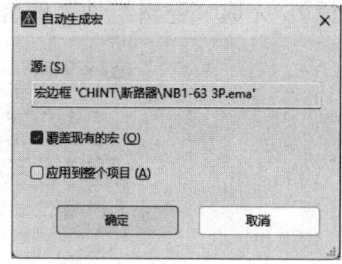

图 5-1-21 自动生成宏

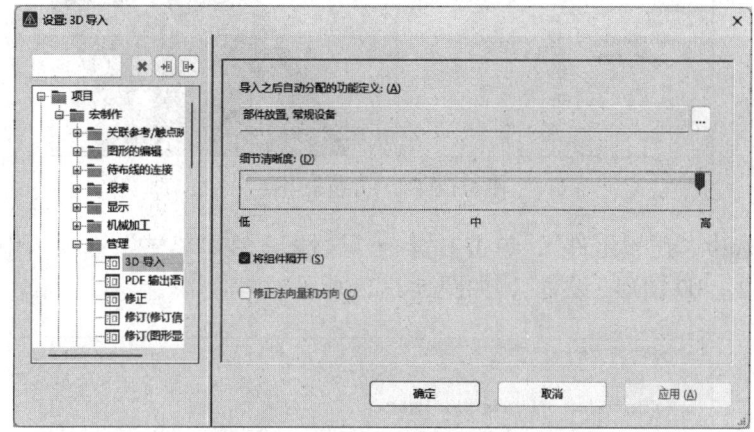

图 5-1-22 细节清晰度设置

步骤二：单击"布局空间"→"导入（3D 图形）"，选中"NB1-63 3P 小型断路器三维模型 .stp"，如图 5-1-23 所示。

图 5-1-23 3D 模型打开

步骤三：单击"布局空间"→"导航器"，打开宏制作的布局空间，删除没有必要的逻辑组件（对实际设计无用的逻辑组件，会消耗系统资源，建议保留模型的外部轮廓以及螺钉），然后在空间中，选中所有的组件（建议在空间进行框选），单击"编辑"→"图形"→"合并"（鼠标上有一个橙色的小立方块，将其移动到物体上，单击鼠标），完成"逻辑组件"的合并，如图 5-1-24 所示。

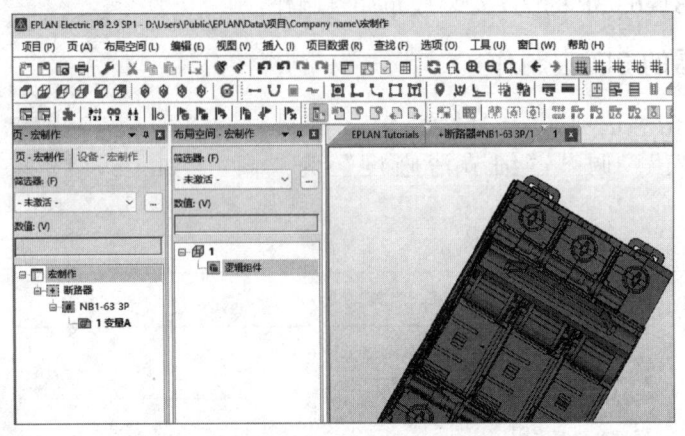

图 5-1-24　合并逻辑组件

步骤四：选中"逻辑组件"，单击右键→"属性"，在"格式"选项卡中，修改"层"为"EPLAN562，3D 图形.设备"，如图 5-1-25 所示。

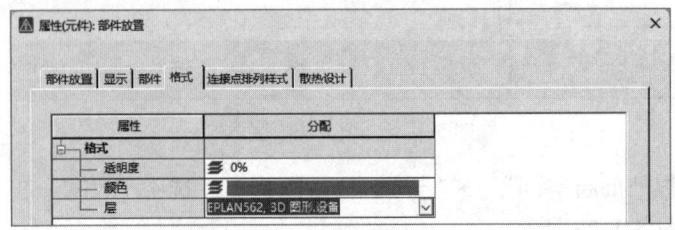

图 5-1-25　层设置

步骤五：单击"编辑"→"设备逻辑"→"放置区域"→"定义"，通过"旋转视角"，将模型旋转到底部，单击卡槽平面，完成放置区域定义，如图 5-1-26 所示。

步骤六：单击"编辑"→"设备逻辑"→"基准点"，开启对象捕捉，通过鼠标（同时按下 Ctrl）选中卡槽的上下两点，软件自动设定"基准点"为卡槽上下两点的中点，如图 5-1-27 所示。

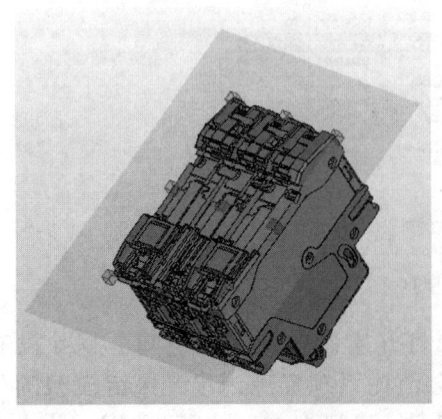

图 5-1-26　放置区域定义

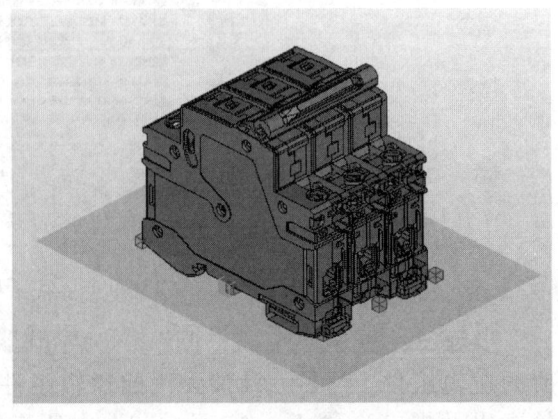

图 5-1-27　基准点定义

步骤七：单击"3D 视角，上"，观察模型方向是否合适。如图 5-1-28 所示，模型非正向放置。单击"编辑"→"设备逻辑"→"放置区域"→"旋转"，输入"–90"，模型如图 5-1-29 所示。（注：本步骤调整到步骤六前进行更佳。）

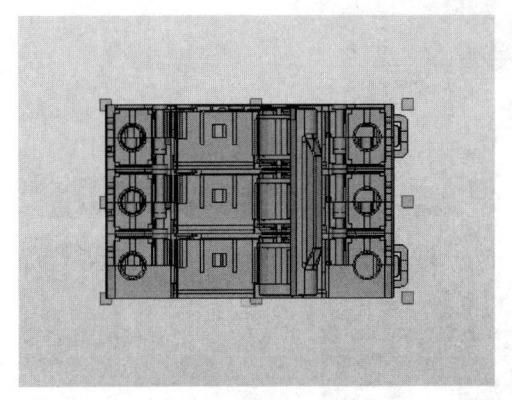 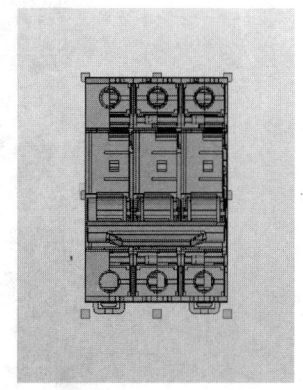

图 5-1-28　模型方向判断　　　　　　　图 5-1-29　模型旋转

步骤八：单击"3D 视角，前"调整模型方向，单击"编辑"→"设备逻辑"→"连接点排列样式"→"定义连接点"，用鼠标选择连接点的平面，如图 5-1-30 所示。单击"D 视角，上"，依次选中下排螺钉孔中心（在开启对象捕捉的情况，当鼠标移动到螺钉中心，会有明显的卡顿，可以多尝试找找手感），如图 5-1-31 所示，在弹出"属性：部件放置"窗口中，输入"连接点代号"为"2""4""6"，确定了各连接点的 X\Y 位置；单击"3D 视角，前"，选中连接孔中心的位置，如图 5-1-32 所示，确定 Z 位置，将该位置的数值分别复制给各连接点 Z 位置，然后将该点删除。再将连接点的布线方向设置为"向下"。

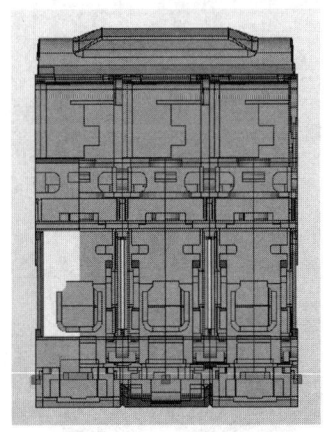 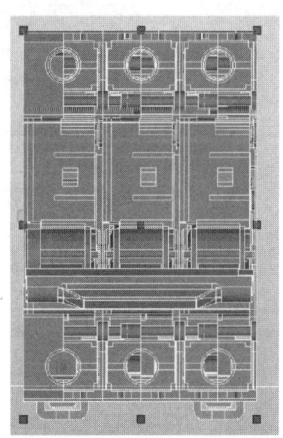

图 5-1-30　连接点定义面　　　　　　　图 5-1-31　连接点 X\Y 位置定义

步骤九：同样的方法，完成模型上排连接点的设置。在"连接点排列样式"选项卡中，断路器的 6 个连接点的连接代号、X 位置、Y 位置、Z 位置、布线方向设置如图 5-1-33 所示；所有连接点的"连接方式"为"单个螺钉夹紧连接"；最小截面积设置为"0.50"；最大截面积设置为"2.50"；最大连接数为"2"。

（提示：①如果导入的 3D 模型制作精准，X 位置的数值应该是等差数列；②"布线方向"如果设置为"自动"，一般来说系统默认的该连接点布线方向是单数向上，双数向下。）

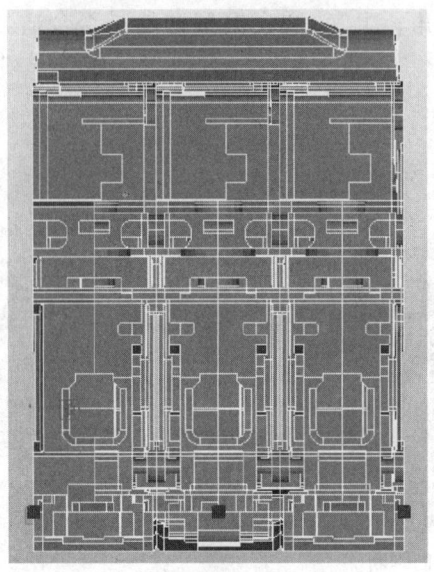

图 5-1-32 连接点 Z 位置定义

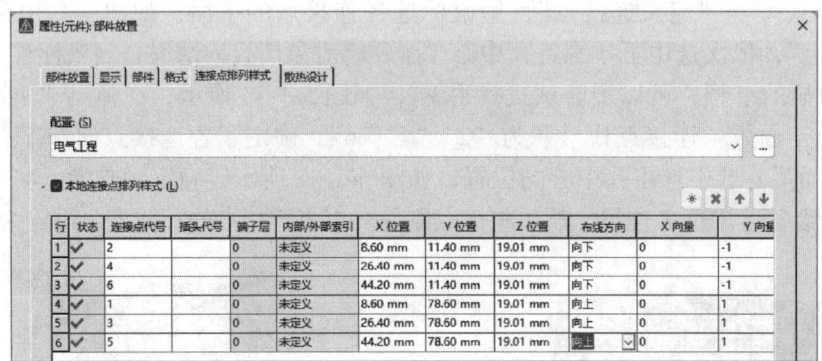

图 5-1-33 连接点排列样式设置

步骤十：单击"视图"→勾选"连接点代号"和"连接点方向"，可以看到各连接点的代号和方向，如图 5-1-34 和图 5-1-35 所示。

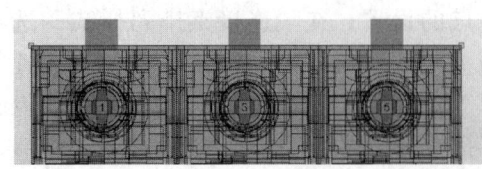

图 5-1-34 连接点代号

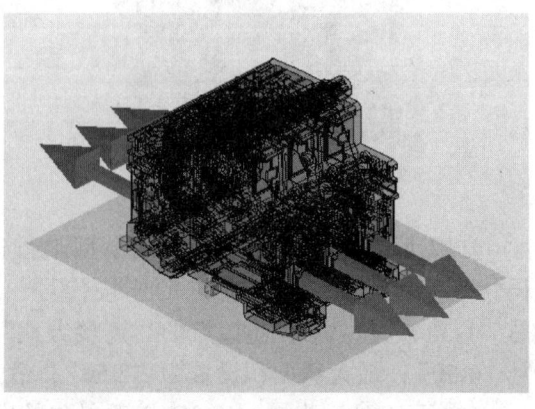

图 5-1-35 连接点方向

步骤十一：在布局空间导航器中选中"1"，单击右键→"属性"，设置"宏：名称"为"CHINT\断路器\NB1-63 3P_3D.ema",如图 5-1-36 所示;单击"项目数据"→"宏""→"自动生成宏",勾选"覆盖现有的宏",如图 5-1-37 所示,单击"确定",完成断路器 3D 宏制作。

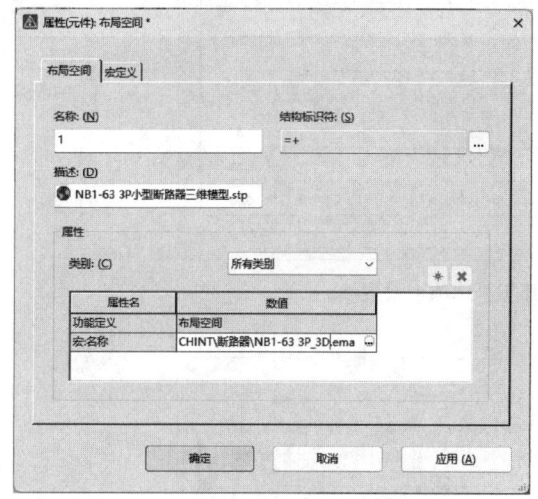

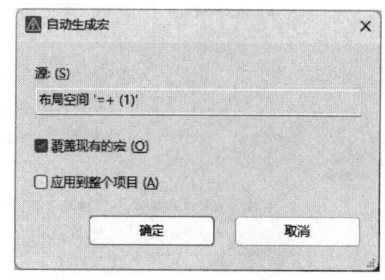

图 5-1-36　宏:名称设置　　　　　图 5-1-37　自动生成宏

六、断路器部件制作

步骤一:单击"工具"→"部件"→"管理",在右侧窗口中选中"零部件",单击右键→"新建",根据表进行"常规"选项卡设置,如图 5-1-38 所示;"价格/其它"选项卡如图 5-1-39 所示;"安装数据"选项卡如图 5-1-40 所示;"属性"选项卡如图 5-1-41 所示。

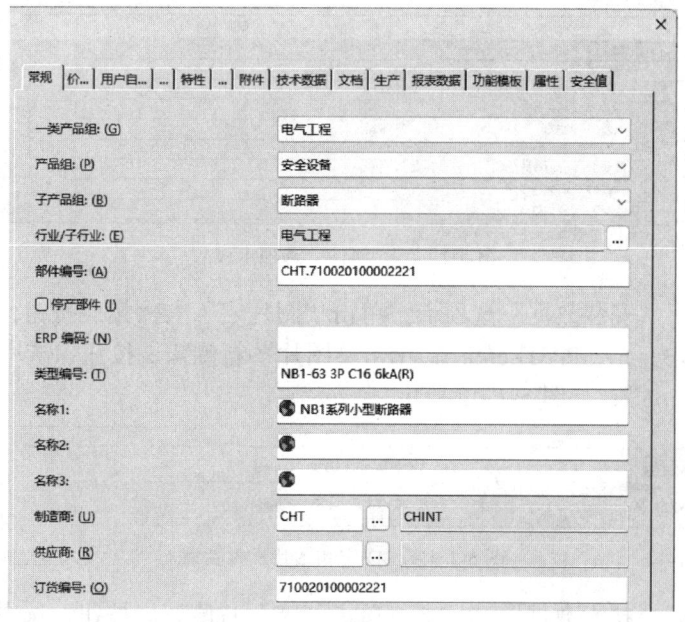

图 5-1-38　常规选项卡设置

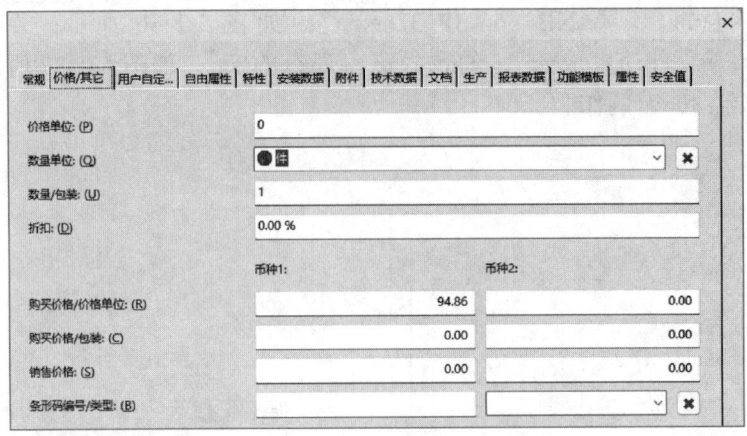

图 5-1-39 "价格/其它"选项卡设置

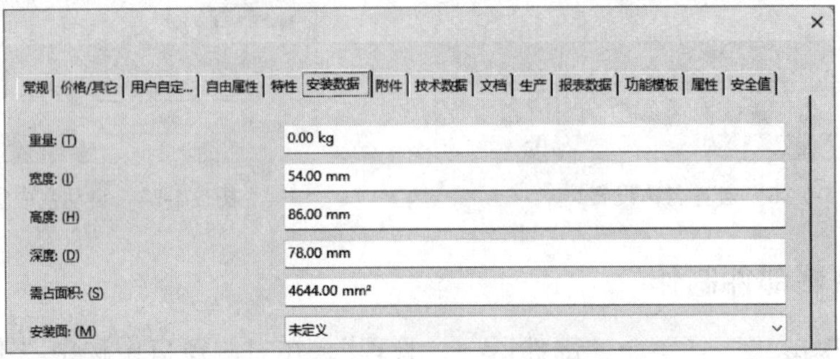

图 5-1-40 "安装数据"选项卡设置

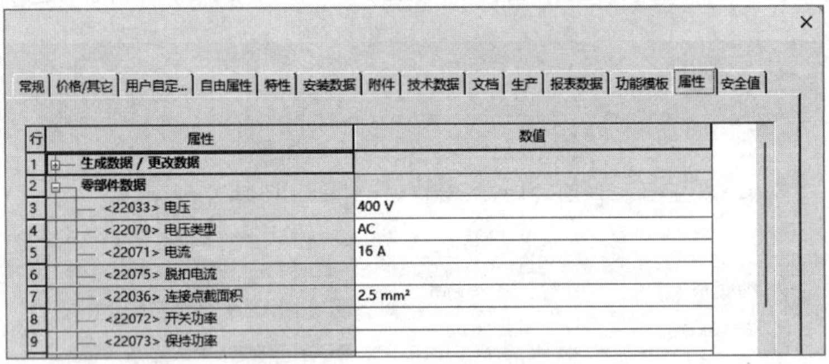

图 5-1-41 "属性"选项卡设置

步骤二：打开"安装数据"选项卡，单击"图片宏"右侧拓展按钮，选中前期制作的断路器 3D 宏"NB1-63 3P_3D.ema"；单击"图片"右侧拓展按钮，选中"NB1-63 3P 小型断路器侧俯图 .jpg"；如图 5-1-42 所示。

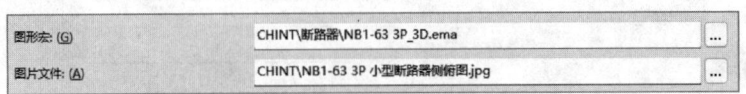

图 5-1-42 3D 宏和图片文件关联

步骤三：打开"技术数据"选项卡，单击"宏"右侧拓展按钮，选中前期制作的断路器 2D 安装板布局宏"NB1-63 3P.ema"，如图 5-1-43 所示。

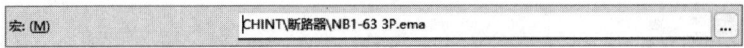

图 5-1-43　安装板布局宏关联

步骤四：打开"功能模板",单击"新建",在"功能定义"中,展开"电气工程"→"安全设备"→"断路器"→"安全开关,6 个连接点",选中"三极安全开关",如图 5-1-44 所示。

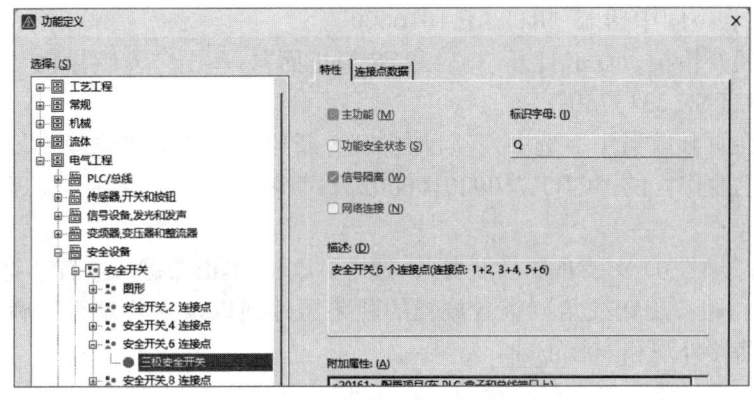

图 5-1-44　功能定义

步骤五：设置"连接点代号"为 1¶2¶3¶4¶5¶6（¶为分隔符，通过同时按下 Ctrl+Enter 设置），单击"符号"栏中拓展按钮，在"符号选择"窗口中，展开"IEC_symbol"→"电气工程"→"安全设备"→"安全开关"→"安全开关,6 个连接点"→"QLS3_1",如图 5-1-45 所示。

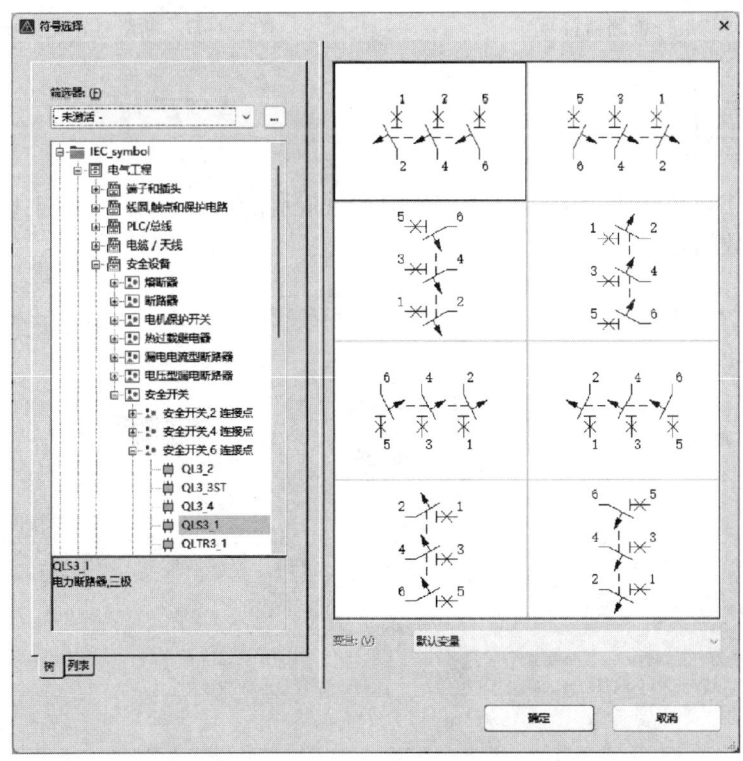

图 5-1-45　符号选择

🎤【任务测评】

步骤一：单击"项目"→"新建"，在创建项目窗口中，修改项目名称为"项目测试"；保存位置选择默认；模板选择为"IEC_tpl001.ept"；勾选"设置创建日期"；勾选"设置创建者"，单击"确定"后，软件进行模板导入。

步骤二：在布局空间导航器中，单击右键→"新建"，创建一个"1"空间，单击"箱柜"按钮，在空间中插入"RIT.AE.1016600"。

步骤三：展开箱柜，双击打开"S1：安装板正面"，单击"安装导轨"按钮，在安装上插入一个"RIT.SZ.2313750"。

步骤四：在页导航器中，选中"项目测试"，新建一个"多线原理图"页。在打开的图纸中，插入刚制作好的"CHT.710020100002221"断路器，可看到其原理图显示的符号为图 5-1-46。

步骤五：打开"3D 安装布局导航器"，选中"Q"，单击右键→放置，将断路器 Q1 放置在导轨上。利用"旋转视角"查看放置的断路器外观以及安装是否正确，如图 5-1-47 所示，表明断路器外观和安装正确。

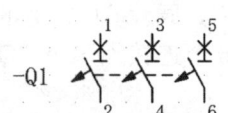

图 5-1-46　断路器符号

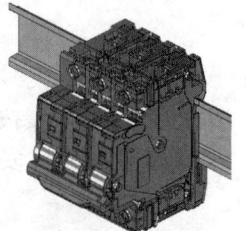

图 5-1-47　断路器外观和安装正确

🔍【实战演练】

请完成 CHINT 公司的 NB1–63 4P C63 型号的断路器部件制作（图 5-1-48 为 NB1–63 4P C63 的商业数据）。

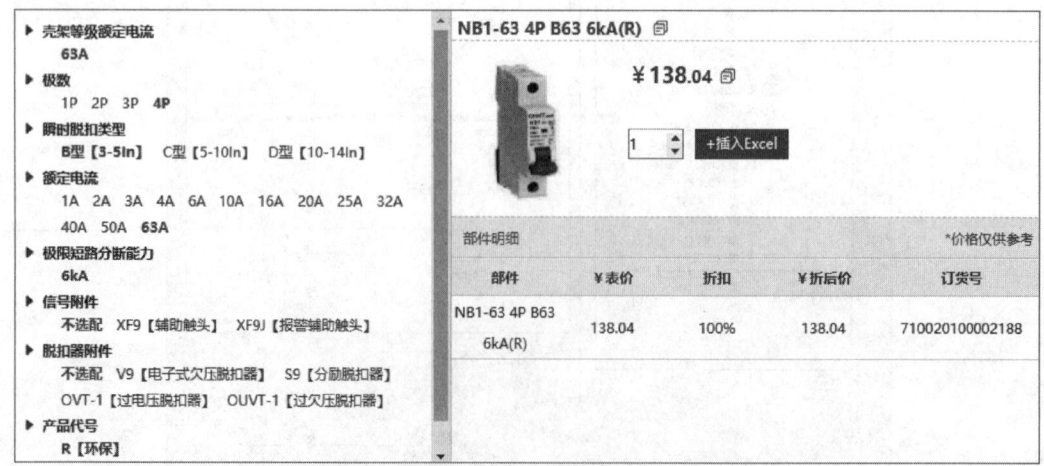

图 5-1-48　NB1–63 4P C63 的商业数据

任务二　交流接触器部件制作

【任务描述】

请收集交流接触器及辅助触头的相关信息，完成 CHINT 公司的 CJX2-1210 型号的交流接触器和 F4-22 型号的辅助触头部件制作，并实现这两个设备的组合。

【任务资讯】

一、适用范围

1. CJX2 适用范围

CJX2 系列交流接触器（以下简称接触器），主要用于交流 50Hz（或 60Hz），额定工作电压至 690V，在 AC-3、400（380）V 使用类别下额定工作电流至 95A 的电路中，供远距离接通和分断电路、频繁地起动和控制交流电动机之用，并可与适当的热继电器组成电磁起动器以保护可能发生操作过负荷的电路。

2. F4 适用范围

F4 辅助触头组主要用于交流 50Hz（或 60Hz），额定工作电压 400V 及以下，直流额定工作电压 250V 及以下的控制电路中，积木式安装在 CJX2、NC1、NC2、NC8 系列交流接触器上，扩展辅助触头数量，以满足控制回路所需的信号传递和控制。

二、型号及含义

1. CJX2 型号及含义（见图 5-2-1）

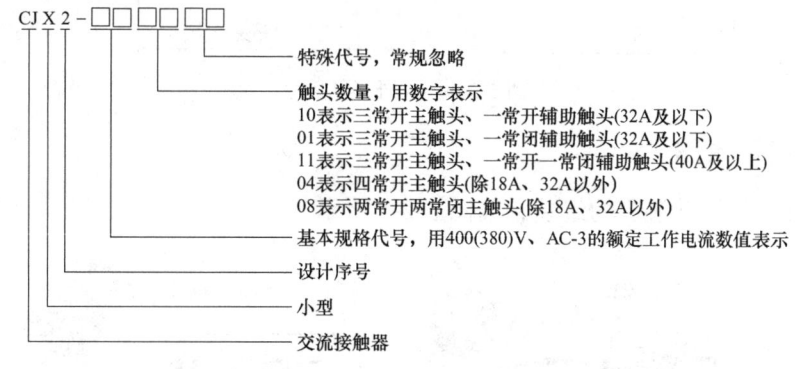

图 5-2-1　CJX2 型号及含义

2. F4 型号及含义（见图 5-2-2）

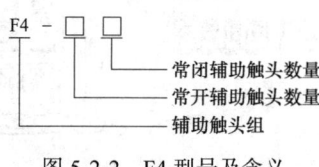

图 5-2-2　F4 型号及含义

三、外形及尺寸

1. CJX2 外形及尺寸（见图 5-2-3）

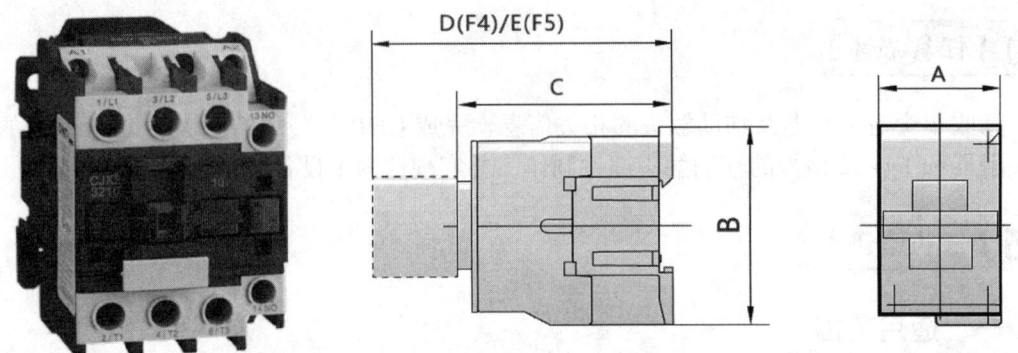

接触器型号	A max	B max	C max	D max	E max
CJX2-09~12	47	76	82	120.5	140.5

图 5-2-3　CJX2 外形及尺寸

2. F4 外形及尺寸（见图 5-2-4）

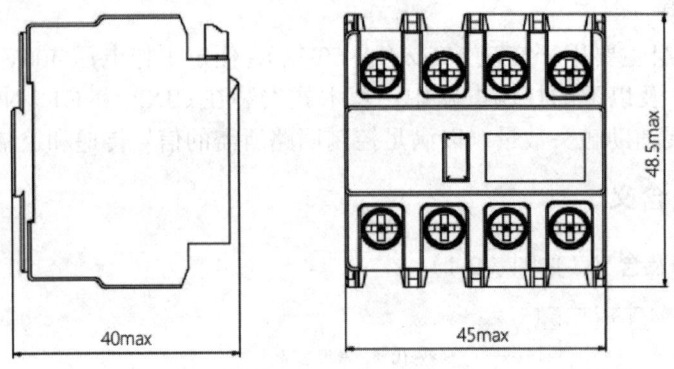

图 5-2-4　F4 外形及尺寸

四、安装示意图

交流接触器和辅助触头的组装，如图 5-2-5 所示。

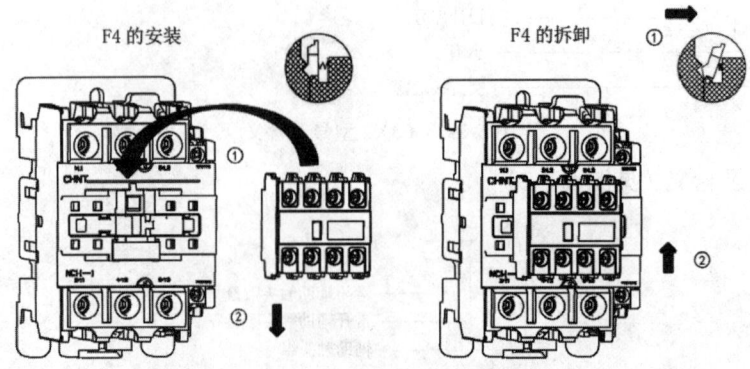

图 5-2-5　安装示意图

五、商业数据

1. CJX2-1210 商业数据（见图 5-2-6）

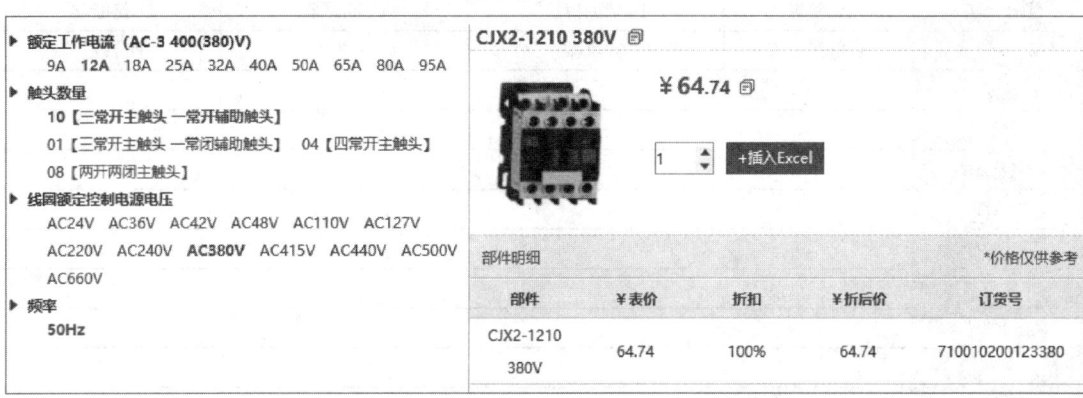

图 5-2-6　CJX2-1210 的商业数据

2. F4-22 商业数据（见图 5-2-7）

【学习准备】

请根据收集的断路器信息，完成 CJX2-1210 和 F2-22 资料汇总，填入表 5-2-1、表 5-2-2 中。

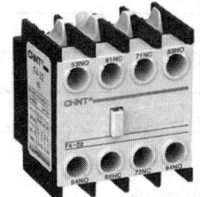

图 5-2-7　F4-22 商业数据

表 5-2-1　CJX2-1210 资料汇总

一类产品组	A. 电气工程	B. 流体	C. 机械	D. 工艺工程
产品组	A. 常规	B. 未定义	C. 安全设备	D. 继电器，接触器
子产品组	A. 常规	B. 接触器	C. 断路器	D. 熔断器
行业/子行业	A. 电气工程	B. 机械	C. 工艺工程	D. 液压
部件编号				
类型编号				
名称1				
制造商				
订货编号				
购买价格				
数量单位				
宽度				
高度				
深度				
连接点代号				
功能定义				
符号				

表 5-2-2　F4-22 资料汇总

一类产品组	A.电气工程	B.流体	C.机械	D.工艺工程
产品组	A.常规	B.未定义	C.安全设备	D.继电器，接触器
子产品组	A.常规	B.辅助模块	C.断路器	D.熔断器
行业/子行业	A.电气工程	B.机械	C.工艺工程	D.液压
部件编号				
类型编号				
名称1				
制造商				
订货编号				
购买价格				
数量单位				
宽度				
高度				
深度				
连接点代号				
功能定义				
符号				

【技能操作】

一、配置显示

步骤一： 在布局空间导航器，单击右键→"配置显示"，弹出"配置显示"窗口，在其下方，单击"布局空间"块格式中的拓展按钮，弹出"格式"窗口，在其左侧窗口，选中"分隔符"，单击"向右推移"，弹出"格式分隔符"窗口，选中"其它字符"，在空白栏输入"（"，如图 5-2-8 所示，确定后，在"格式"窗口的右侧中添加一个"分隔符"。

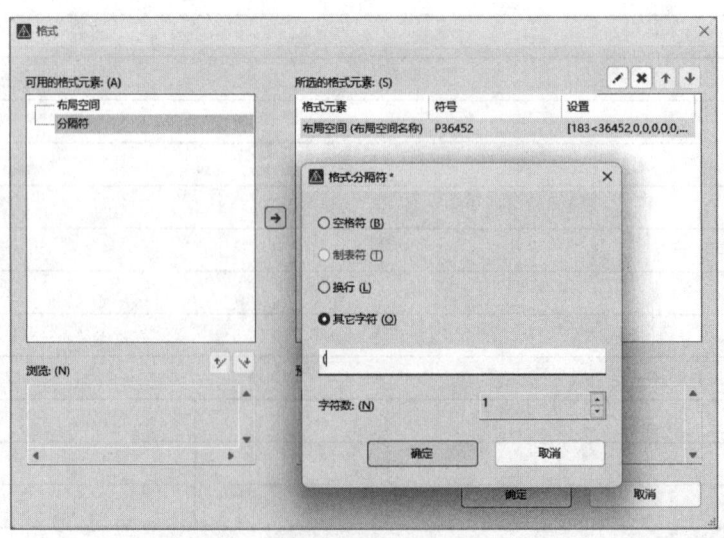

图 5-2-8　"格式分隔符"窗口

步骤二：同样的方法，再次添加一个")"分隔符。

步骤三：选中其中的布局空间，单击"向右推移"，弹出"格式：块属性"窗口，利用筛选器选中"布局空间描述"，确定后在"格式"窗口的右侧中添加一个"布局空间（布局空间描述）"。

步骤四：利用右上角的"向上移动"和"向下移动"按钮调整各格式元素的顺序，如图 5-2-9 所示。

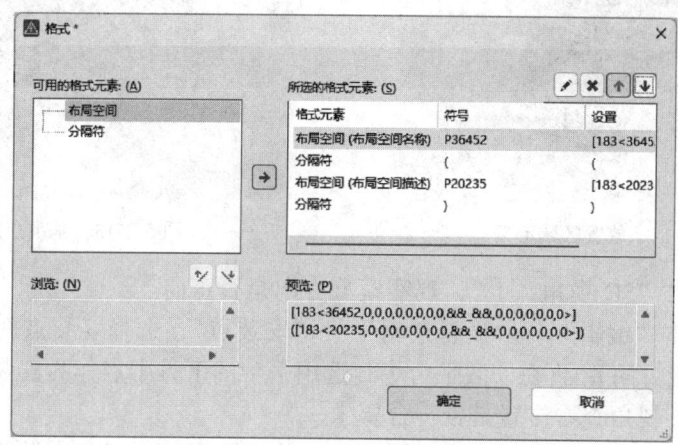

图 5-2-9 "格式"窗口

步骤五：可看到布局空间导航器中相关配置显示已经改变，如图 5-2-10 所示。

二、CJX2–1210 的 3D 宏制作

步骤一：单击"布局空间"→"导入（3D 图形）"，选中"CJX2–12 三维模型.stp"。

步骤二：在宏制作的布局空间，将所有的逻辑组件合并为一个逻辑组件，如图 5-2-11 所示。

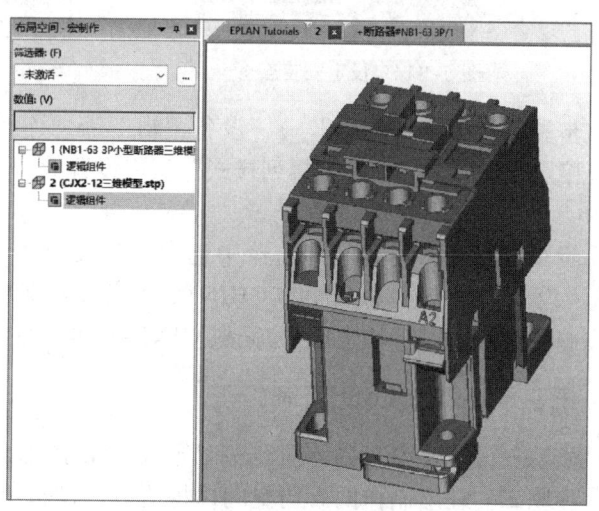

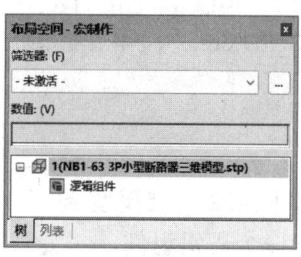

图 5-2-10 布局空间配置显示　　图 5-2-11 逻辑组件

步骤三：单击"编辑"→"设备逻辑"→"放置区域"→"定义"，通过"旋转视角"，将模型旋转到底部，单击卡槽的平面，完成放置区域的定义，如图 5-2-12 所示。

步骤四：单击"编辑"→"设备逻辑"→"基准点"，选取卡槽中点定义作为基准点，如图 5-2-13 所示。

图 5-2-12　放置区域定义

图 5-2-13　基准点定义

步骤五：单击"3D 视角，上"，观察模型方向是否正向。

步骤六：单击"编辑"→"设备逻辑"→"安装点"，选择安装点的垂直平面（这个平面仅仅为了指定方向），再在安装平台中，选中平台的下方中点作为安装点，如图 5-2-14 所示，再通过旋转视角查看位置是否符合要求。

步骤七：双击安装点设置，弹出"属性：安装点"窗口，将名称设置为"CJX2–1210 安装点"，如图 5-2-15 所示。

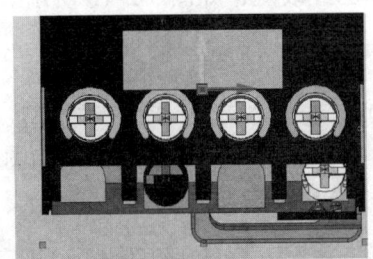

图 5-2-14　设定安装点

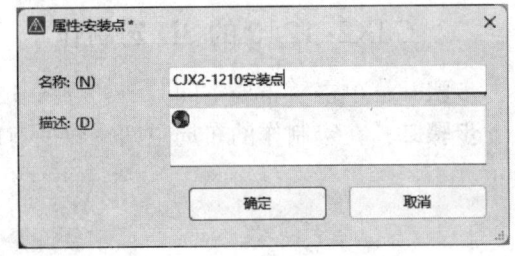

图 5-2-15　安装点命名

步骤八：单击"编辑"→"设备逻辑"→"连接点排列样式"→"定义连接点"，进行连接点定义，其"连接点排列样式"窗口设置如图 5-2-16 所示。各连接点方向如图 5-2-17 所示。

步骤九：在布局空间导航器中选中"2（CJX2–12 三维模型 .stp）"，单击右键→"属性"，设置"宏：名称"为"CHINT\ 交流接触器 \CJX2–12_3D.ema"；单击"项目数据"→"宏"→"自动生成"，完成 CJX2–12 的 3D 宏制作。

三、F4–22 的 3D 宏制作

步骤一：单击"布局空间"→"导入（3D 图形）"，选中"F4–22 三维模型 .stp"。

步骤二：在宏制作的布局空间，将所有的逻辑组件合并为一个逻辑组件。

步骤三：单击"编辑"→"设备逻辑"→"放置区域"→"定义"，通过"旋转视角"，将模型旋转到底部，单击卡槽平台的凹平面，完成放置区域的定义，如图 5-2-18 所示。

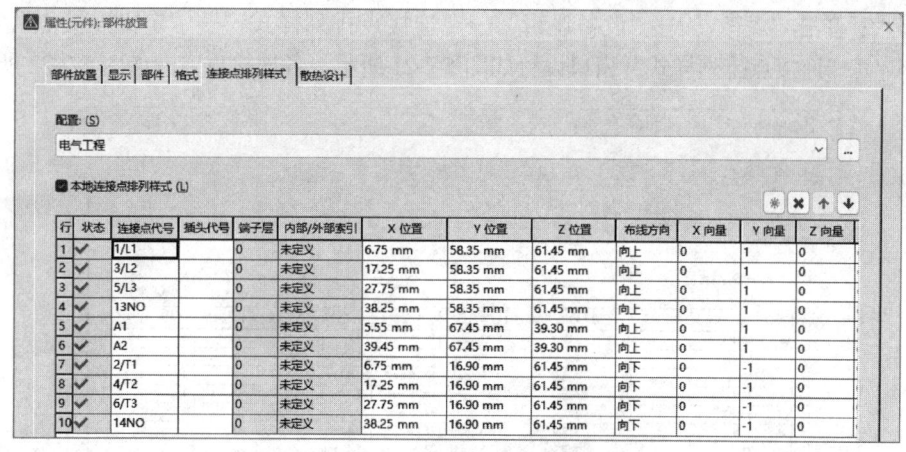

图 5-2-16　连接点排列样式设置

图 5-2-17　连接点方向

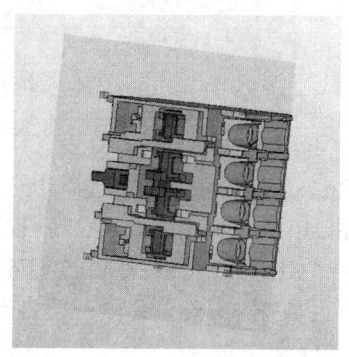

图 5-2-18　放置区域定义

步骤四：单击"编辑"→"设备逻辑"→"基准点"，选取卡槽中点（利用 Ctrl+ 鼠标左键进行选择）定义作为基准点，如图 5-2-19 所示。

步骤五：双击基准点，在弹出的"属性：基准点"窗口，选中"逻辑"选项卡，取消"允许所有的安装点"的勾选，将安装点"CJX2-1210 安装点"平移到分配的安装点窗口，如图 5-2-20 所示，为以后自动装配做好准备工作。

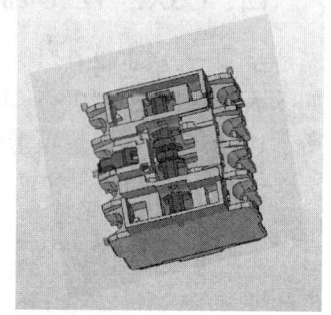

图 5-2-19　基准点定义

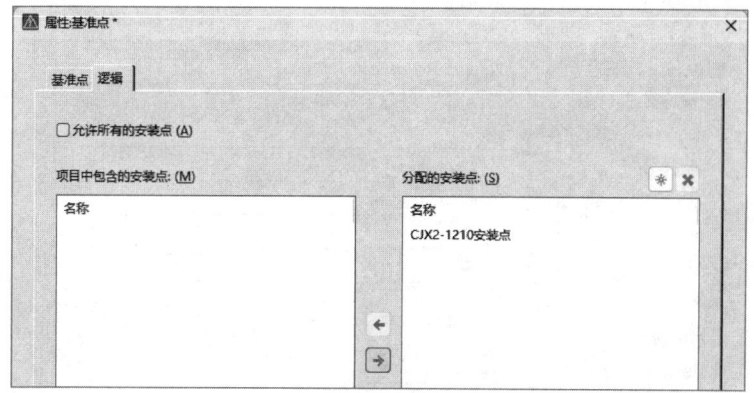

图 5-2-20　分配安装点

步骤六: 单击"编辑"→"设备逻辑"→"连接点排列样式"→"定义连接点",进行连接点定义,其"连接点排列样式"窗口设置如图 5-2-21 所示。各连接点方向如图 5-2-22 所示。

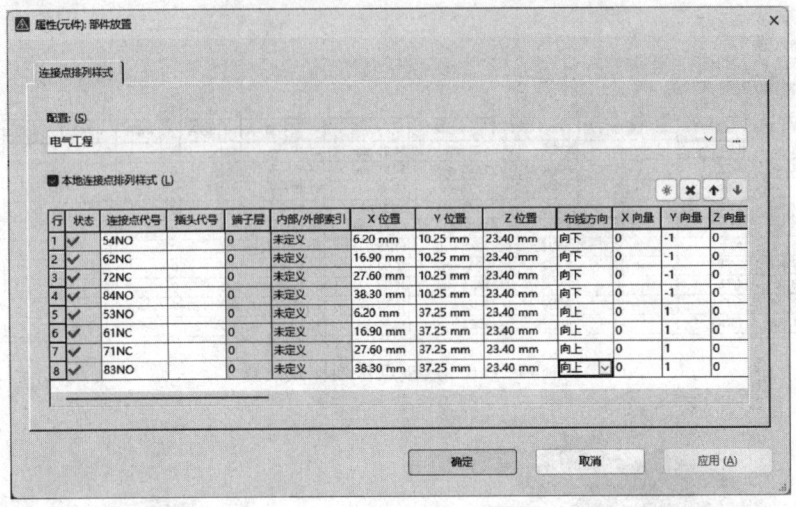

图 5-2-21 连接点排列样式设置

步骤七: 在布局空间导航器中选中"3(F4-22 三维模型.stp)",单击右键→"属性",设置"宏:名称"为"CHINT\交流接触器\F4-22_3D.ema";单击"项目数据"→"宏"→"自动生成",完成 F4-22 的 3D 宏制作。

四、CJX2-1210 部件制作

步骤一: CJX2-1210 的"常规"选项卡设置,如图 5-2-23 所示;"价格/其它"选项卡如图 5-2-24 所示;"安装数据"选项卡如图 5-2-25 所示。

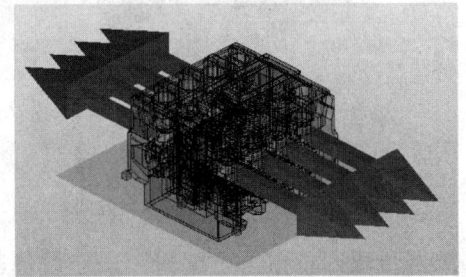

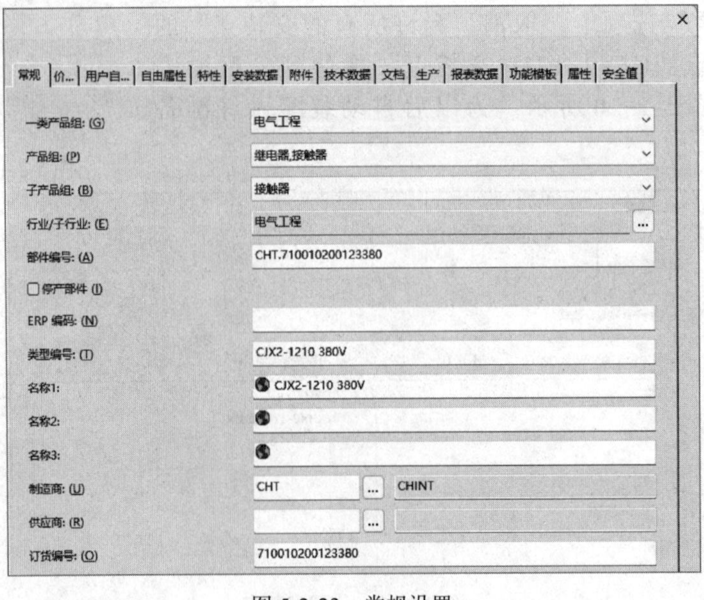

图 5-2-22 连接点方向

图 5-2-23 常规设置

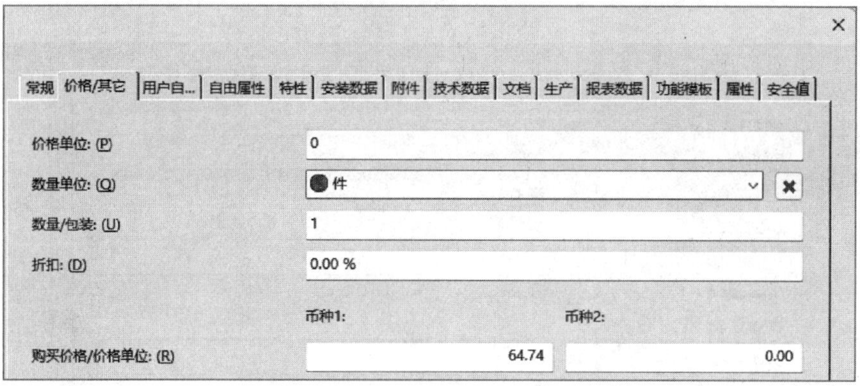

图 5-2-24 价格/其它设置

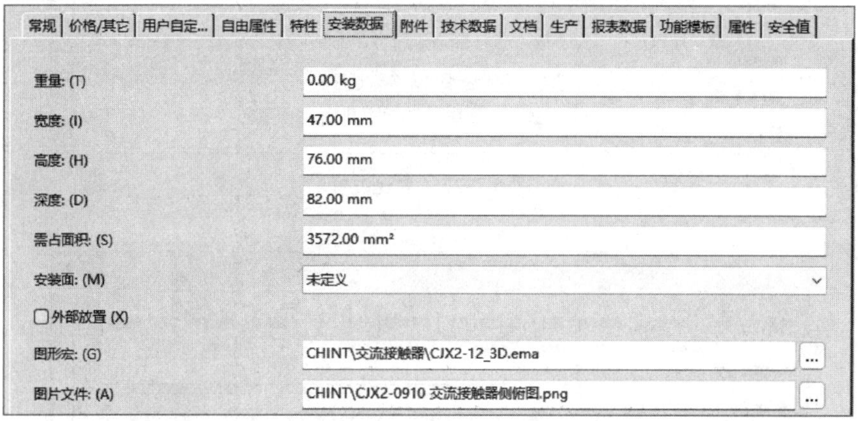

图 5-2-25 安装数据设置

步骤二：CJX2-1210 的"功能模板"，如图 5-2-26 所示，其中未展示的"符号"栏按照表 5-2-1 中符号进行设置。

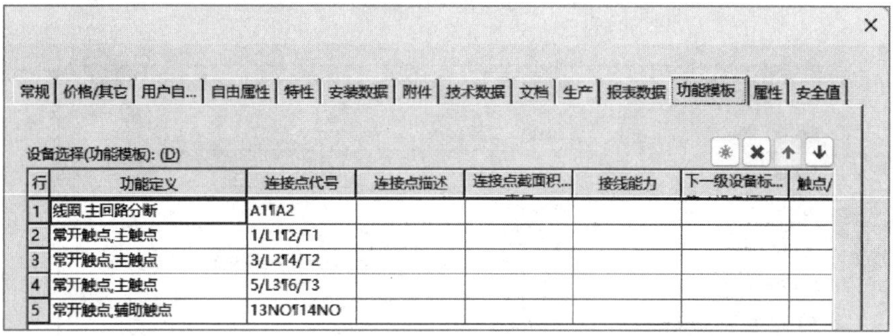

图 5-2-26 功能定义

五、F4-22 部件制作

步骤一：F4-22 的"常规"选项卡设置，如图 5-2-27 所示；"价格/其它"选项卡如图 5-2-28 所示；"安装数据"选项卡如图 5-2-29 所示。

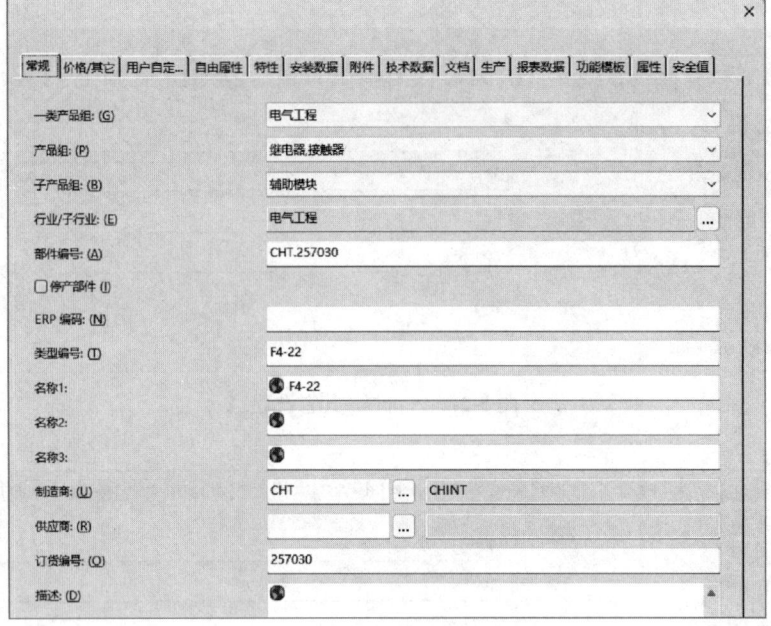

图 5-2-27 常规设置

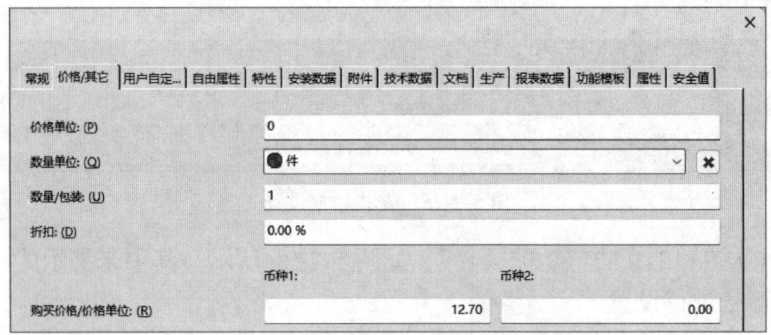

图 5-2-28 价格/其它设置

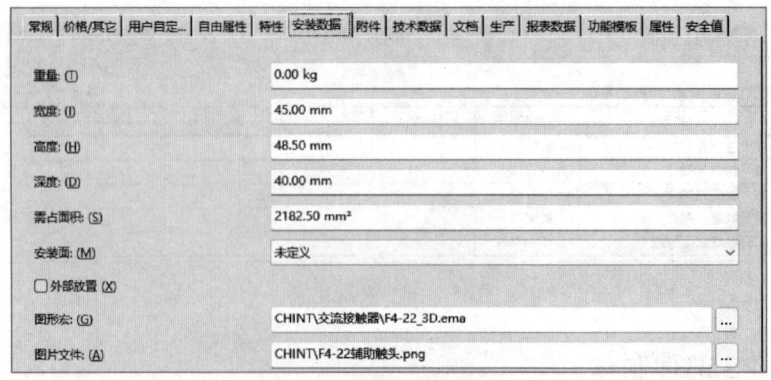

图 5-2-29 安装数据设置

步骤二：F4-22 的"功能模板"，如图 5-2-30 所示，其中未展示的"符号"栏按照表 5-2-2 中符号进行设置。

项目五 部件制作

图 5-2-30 功能定义

【任务测评】

步骤一： 在项目测试的"1"页图纸中，单击"插入"→"设备"，选中插入"继电器，接触器"→"CHT.710010200123380"，在图纸，出现线圈符号。

步骤二： 双击该符号，在"部件"选项卡中，再次添加"CHT.257030"设备，如图 5-2-31 所示，完成 CJX2–1210 和 F4–22 的组装。组装完成的交流接触器如图 5-2-32 所示。

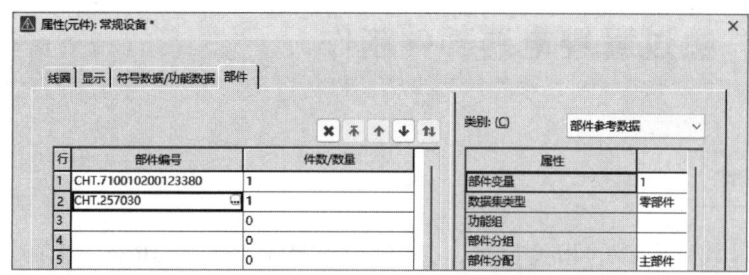

图 5-2-31 添加"CHT.257030"设备

步骤三： 在"3D 安装布局导航器"中，选中"K"，单击右键→放置，将交流接触器 K1 放置在导轨上。利用"旋转视角"查看放置的交流接触器外观以及安装是否正确，如图 5-2-32 表明交流接触器外观和安装正确。

图 5-2-32 组装完成的交流接触器

（提示：如果项目设计中涉及 3D 部分设计，设备的部件制作不需要进行 2D 安装布局宏制作，可以直接利用所创设的 3D 设计自动生成安装板布局设计。）

267

🔍【实战演练】

请完成 CHINT 公司的 CJX2–1210 220V 型号的交流接触器制作，其商业数据如图 5-2-33 所示。

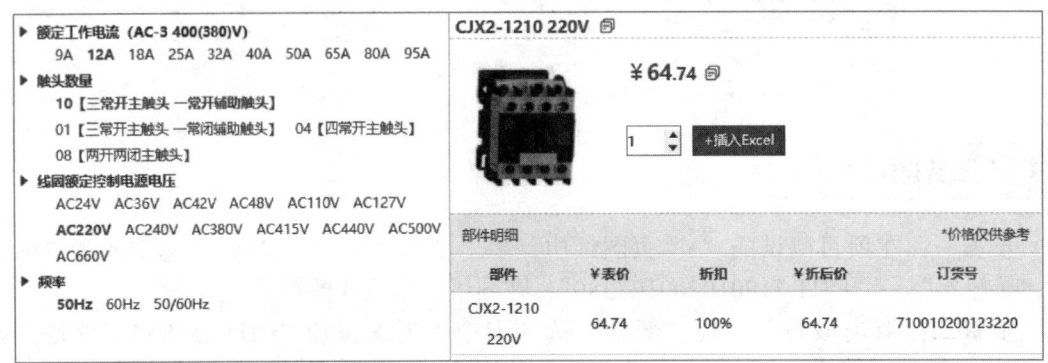

图 5-2-33　CJX2–1210 220V 的商业数据

任务三　热过载继电器部件制作

📄【任务描述】

请收集热过载继电器的相关信息，并完成 CHINT 公司的 JR36–20 10–16A 热过载继电器部件制作。

☑【任务资讯】

一、适用范围

JR36 系列热过载继电器适用于交流 50Hz/60Hz、电压至 690V，电流 0.25～160A 的长期工作或间断长期工作的交流电动机的过载与断相保护。热过载继电器具有断相保护、温度补偿、自动与手动复位、产品性能稳定可靠。

二、外形及安装尺寸

JR36–20 外形及安装尺寸如图 5-3-1 所示。

三、安装方式

JR36 系列热过载继电器通过螺栓安装在安装板上，安装示意图如图 5-3-2 所示。

四、内部结构电气及符号示意图

JR36 内部结构电气及符号如图 5-3-3 所示。

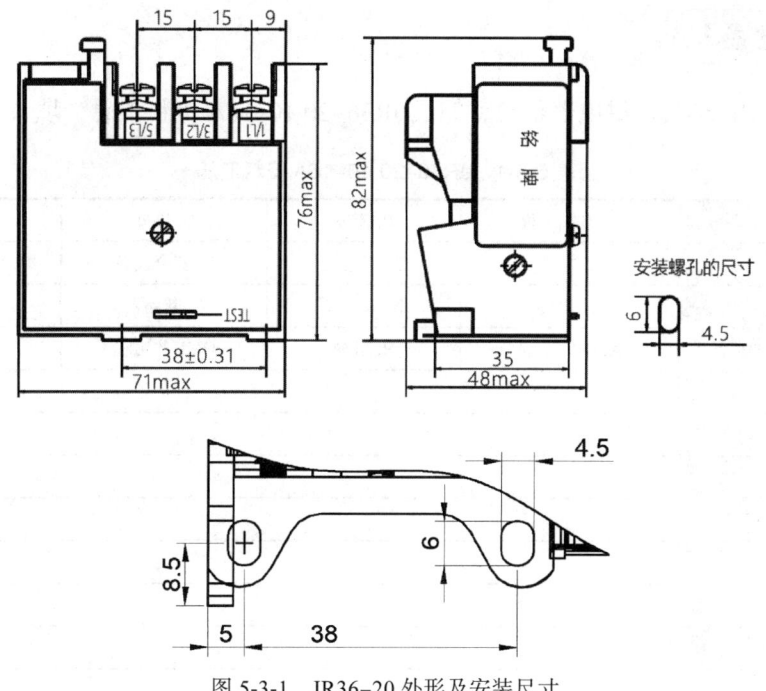

图 5-3-1　JR36-20 外形及安装尺寸

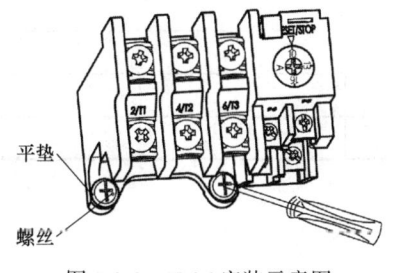

图 5-3-2　JR36 安装示意图

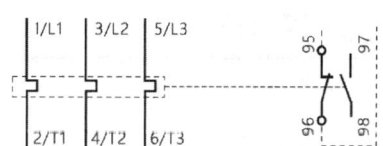

图 5-3-3　JR36 内部结构电气及符号

五、商业数据

JR36-20 10-16A 的商业数据如图 5-3-4 所示。

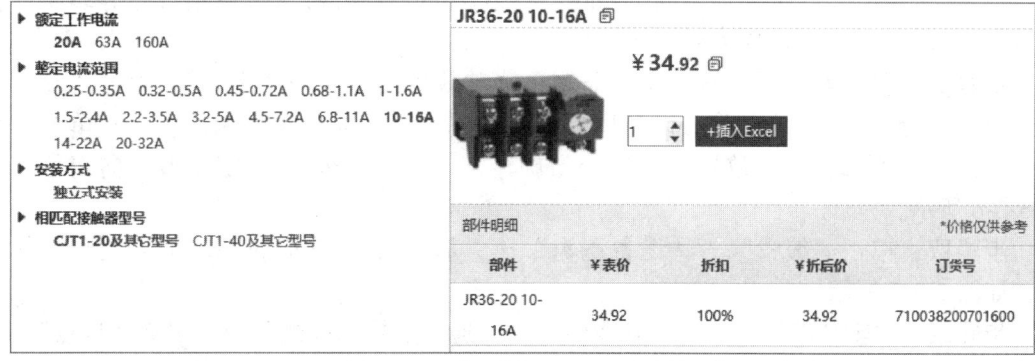

图 5-3-4　JR36-20 10-16A 的商业数据

📖【学习准备】

请根据收集的热过载继电器信息，完成 JR36–20 10–16A 资料汇总，填入表 5-3-1 中。

表 5-3-1　JR36–20 10–16A 资料汇总

一类产品组	A. 电气工程	B. 流体	C. 机械	D. 工艺工程
产品组	A. 常规	B. 未定义	C. 安全设备	D. 继电器，接触器
子产品组	A. 常规	B. 未定义	C. 断路器	D. 熔断器
行业 / 子行业	A. 电气工程	B. 机械	C. 工艺工程	D. 液压
部件编号				
类型编号				
名称 1				
名称 2				
制造商				
订货编号				
购买价格				
数量单位				
宽度				
高度				
深度				
连接点代号				
符号				

✏️【技能操作】

一、JR36–20 的 3D 宏制作

步骤一：单击"布局空间"→"导入（3D 图形）"，选中"JR36–20 热过载继电器三维模型 .stp"。

步骤二：在宏制作的布局空间，删除没有必要的逻辑组件，将必要保留的逻辑组件合并为一个逻辑组件，如图 5-3-5 所示。

步骤三：单击"编辑"→"设备逻辑"→"放置区域"→"定义"，通过"旋转视角"，将模型旋转到底部，单击设备底部安装的平面，完成放置区域的定义；单击"编辑"→"设备逻辑"→"放置区域"→"旋转"，输入"180"，确定模型正向定位，如图 5-3-6 所示。

步骤四：单击"编辑"→"设备逻辑"→"基准点"，选取底部左上方定义为基准点，如图 5-3-7 所示。

步骤五：单击"编辑"→"设备逻辑"→"连接点排列样式"→"定义连接点"，进行连接点定义，其"连接点排列样式"窗口设置如图 5-3-8 所示。各连接点方向如图 5-3-9 所示。

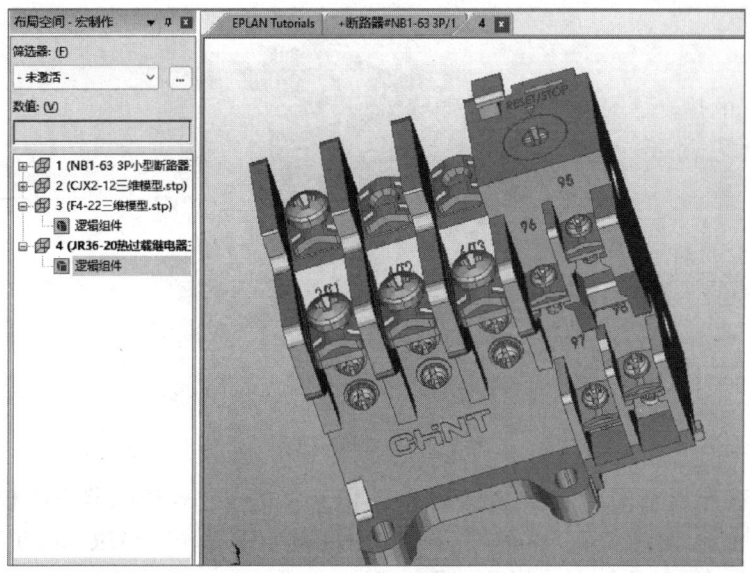

图 5-3-5　JR36–20 逻辑组件

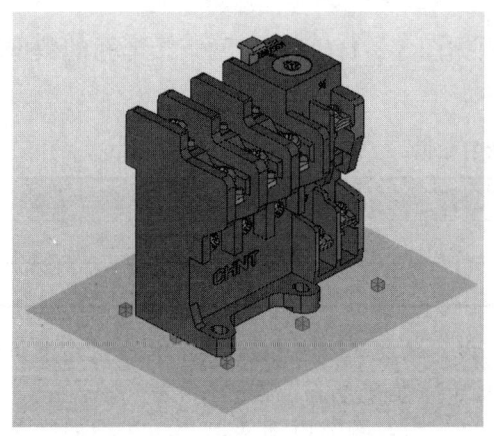

图 5-3-6　放置区域定义及模型正向定位

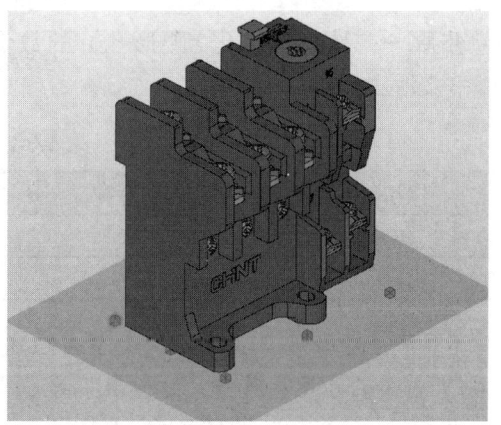

图 5-3-7　基准点定义

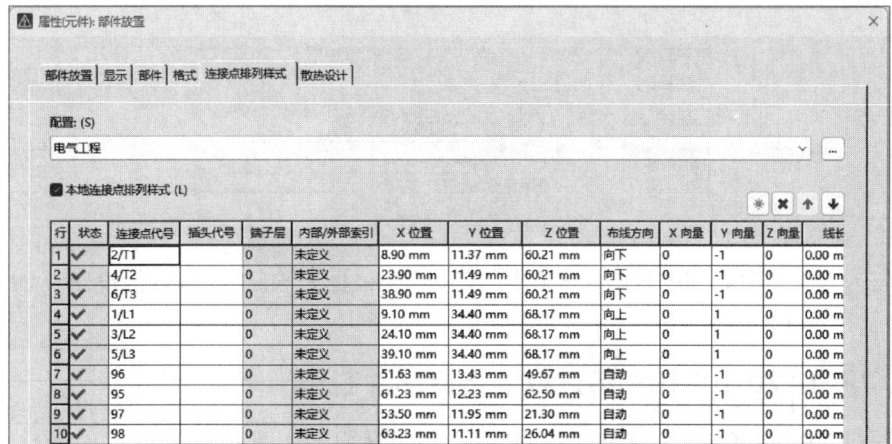

图 5-3-8　连接点排列样式设置

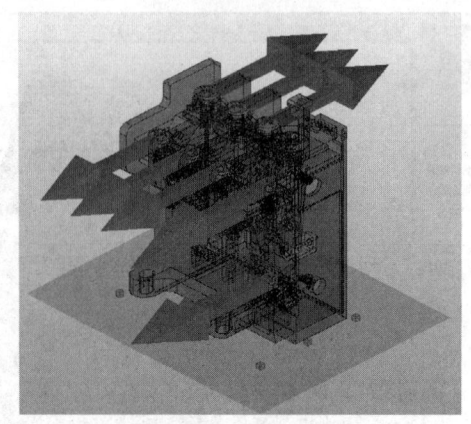

图 5-3-9　连接点方向

步骤六：在布局空间导航器中选中"4（JR36-20 热过载继电器三维模型 .stp）"，单击右键→"属性"，设置"宏：名称"为"CHINT\ 热过载继电器 \JR36-20 _3D.ema"；单击"项目数据"→"宏"→"自动生成"，完成 JR36-20 的 3D 宏制作。

二、JR36-20 钻孔排列样式创建

步骤一：计算安装孔（腰形孔）的数值，根据图 5-3-1，可确定两个腰形孔的数据如表 5-3-2 所示。

表 5-3-2　安装孔数据

X 位置	Y 位置	第一尺寸	第二尺寸
5	8.5	6	4.5
43	8.5	6	4.5

（提示：X 位置 – 孔中心到左下角距离在 X 方向的距离；Y 位置 – 孔中心到左下角距离在 Y 方向的距离；第一尺寸 – 孔高度；第二尺寸 – 孔宽度。）

步骤二：单击"工具"→"部件"→"管理"，在右侧窗口中选中"钻孔排列样式"，单击右键→"新建"，在"钻孔排列样式"选项卡中，设置"名称"为"CHT.JR36-20"，如图 5-3-10 所示。

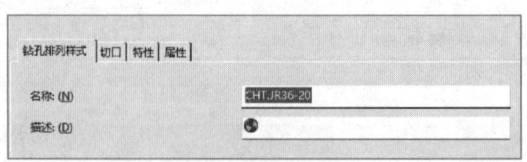

图 5-3-10　钻孔排列样式命名

步骤三：在"切口"选项卡中，单击"新建"，根据表 5-3-2 进行数值设定，如图 5-3-11 所示。

三、JR36-20 10-16A 热过载继电器部件制作

步骤一：JR36-20 10-16A 的"常规"选项卡设置，如图 5-3-12 所示；"价格 / 其它"选项卡如图 5-3-13 所示；"安装数据"选项卡如图 5-3-14 所示。

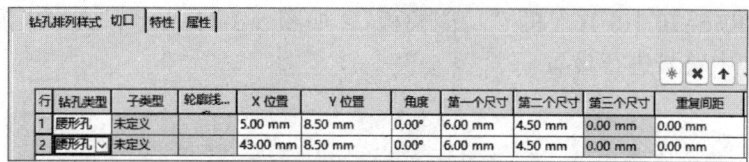

行	钻孔类型	子类型	轮廓线...	X 位置	Y 位置	角度	第一个尺寸	第二个尺寸	第三个尺寸	重复间距
1	腰形孔	未定义		5.00 mm	8.50 mm	0.00°	6.00 mm	4.50 mm	0.00 mm	0.00 mm
2	腰形孔	未定义		43.00 mm	8.50 mm	0.00°	6.00 mm	4.50 mm	0.00 mm	0.00 mm

图 5-3-11　钻孔的数据设置

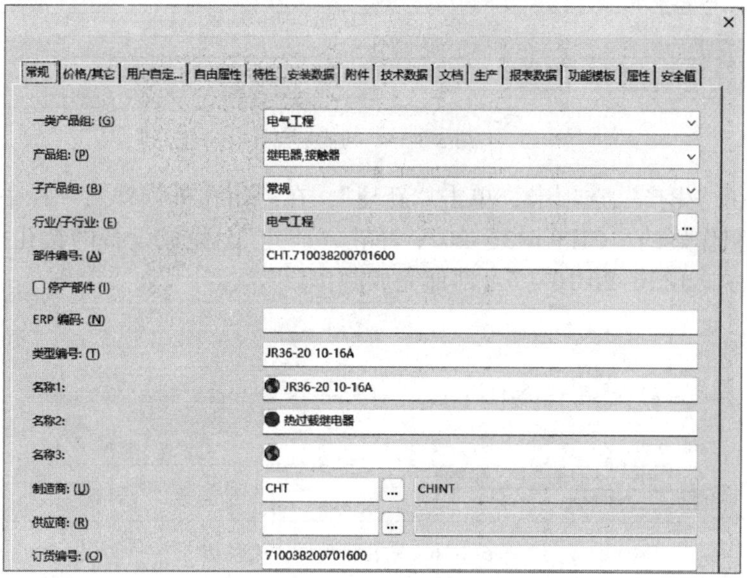

图 5-3-12　常规设置

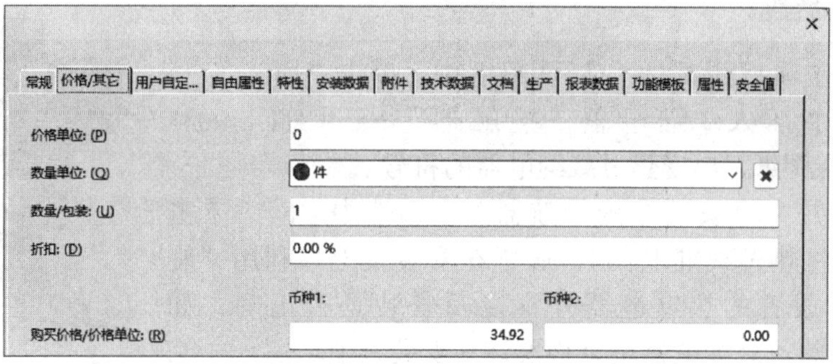

图 5-3-13　价格 / 其它设置

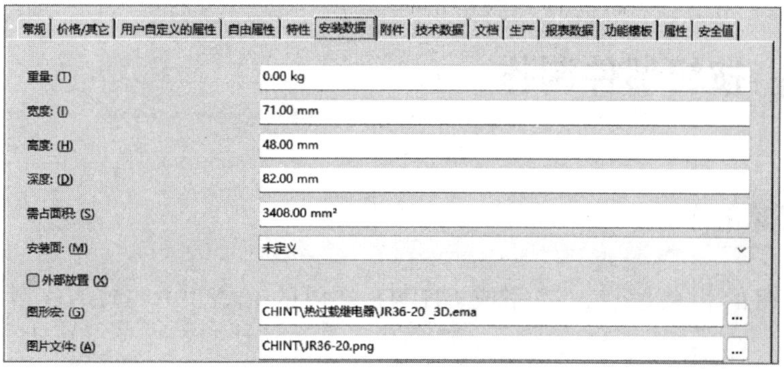

图 5-3-14　安装数据设置

步骤二：JR36-20 10-16A 的"功能模板"，如图 5-3-15 所示，其中未展示的"符号"栏按照表 5-3-1 中符号进行设置。

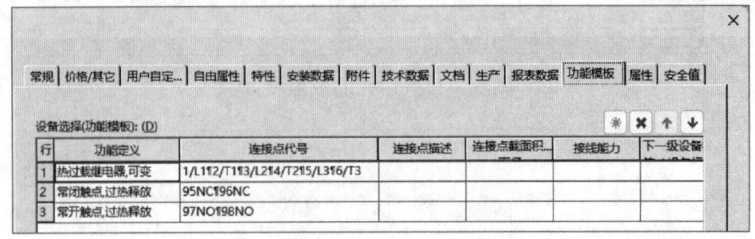

图 5-3-15　功能定义

步骤三：在"生产"选项卡，单击"新建"，在"钻孔排列样式"栏中，单击拓展按钮，选中已经制作好的"CHT.JR36-20"，单击"确定"，完成设备的钻孔排列样式关联，如图 5-3-16 所示。JR36-20 10-16A 部件完成制作。

图 5-3-16　钻孔排列样式关联

【任务测评】

步骤一：在项目测试的"1"页图纸中，单击"插入"→"设备"，选中插入"继电器，接触器"→"CHT.710038 200701600"，在图纸，出现热过载继电器的符号。

步骤二：在"3D 安装布局导航器"中，选中"F"，单击右键→放置，将热过载继电器 F1 放置在安装板上。利用"旋转视角"查看放置的热继电器外观以及安装是否正确，如图 5-3-17 表明热过载继电器是直接安装在安装板上的。

步骤三：单击菜单栏"视图"→"钻孔视图"，可看到热过载继电器安装孔中有红色的钻孔。

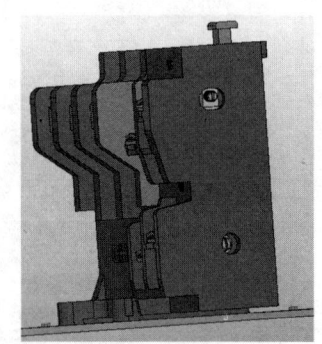

图 5-3-17　安装在安装板上的 JR36-20 10-16A

任务四　按钮部件制作

【任务描述】

请收集按钮的相关信息，并完成 CHINT 公司的 LAY39B-11BND 型号的按钮部件制作。

☑【任务资讯】

一、适用范围

LAY39系列按钮适用于交流50Hz或60Hz，额定工作电压380V及以下或直流工作电压220V的工业控制电路中，作为电磁起动器、接触器、继电器及其它电气线路的控制之用，带有指示灯式按钮还适用于灯光信号指示的场合。

二、型号及含义

型号及含义如图5-4-1所示，型式代号及辅助规格代号如表5-4-1所示。

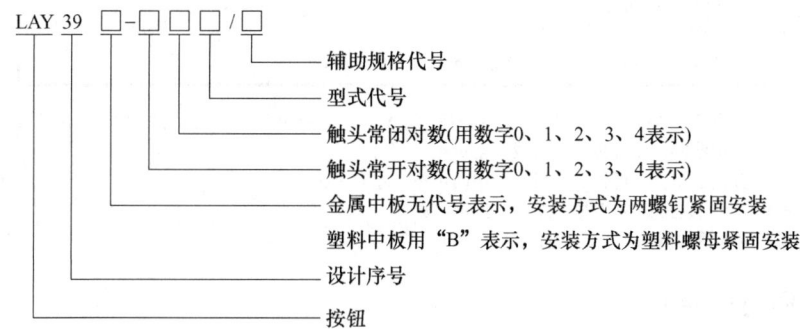

图 5-4-1　型号及含义

表 5-4-1　型式代号及辅助规格代号

型式代号	含义	辅助规格代号及含义		
BN	自复平钮	1：白；2：黑；3：绿；4：红；5：黄；6：蓝		LED 灯珠工作电压：AC/DC 6V AC/DC 12V AC/DC 24V AC/DC 36V AC/DC 48V AC/DC 110V AC/DC 220V AC 110V AC 220V AC 380V
BNZS	自锁平钮			
GN*	自复高钮			
GNZS*	自锁高钮			
M	自复蘑菇头钮	1：φ40	3：绿；4：红；5：黄	
MZS*	自锁蘑菇头钮			
ZS	蘑菇头自锁转动复位钮		4：红	
MD	瞬动型带灯蘑菇头钮		3：绿；4：红；5：黄	
MZSD	自锁型带灯蘑菇头钮			
XD*	带灯旋钮	21：二位置锁定 22*：二位置复位 31：三位置锁定 33*：三位置复位	1：白*；2：黑；3：绿*；4：红*；5：黄*；6：蓝*	
XBD*	带灯长柄旋钮			
X	旋钮			

(续)

型式代号	含义	辅助规格代号及含义		
XB	长柄旋钮	21：二位置锁定 22*：二位置复位 31：三位置锁定 33*：三位置复位	2：黑；3：绿*；4：红*	LED 灯珠 工作电压： AC/DC 6V AC/DC 12V AC/DC 24V AC/DC 36V AC/DC 48V AC/DC 110V AC/DC 220V AC 110V AC 220V AC 380V
Y	钥匙钮		L：钥匙仅左边抽出 M：钥匙仅中间抽出（三位置） R：钥匙仅右边抽出	
S*	双头钮			
SD*	带灯双头钮	1：白；3：绿；4：红；5：黄；6：蓝		
BND	带灯自复平钮			
BNZSD	带灯自锁平钮			
GND*	带灯自复高钮			
GNZSD*	带灯自锁高钮			

注：带"*"规格仅用于LAY39B，不带"*"规格适用LAY39，LAY39B全系列，钥匙钮可拔出位置：
LAY39 两位置钥匙钮：左可拔、右可拔、全可拔
LAY39 三位置钥匙钮：左可拔、右可拔、中间可拔、左右可拔
LAY39B 两位置钥匙钮：左可拔、右可拔、全可拔
LAY39B 三位置钥匙钮：左可拔、右可拔、中间可拔、左右可拔、全可拔

三、外形与安装尺寸

按钮外形与安装尺寸如图 5-4-2 所示。

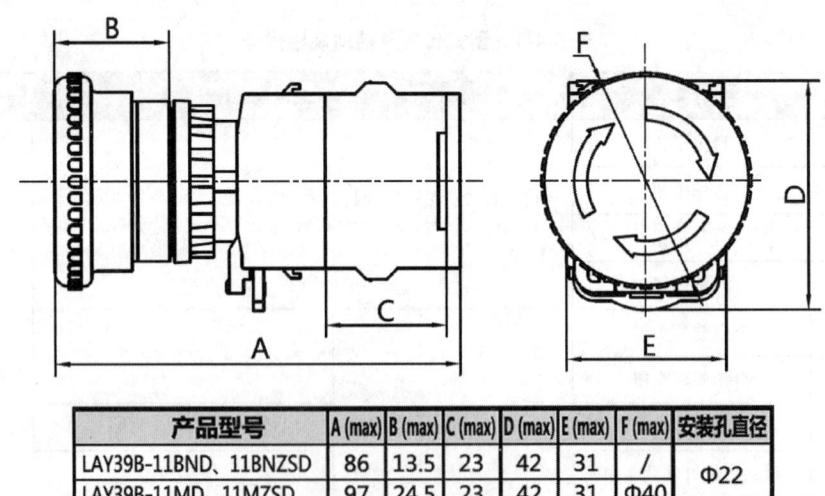

产品型号	A (max)	B (max)	C (max)	D (max)	E (max)	F (max)	安装孔直径
LAY39B-11BND、11BNZSD	86	13.5	23	42	31	/	Φ22
LAY39B-11MD、11MZSD	97	24.5	23	42	31	Φ40	Φ22

图 5-4-2 按钮外形与安装尺寸

四、商业数据

LAY39B-11BND 的商业数据如图 5-4-3 所示。

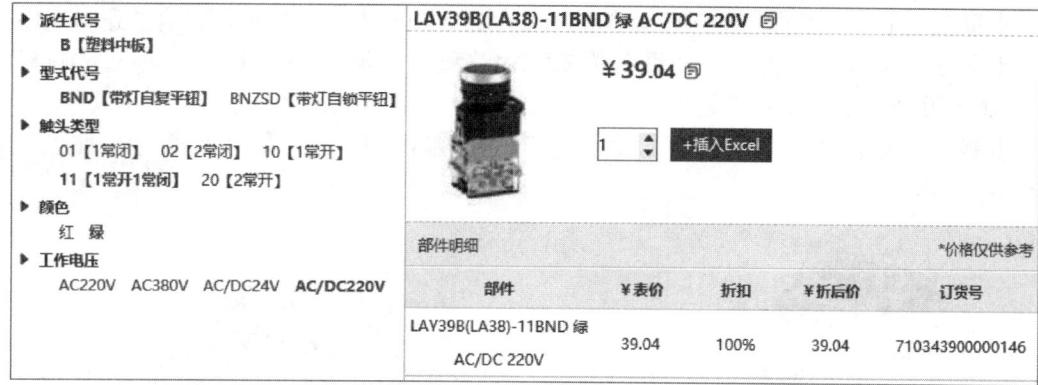

图 5-4-3　LAY39B-11BND 的商业数据

📖【学习准备】

请根据收集的断路器信息，完成 LAY39B-11BND 资料汇总，填入表 5-4-2 中。

表 5-4-2　LAY39B-11BND 资料汇总

一类产品组	A. 电气工程	B. 流体	C. 机械	D. 工艺工程
产品组	A. 常规	B. 未定义	C. 安全设备	D. 传感器、开关和按钮
子产品组	A. 常规	B. 未定义	C. 断路器	D. 开关/按钮
行业/子行业	A. 电气工程	B. 机械	C. 工艺工程	D. 液压
部件编号				
类型编号				
名称 1				
制造商				
订货编号				
购买价格				
数量单位				
宽度				
高度				
深度				
连接点代号				
符号				

🛠【技能操作】

一、LAY39B-11BND 的 3D 宏制作

步骤一：单击"布局空间"→"导入（3D 图形）"，选中"LAY39B-11BND 按钮三维模型 .stp"。

步骤二： 在宏制作的布局空间，单击"编辑"→"图形"→"合并"，合并逻辑组件。

步骤三： 单击"编辑"→"设备逻辑"→"放置区域"→"定义"，通过"旋转视角"，旋转模型，单击设备安装的平面，完成放置区域的定义，如图 5-4-4 所示。

步骤四： 单击"编辑"→"设备逻辑"→"基准点"，选取左上角为基准点，如图 5-4-5 所示。

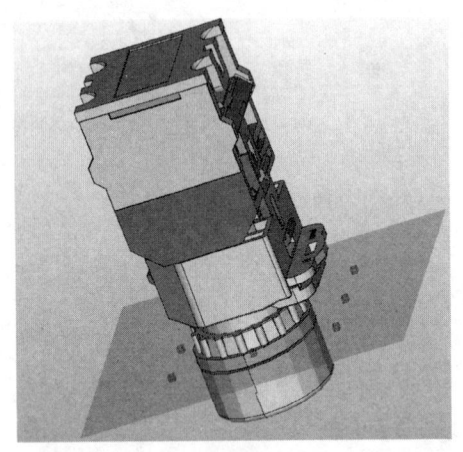 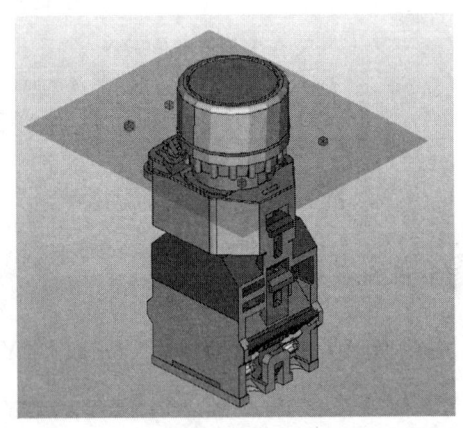

图 5-4-4　放置区域定义　　　　　　　图 5-4-5　基准点定义

步骤五： 单击"编辑"→"设备逻辑"→"连接点排列样式"→"定义连接点"，进行连接点定义，其"连接点排列样式"窗口设置如图 5-4-6 所示。

行	状态	连接点代号	插头代号	端子层	内部/外部索引	X位置	Y位置	Z位置	布线方向	X向量	Y向量	Z向量	线长裕量	连接方式
1	✓	12NO		0	未定义	7.10 mm	7.13 mm	7.23 mm	向下	0	-0.707...	-0.70...	0.00 mm	单个螺钉夹
2	✓	24NC		0	未定义	22.90 mm	7.13 mm	7.23 mm	向下	0	-0.707...	-0.70...	0.00 mm	单个螺钉夹
3	✓	23NC		0	未定义	22.90 mm	28.89 mm	7.23 mm	向上	0	0.7071...	-0.70...	0.00 mm	单个螺钉夹
4	✓	11NO		0	未定义	7.10 mm	28.89 mm	7.23 mm	向上	0	0.7071...	-0.70...	0.00 mm	单个螺钉夹

图 5-4-6　连接点排列样式设置

步骤六： 在布局空间导航器中选中"5（LAY39B-11BND 按钮三维模型 .stp）"，单击右键→"属性"，设置"宏：名称"为"CHINT\ 按钮 \LAY39B-11BND_3D.ema"；单击"项目数据"→"宏"→"自动生成"，完成 LAY39B-11BND 的 3D 宏制作。

二、LAY39B-11BND 钻孔排列样式创建

步骤一： 单击"布局空间"→"测量"，选择合适点进行距离测量，如图 5-4-7 所示，可知"Y 位置"为 18；同样的方法可以得知"X 位置"为 15，孔的直径为 22。

步骤二： 单击"工具"→"部件"→"管理"，在右侧窗口中选中"钻孔排列样式"，单击右键→"新建"，在"钻孔排列样式"选项卡中，设置"名称"为"CHT.LAY39B-11BND"。

步骤三： 在"切口"选项卡中，单击"新建"，进行切口设置，如图 5-4-8 所示。

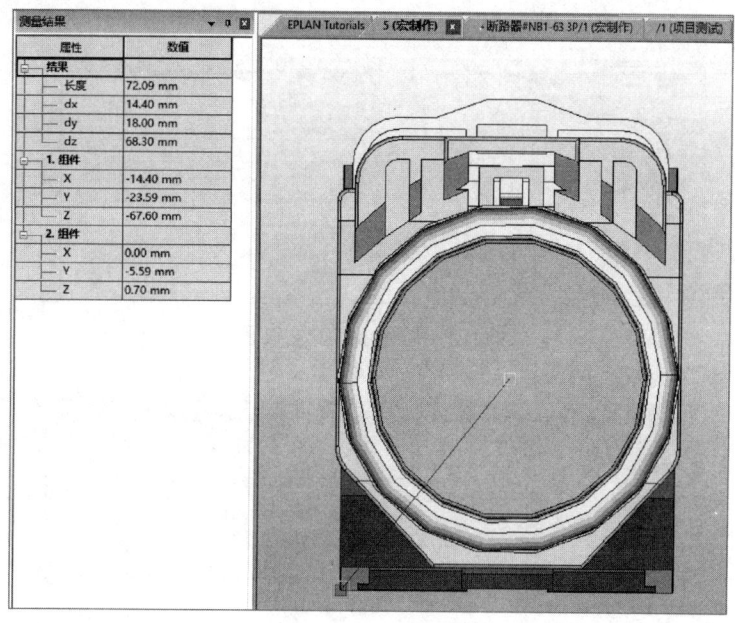

图 5-4-7 距离测量

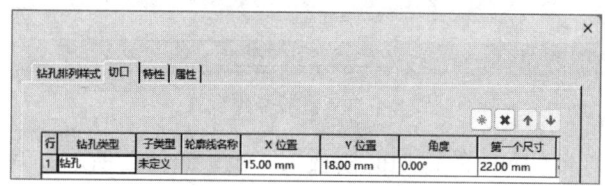

图 5-4-8 钻孔的数据设置

三、LAY39B–11BND 部件制作

步骤一：LAY39B–11BND 的"常规"选项卡设置，如图 5-4-9 所示；"价格/其它"选项卡如图 5-4-10 所示；"安装数据"选项卡如图 5-4-11 所示。

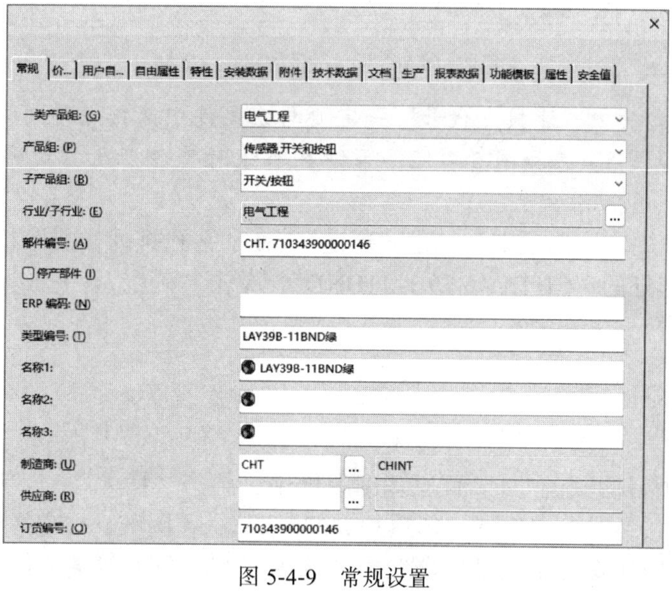

图 5-4-9 常规设置

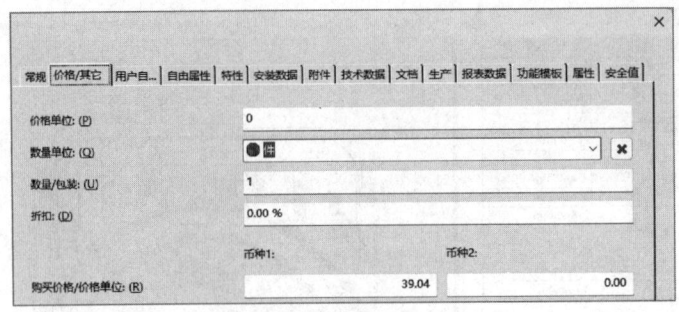

图 5-4-10 价格/其它设置

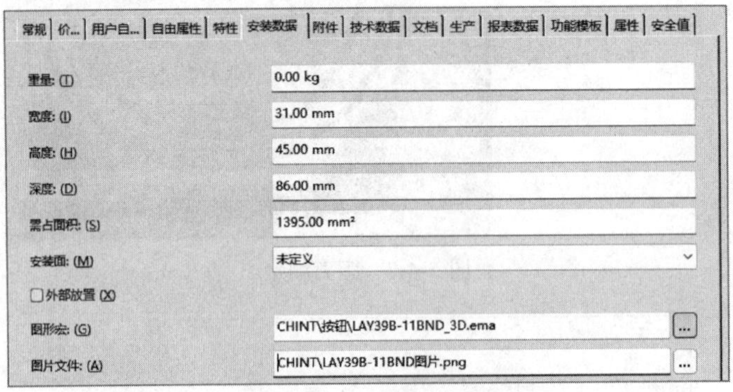

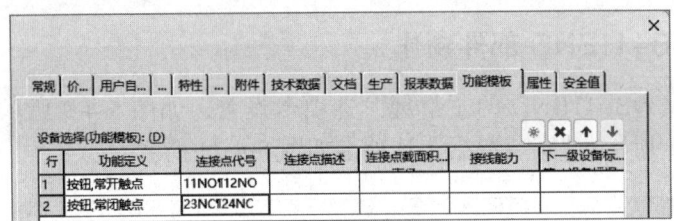

图 5-4-11 安装数据设置

步骤二：LAY39B-11BND 的"功能模板"，如图 5-4-12 所示，其中未展示的"符号"栏按照表 5-4-2 中符号进行设置。

图 5-4-12 功能定义

（提示：功能定义中"连接点代号"一定要与宏文件中连接点排列样式中"连接点代号"一致，请对照图 5-4-5 和图 5-4-12，否则在布线时将会产生接线错位或者不布线的现象。）

步骤三：在"生产"选项卡，单击"新建"，在"钻孔排列样式"栏中，单击拓展按钮，选中已经制作好的"CHT.LAY39B-11BND"，单击"确定"，完成设备的钻孔排列样式关联。

【任务测评】

步骤一：在项目测试的"1"页原理图图纸中，单击"插入"→"设备"，选中插入"传感器，开关和按钮"→"CHT. 710343900000146"，在图纸，出现按钮的符号。

步骤二：在"3D 安装布局导航器"中，选中"S"，单击右键→放置，将按钮 S1 放置在箱柜的柜门上。利用"旋转视角"查看放置的按钮外观以及安装是否正确，图 5-4-13 表明按钮是安装在柜门上的。

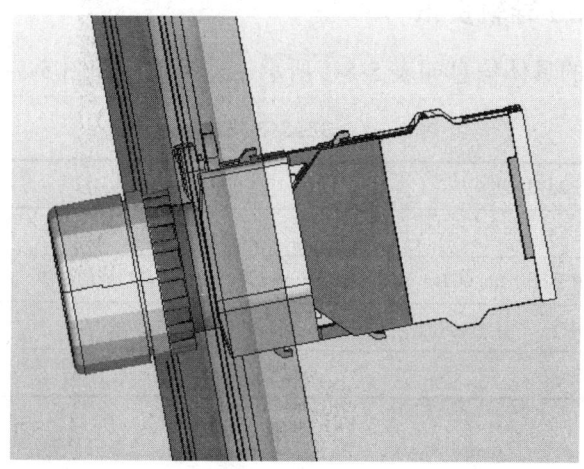

图 5-4-13　安装在柜门上的 LAY39B–11BND

【实战演练】

请完成 CHINT 公司的 LAY39B–11MZSD 型号的急停按钮制作，其商业数据如图 5-4-14 所示。

图 5-4-14　LAY39B–11MZSD 的商业数据

任务五　导轨及线槽部件制作

【任务描述】

请收集导轨及线槽的相关信息，并完成 Rittal 公司的 SZ2313.750 型号的导轨和 TS8800.750 型号的线槽部件制作。

☑【任务资讯】

一、SZ2313.750 导轨资讯

SZ2313.750 导轨的具体信息如表 5-5-1 所示,外形结构如图 5-5-1 所示。

表 5-5-1　SZ2313.750 信息

型号	SZ2313.750
型式	TH 35/7.5
产品描述	用于符合 EN 60715 标准的啮合端子或其他具备啮合功能的部件。
材料	钢板
表面	镀锌

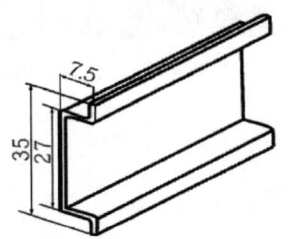

图 5-5-1　SZ2313.750 外形结构

二、TS8800.750 线槽资讯

TS8800.750 的具体信息如表 5-5-2 所示。

表 5-5-2　TS8800.750 信息

型号	TS8800.750
产品描述	带特殊 DIN 冲头,用于直接安装在外壳部分或安装板等表面上
材料	硬质 PVC 阻燃、自熄温度耐受 +60℃
颜色	类似于 RAL 7030
供应	带盖电缆管道
齿宽	5.5mm
槽宽	4.5mm
尺寸	宽度:30mm 深度:80mm 长度:2000mm

三、导轨及线槽钻孔尺寸计算规则

钻孔尺寸计算规则如图 5-5-2 所示。

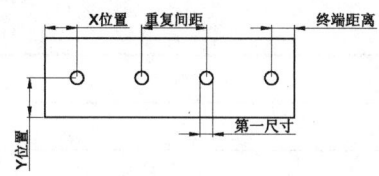

图 5-5-2 钻孔尺寸计算规则

【学习准备】

一、资料汇总

请根据收集的导轨和线槽信息，完成 SZ2313.750 导轨和 TS8800.750 线槽资料汇总，填入表 5-5-3 和表 5-5-4 中。

表 5-5-3 SZ2313.750 资料汇总

一类产品组	A. 电气工程	B. 流体	C. 机械	D. 工艺工程
产品组	A. 常规	B. 机柜	C. 机柜附件，内部扩展	D. 继电器，接触器
子产品组	A. 常规	B. 未定义	C. 箱柜本体	D. 安装导轨
行业/子行业	A. 电气工程	B. 机械	C. 工艺工程	D. 液压
部件编号				
类型编号				
名称 1				
制造商				
订货编号				
宽度				
高度				
深度				
功能定义				
组件				
上面的宽度				
下面的宽度				
供货长度				

表 5-5-4 TS8800.750 资料汇总

一类产品组	A. 电气工程	B. 流体	C. 机械	D. 工艺工程
产品组	A. 常规	B. 机柜	C. 机柜附件，内部扩展	D. 电缆槽
子产品组	A. 常规	B. 未定义	C. 箱柜本体	D. 安装导轨
行业/子行业	A. 电气工程	B. 机械	C. 工艺工程	D. 液压
部件编号				
类型编号				

(续)

名称1	
制造商	
订货编号	
宽度	
高度	
深度	
功能定义	
组件	
供货长度	
齿宽	
槽宽	

二、钻孔计算

例1，某段 SZ2313.750 的导轨尺寸如图 5-5-3 所示，则其钻孔排列样式的数据如表 5-5-5 所示。

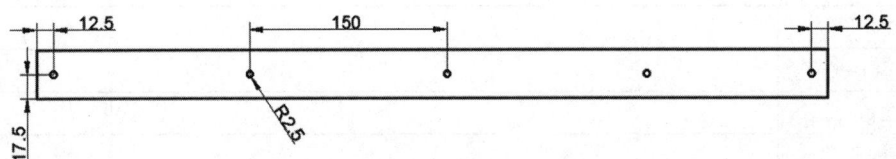

图 5-5-3　SZ2313.750 导轨尺寸图

表 5-5-5　SZ.2313.750 钻孔排列样式数据

X 位置	Y 位置	第一尺寸	重复间距	终端距离	每 n 个洞钻孔
12.5	17.5	5	25	12.5	6

例2，某段 TS8800.750 的线槽尺寸如图 5-5-4 所示，则其钻孔排列样式的数据如表 5-5-6 所示。

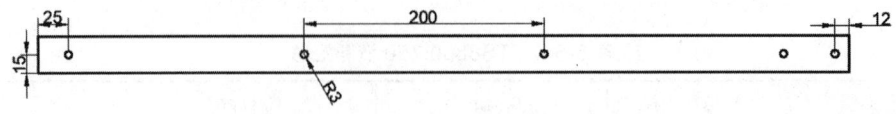

图 5-5-4　TS8800.750 线槽尺寸图

表 5-5-6　TS8800.750 钻孔排列样式数据

X 位置	Y 位置	第一尺寸	重复间距	终端距离	每 n 个洞钻孔
25	15	6	50	12	4

✦【技能操作】

一、SZ2313.750 导轨部件制作

步骤一： 单击"工具"→"部件"→"管理"，选中"机械"，单击右键→"新建"→"零部件"。

步骤二： 根据表 5-5-3，将"常规"选项卡设置如图 5-5-5 所示，"安装数据"选项卡如图 5-5-6 所示，"属性"选项卡如图 5-5-7 所示。

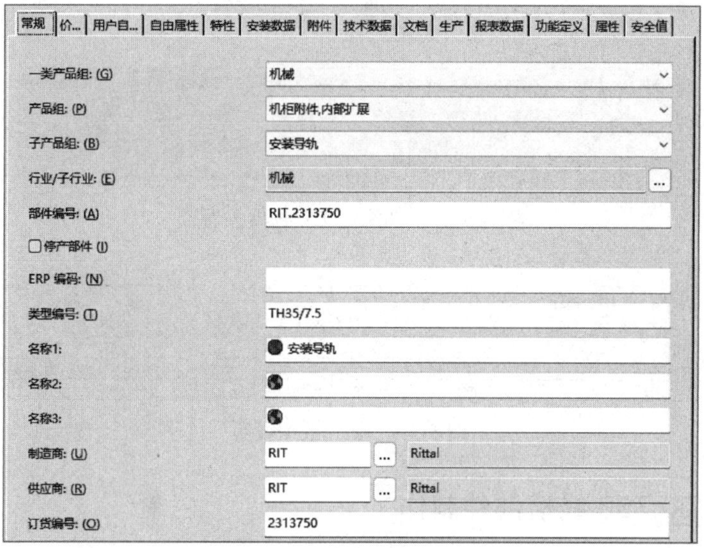

图 5-5-5 "常规"选项卡设置

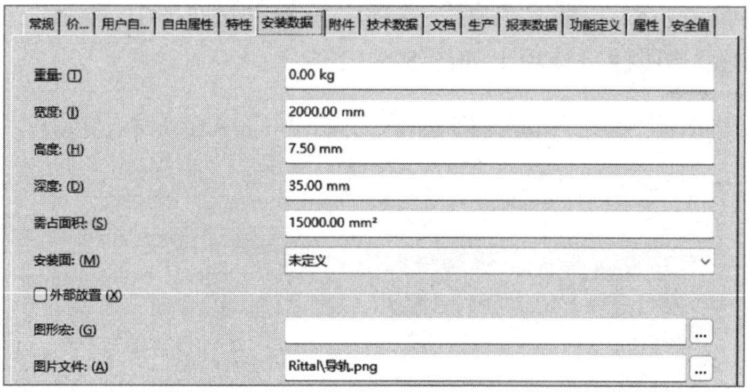

图 5-5-6 "安装数据"选项卡设置

步骤三： 选中"功能定义"选项卡，单击"功能定义"右侧拓展按钮，选中"机械"→"系统附件"→"内部延伸的机柜附件"→"导轨"→"安装导轨"；组件设置为"安装导轨"，如图 5-5-8 所示。

步骤四： 在右侧窗口选中"钻孔排列样式"，单击右键→"新建"，在"钻孔排列样式"选项卡中，设置名称为"RIT.TS35_7.5_TS"；打开"切口"选项卡，根据表 5-5-5 进行钻孔数据设置，如图 5-5-9 所示，完成 SZ2313.750 导轨部件制作。

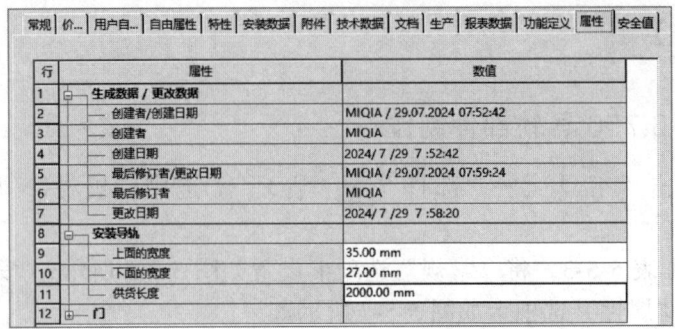

图 5-5-7 "属性"选项卡设置

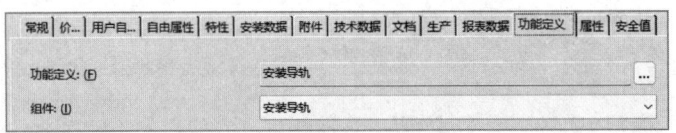

图 5-5-8 "功能定义"选项卡设置

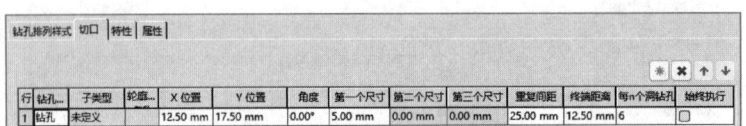

图 5-5-9 钻孔数据设置

二、TS8800.750 线槽部件制作

步骤一：单击"工具"→"部件"→"管理"，选中"机械"，单击右键→"新建"→"零部件"。

步骤二：根据表 5-5-4，将"常规"选项卡设置如图 5-5-10 所示，"安装数据"选项卡如图 5-5-11 所示，"属性"选项卡如图 5-5-12 所示。

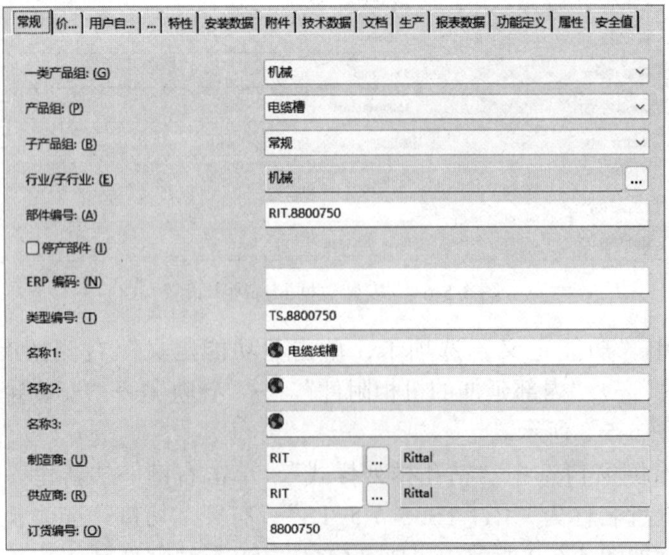

图 5-5-10 "常规"选项卡设置

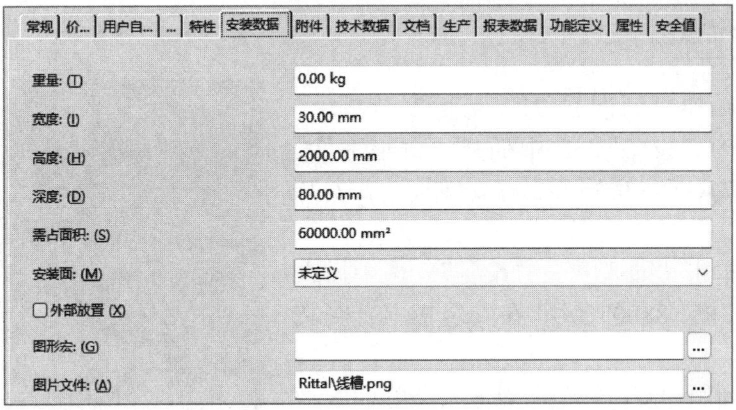

图 5-5-11 "安装数据"选项卡设置

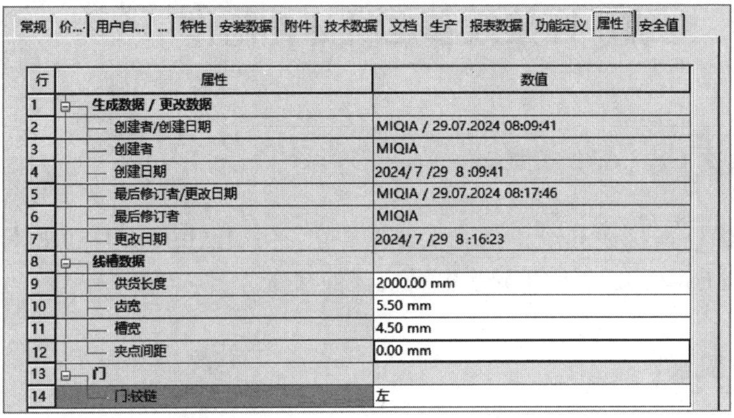

图 5-5-12 "属性"选项卡设置

步骤三：选中"功能定义"选项卡，单击"功能定义"右侧拓展按钮，选中"机械"→"系统附件"→"布线路径"→"线槽"；组件设置为"线槽"，如图 5-5-13 所示。

图 5-5-13 "功能定义"选项卡设置

步骤四：在右侧窗口选中"钻孔排列样式"，单击右键→"新建"，在"钻孔排列样式"选项卡中，设置名称为"TS8800.750"；打开"切口"选项卡，根据表 5-5-6 进行钻孔数据设置，如图 5-5-14 所示，完成 TS8800.750 线槽部件制作。

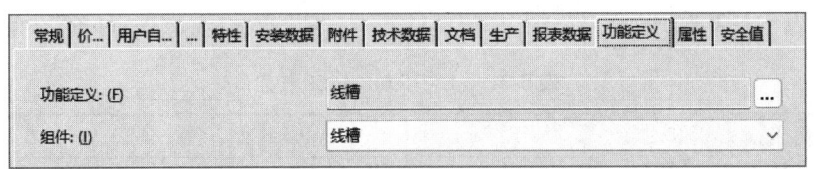

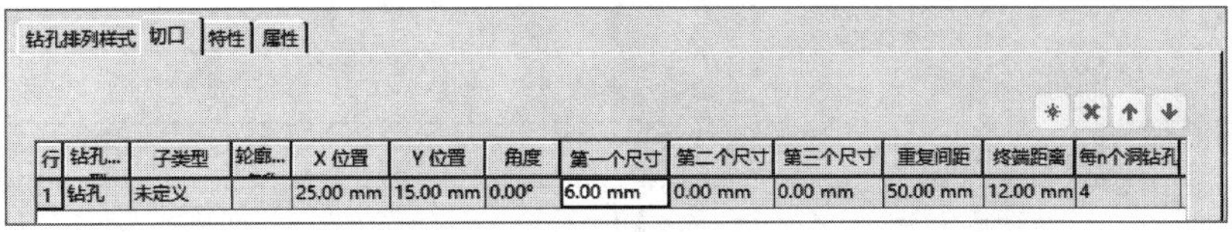

图 5-5-14 钻孔数据设置

【任务测评】

步骤一：在项目测试的"1"箱柜安装板中，单击"插入"→"设备"，选中插入"机柜附件，内部扩展"→"RIT.2313750"，在安装板上，安装导轨。

步骤二：单击"插入"→"设备"，选中插入"电缆槽"→"RIT.8800750"，在安装板上，安装线槽。

步骤三：利用"旋转视角"查看安装好的线槽和导轨，如图 5-5-15 所示。

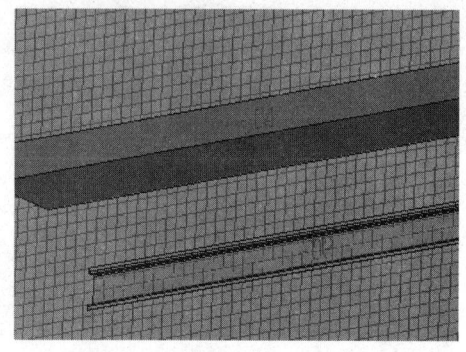

图 5-5-15　安装好的线槽和导轨

任务六　电缆、连接线和电机部件制作

【任务描述】

请收集电缆、连接线和电机的相关信息，并完成 LAPP.0014159 型号电缆、ZC-RV 常用连接线和 YE3-100L-2 三相异步电动机部件制作。

【任务资讯】

一、LAPP.0014159 电缆资讯

LAPP.0014159 导轨的具体信息如表 5-6-1 所示，外形结构如图 5-6-1 所示。低电压多芯电缆的线芯标识如表 5-6-2 所示。

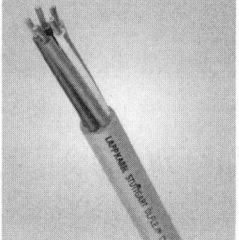

图 5-6-1　LAPP.0014159 外形结构

表 5-6-1　LAPP.0014159 信息

电缆尺寸	5G2.5
导体额定横截面（mm²）	2.5mm²
导体材料	裸铜
导体结构	IEC 60228 类别 5：细丝绞合线
包括接地线	✓
芯线数量	5
绞合类型	分层绞合
屏蔽型	✗
额定外径	11.9 mm
电缆形状	圆形
芯线绝缘的基本材料	无卤素混合物

表 5-6-2　低电压多芯电缆的线芯标识

芯线数量	带黄绿接地线的电缆 （简称 J 或 G）
3	GNYE/BN/BU
4	GNYE/BN/BK/GY
4a	GNYE/BU/BN/BK
5	GNYE/BU/BN/BK/GY
6 芯及以上	GNYE/BK 表面打印数字编号

二、ZC-RV 连接线信息

ZC-RV 表示连接线是 C 级阻燃铜芯聚氯乙烯软线，它是由很多股细铜丝绞在一起的单芯线，电压一般为 300/500V 或 450/750V，主要用于电器中的连接线。表 5-6-3 为 RV 铜芯 30m 长度电流．功率参照表，数据摘自网络，仅供参考，选用时请参考具体厂家参数。通常接地线用黄绿双色的电线；零线用黑色或者蓝色的电线；相线用黄色或绿色或红色的电线。

表 5-6-3　RV 铜芯 30m 长度电流．功率参照表

规格 /mm²	承受电流 /A	负载功率（220V）/W	负载瓦数（380V）/W
0.3	3	≤660	≤1200
0.5	5	≤1100	≤2000
0.75	7	≤1540	≤3500
1	10	≤2200	≤5500
1.5	15	≤3300	≤8500
2.5	25	≤5500	≤12000
4	32	≤6500	≤15500
6	45	≤8500	≤22000
10	60	≤12000	≤30000
16	80	≤16000	≤41000
25	110	≤23000	≤56000

三、YE3 系列三相异步电动机信息

1. 概述

◇ 适用于：需要节能连续运行的一般使用场所，如风机、水泵、机床等。

◇ 机座号：63～355。

◇ 功率：0.12～400kW。

◇ 工作制：S1（连续工作制）。

◇ 冷却方式：IC411（全封闭自带风扇冷却）。

◇ 能效等级：中国 GB18613-2020 3 级（IE 3）。

2. 内部结构（见图 5-6-2）

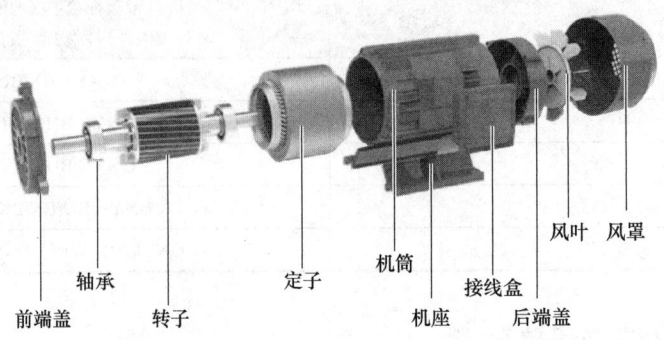

图 5-6-2　YE3 系列三相异步电动机内部结构

3. 性能数据（见表 5-6-4）

表 5-6-4　部分 YE3 系列三相异步电动机性能参数表

型号	功率/ kW	额定 电流/ A	转速/ (r/min)	效率/ Eff.（%）	功率 因数 PF	额定 转矩/ （N·m）	堵转转矩 额定转矩 $\dfrac{T_{st}}{T_N}$	堵转电流 额定电流 $\dfrac{I_{st}}{I_N}$	最大转矩 额定转矩 $\dfrac{T_{max}}{T_N}$	噪声/ dB （A）
同步转速　3000 r/min										
YE3-63M1-2	0.18	0.52	2720	65.9	0.80	0.63	2.3	5.5	2.2	61
YE3-63M2-2	0.25	0.67	2720	69.7	0.81	0.88	2.3	5.5	2.2	61
YE3-71M1-2	0.37	0.94	2770	73.8	0.81	1.29	2.3	6.1	2.2	62
YE3-71M2-2	0.55	1.3	2795	77.8	0.82	1.92	2.3	6.1	2.2	62
YE3-80M1-2	0.75	1.7	2870	80.7	0.82	2.50	2.3	7.0	2.3	62
YE3-80M2-2	1.1	2.4	2875	82.7	0.83	3.65	2.2	7.3	2.3	62
YE3-90S-2	1.5	3.2	2880	84.2	0.84	4.97	2.2	7.6	2.3	67
YE3-90L-2	2.2	4.6	2880	85.9	0.85	7.30	2.2	7.6	2.3	67
YE3-100L-2	3	6.0	2880	87.1	0.87	9.95	2.2	7.8	2.3	74
YE3-112M-2	4	7.8	2915	88.1	0.88	13.1	2.2	8.3	2.3	77
YE3-132S1-2	5.5	10.6	2935	89.2	0.88	17.9	2.0	8.3	2.3	79

【学习准备】

请根据收集的电缆、连接线和电机信息，完成 LAPP.0014159 电缆、ZC-RV 常用连接线和 YE3-100L-2 三相异步电动机资料汇总，填入表 5-6-5～表 5-6-7 中。

表 5-6-5　LAPP.0014159 资料汇总

一类产品组	A. 电气工程	B. 流体	C. 机械	D. 工艺工程
产品组	A. 常规	B. 机柜	C. 电缆	D. 继电器，接触器
子产品组	A. 常规	B. 未定义	C. 箱柜本体	D. 安装导轨
行业/子行业	A. 电气工程	B. 机械	C. 工艺工程	D. 液压

(续)

部件编号						
类型编号						
名称1						
制造商						
订货编号						
连接数						
截面积						
电压						
外径						
功能定义						
连接颜色						
截面积						
电位类型						

表 5-6-6　ZC-RV 常用连接线资料汇总

序号	部件编号	颜色	线径	功能定义	电位类型
1					
2					
3					
4					
5					
6					

表 5-6-7　YE3-100L-2 资料汇总

一类产品组	A. 电气工程	B. 流体	C. 机械	D. 工艺工程
产品组	A. 电机	B. 机柜	C. 机柜附件，内部扩展	D. 电缆槽
子产品组	A. 常规	B. 未定义	C. 箱柜本体	D. 安装导轨
行业/子行业	A. 电气工程	B. 机械	C. 工艺工程	D. 液压
部件编号				
类型编号				
名称1				
制造商				
订货编号				
技术参数				
功能定义				
连接点代号				
符号				

【技能操作】

一、LAPP.0014159 电缆部件制作

步骤一：单击“工具”→“部件”→“管理”，选中“电气工程”→“零部件”，单击右键→“新建”。

步骤二：根据表 5-6-5，将“常规”选项卡设置如图 5-6-3 所示，“属性”选项卡设置如图 5-6-4 所示。

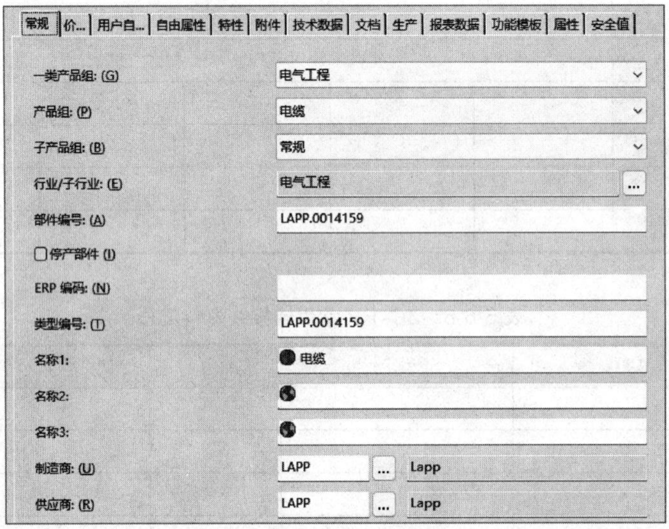

图 5-6-3　“常规”选项卡设置

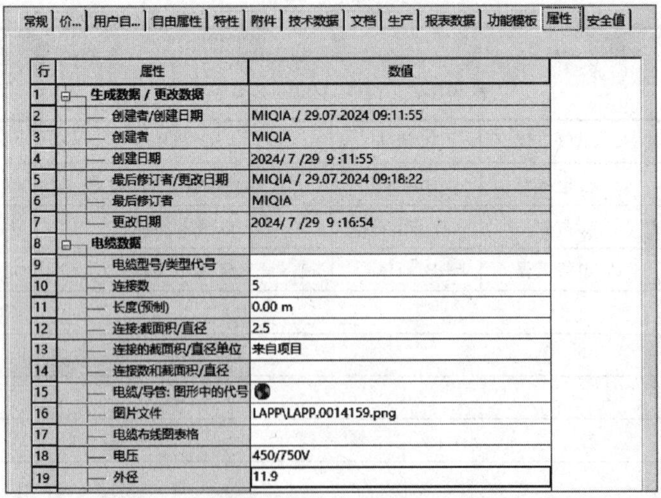

行	属性	数值
1	生成数据 / 更改数据	
2	创建者/创建日期	MIQIA / 29.07.2024 09:11:55
3	创建者	MIQIA
4	创建日期	2024/ 7 /29 9 :11:55
5	最后修订者/更改日期	MIQIA / 29.07.2024 09:18:22
6	最后修订者	MIQIA
7	更改日期	2024/ 7 /29 9 :16:54
8	电缆数据	
9	电缆型号/类型代号	
10	连接数	5
11	长度(预制)	0.00 m
12	连接:截面积/直径	2.5
13	连接的截面积/直径单位	来自项目
14	连接数和截面积/直径	
15	电缆/导管: 图形中的代号	
16	图片文件	LAPP\LAPP.0014159.png
17	电缆布线图表格	
18	电压	450/750V
19	外径	11.9

图 5-6-4　“属性”选项卡设置

步骤三：在“功能模板”选项卡，单击“新建”，单击“功能定义”栏右侧拓展按钮，选中“电气工程”→“电缆 / 天线”→“电缆”→“电缆”→“电缆定义”；再次“新建”，选中“常规”→“常规特殊功能”→“连接”→“连接定义”→“芯线 / 导线”，“功能模板”各项设置如图 5-6-5 所示。

常规 | 价... | 用户自... | 自由属性 | 特性 | 附件 | 技术数据 | 文档 | 生产 | 报表数据 | 功能模板 | 属性 | 安全值

设备选择(功能模板): (D)

行	功能定义	下	本质...	描述	模板...	连接颜色...	连接:截面积...	屏	成	电位类型	管路等级
1	电缆定义		☐								
2	芯线/导线		☐			BU	2.5			未定义	
3	芯线/导线		☐			BN	2.5			未定义	
4	芯线/导线		☐			BL	2.5			未定义	
5	芯线/导线		☐			GY	2.5			未定义	
6	芯线/导线		☐			GNYE	2.5			PE	

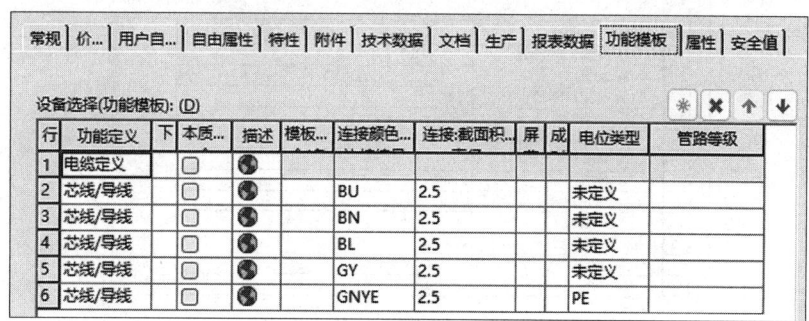

图 5-6-5　“功能模板”选项卡设置

二、ZC–RV 2.5 mm² YE 连接线部件制作

步骤一：选中“电气工程”→“零部件”，单击右键→“新建”。

步骤二：根据表 5-6-6，将“常规”选项卡设置如图 5-6-6 所示，“功能模板”选项卡设置如图 5-6-7 所示，“属性”选项卡设置如图 5-6-8 所示。

图 5-6-6　“常规”选项卡设置

常规 | 价... | 用户自... | ... | 特性 | 安装数据 | 附件 | 技术数据 | 文档 | 生产 | 报表数据 | 功能模板 | 属性 | 安全值

设备选择(功能模板): (D)

行	功能定义	连接颜色...	下一级...	连接:截面...	屏蔽自	成对...	电位类型	本质...	管路...	描述
1	芯线/导线	YE		2.5			未定义	☐		

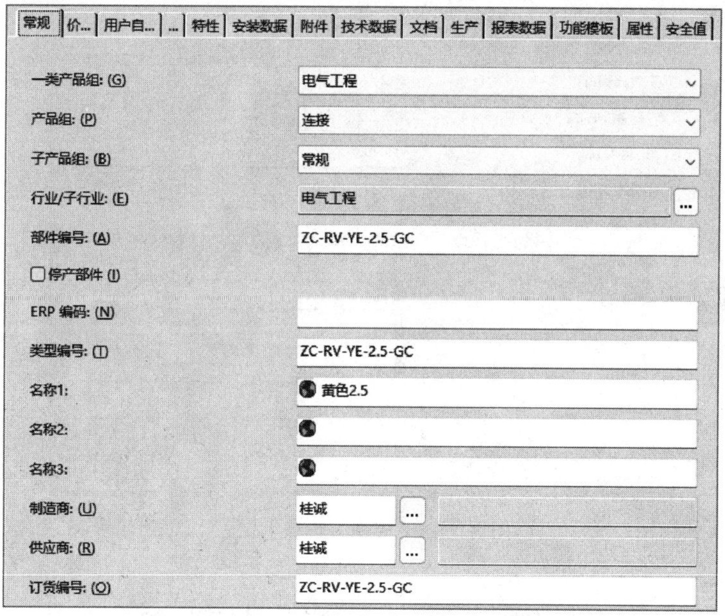

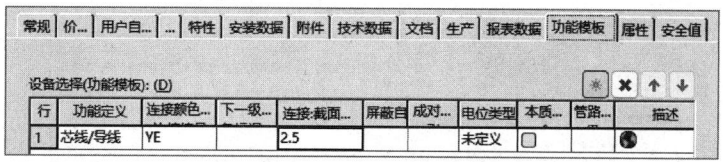

图 5-6-7　“功能模板”选项卡设置

（提示：连接：截面积直径输入为 2，5）

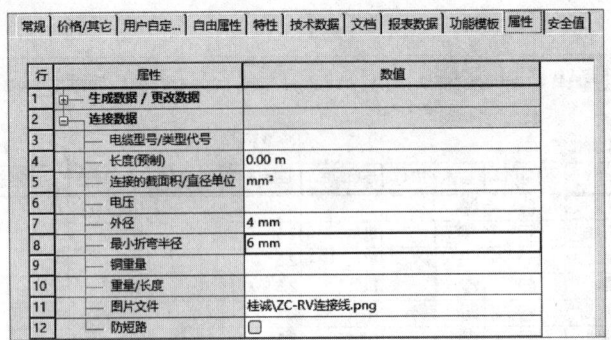

图 5-6-8 "属性"选项卡设置

三、YE3-100L-2 三相异步电动机部件制作

步骤一：选中"电气工程"→"零部件"，单击右键→"新建"。

步骤二：根据表 5-6-7，将"常规"选项卡设置如图 5-6-9 所示，"安装数据"选项卡设置如图 5-6-10 所示，"功能模板"选项卡设置如图 5-6-11 所示。

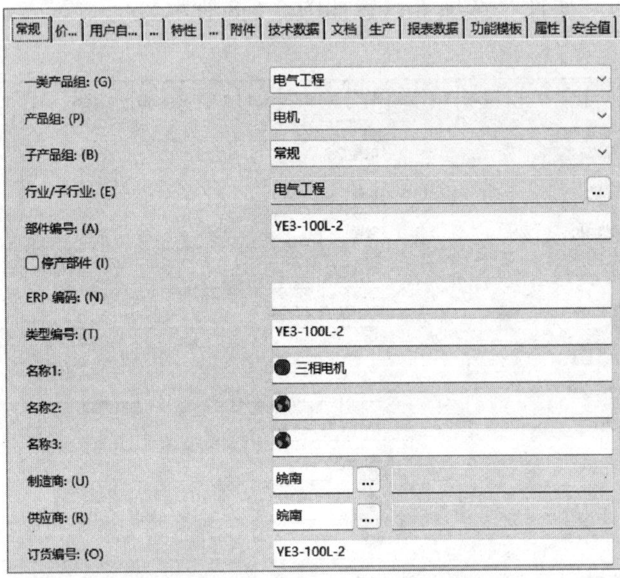

图 5-6-9 "常规"选项卡设置

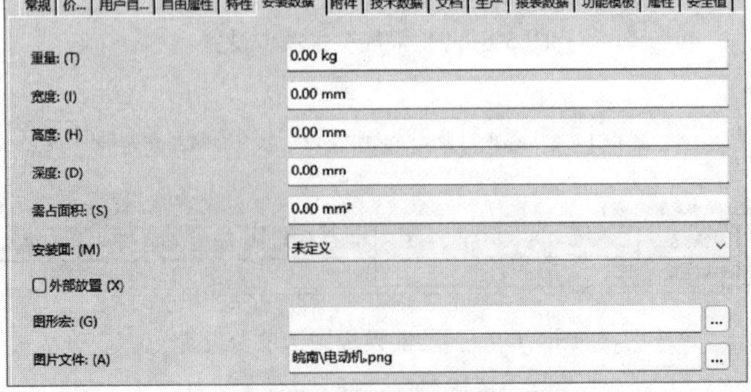

图 5-6-10 "安装数据"选项卡设置

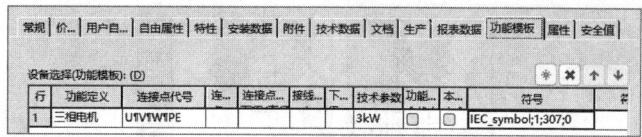

图 5-6-11 "功能模板"选项卡设置

任务七 端子部件制作

【任务描述】

请收集接线端子的相关信息,并完成 CHINT 公司的 JCUK-2.5N 型号的端子部件制作。

【任务资讯】

一、适用范围

JCUK 系列适用于交流 50Hz 或 60Hz,额定电压至 1000V,额定截面积至 150mm² 的电路中作导线连接之用。采用 TH35 型导轨安装。

二、技术参数

JCUK 系列端子技术参数如表 5-7-1 所示。

表 5-7-1 JCUK 系列端子技术参数

型号规格	技术参数						
	额定绝缘电压 U_i(V)/污染等级	额定截面积/mm²	额定工作电流/A	额定连接能力/mm²	拧紧力矩/(N·m)	安装方式	接线螺钉规格/接线方式
JCUK-2.5N	800/3	2.5	24	1～2.5	0.5～0.6	TH35-7.5 导轨	M3/导线
JCUK-3N	800/3	2.5	24	1～2.5	0.5～0.6	TH35-7.5 导轨	M3/导线
JCUK-5N	800/3	4	32	1.5～4	0.5～0.6	TH35-7.5 导轨	M3/导线
JCUK-5JD	—	4	32	1.5～4	0.5～0.6	TH35-7.5 导轨	M3/导线
JCUK-6JD	—	6	41	2.5～6	1.2～1.4	TH35-7.5 导轨	M4/导线
JCUK-10JD	—	10	57	4～10	1.2～1.4	TH35-7.5 导轨	M4/导线

三、外形尺寸

JCUK 系列端子外形尺寸如图 5-7-1 所示。

四、商业数据

JCUK-2.5N 端子商业数据如图 5-7-2 所示。

五、端子及相关附件示意图

端子及相关附件示意图如图 5-7-3 所示。

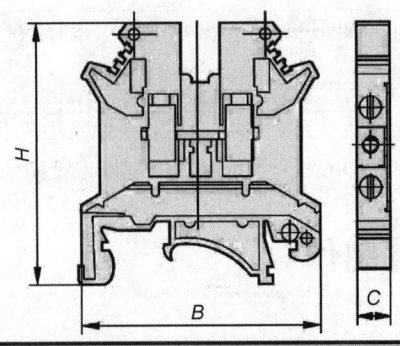

型号规格	尺寸					
	B/mm	C/mm	H/mm	L_1/mm	F/mm	G/mm
JCUK-2.5N	43	6.2	41	/	/	/
JCUK-3N	43	5.2	46	/	/	/
JCUK-5N	43	6.3	46	/	/	/
JCUK-5JD	43	6.5	45.5	/	/	/
JCUK-6JD	43	8.4	46	/	/	/
JCUK-10JD	43	10.5	45.5	/	/	/

图 5-7-1　JCUK 系列端子外形尺寸

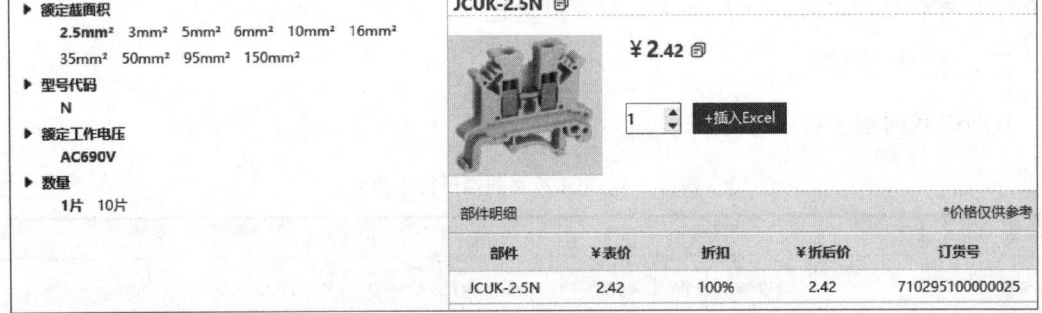

图 5-7-2　JCUK–2.5N 端子商业数据

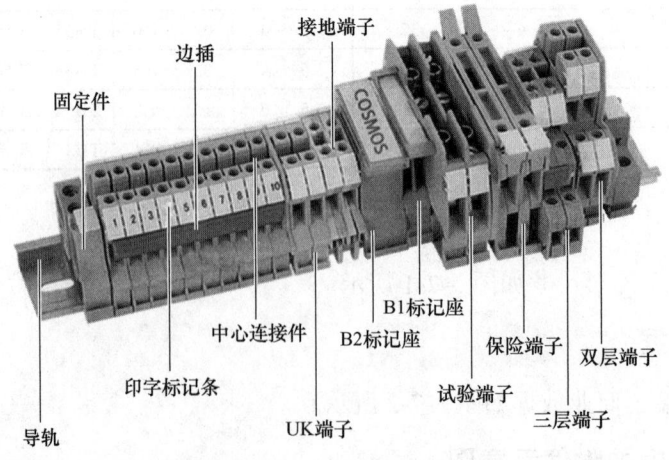

图 5-7-3　端子及相关附件示意图

【学习准备】

请根据收集的接线端子信息，完成 JCUK-2.5N 端子资料汇总，填入表 5-7-2 中。

表 5-7-2　JCUK-2.5N 端子资料汇总

一类产品组	A. 电气工程	B. 流体	C. 机械	D. 工艺工程
产品组	A. 常规	B. 端子	C. 安全设备	D. 继电器，接触器
子产品组	A. 常规	B. 端子	C. 断路器	D. 熔断器
行业 / 子行业	A. 电气工程	B. 机械	C. 工艺工程	D. 液压
部件编号				
类型编号				
名称 1				
制造商				
订货编号				
购买价格				
数量单位				
宽度				
高度				
深度				
功能定义				
连接点代号				
符号				
端子层				

【技能操作】

一、JCUK-2.5N 的 3D 宏制作

步骤一： 单击"布局空间"→"导入（3D 图形）"，选中"JCUK-2.5N 接线端子三维模型 .stp"。

步骤二： 单击"编辑"→"设备逻辑"→"放置区域"→"定义"，通过"旋转视角"，旋转模型，单击设备安装的平面，完成放置区域的定义，如图 5-7-4 所示。

步骤三： 单击"编辑"→"设备逻辑"→"放置区域"→"旋转"，实现模型正向放置，如图 5-7-5 所示。

步骤四： 单击"编辑"→"设备逻辑"→"基准点"，选取基准点，如图 5-7-6 所示。

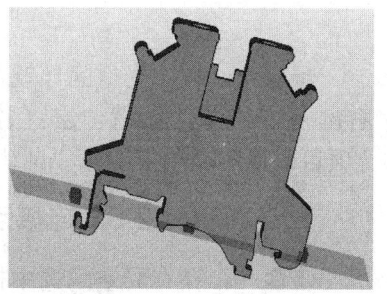

图 5-7-4　放置区域定义

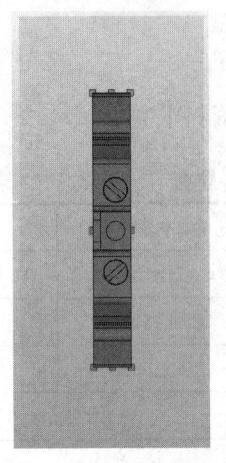

图 5-7-5 正向放置模型

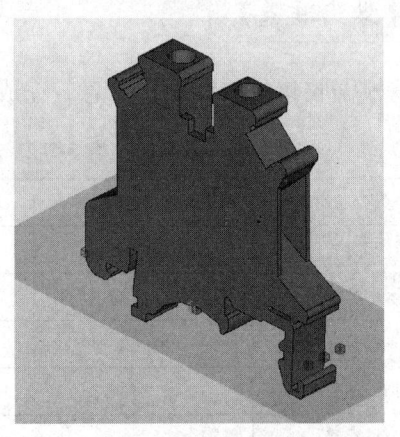

图 5-7-6 基准点定义

步骤五： 单击"编辑"→"设备逻辑"→"连接点排列样式"→"定义连接点"，进行连接点定义，其"连接点排列样式"窗口设置如图 5-7-7 所示。各连接点方向如图 5-7-8 所示。

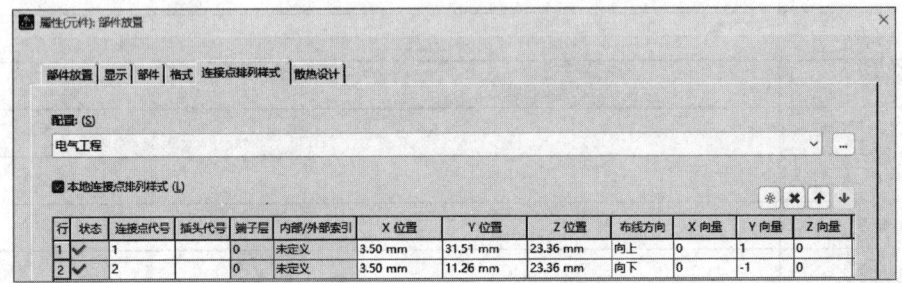

图 5-7-7 连接点排列样式设置

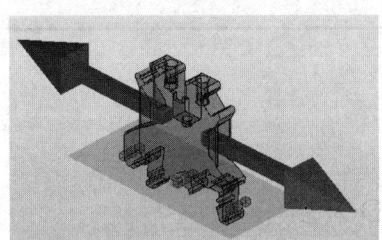

图 5-7-8 连接点方向

步骤六： 在布局空间导航器中选中"6（JCUK-2.5N 接线端子三维模型 .stp）"，单击右键→"属性"，设置"宏：名称"为"CHINT\端子\JCUK-2.5N_3D 端子 .ema"；单击"项目数据"→"宏"→"自动生成"，完成 JCUK-2.5N 接线端子的 3D 宏制作。

二、JCUK-2.5N 连接点排列样式创建

步骤一： 在布局空间选中模型，单击右键→"生成连接点排列样式"，选中"连接点排列样式"选项卡，设置名称为"CHT.JCUK-2.5N 接线端子"，打开"连接点"选项卡中已经保留了 JCUK-2.5N 接线端子的连接点信息，如图 5-7-9 所示。

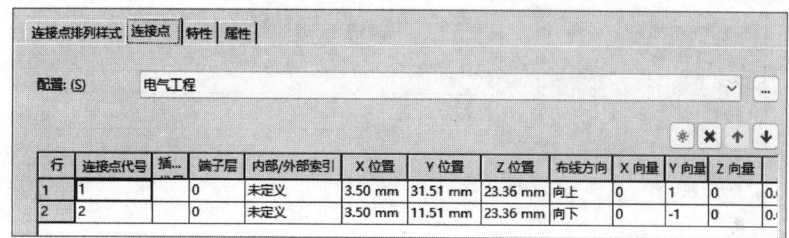

图 5-7-9　连接点排列样式信息

步骤二： 在制作其它跟 JCUK–2.5N 端子尺寸一样设备的时候，可以直接关联该"连接点排列样式"，节省工作量。

三、JCUK–2.5N 部件制作

步骤一： 按照表 5-7-1，设置 JCUK–2.5N 的"常规"选项卡如图 5-7-10 所示、"价格 / 其它"选项卡如图 5-7-11 所示、"安装数据"选项卡如图 5-7-12 所示，"功能模板"选项卡如图 5-7-13 所示。

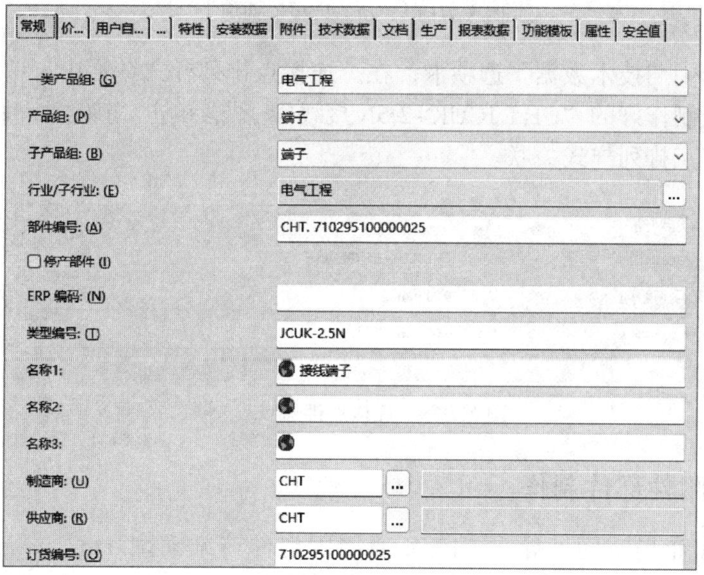

图 5-7-10　"常规"选项卡

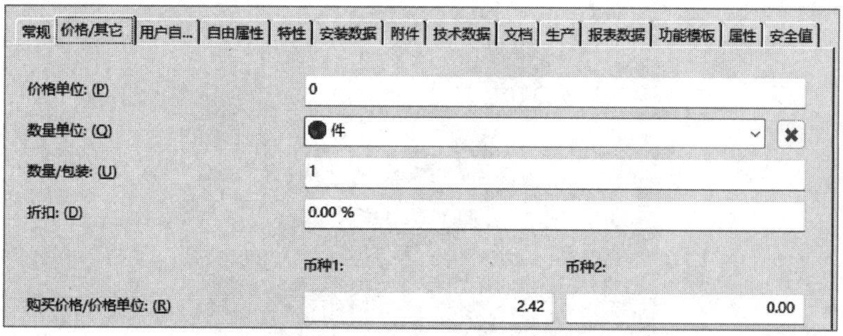

图 5-7-11　"价格 / 其它"选项卡

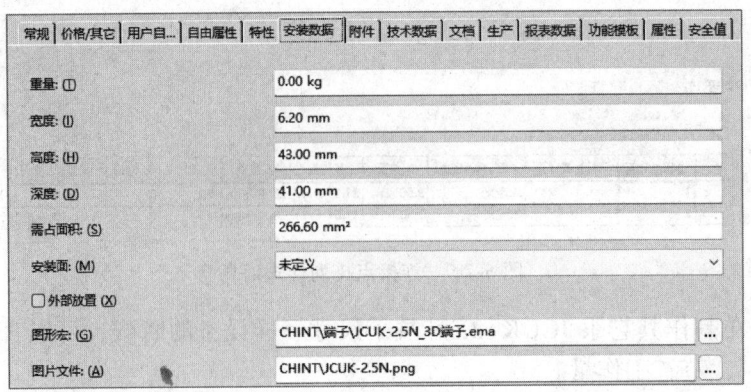

图 5-7-12 "安装数据"选项卡

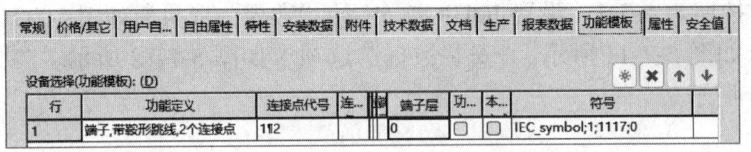

图 5-7-13 "功能模板"选项卡

步骤二：选中"技术数据"选项卡，在"连接点排列样式"栏中，单击"名称"拓展按钮，选中已经制作好的"CHT.JCUK-2.5N 接线端子"，单击"确定"，如图 5-7-14 所示，完成设备的连接点排列样式关联。

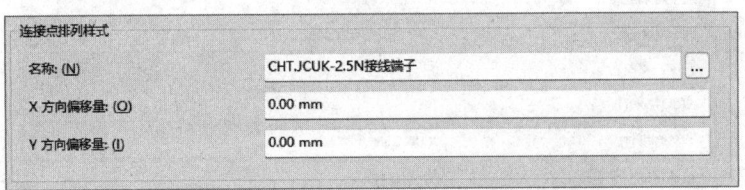

图 5-7-14 连接点排列样式关联

四、端子附件部件制作

步骤一：在布局空间，导入"EUK 通用固定件三维模型 .stp"，合并逻辑组件，旋转模型正向放置，定义放置区域和基准点，如图 5-7-15 所示，设置"宏：名称"为"CHINT\ 端子 \EUK 通用固定件 _3D.ema"，自动生成 EUK 通用固定件的 3D 宏制作。

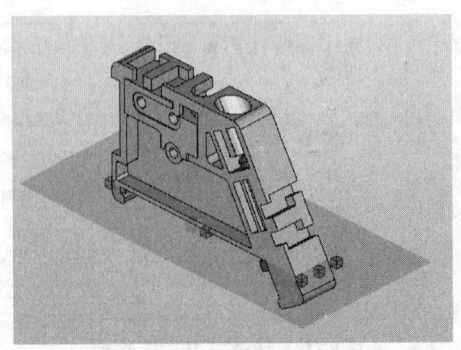

图 5-7-15 放置区域和基准点定义

步骤二：在"部件管理"窗口，创设终端固定件，"常规"选项卡如图 5-7-16 所示，"安装数据"选项卡如图 5-7-17 所示，完成"CHT.E/UK 1（终端固定件）"部件制作。

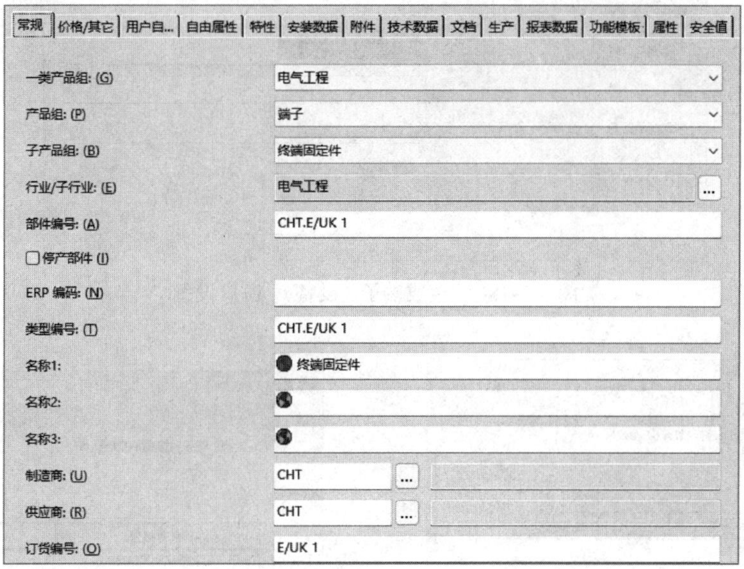

图 5-7-16 "常规"选项卡设置

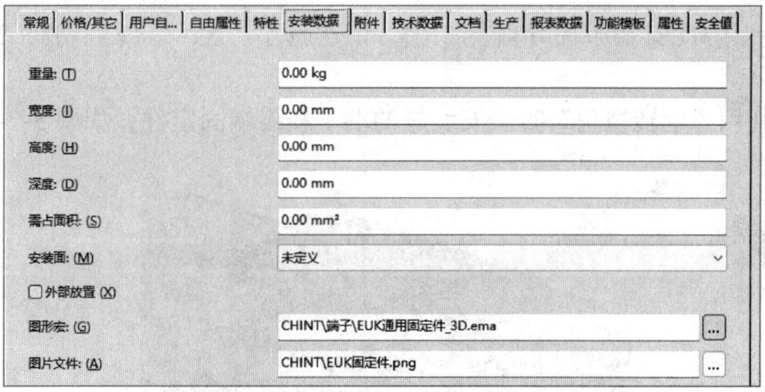

图 5-7-17 "安装数据"选项卡设置

【任务测评】

步骤一：打开端子排导航器，选中"项目测试"，单击右键→"生成端子（设备）"，弹出"生成端子（设备）"窗口，如图 5-7-18 所示，设置相关参数。

步骤二：展开端子排导航器中"项目测试"，可看到其下生成了有 5 个端子的端子排 X1。

步骤三：选中端子排 X1，单击右键→"生成端子排定义"，打开"部件"选项卡，增加部件"CHT.E/UK 1"，如图 5-7-19 所示。

步骤四：选中端子排 X1 的 5 号端子，单击右键→"属性"，在"部件"选项卡，增加部件"CHT.E/UK 1"，如图 5-7-20 所示。

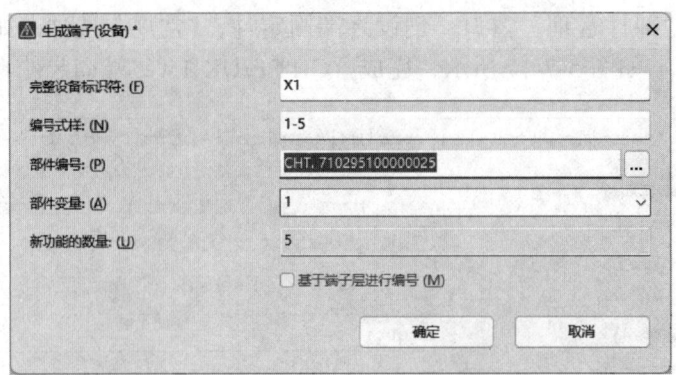

图 5-7-18 "生成端子(设备)"窗口设置

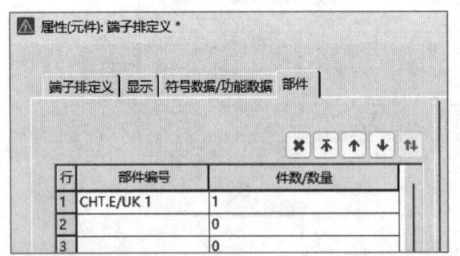

图 5-7-19 增加部件"CHT.E/UK 1"

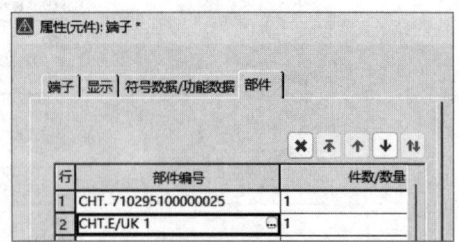

图 5-7-20 增加部件"CHT.E/UK 1"

步骤五：在"3D 安装布局导航器"中，依次选中"X1"、"X1：1～X1：5"，并将其放置在导轨上。

步骤六：利用"旋转视角"查看安装好的端子和终端固定件，如图 5-7-21 所示。

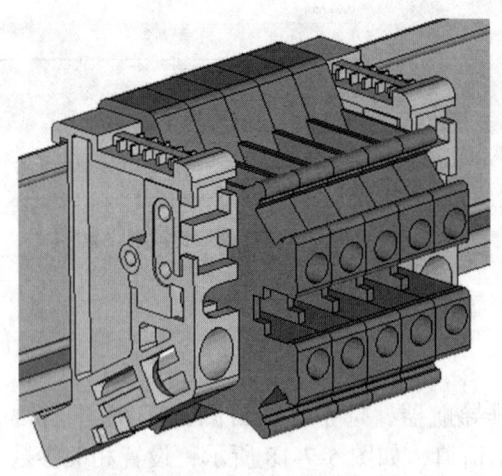

图 5-7-21 安装在导轨上的端子及附件

🔍【实战演练】

请完成 CHINT 公司的 JUCK-5JD 型号的接地端子制作，其商业数据如图 5-7-22 所示。

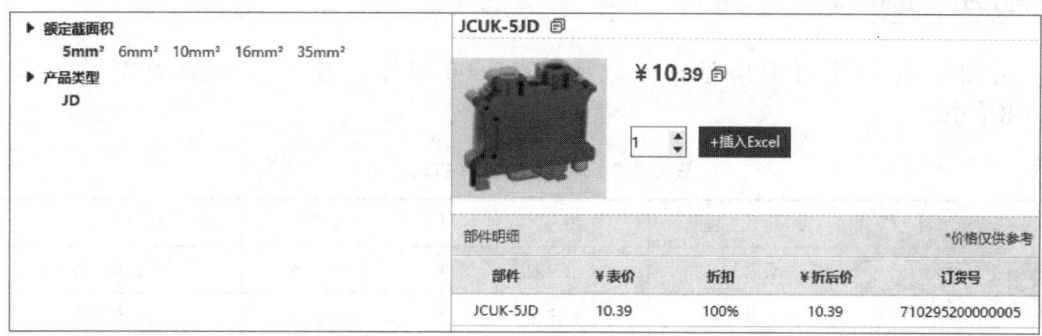

图 5-7-22 JUCK–5JD 接地端子商业数据

任务八 箱柜部件制作

【任务描述】

请收集箱柜的相关信息,并完成 Rittal 公司的 AE1016.600 型号的控制机柜部件制作。

【任务资讯】

AE1016.600 控制机柜的具体信息如表 5-8-1 所示。

表 5-8-1 AE1016.600 信息

型号	AE 1016.600
材料	箱体:不锈钢 门:不锈钢,四周带有发泡聚氨酯塑料密封圈 安装板:钢板 不锈钢 1.4301(AISI 304)
表面	箱体和门:拉丝,粒度 400,粗糙度 <0.8μm 安装板:镀锌
供货范围	带门的箱体 安装板 锁:3mm 双齿
防护等级 NEMA	NEMA 4X
防护等级 IP,符合 EN 60 529 标准	IP66
IK 编码	IK08
尺寸	宽度:800 mm 高度:1,000mm 深度:300 mm
安装板尺寸(宽 × 高)	739mm × 955mm
门数	1
锁具数量	2

📖 【学习准备】

请根据收集的箱柜信息，完成 AE1016.600 型号的控制机柜资料汇总，填入表 5-8-2 中。

表 5-8-2 AE1016.600 资料汇总

一类产品组	A.电气工程	B.流体	C.机械	D.工艺工程
产品组	A.常规	B.箱柜	C.安全设备	D.继电器，接触器
子产品组	A.常规	B.未定义	C.箱柜本体	D.零部件
行业/子行业	A.电气工程	B.机械	C.工艺工程	D.液压
部件编号				
类型编号				
名称1				
制造商				
订货编号				
重量				
宽度				
高度				
深度				
功能定义				
组件				

🛠 【技能操作】

一、AE1016.600 控制机柜的 3D 宏制作

步骤一：单击"布局空间"→"导入（3D 图形）"，选中"AE1016.600.stp"。

步骤二：选中所有"逻辑组件"，单击右键→"属性"，在"部件放置"选项卡中，单击"属性"栏右侧的"新建"，选中"将组件固定在上一级组件上，不能移动"，并将其进行勾选，如图 5-8-1 所示。

步骤三：选中第一个"逻辑组件"，单击右键→"属性"，单击"功能定义"右侧拓展按钮，选中"机械"→"箱柜系统"→"箱柜"→"箱柜本体"，如图 5-8-2 所示。打开"格式"选项卡，修改"层"为"EPLAN560, 3D 图形.箱柜"，透明度为"50%"。

步骤四：选中第二个"逻辑组件"，单击右键→"属性"，单击"功能定义"右侧拓展按钮，选中"机械"→"系统附件"→"机柜"→"安装板"；打开"格式"选项卡，修改"层"为"EPLAN561, 3D 图形.箱柜.安装板"。

步骤五：选中第三个"逻辑组件"，单击右键→"属性"，单击"功能定义"右侧拓

展按钮,选中"机械"→"系统附件"→"机柜"→"门";打开"格式"选项卡,修改"层"为"EPLAN560,3D 图形.箱柜",透明度为"50%"。

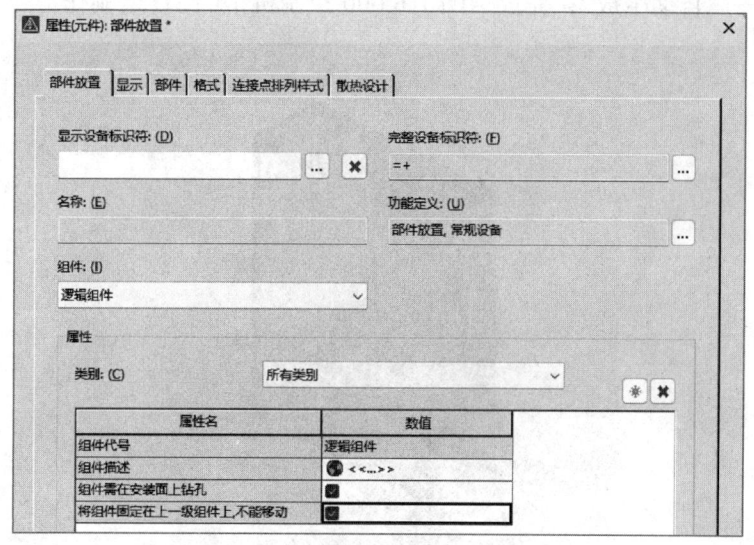

图 5-8-1 "部件放置"选项卡设置

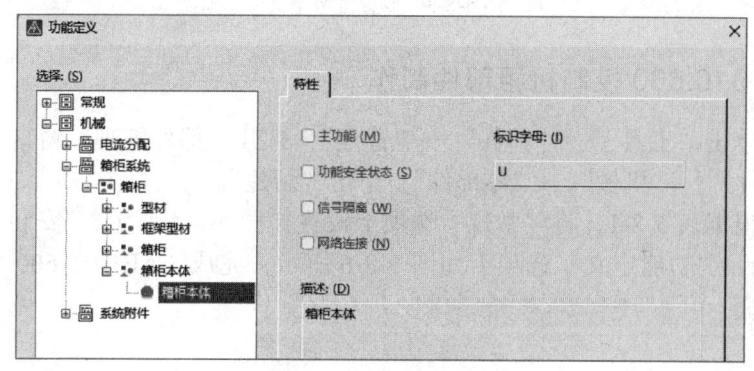

图 5-8-2 箱柜本体设置

步骤六:选中第四个和第五个"逻辑组件",单击右键→"属性",单击"功能定义"右侧拓展按钮,选中"机械"→"系统附件"→"门锁系统"→"门锁系统"→"锁具";打开"格式"选项卡,修改"层"为"EPLAN560,3D 图形.箱柜",透明度为"50%"。

步骤七:单击"编辑"→"设备逻辑"→"放置区域"→"定义",通过"旋转视角",旋转模型,单击设备安装的平面,完成放置区域的定义,如图 5-8-3 所示。

步骤八:单击"编辑"→"设备逻辑"→"基准点",选取左上角为基准点。

步骤九:在"布局空间"导航器中,分别选中"机柜""安装板"和"门",单击右键→"生成安装面"。

步骤十:选中"安装板正面",单击右键→"安装面"→"修改大小";单击右键→"区域大小",按下空格,进行确认(不做任何修改也需要确认),确认后红色的坐标体系变成了绿色的坐标体系。只有安装板正面和门外侧有"区域大小"需要确认。(**提示**:如果不确认,在后期安装时,就会产生不钻孔的错误。)

步骤十一：在布局空间导航器中选中"8（AE1016.600.stp）"，单击右键→"属性"，设置"宏：名称"为"Rittal\ 机柜 \AE1016.600_3D.ema"；单击"项目数据"→"宏"→"自动生成"，完成 AE1016.600 控制机柜的 3D 宏制作。

图 5-8-3　放置区域定义

二、AE1016.600 控制机柜部件制作

步骤一：单击"工具"→"部件"→"管理"，打开"部件管理"窗口。在左侧窗口中，单击"部件"→"机械"→"零部件"，单击"新建"。

步骤二：根据表 5-8-1，将"常规"选项卡设置如图 5-8-4 所示，"安装数据"选项卡如图 5-8-5 所示，"功能定义"选项卡如图 5-8-6 所示，完成"AE1016.600 控制机柜"部件制作。

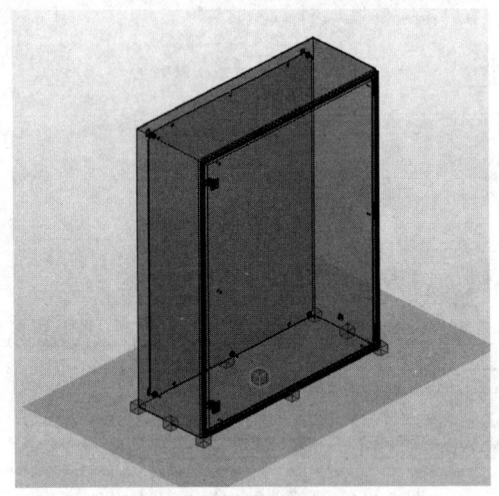

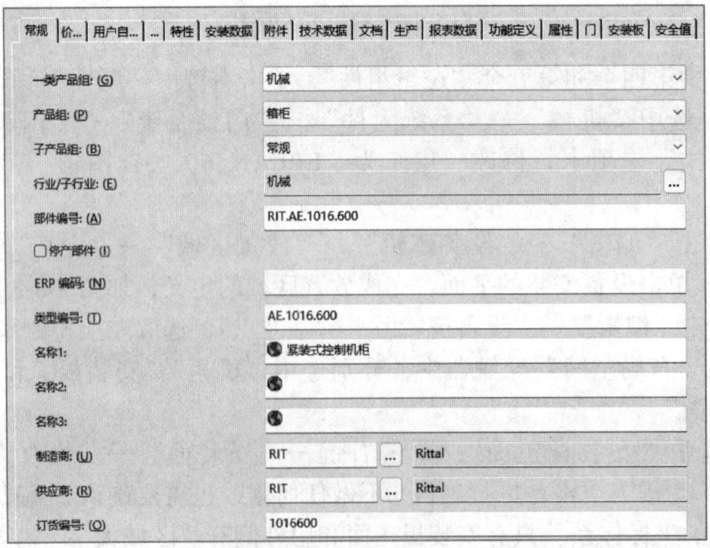

图 5-8-4　"常规"选项卡设置

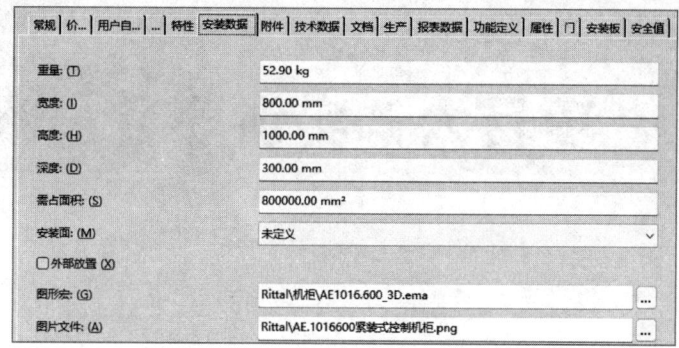

图 5-8-5 "安装数据"选项卡设置

图 5-8-6 "功能定义"选项卡设置

项目六 实训项目：联动控制

任务一　电气原理图绘制

【任务描述】

绘制联动控制电气原理图，如图 6-1-1 所示。

具体要求如下：

1）控制柜外电源为由三相五线电位连接点表示，引入电缆 W1，通过电源端子排 X1 连接到控制柜。

2）控制柜内由断路器（3P）控制电源通断。

3）电机 M 引入电缆 W2，通过电机端子排 X2 连接到控制柜。

4）控制柜内和柜面上设备通过控制端子排 X3 进行连接。

【任务准备】

根据联动控制电气原理，列出所需设备清单，如表 6-1-1 所示。

表 6-1-1　设备准备清单

序号	设备名称	型号	部件编号	数量
1	断路器（3P）	NB1-63 3P C16	CHT.710020100002221	1
2	熔断器（3P）	RT28N-32 3P	CHT.71028010830032F	1
3	熔断器（1P）	RT28N-32 1P	CHT.71028010810032F	2
4	交流接触器（线圈380V，1NO+1NC）	CJX2-1210	CHT.710010200123380	2
		F4-22	CHT.257030	2
5	热过载继电器	JR36-20 10-16A	CHT.710038200701600	1
6	按钮（1NO+1NC）	LAY39B-11BND	CHT.710343900000146	2
7	电源、电机、控制端子排	端子：JCUK-2.5N	CHT.710295100000025	若干
		固定件：EUK 通用固定件	CHT.E/UK 1	6
8	三相异步电动机	YE3-100L-2	YE3-100L-2	1

(续)

序号	设备名称	型号	部件编号	数量
9	电源电缆（五线）5G2.5	LAPP.0014159	LAPP.0014159	1
10	电机电缆（四线）4G2.5	LAPP.0014158	LAPP.0014158	1
11	主电路连接线（黄）2.5mm^2	ZC-RV-YE-2.5	ZC-RV-YE-2.5	若干
12	主电路连接线（绿）2.5mm^2	ZC-RV-GN-2.5	ZC-RV-GN-2.5	若干
13	主电路连接线（红）2.5mm^2	ZC-RV-RD-2.5	ZC-RV-RD-2.5	若干
14	主电路连接线（蓝）2.5mm^2	ZC-RV-BN-2.5	ZC-RV-BN-2.5	若干
15	主电路连接线（黄绿）2.5mm^2	ZC-RV-GNYE-2.5	ZC-RV-GNYE-2.5	若干
16	控制电路连接线（黑）1mm^2	ZC-RV-BK-1	ZC-RV-BK-1	若干
17	机柜	AE1016.600	RIT.AE.1016.600	1
18	导轨	SZ2313.750	RIT. 2313750	若干
19	线槽	TS8800.750	RIT.8800750	若干

注：设备准备清单中，缺少的设备可以根据项目五的内容自行进行制备，也可以下载学习资料中的 EDZ 文件进行导入，完成设备准备。

【技能操作】

一、新建项目

步骤一：单击"项目"→"新建"，设置项目名称为"联动控制"，保存位置为默认，模板为"IEC_tpl001.ept"，勾选"设置创建日期"和"设置创建者"，创建者为"学习者"，如图 6-1-2 所示。

步骤二：在"属性"选项卡中，设置项目描述为"双重联锁的电动机可逆控制"；项目编号为"001"；公司名称为"电气自动化 791 班"；创建者：简称为"202305079100"；审核人为"张三"；项目类型为"原理图项目"，如图 6-1-3 所示。（注：窗口中属性名选项可通过类别右侧的"新建"和"删除"按钮得到。）

二、结构设置及管理

步骤一：选中"结构"选项卡，"页"栏选中"高层代号、位置代号和文档类型"，其他各栏均选中"高层代号和位置代号"，如图 6-1-4 所示。

步骤二：单击"项目数据"→"结构标识符管理"，选中右侧窗口的"列表"，通过"新建"，设置"高层代号"的完整结构标识符为"联动控制"；"位置代号"的完整结构标识符为"柜内"和"柜外"；"文档类型"的完整结构标识符为"封页""目录""原理图""报表"和"安装布局图"。

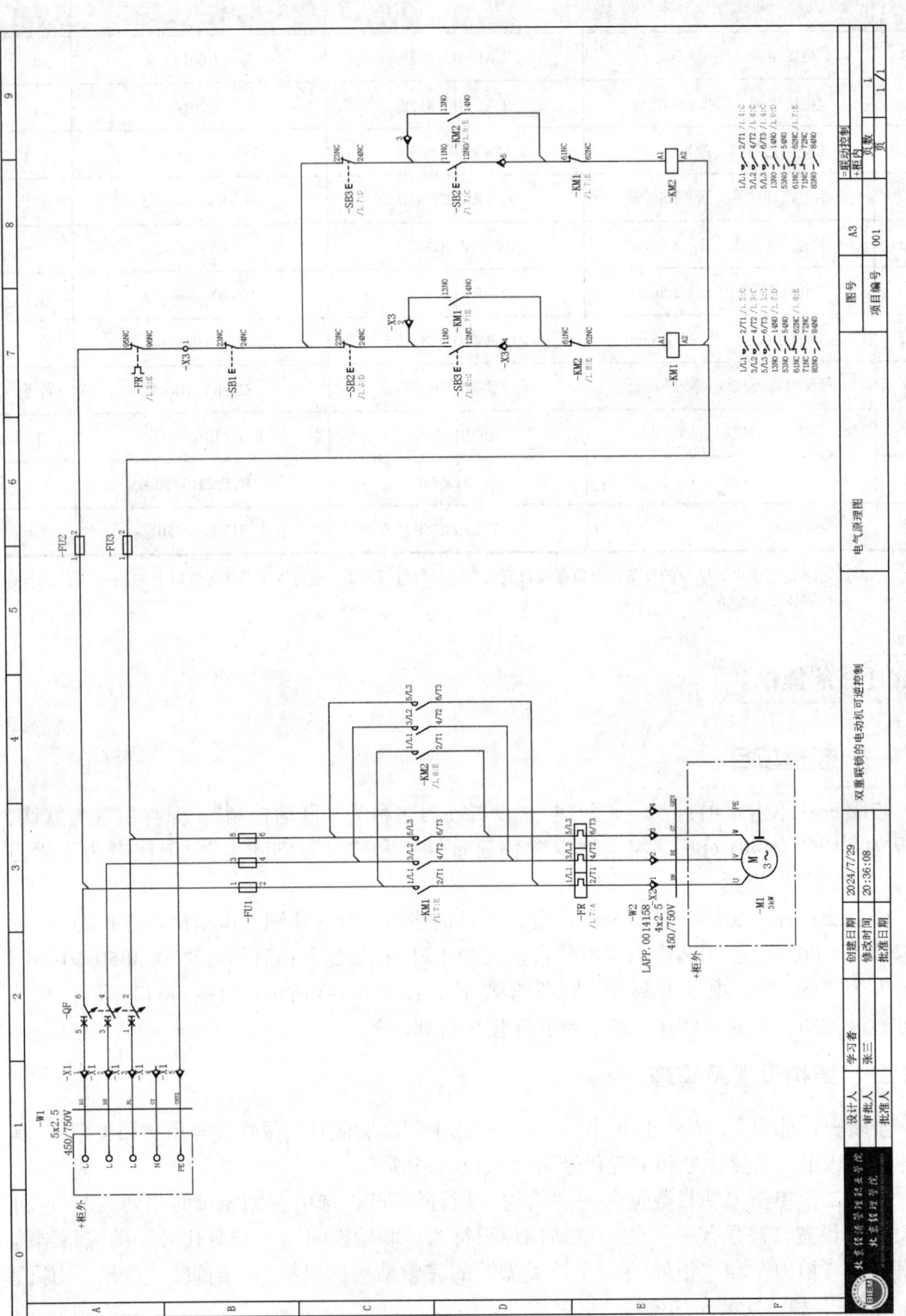

图 6-1-1 联动控制电气原理图

项目六　实训项目：联动控制

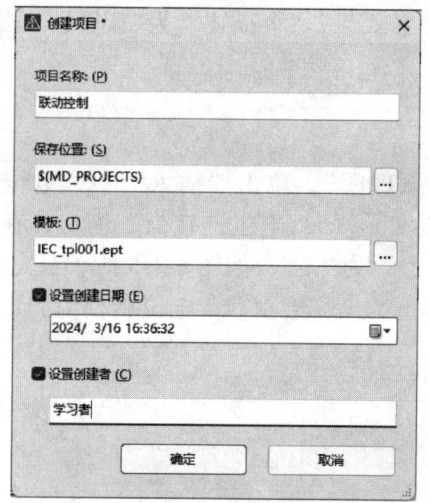

图 6-1-2　创建项目

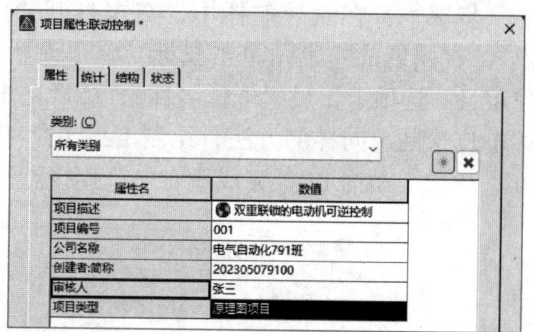

图 6-1-3　"属性"选项卡设置

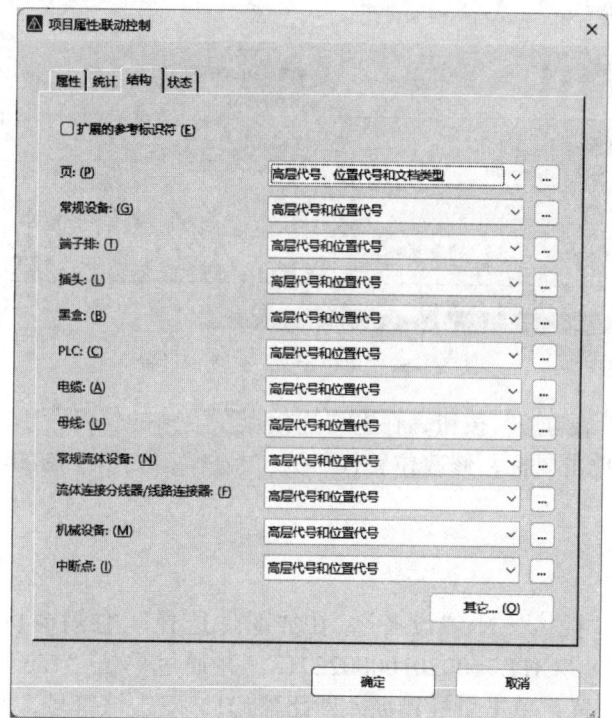

图 6-1-4　"结构"选项卡设置

（提示：当出现"设备标识符语法检查"提示，可将"结构标识符""电气工程"和"流体"选项卡中"激活检验"前"√"取消。）

三、新建页

步骤一： 在页导航器中，选中"联动控制"，单击鼠标右键→"新建"，单击"完整页名"右侧拓展按钮，设置"高层代号"为"联动控制"；"位置代号"为"柜内"；"文档类型"为"原理图"；"页名"为"1"。

311

步骤二： 设置"页类型"为"多线原理图（交互式）"；"页描述"为"电气原理图"；"图框名称"为"BIEM-A3"；"图号"为"A3"。

四、柜外电源绘制

步骤一： 在页导航器中，双击打开"1电气原理图"，单击"插入"→"电位连接点"，在图纸的左上角单击鼠标，弹出设置"属性（元件）：电位连接点"窗口，在"电位定义"选项卡，设置电位名称为"L"，"电位类型"为"L"，如图6-1-5所示，完成L1相电位绘制；同样的方法，绘制L2、L3，电位类型为L；绘制N，电位类型为N；绘制PE，电位类型为PE；完成所有电位连接点设置。

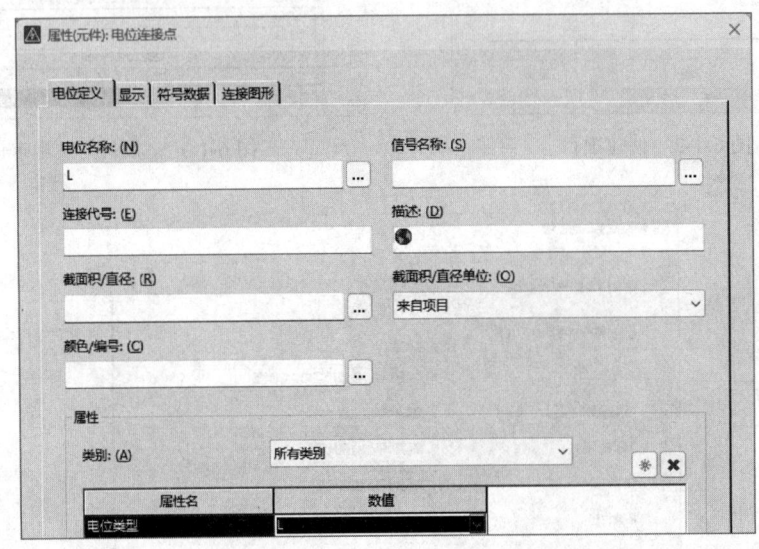

图6-1-5 "电位定义"选项卡设置

步骤二： 单击"结构盒"按钮，在电位连接点左上角的位置，单击鼠标，拖拽鼠标到PE的右下角，再次单击鼠标，修改位置代号为"柜外"，表示绘制的电位连接点（柜外电源）属于柜外设备。

五、设备插入

步骤一： 单击"插入"→"设备"，在"部件选择"左侧窗口中，选中"安全设备"→"断路器"→"CHT.7100201000002221"，并通过单击"Tab"键，切换符号的方向，再在图纸合适位置，单击鼠标，插入断路器Q1，双击该符号，修改"显示设备标识符"为"-QF"。

步骤二： 单击"工具"→"部件"→"管理"，打开"部件管理"窗口，在右下角单击"附加"→"导入"，选择学习资料中电缆和熔断器的EDZ文件（"LAPP.0014158.edz""CHT.71028010810032F.edz""CHT.71028010830032F.edz"）进行导入。

步骤三： 单击"项目数据"→"设备"→"导航器"，打开"设备导航器"，在该导航器中，展开选项，选中"柜内"，单击鼠标右键→"新设备"，选中"安全设备"→"熔断器"→"CHT.71028010830032F"，并将其重命名为"FU1"。同样的方法，添加单极熔断器FU2和FU3，热过载继电器FR，按钮SB1、SB2和SB3、交流接触器KM1和KM2、电动机M1等设备。其中交流接触器的"部件"选项卡，需要多添加一个

"CHT.257030"部件，将"F4-22"安装到"CJX2-1210"设备上。添加完成后，设备导航器如图6-1-6所示。

步骤四：在设备导航器中，选中相应的设备，单击鼠标右键→"放置"，在右侧主窗口中，插入相应的设备符号。当相关的设备符号放置在同一水平或者垂直的位置，设备之间会自动进行连接。

步骤五：按照图6-1-1所示，利用"连接符号"将相关设备进行连接。

六、线圈触点映像位置修改

当交流接触线圈下方的触点关联位置出现重叠，双击该线圈，打开其属性窗口，在"显示"选项卡下方，选中"触点映像"，调整其"位置"的"Y坐标"，如图6-1-7所示，可修正重叠问题，使得图纸更美观。

七、端子及端子排定义设置

步骤一：使用"结构盒"，框选电机，并设置其"位置代号"为"柜外"。

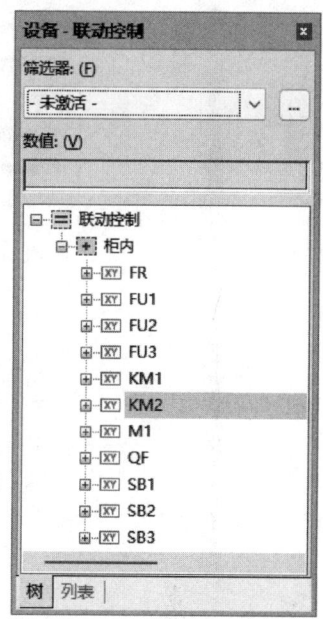

图6-1-6 设备导航器

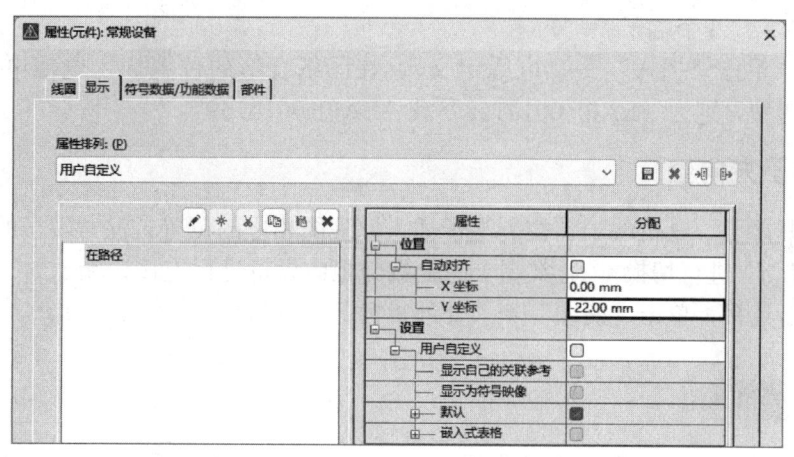

图6-1-7 触点映像的"Y坐标"修改

步骤二：单击"项目数据"→"端子排"→"导航器"，在该导航器空白处单击鼠标右键→"新建端子设备"，设置完整设备标识符为"X1"；编号式样为"1-5"；单击部件编号右侧的拓展按钮，选中"CHT.710295100000025"，如图6-1-8所示。

步骤三：选中端子排导航器中的"无结构标识符"，单击鼠标右键→"属性"，单击完整设备标识符右侧拓展按钮，设置高层代号为"联动控制"；位置代号为"柜内"。

步骤四：在端子排导航器中，选中"X1"，单击鼠标右键→"生成端子排定义"，在"端子排定义"选项卡中设定"功能文本"为"电源端子"，在"部件"选项卡的部件编号中添加"CHT.E/UK 1"，实现电源端子排左侧的固定件设置。

步骤五：选中"X1"的5号端子，打开其属性窗口，选中"部件"选项卡，在部件编号中添加"CHT.E/UK 1"，如图6-1-9所示，实现电源端子排右侧固定件设置。

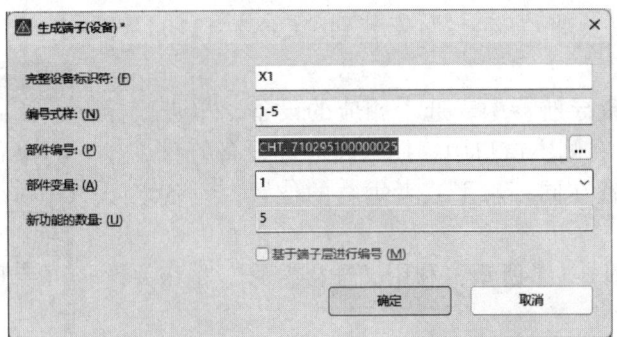

图 6-1-8 生成端子设备

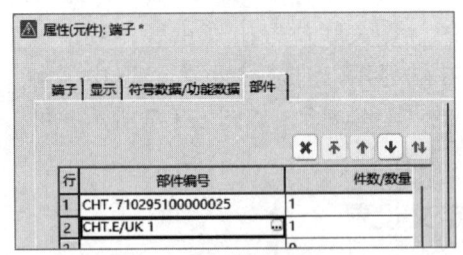

图 6-1-9 电源端子排右侧固定件设置

步骤六：同样的方法，设置电机端子排和控制端子排。电机端子排 X2 共 4 个端子，控制端子排 X3 共 5 个端子。

步骤七：单击"插入"→"电缆定义"，在图纸合适的位置插入电源电缆和电机电缆，其设备选型分别为"LAPP.0014158"和"LAPP.0014159"。

八、端子方向查看

选中电源端子、电机端子、控制端子插入原理图相应的位置，注意端子的方向（可以通过单击"Tab"进行切换）。通常端子的上端与柜内设备进行连接，端子的下端与柜外和柜门上的设备连接，单击"视图"→"外部目标"，可以查看端子的方向。

【任务测评】

步骤一：单击【项目数据】→【消息】→【执行项目检查】，弹出"执行项目检查"窗口，勾选"应用到整个项目"，确定后，自动执行项目检查。

步骤二：单击【项目数据】→【消息】→【管理】，弹出"消息管理"窗口，查看检查结果。若"消息管理"窗口中不显示消息文本，表明电气检查通过；若显示问题，则根据错误信息提示进行修改，修改完成后，重新进行检查。

任务二　连接线确定及编号命名

【任务描述】

在任务一的基础上，完成电路图的连接线确定及编号命名，如图 6-2-1 所示。

项目六 实训项目：联动控制

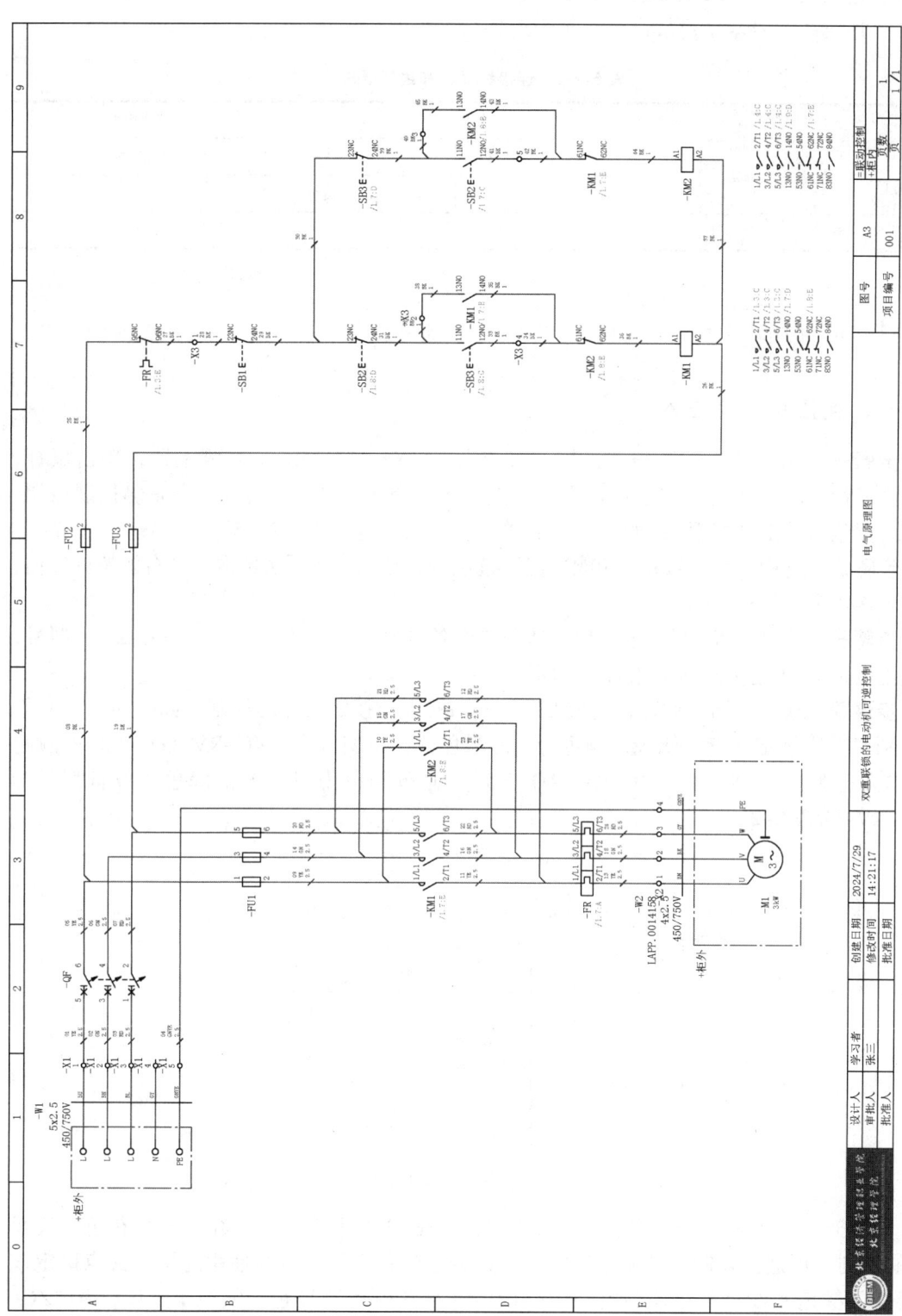

图 6-2-1 连接线确定及编号命名示意图

具体要求：
1) 连接线颜色和线径要求如表 6-2-1 所示。
2) 连线线编号基于连接进行，每个连接命名一次。

表 6-2-1 连接线颜色和线径要求

电路类型	主电路					控制电路
功能线	L1	L2	L3	N	PE	控制线
	黄	绿	红	蓝	黄绿	黑
线径	2.5 mm^2					1 mm^2

【技能操作】

一、连接定义点插入

步骤一：单击"插入"→"连接定义点"，在 X1 的 1 号端子右侧位置，单击鼠标，弹出"属性"窗口，选中"连接定义点"选项卡，单击"颜色/编号"栏右侧拓展按钮，选中为黄色；单击"截面积/直径"栏右侧拓展按钮，选中为"2，5"。

步骤二：选中"符号数据/功能数据"选项卡，单击"编号/名称"栏右侧拓展按钮，选中"连接定义"→"CDP"。

步骤三：选中"部件"选项卡，单击"设备选择"，选中"ZC-RV-YE-2.5"型号，完成主电路 L1 相连接线颜色和路径确定。

步骤四：通过复制、粘贴，完成 L2、L3、PE 上连接定义点的绘制，如图 6-2-2 所示；再分别双击连接定义点，依次设颜色为 GN 绿色，设备型号为"ZC-RV-GN-2.5"；颜色为 RD 红色，设备型号为"ZC-RV-RD-2.5"；修改颜色为 GNYE 黄绿色，设备型号为"ZC-RV-GNYE-2.5"。

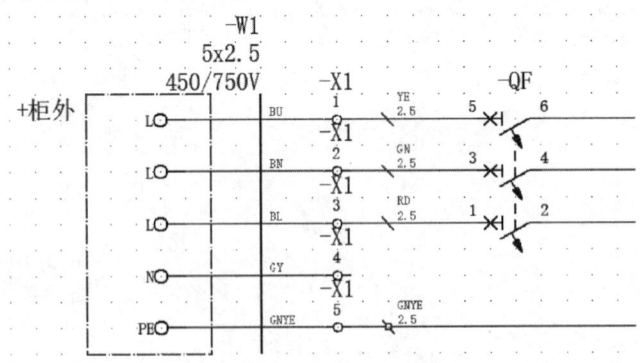

图 6-2-2 连接定义点绘制

步骤五：在主电路中，根据 L1、L2、L3、PE 分别为黄、绿、红、黄绿花色，线径 2.5 的原则，可通过复制、粘贴连接定义点，分别将每一根连接线使用连接定义点确定该连接线的颜色和线径。在控制电路中，设定连接线颜色为黑色、线径 1、型号为"ZC-RV-BK-1"，并通过复制、粘贴，完成控制电路每一根连接线颜色和线径的确定。如图 6-2-3 所示。

项目六　实训项目：联动控制

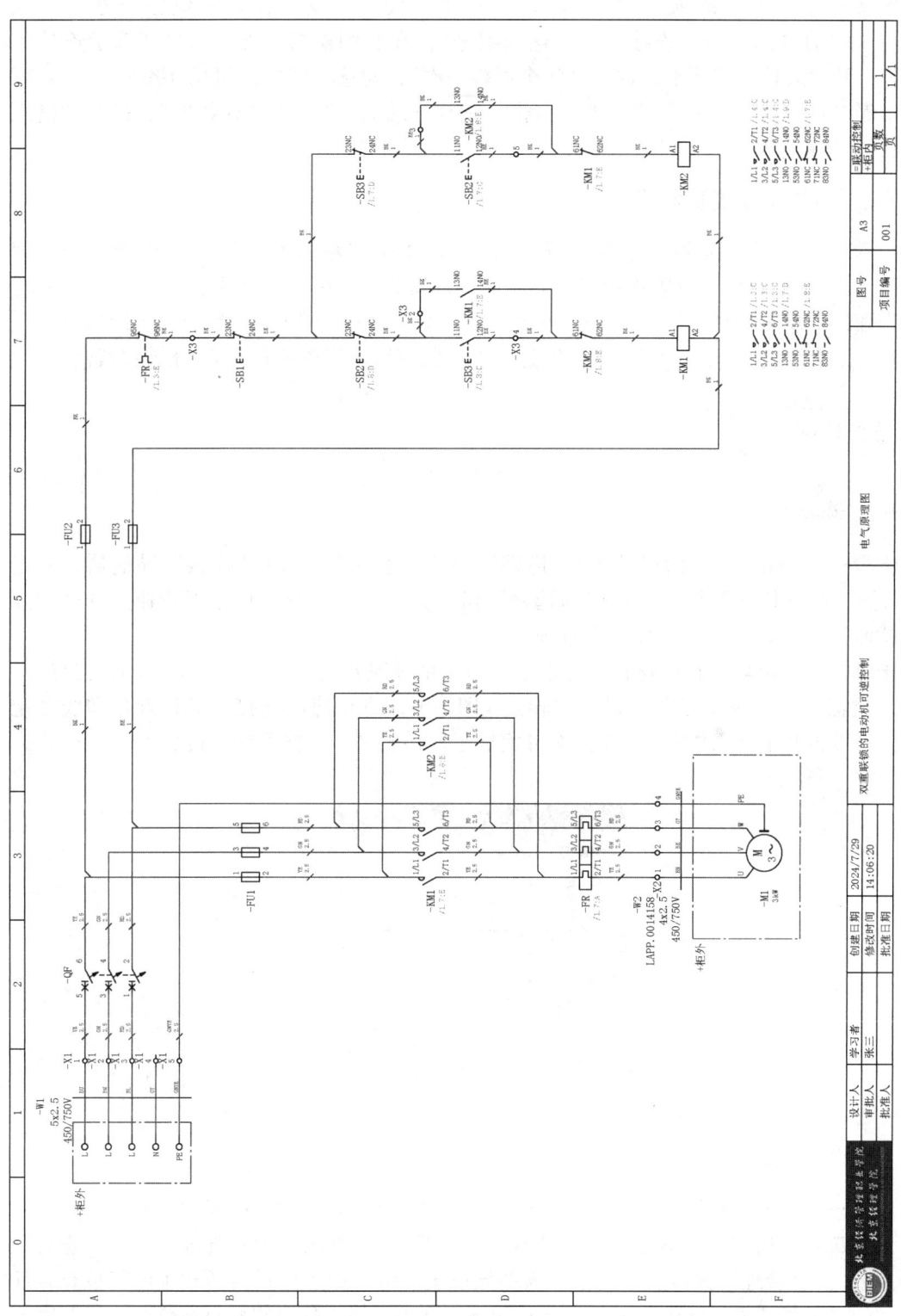

图 6-2-3　连接线颜色和线径确定

二、编号设置

步骤一：单击"选项"→"设置"，弹出"设置"窗口，在左侧窗口选中"项目"→"联动控制"→"连接"→"连接编号"，在右侧窗口，配置选中"基于连接"，在下方打开"放置"选项卡，选中"每个连接一次"，勾选"使放置相互对齐"。

步骤二：打开"名称"选项卡，双击"常规连接"，再双击"计数器"，打开"格式计数器"，将最小位数设定为"2"。

三、导线编号放置和命名

步骤一：在页导航器中选中"联动控制"，单击"项目数据"→"连接"→"编号"→"放置"，弹出"放置连接定义点"窗口，勾选"应用到整个项目"。

步骤二：单击"项目数据"→"连接"→"编号"→"命名"，勾选"应用到整个项目"和"结果预览"，单击"确定"，通过结果预览窗口可知该项目共45条连接线。

📝【任务测试】

一、连接检查

步骤一：单击"项目数据"→"连接"→"导航器"，打开"连接"导航器，单击"筛选器"右侧拓展按钮，弹出"筛选器"窗口，单击"规则"栏拓展按钮，选择"连接：截面积/直径"，勾选"激活"选项。

步骤二：确定后，在"连接"导航器中显示的就是没有设定导线截面积的连接导线。根据导航器提示，单击鼠标右键→"转到（图形）"，将相应的连接线进行颜色和线径定义。由图 6-2-4 可知，本项目连接线全部完成了连接定义。连接测试通过。

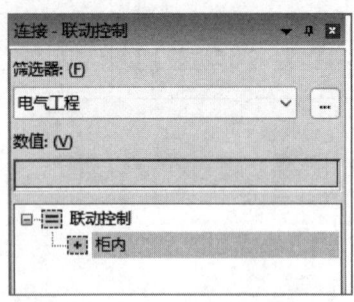

图 6-2-4　"连接"导航器

二、电气检查

步骤一：单击"项目数据"→"消息"→"执行项目检查"，执行项目检查。

步骤二：单击"项目数据"→"消息"→"管理"，弹出"消息管理"窗口，查看检查结果，"消息管理"窗口显示无错，表明该系统的电气原理图目前通过了电气检查，任务测评通过；若"消息管理"窗口中显示问题，则根据错误信息提示进行修改，修改完成后，重新进行检查。检查通过，完成操作。

任务三　3D 布局设计

【任务描述】

在任务二的基础上，完成"联动控制"系统控制柜 3D 布局设计及布线，如图 6-3-1 所示。

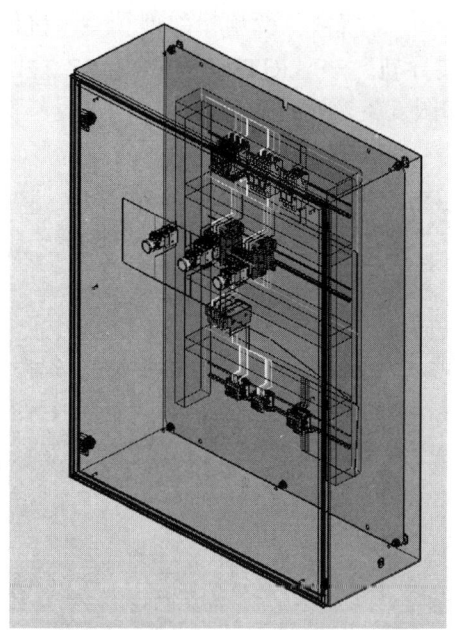

图 6-3-1　"联动控制"系统控制柜 3D 布局设计及布线

具体要求：

1）创建一个布局空间，并命名为"控制柜"。

2）在布局空间中，完成机柜、线槽、导轨的布局。

3）将断路器 QF、熔断器 FU1、FU2、FU3 安装在第一行导轨上，交流接触器 KM1、KM2 安装在第二行导轨上，热过载继电器安装在安装板上，电源端子 X1、电机端子 X2 和控制端子 X3 安装在最后一行导轨上。

4）将按钮 SB1、SB2 和 SB3 安装在配电柜柜门上。

5）根据设备安装位置，合理进行布线路径设置，并进行控制柜整体布线。

【技能操作】

一、插入箱柜

步骤一：单击"布局空间"→"导航器"，打开"布局空间"导航器，在该导航器中,单击鼠标右键→"新建",弹出"属性"窗口,修改名称为"控制柜",单击"结构标识符"栏右侧的拓展按钮,修改高层代号为"联动控制",位置代号为"柜内"。

步骤二:单击"插入"→"设备",选中"部件"→"机械"→"零部件"→"箱柜"→"常规"→"RIT"→"RIT.AE.1016.600",在布局空间插入箱柜。

二、线槽和导轨布局

步骤一:在"布局空间"导航器中,选中"控制柜"→"安装板",双击打开"S1:安装板正面"。

步骤二:单击"插入"→"设备",选中"部件"→"机械"→"零部件"→"电缆槽"→"常规"→"RIT"→"RIT.TS.8800750",在安装板正面插入线槽。

步骤三:单击"插入"→"设备",选中"部件"→"机械"→"零部件"→"机柜附件,内部扩展"→"安装导轨"→"RIT"→"RIT. SZ.2313750",在安装板正面插入导轨。线槽和导轨的布局如图6-3-2所示。

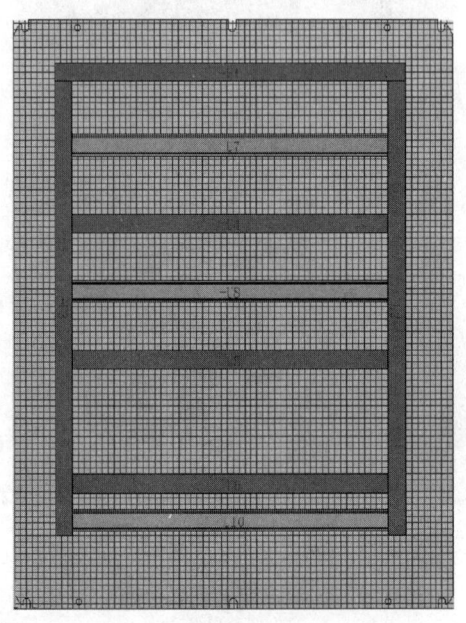

图6-3-2 线槽和导轨布局

三、设备安装

步骤一:单击"项目数据"→"设备/部件"→"3D安装布局导航器",在该导航器中,选中"联动控制"→"柜内"→"QF",单击鼠标右键→"放置",在安装板的第一条导轨中间单击鼠标,将断路器QF安装在导轨上;同样的方法,在第一条导轨上安装熔断器FU1、FU2、FU3,在第二条导轨上安装交流接触器KM1、KM2;热过载继电器FR安装在安装板上;电源端子X1,电机端子X2和控制端子X3安装在第三条导轨上,如图6-3-3所示。

步骤二:选中"SB",单击鼠标右键,单击"放置",在"门外侧"上进行安装,并通过单击"编辑"→"其它"→"均匀分布(水平)",调整各设备的位置,如图6-3-4所示。

项目六　实训项目：联动控制

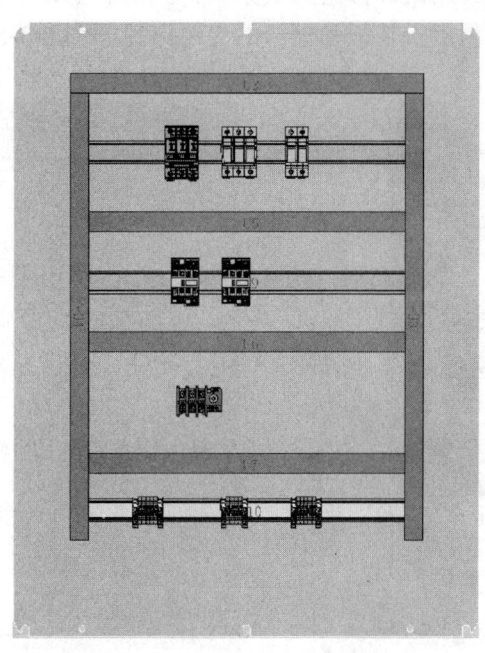

图 6-3-3　安装板上设备安装

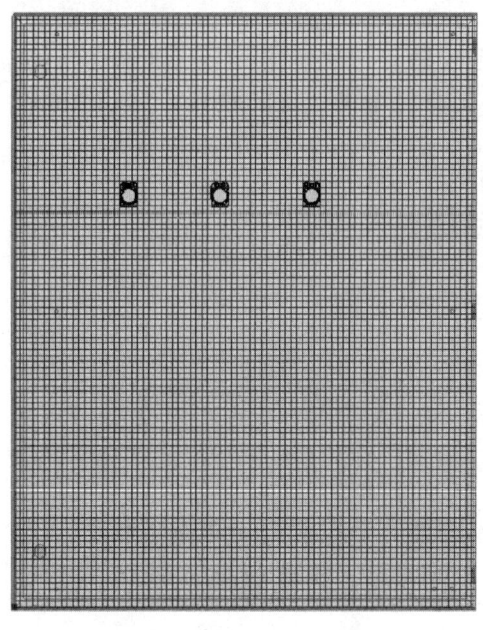

图 6-3-4　柜门上设备安装

四、控制柜布线

步骤一：打开"安装板正面",单击"插入"→"布线路径",在安装板端子下方单击鼠标左键,确定布线路径起点进行布线,布线延伸到线槽后,单击拉出线条；在"布局空间"导航器中,选中"控制柜",单击鼠标右键,单击"显示"→"仅门"；单击工具栏的"3D 视角，后"，可看到鼠标拉出的线条延伸到门后上；再在相应的设备下方进行布线路径设置。完成后，控制柜安装板和柜门的布线路径如图 6-3-5 所示。

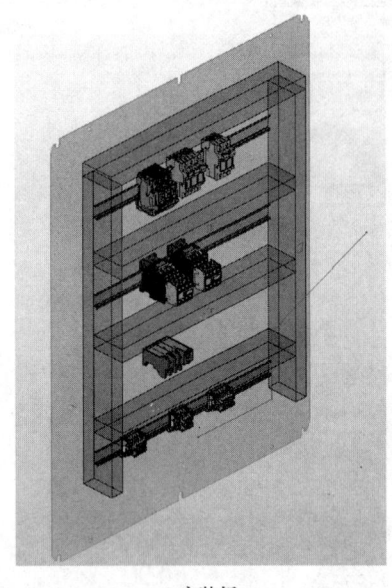

a) 安装板　　　　　　　　　　　　　　b) 柜门

图 6-3-5　控制柜布线路径

步骤二： 单击"项目数据"→"连接"→"布线（布局空间）"，进行布线，布线完成后，可单击 3D 视角工具栏中的"旋转视角"，拖动鼠标，查看控制柜接线的各个角度。

任务四　项目导出

【任务描述】

在任务三的基础上，完成"联动控制"制造文件的导出。
具体包括：
1）封面及目录。
2）报表文件：端子连接图、连接列表、电缆连接图。
3）模型视图：3D 模型视图、安装板钻孔视图、柜门钻孔视图、安装布局设计图。

【技能操作】

一、封面生成

步骤一： 单击"工具"→"报表"→"生成"，弹出"报表"窗口，选中"报表"选项卡，单击"新建"，弹出"确定报表"窗口，"选择报表类型"选中"标题页/封页",确定后,设定高层代号为"联动控制",位置代号为"柜内",文档类型为"封页"。

步骤二:确定后,在页导航器中,选中"封页",单击右键→"属性",弹出"页属性"窗口,设置图框名称为"BIEM-A3",表格名称为"BIEM标题页",单击确定,生成项目封面,如图6-4-1所示。

二、生成端子连接图

步骤一:单击"工具"→"报表"→"生成",弹出"报表"窗口,在该窗口选中"报表"选项卡,单击"新建"按钮,弹出"确定报表"窗口,选中"端子连接图"。

步骤二:确定后,在弹出"端子连接图(总计)"窗口,设定"高层代号"为"联动控制","位置代号"为"柜内","文档类型"为"报表",确定后,生成端子连接图。

三、生成连接列表

继续在"报表"选项卡中单击"新建",选中"连接列表",确定后,在弹出"连接列表(总计)"中,设定"高层代号"为"联动控制","位置代号"为"柜内","文档类型"为"报表",取消"自动页描述"的勾选,设置"页描述"为"连接列表",单击"确定",生成导线连接列表。

四、生成电缆连接图

步骤一:继续在"报表"选项卡中单击"新建",选中"电缆连接图",确定后,在弹出"电缆连接图(总计)",设定"高层代号"为"联动控制","位置代号"为"柜内","文档类型"为"报表",取消"自动页描述"的勾选,设置"页描述"为"电缆连接图",单击"确定",生成电缆连接图。

步骤二:在页导航器中,选中报表,单击右键→"属性",弹出"页属性"窗口,设置图框名称为"BIEM-A3"。

五、创建控制柜3D模型视图

步骤一:在"页导航器"中,选中"联动控制",单击右键→"新建",弹出"新建页"窗口,单击"完整页名"右侧拓展按钮,设置"文档类型"为"安装布局图","页名"为"1";"页类型"选择为"模型视图(交互式)";"页描述"修改为"控制柜3D模型"。

步骤二:单击"插入"→"图形"→"模型视图",在图纸中,单击鼠标确定起点,拖拽鼠标,然后单击鼠标确定终点,弹出"模型视图"窗口,设置"基本组件"为"控制柜","视角"选中"东南等轴","风格"选中"阴影","比例设置"选中"适应",创建控制柜3D模型的创建。

六、创建安装板钻孔视图

步骤一:在"页导航器"中,选中"安装布局图",单击右键→"新建",修改"页描述"为"安装板钻孔视图"。

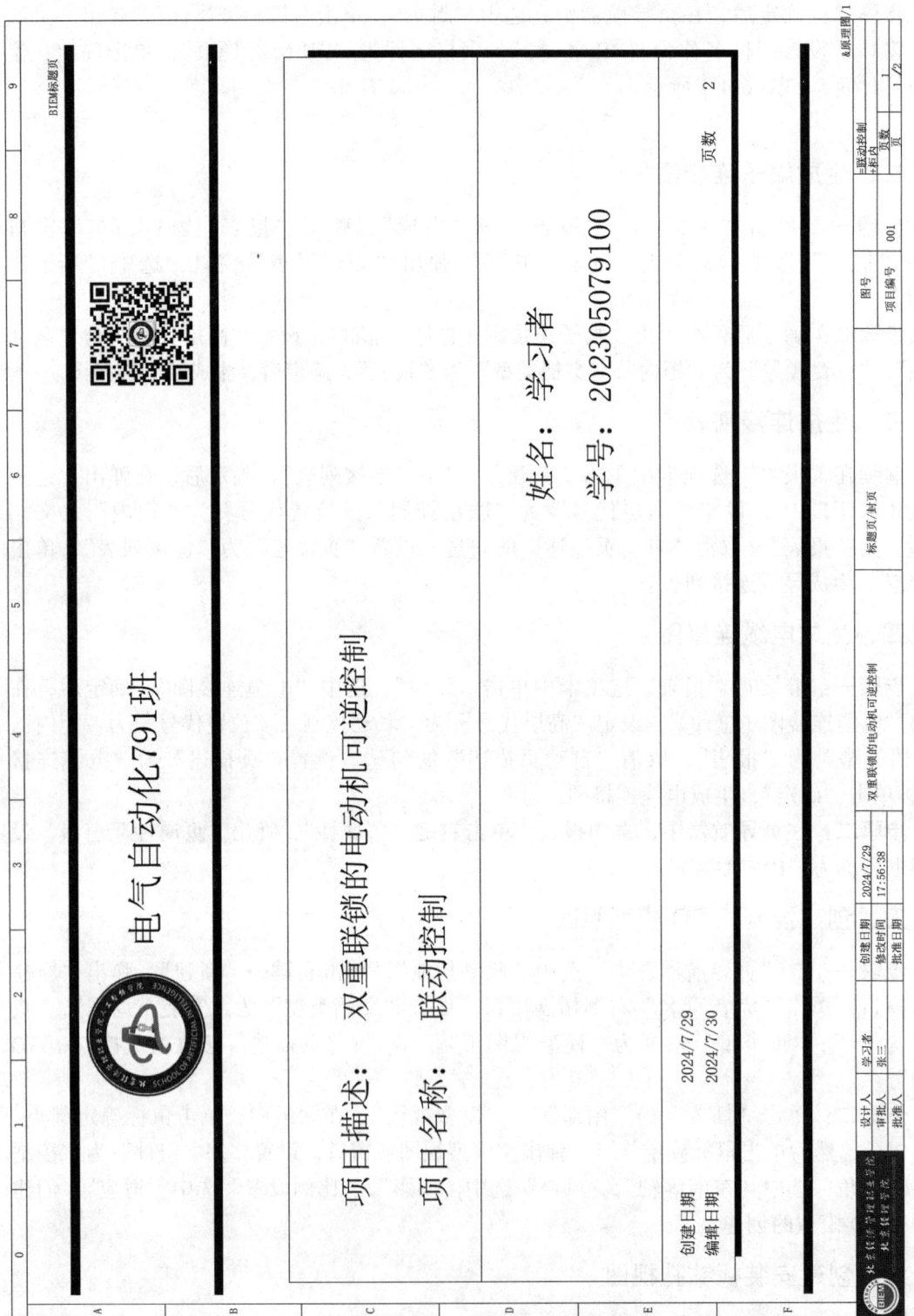

图 6-4-1 项目封面

步骤二：单击"插入"→"图形"→"2D 钻孔视图"，在图纸中，单击鼠标确定起点，拖拽鼠标，单击鼠标确定终点，弹出"钻孔视图"窗口，设置"基本组件"为"S1：安装板正面"，"比例设置"选择"适应"。

步骤三：单击"工具"→"报表"→"生成"，弹出"报表"窗口，单击"设置"按钮，选中"输出为页"，弹出"设置：输出为页"窗口，在第 45 行切口图例的"表格"中，单击下拉菜单，选中"查找"，弹出"选择表格"窗口，选中制作好的"F47_001–BIEM"。

步骤四：回到"报表"窗口，单击"新建"，弹出"确定报表"窗口，"输出形式"选中为"手动放置"，"选择报表类型"选中"切口图例"，勾选"当前页"和"手动选择"，单击"确定"，弹出"手动选择"窗口，在左侧窗口选中"2"，单击"向右推移"，将可使用的"2"设置为选定的，确定后，在图纸合适的位置单击鼠标，插入切口图例。完成安装板钻孔视图的创建。

七、创建柜门钻孔视图

步骤一：在"页导航器"中，选中"安装布局图"，单击右键→"新建"，单击"完整页名"右侧拓展按钮，修改"页名"为 3；修改"页描述"为"柜门钻孔视图"。

步骤二：单击"插入"→"图形"→"2D 钻孔视图"，在图纸中，单击鼠标确定起点，拖拽鼠标，单击鼠标确定终点，弹出"钻孔视图"窗口，设置"基本组件"为"S1：门外侧"，比例设置"选择"适应"。

步骤三：单击"工具"→"报表"→"生成"，弹出"报表"窗口，单击"新建"，弹出"确定报表"窗口，输出形式选中为"手动放置"，选择报表类型选中"切口图例"，勾选"当前页"和"手动选择"，单击"确定"，弹出"手动选择"窗口，在左侧窗口选中"3"，单击"向右推移"，将可使用的"3"设置为选定的，确定后，在图纸合适的位置单击鼠标，插入切口图例。完成柜门钻孔视图的创建。

八、安装板布局设计

步骤一：在"页导航器"中，选中"安装布局图"，单击右键→"新建"，单击"完整页名"右侧拓展按钮，修改"页名"为 4；修改"页描述"为"安装板布局设计视图"。

步骤二：单击"插入"→"图形"→"模型视图"，在图纸中，单击鼠标确定起点，拖拽鼠标，单击鼠标确定终点，并弹出"模型视图"窗口，设置"基本组件"为"S1：安装板正面"，"比例设置"为"适应"，在窗口下方"模型视图：自动尺寸标注的配置"数值栏中单击拓展按钮，弹出"设置：自动尺寸标注"窗口，设置"配置"为"电气工程"，单击"确定"，完成安装板布局设计。

九、目录生成

步骤一：继续在"报表"选项卡中，单击"新建"，弹出"确定报表"窗口，"选择报表类型"选中"目录"，确定后，设定高层代号为"联动控制"，位置代号为"柜内"，文档类型为"目录"。

步骤二：确定后，在页导航器中，选中"目录"，单击右键→"属性"，弹出"页属性"窗口，设置图框名称为"BIEM-A3"，单击确定，生成项目目录。

十、项目图纸导出

在页导航器中,选中"联动",单击菜单栏"页"→"导出"→"PDF",弹出"PDF 导出"窗口,可以在"输出目录"中设定用来保存图纸的路径,也可以使用默认,$(DOC)表示 D:\Users\Public\EPLAN\Data\ 项目 \Company name\ 联动控制 .edb\DOC,并取消"输出 3D 模型"的勾选,确定后,在指定路径生成一个名称为"联动 .pdf"文件,包含本项目所有图纸。

参 考 文 献

[1] 覃政,吴爱国,张俊.EPLAN Electric P8 官方教程 [M]. 北京:机械工业出版社,2019.
[2] 覃政,吴爱国,张俊.EPLAN Pro Panel Professional 官方教程 [M]. 北京:机械工业出版社,2020.
[3] 云智造技术联盟.EPLAN 电气设计从入门到精通 [M]. 北京:化学工业出版社,2020.
[4] 吕志刚,王鹏,徐少亮,等.EPLAN 实战设计 [M]. 北京:机械工业出版社,2018.

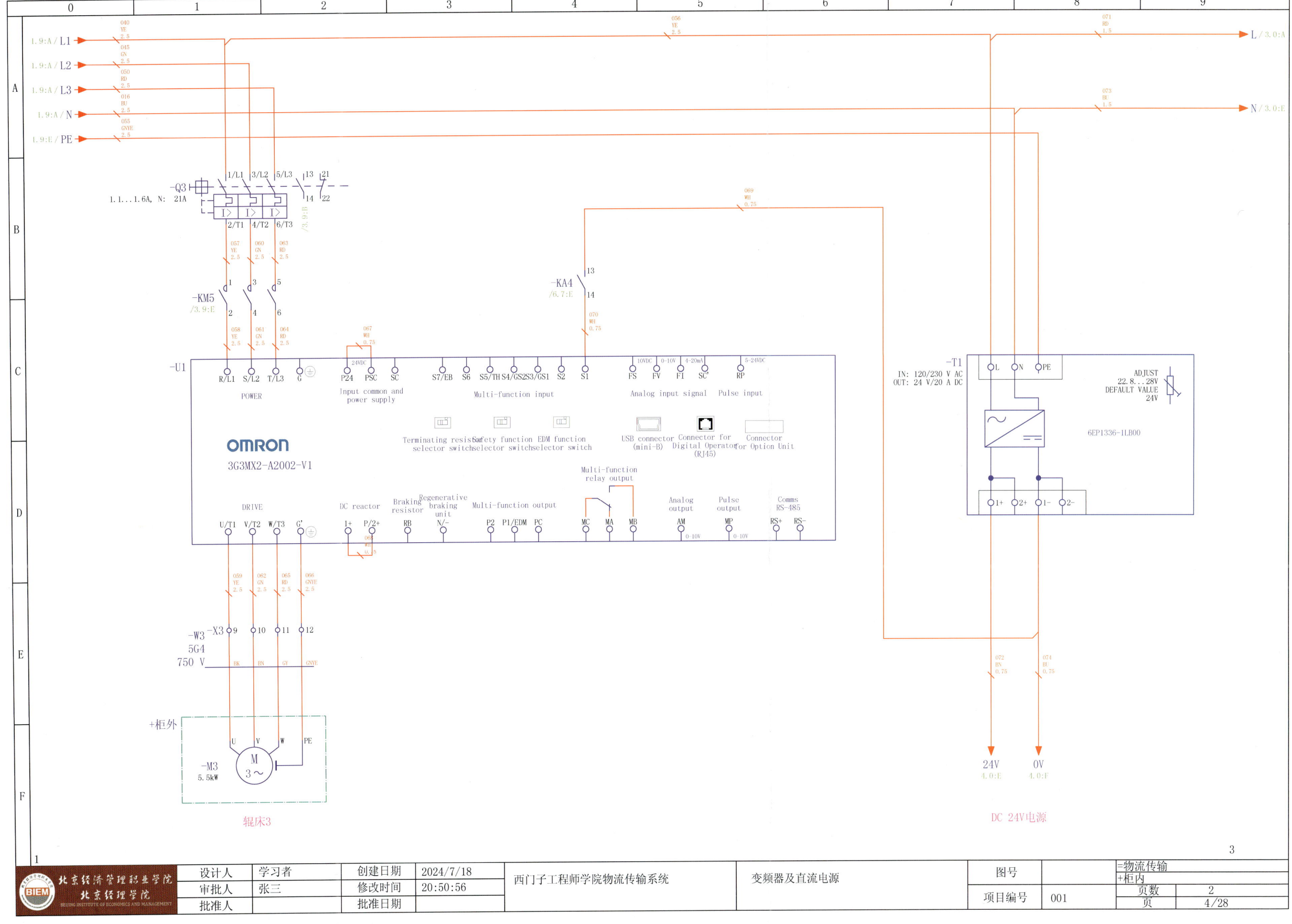

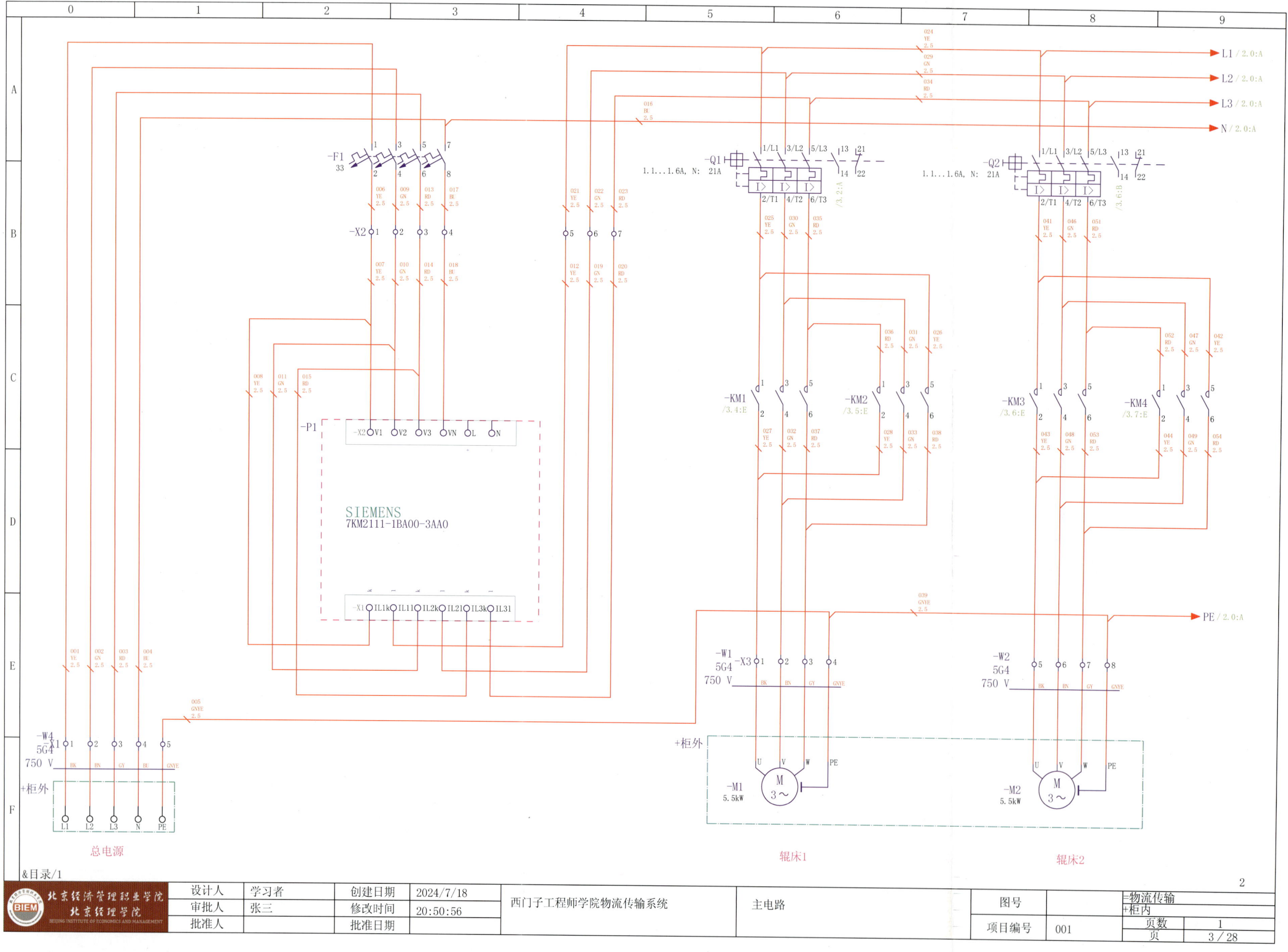

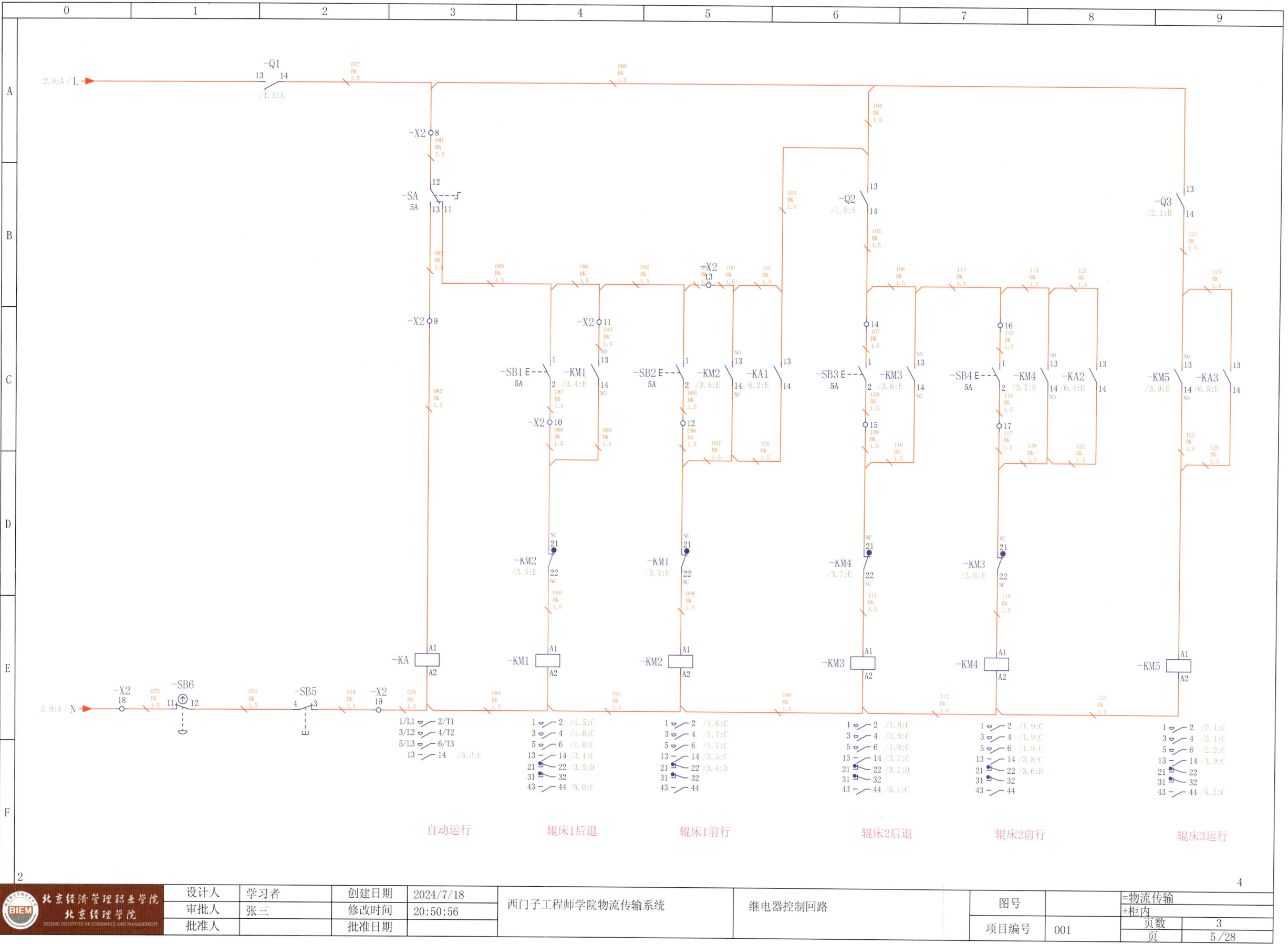

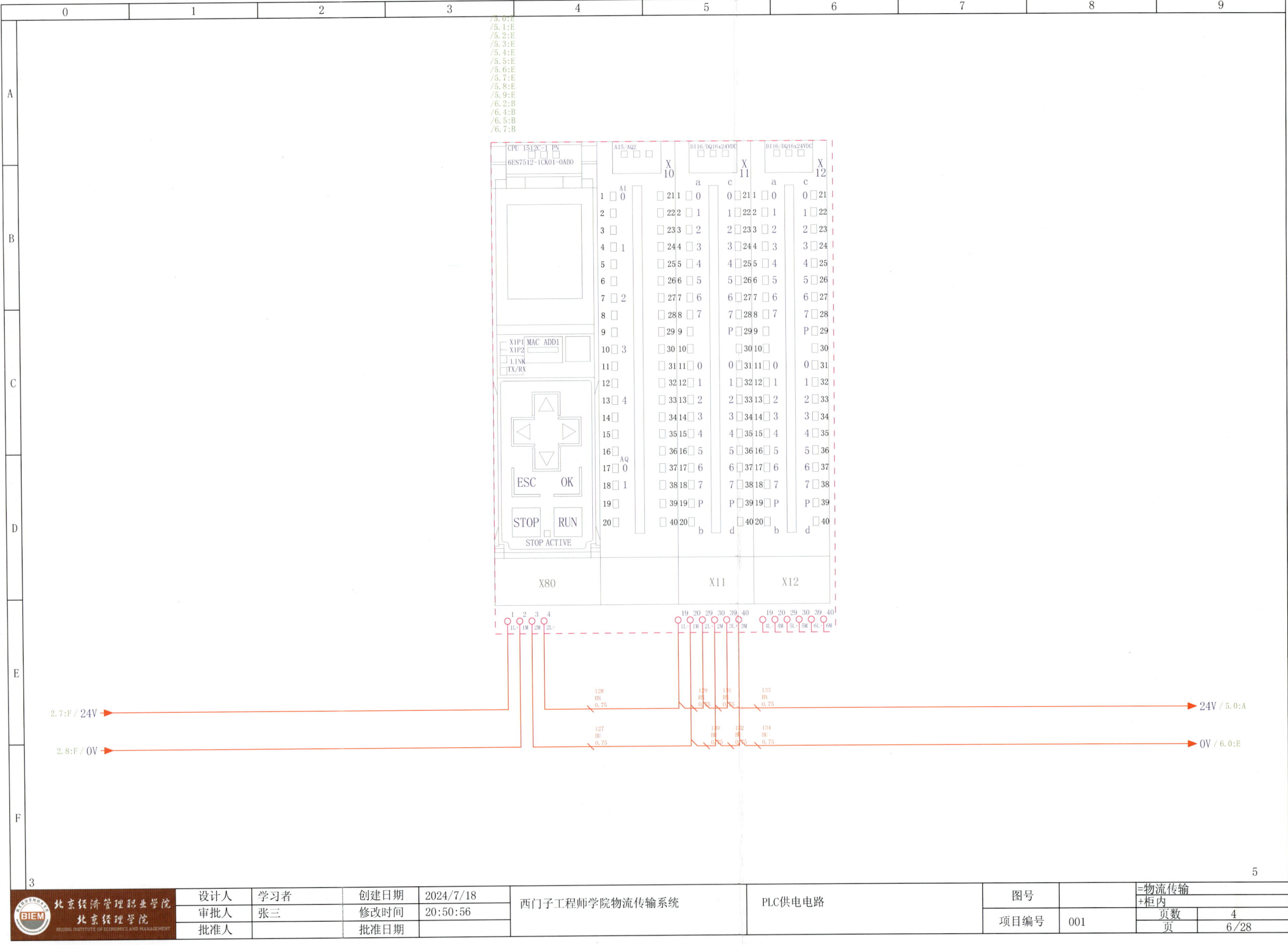

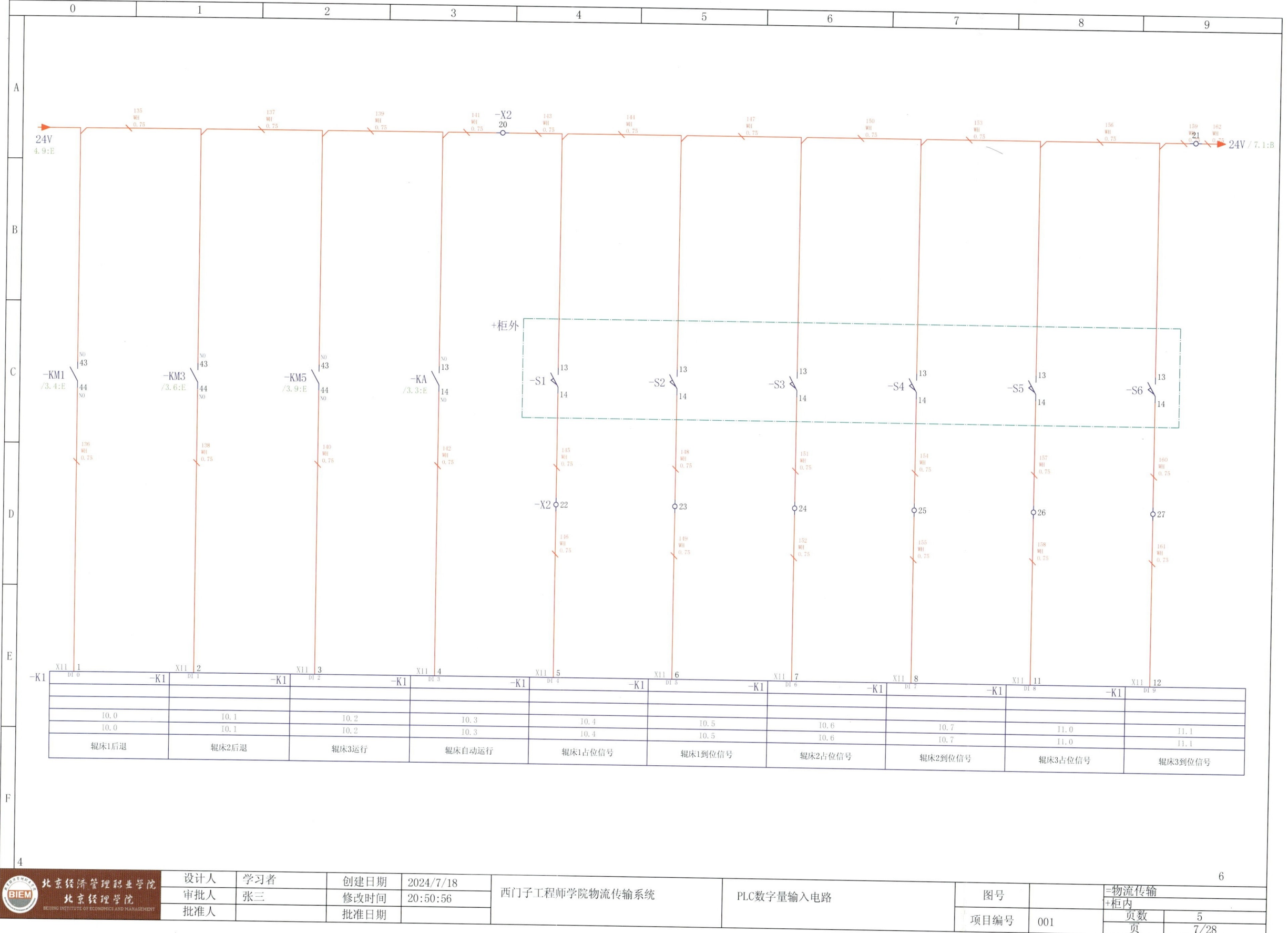

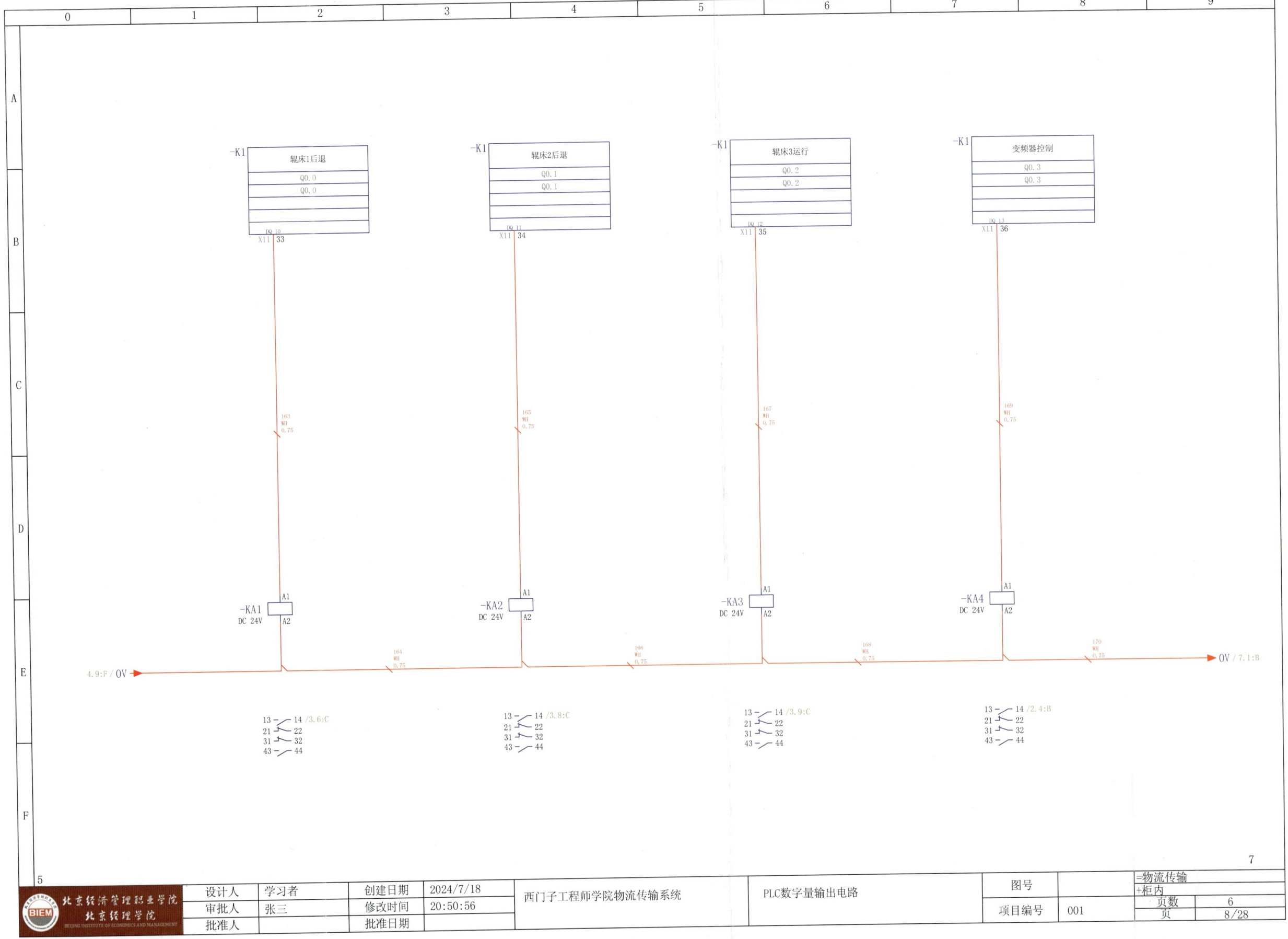

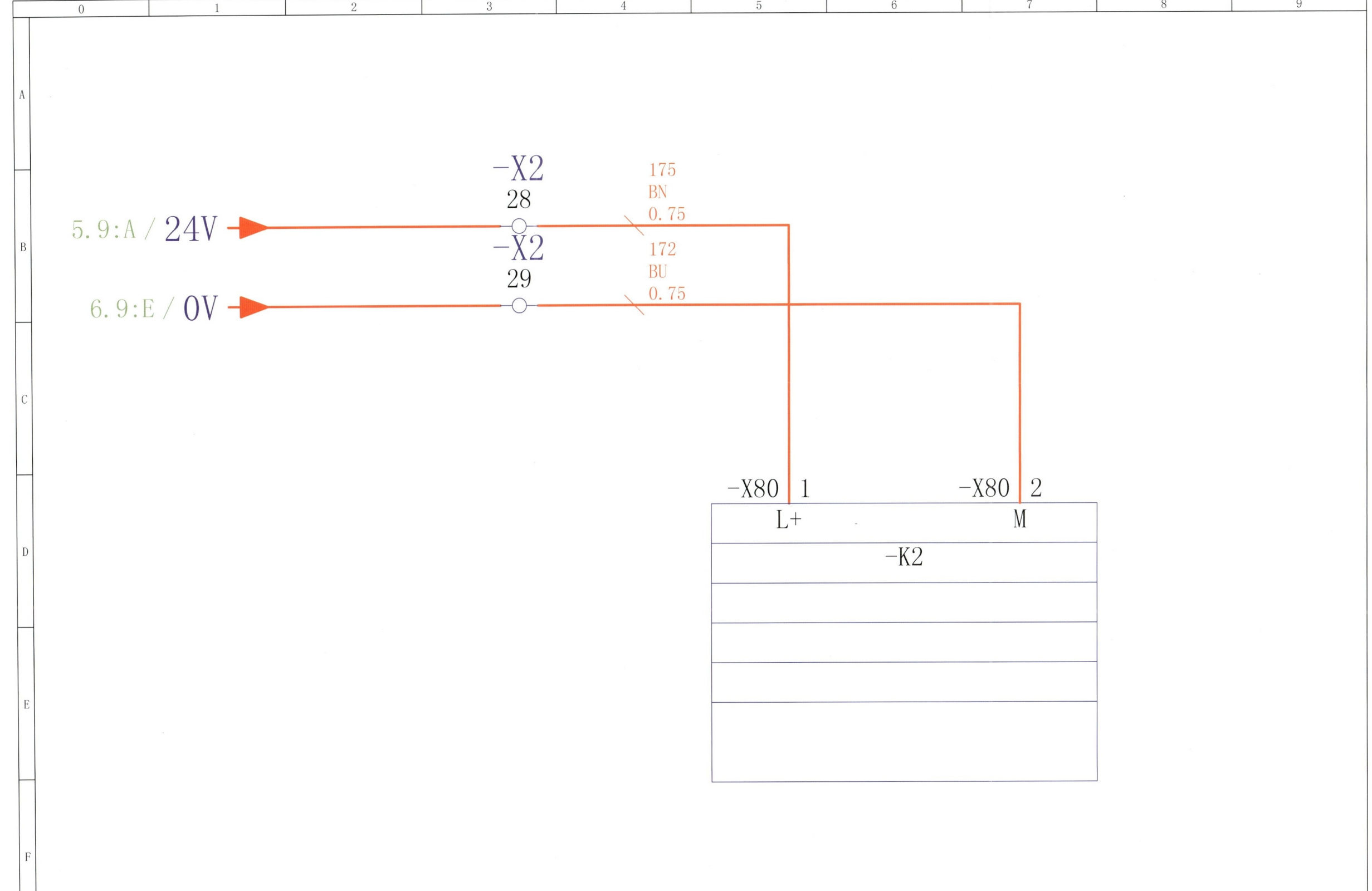

BIEM标题页

北京经济管理职业学院

项目描述：西门子工程师学院物流传输系统

项目名称：物流传输电气控制系统

姓名：学习者

学号：EPLAN

创建日期 2024/7/18

编辑日期 2024/7/26

页数 28

&目录/1

北京经济管理职业学院 北京经理学院	设计人	学习者	创建日期	2024/7/18	西门子工程师学院物流传输系统	标题页/封页	图号		=物流传输 +柜内
	审批人	张三	修改时间	20:50:56			项目编号	001	页数 1
	批准人		批准日期						页 1 /28

目录

页	页描述	增补页字段	日期	编辑者	F06_001
=物流传输+柜内&封面/1	标题页/封页		2024/7/26	MIQIA	X
=物流传输+柜内&目录/1	目录：=物流传输+柜内&封面/1 - =物流传输+柜内&安装布局图/4		2024/7/26	MIQIA	X
=物流传输+柜内&原理图/1	主电路		2024/7/25	MIQIA	X
=物流传输+柜内&原理图/2	变频器及直流电源		2024/7/25	MIQIA	X
=物流传输+柜内&原理图/3	继电器控制回路		2024/7/25	MIQIA	X
=物流传输+柜内&原理图/4	PLC供电电路		2024/7/25	MIQIA	X
=物流传输+柜内&原理图/5	PLC数字量输入电路		2024/7/25	MIQIA	X
=物流传输+柜内&原理图/6	PLC数字量输出电路		2024/7/25	MIQIA	X
=物流传输+柜内&原理图/7	HMI电源电路		2024/7/25	MIQIA	X
=物流传输+柜内&报表/1	端子连接图 =物流传输+柜内-X1		2024/7/25	MIQIA	X
=物流传输+柜内&报表/2	端子连接图 =物流传输+柜内-X2		2024/7/25	MIQIA	X
=物流传输+柜内&报表/3	端子连接图 =物流传输+柜内-X2		2024/7/25	MIQIA	X
=物流传输+柜内&报表/4	端子连接图 =物流传输+柜内-X3		2024/7/25	MIQIA	X
=物流传输+柜内&报表/5	PLC地址概览		2024/7/25	MIQIA	X
=物流传输+柜内&报表/6	连接列表		2024/7/25	MIQIA	X
=物流传输+柜内&报表/7	连接列表		2024/7/25	MIQIA	X
=物流传输+柜内&报表/7.a	连接列表		2024/7/25	MIQIA	X
=物流传输+柜内&报表/7.b	连接列表		2024/7/25	MIQIA	X
=物流传输+柜内&报表/7.c	连接列表		2024/7/25	MIQIA	X
=物流传输+柜内&报表/8	部件汇总表		2024/7/25	MIQIA	X
=物流传输+柜内&报表/9	电缆连接图		2024/7/25	MIQIA	X
=物流传输+柜内&报表/10	电缆连接图		2024/7/25	MIQIA	X
=物流传输+柜内&报表/11	电缆连接图		2024/7/25	MIQIA	X
=物流传输+柜内&报表/12	电缆连接图		2024/7/25	MIQIA	X
=物流传输+柜内&安装布局图/1	控制柜3D模型		2024/7/26	MIQIA	X
=物流传输+柜内&安装布局图/2	安装板钻孔视图		2024/7/26	MIQIA	X
=物流传输+柜内&安装布局图/3	柜门钻孔视图		2024/7/26	MIQIA	X
=物流传输+柜内&安装布局图/4	安装板布局设计视图		2024/7/26	MIQIA	X

栏 X：一自动生成的页或手工修改

设计人	学习者	创建日期	2024/7/18	目录：=物流传输+柜内&封面/1 - =物流传输+柜内&安装布局图/4
审批人	张三	修改时间	20:50:56	
批准人		批准日期		

西门子工程师学院物流传输系统

项目编号 001

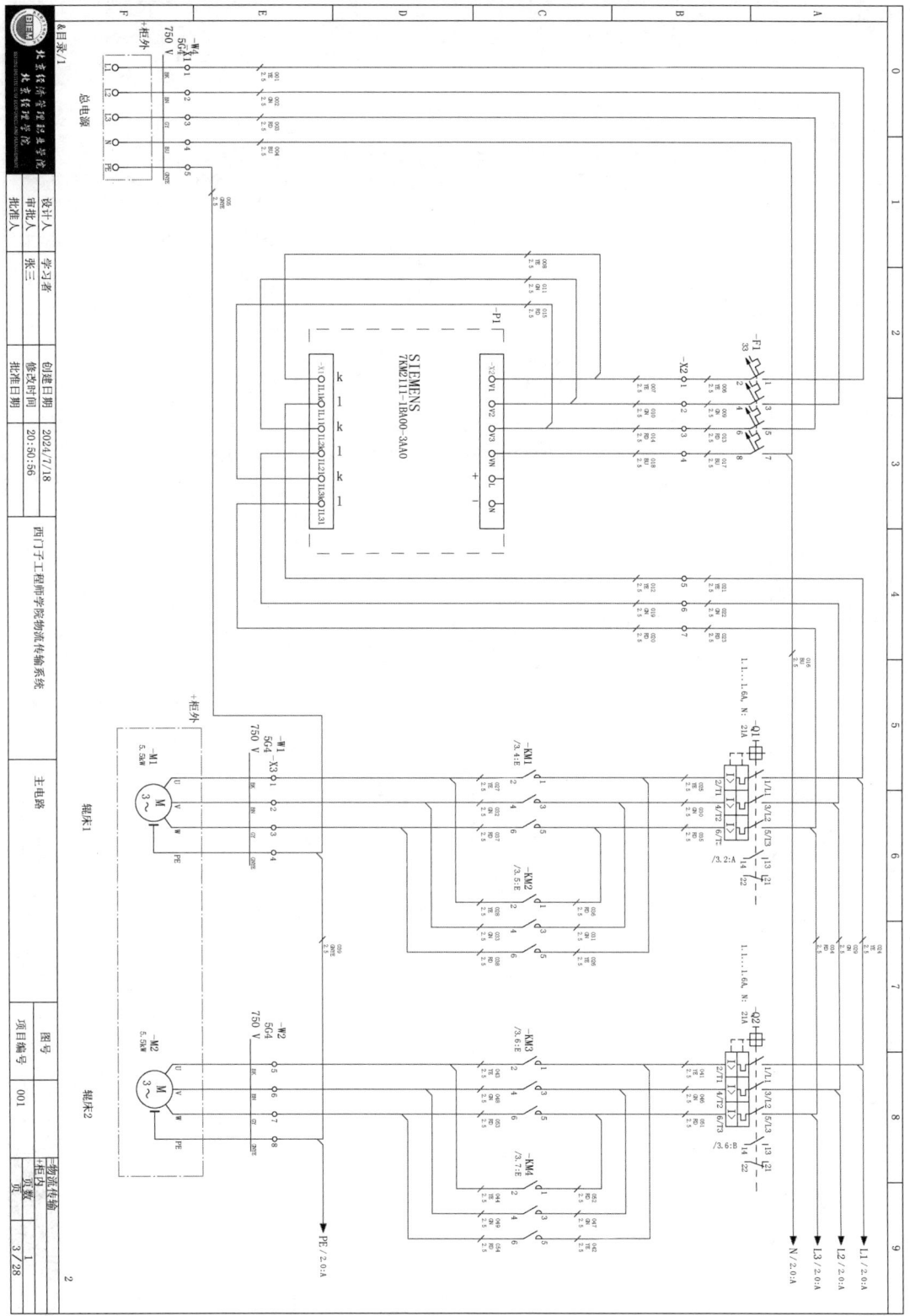

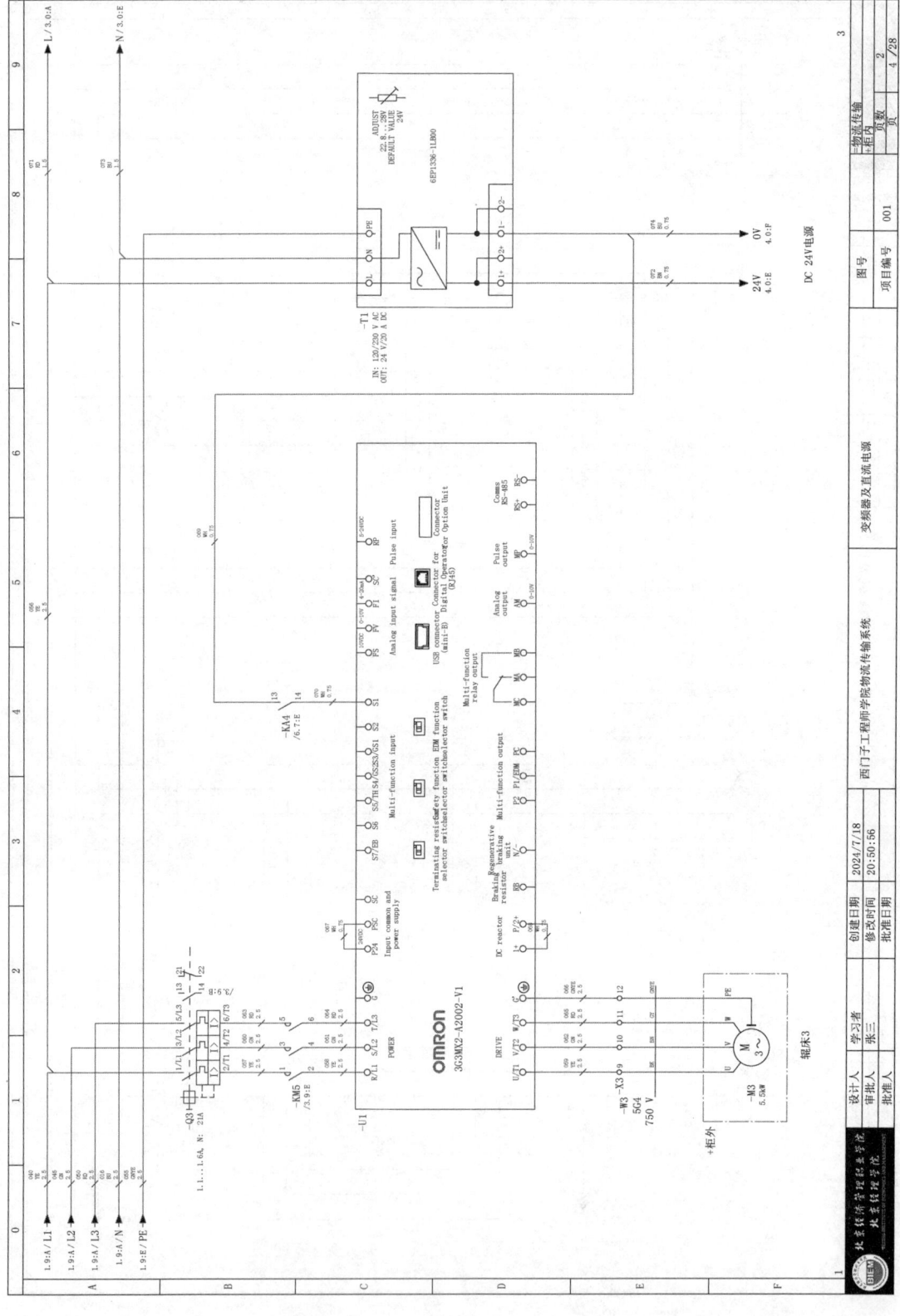

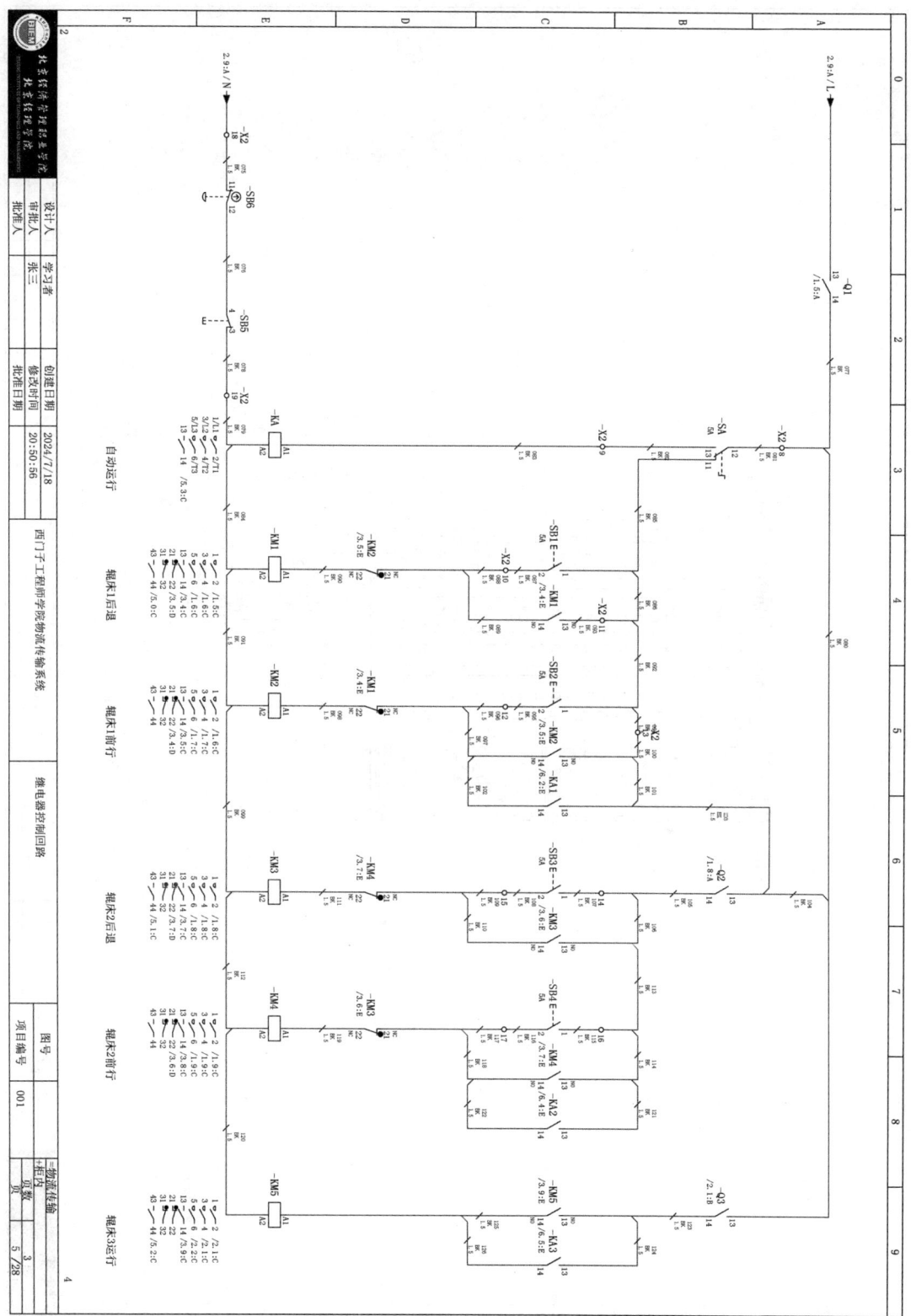

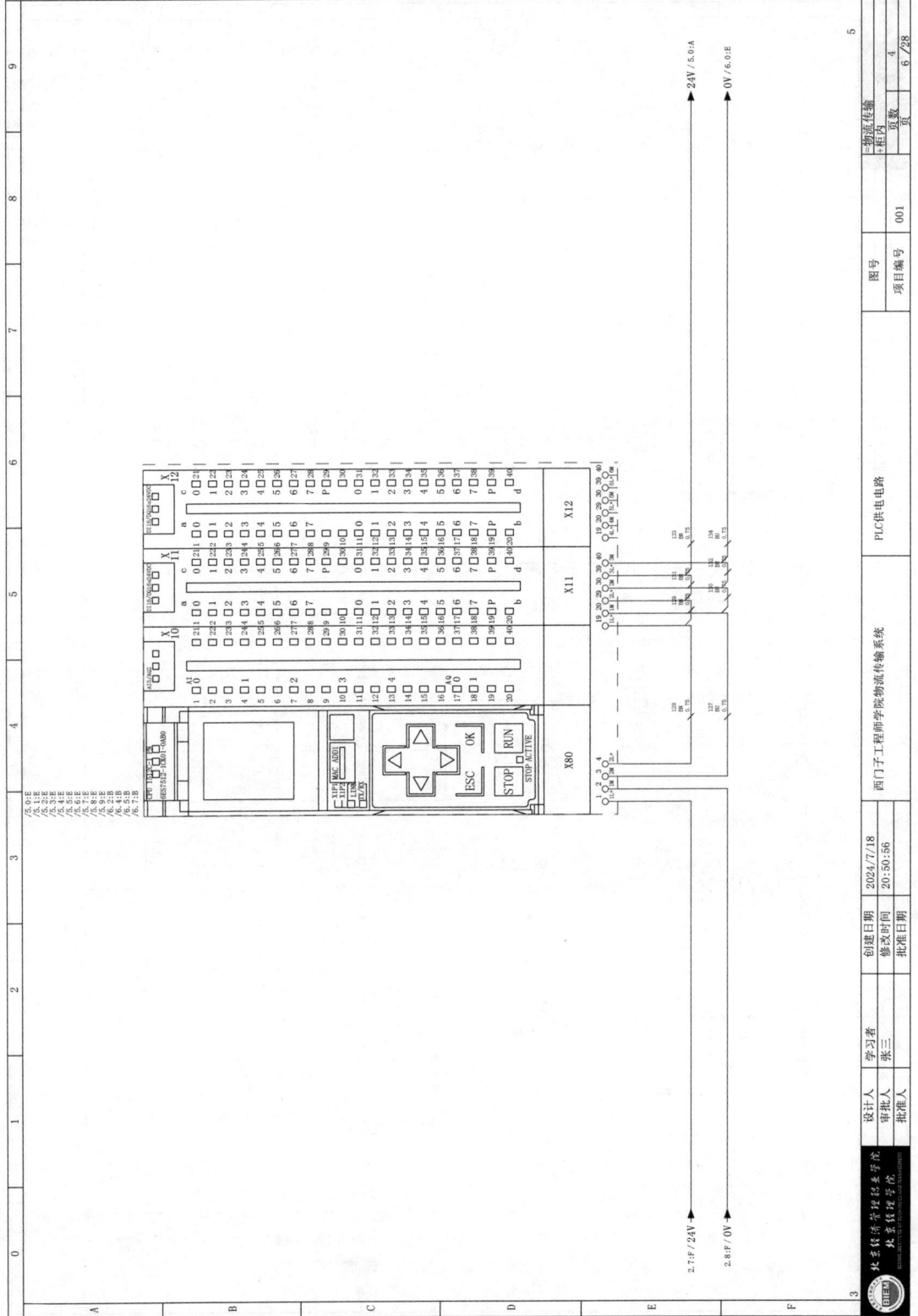

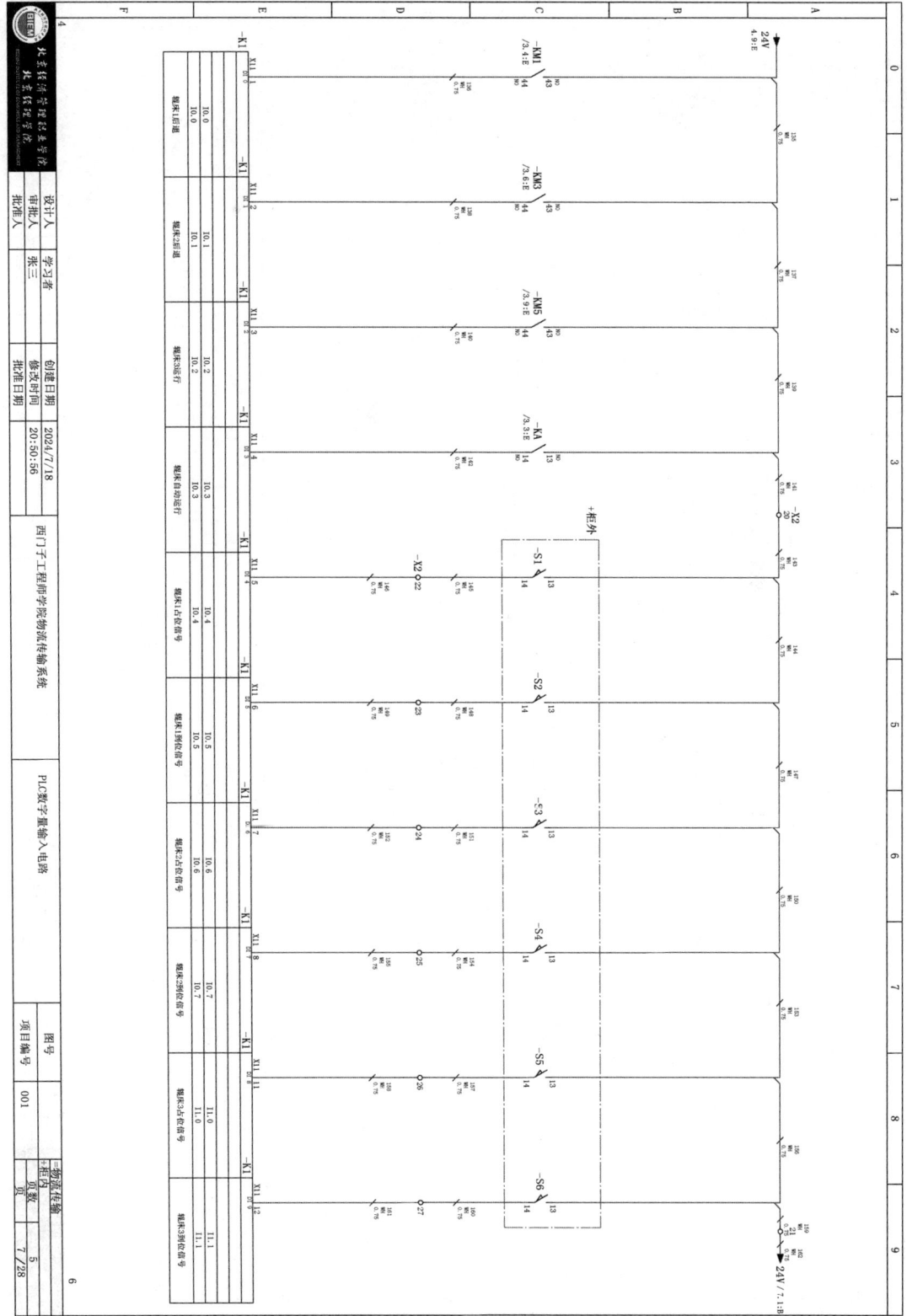

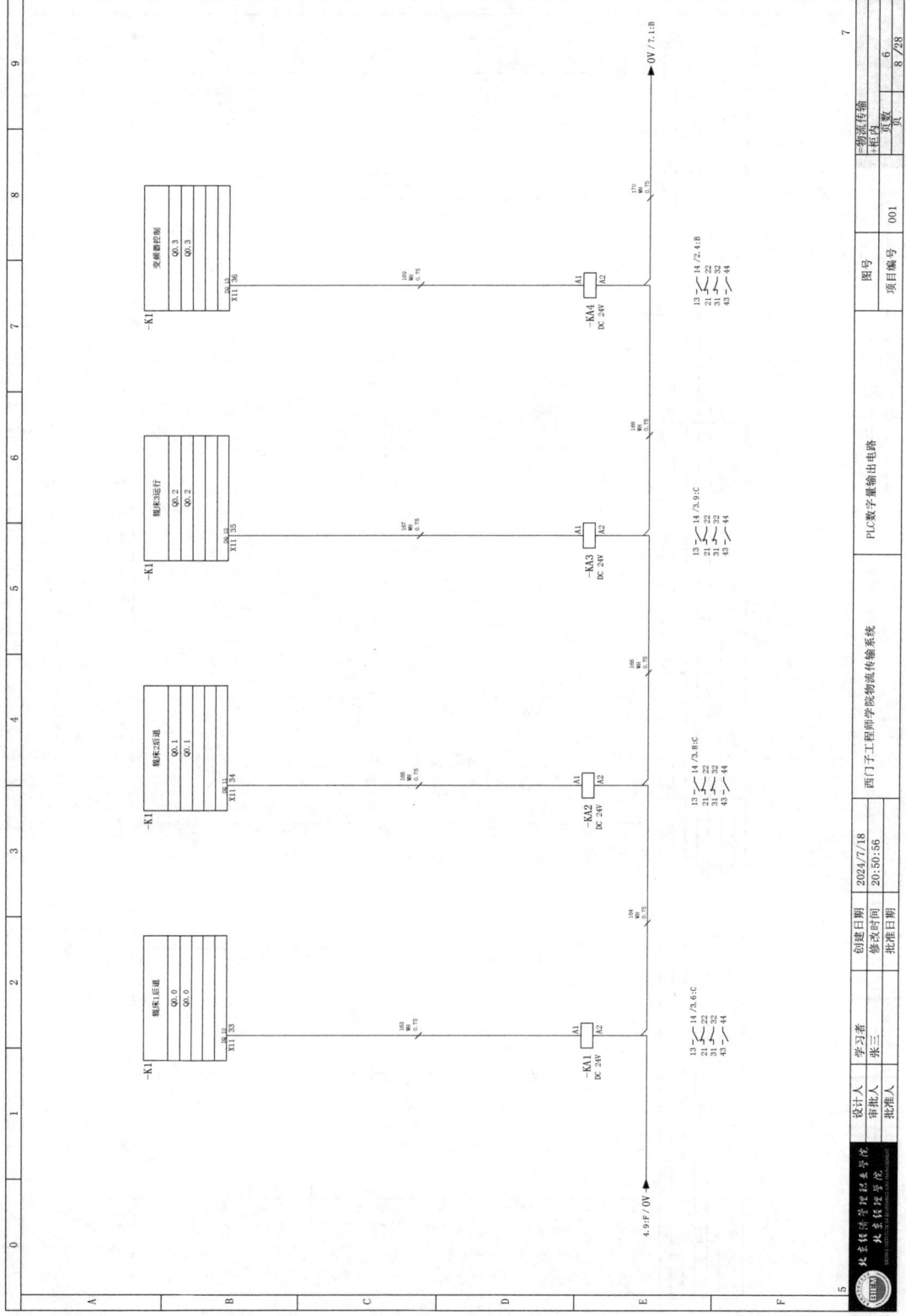

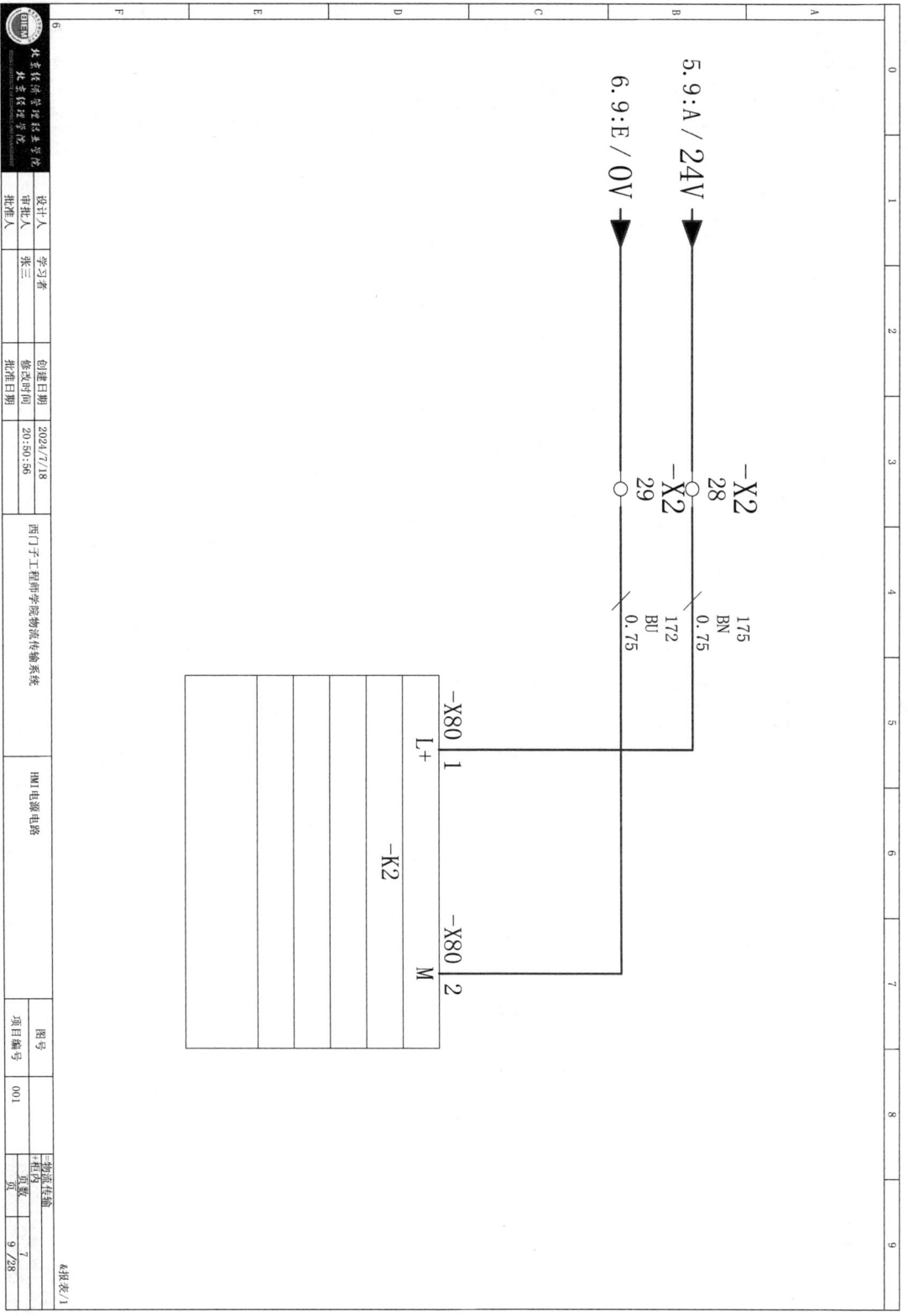

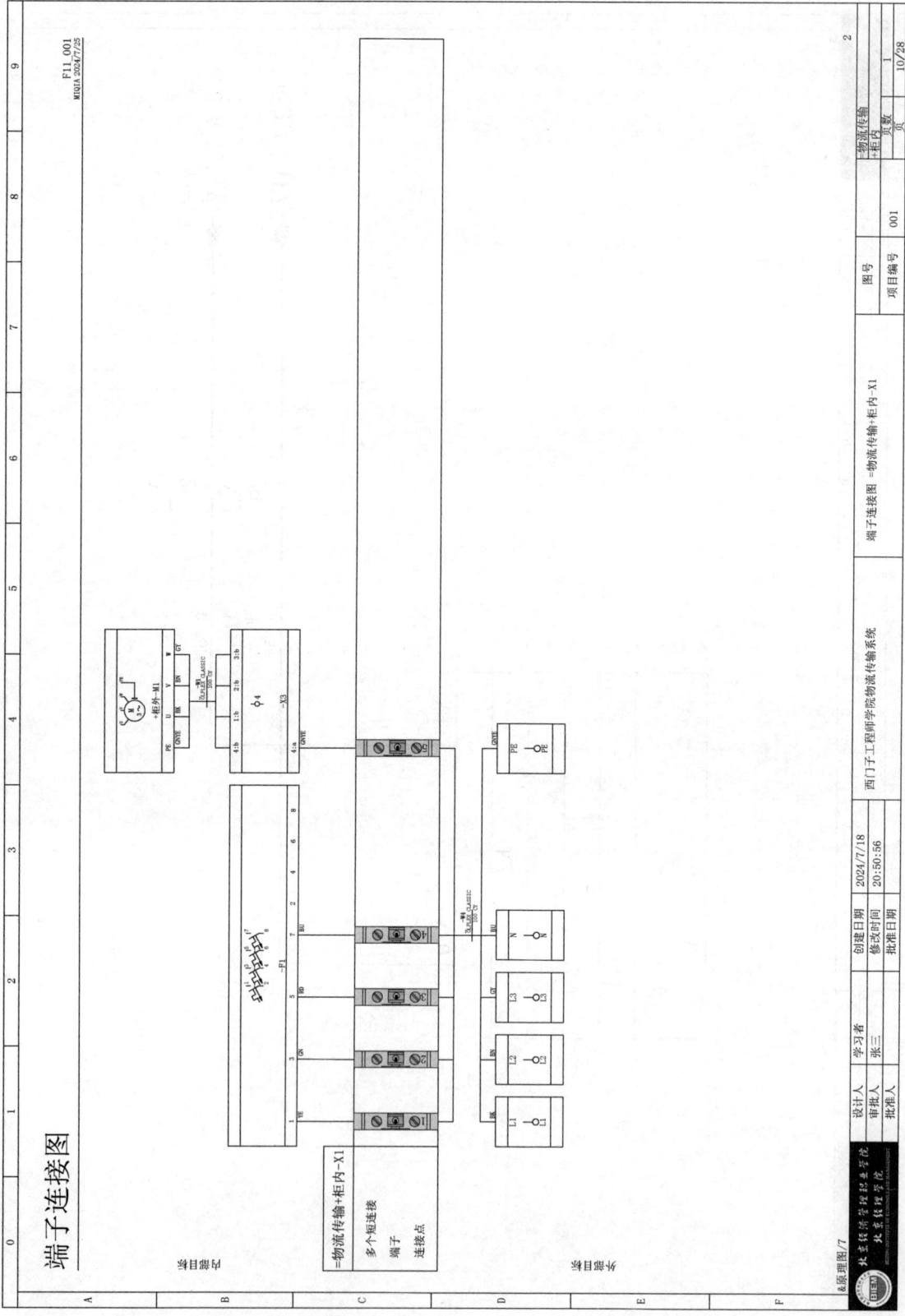

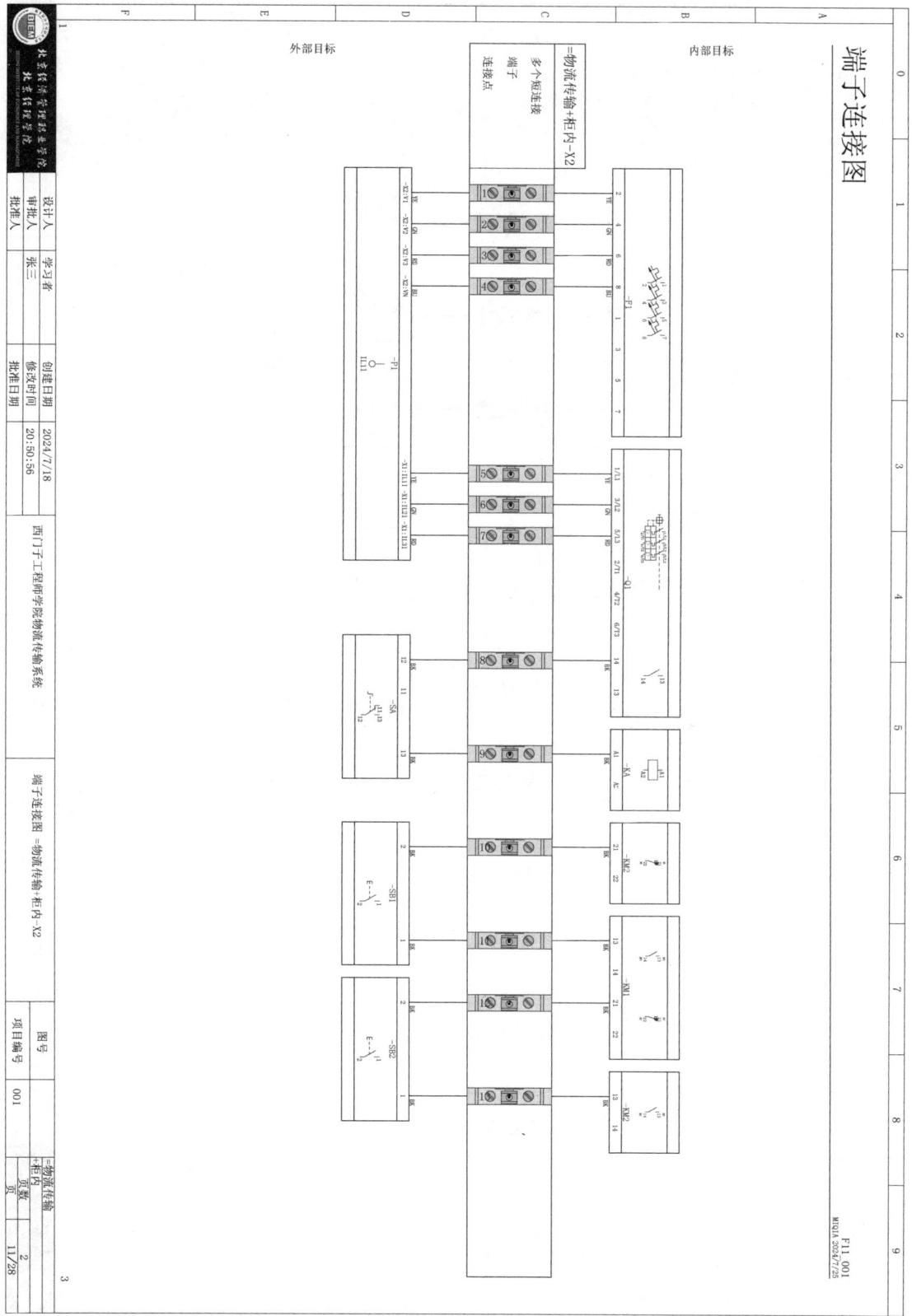

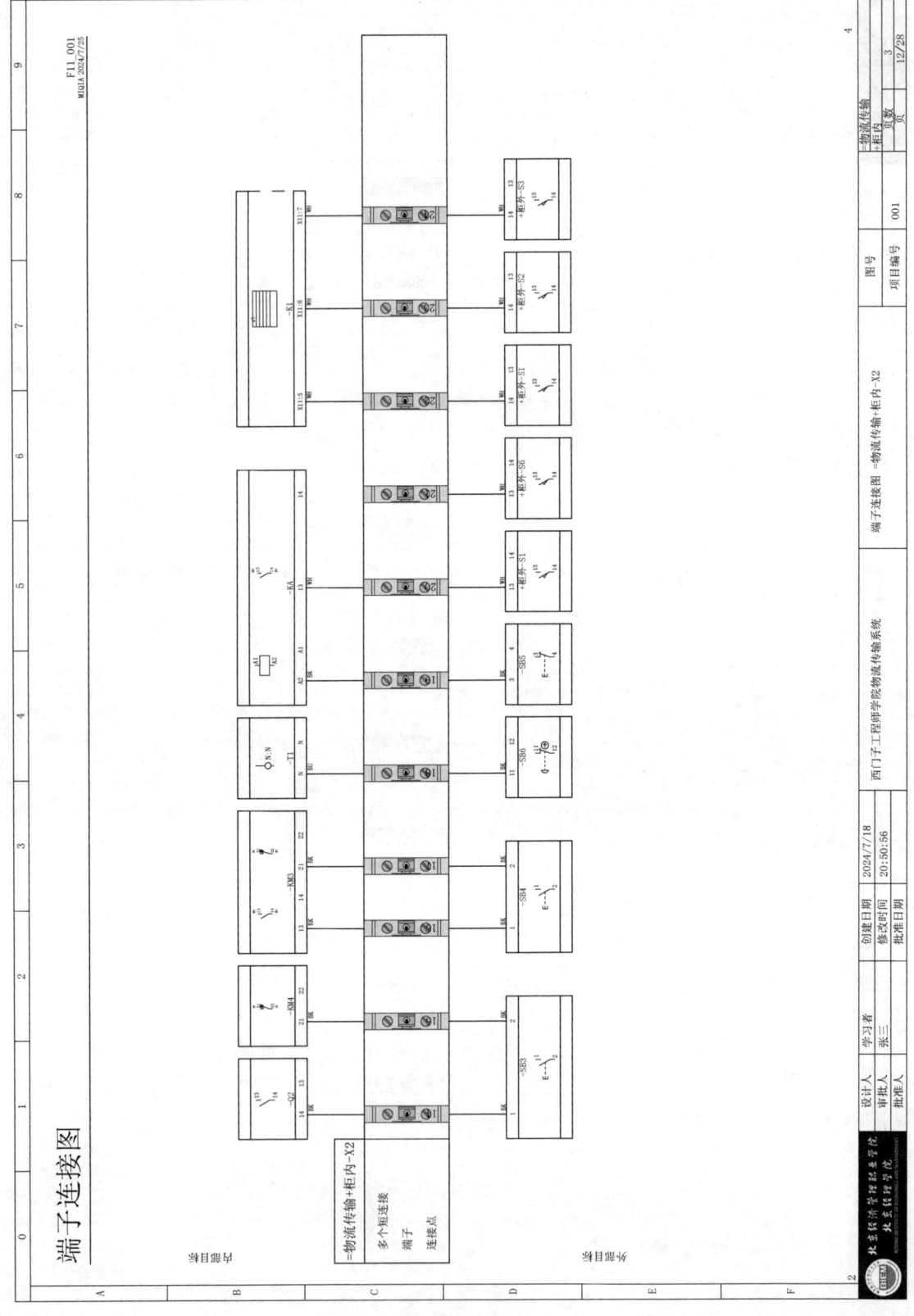

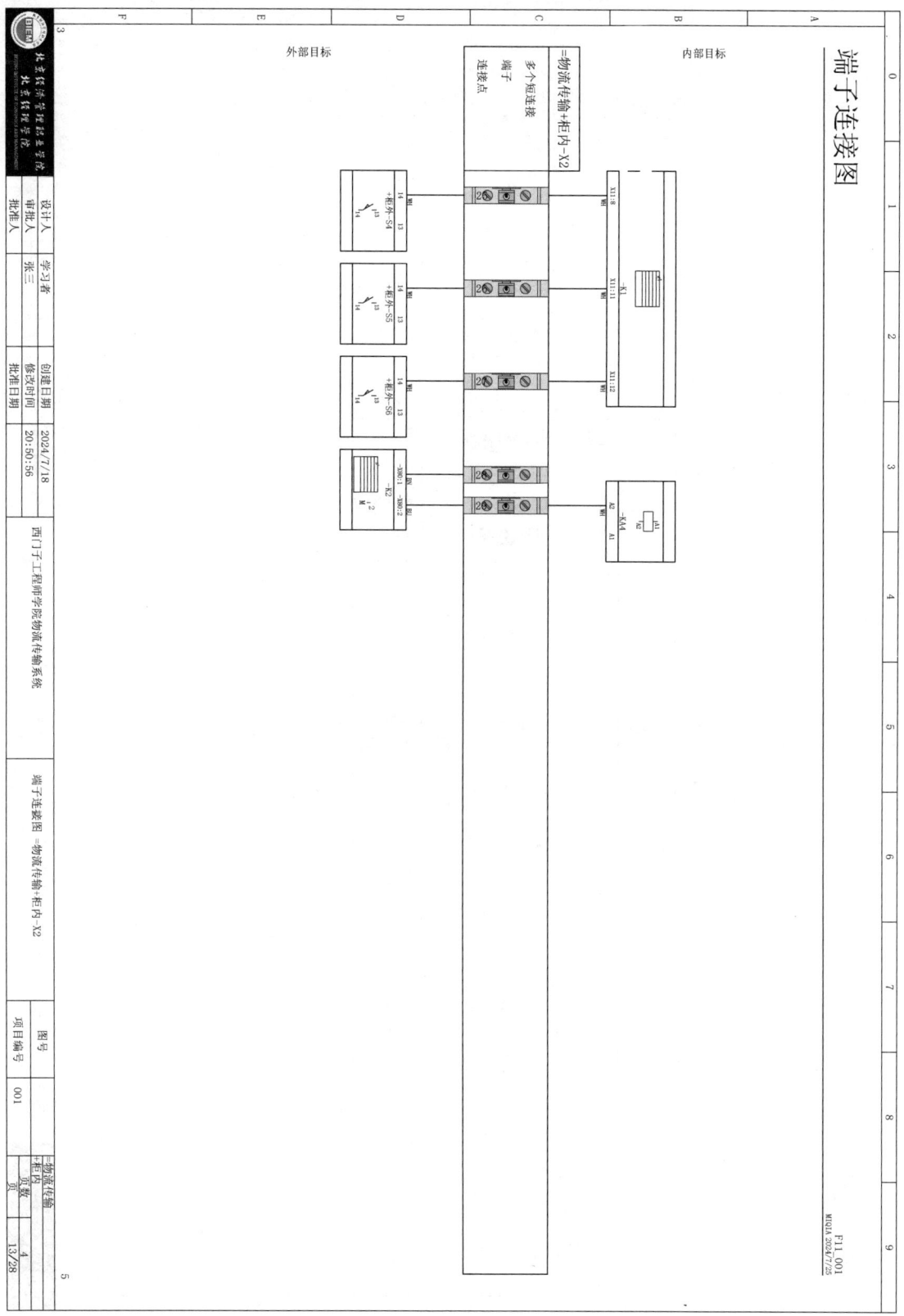

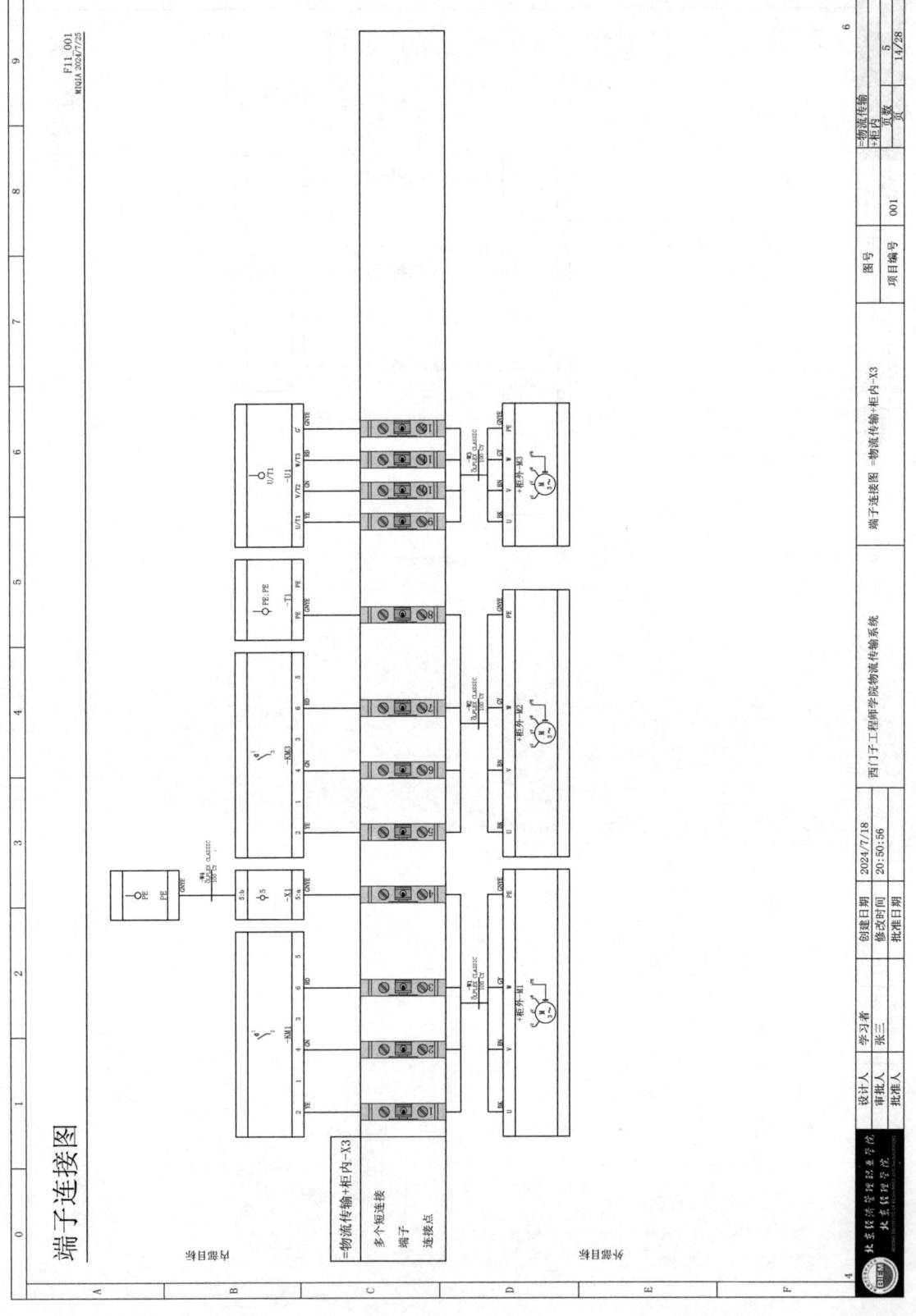

PLC 地址概览

CPU（间接的）

PLC 地址	数据类型	符号地址(自动)	功能文本(自动)	方向
I0.0	BOOL	I0.0	辊床1后退	输入端
I0.1	BOOL	I0.1	辊床2后退	输入端
I0.2	BOOL	I0.2	辊床3运行	输入端
I0.3	BOOL	I0.3	辊床自动运行	输入端
I0.4	BOOL	I0.4	辊床1到位信号	输入端
I0.5	BOOL	I0.5	辊床1到位信号	输入端
I0.6	BOOL	I0.6	辊床2到位信号	输入端
I0.7	BOOL	I0.7	辊床3到位信号	输入端
I1.0	BOOL	I1.0	辊床3到位信号	输入端
I1.1	BOOL	I1.1	辊床3到位信号	输入端
Q0.0	BOOL	Q0.0	辊床1后退	输出端
Q0.1	BOOL	Q0.1	辊床2后退	输出端
Q0.2	BOOL	Q0.2	辊床3运行	输出端
Q0.3	BOOL	Q0.3	变频器控制	输出端

设计人	学习者	创建日期	2024/7/18	西门子工程师学院物流传输系统	PLC地址概览	图号	001	规划对象名称	物流传输
审批人	张三	修改时间	20:50:56			项目编号			+柜内
批准人		批准日期							页数 6

F48_001

连接列表

连接	源	目标	截面积	颜色	长度	页/列 1	页/列 2	功能定义
001	L1	-X1:11:b	4	BK		&原理图/1.0:F	&原理图/1.0:F	芯线/导线
	-P1:1		2.5	YE	1.029 m	&原理图/1.0:F	&原理图/1.2:A	芯线/导线
002	L2	-X1:2:b	4	BN		&原理图/1.0:F	&原理图/1.0:F	芯线/导线
	-P1:3		2.5	GN	1.072 m	&原理图/1.0:F	&原理图/1.2:A	芯线/导线
003	L3	-X1:3:b	4	GY		&原理图/1.0:F	&原理图/1.0:F	芯线/导线
	-P1:5		2.5	RD	1.116 m	&原理图/1.0:F	&原理图/1.2:A	芯线/导线
004	N	-X1:4:b	4	BU		&原理图/1.1:F	&原理图/1.1:F	芯线/导线
016	-X1:4:a	-P1:7	2.5	BU	1.16 m	&原理图/1.1:F	&原理图/1.2:A	芯线/导线
073	-T1:N	-X2:18:a	1.5	BU	1.065 m	&原理图/2.8:C	&原理图/2.8:C	芯线/导线
	PE	-X1:15:b	1.5	GNYE	1.195 m	&原理图/1.1:F	&原理图/3.0:E	芯线/导线
005	-X1:5:a	-X3:4:a	2.5	GNYE	0.573 m	&原理图/1.1:F	&原理图/1.6:E	芯线/导线
039	-X3:8:a	-T1:PE	2.5	GNYE	0.274 m	&原理图/1.6:E	&原理图/2.8:C	芯线/导线
055	-T1:PE	-P1=X1:1L1k	2.5	YE	0.992 m	&原理图/1.8:E	&原理图/1.2:B	芯线/导线
008	-P1=X2:V1	-X2:1:b	2.5	YE	0.272 m	&原理图/1.2:C	&原理图/1.2:B	芯线/导线
007	-X2:1:a	-P1:2	2.5	YE	1.265 m	&原理图/1.2:A	&原理图/1.2:B	芯线/导线
006	-P1:2	-X2:5:b	2.5	GN	0.849 m	&原理图/1.3:E	&原理图/1.4:B	芯线/导线
012	-P1=X2:V2	-X2:2:b	2.5	GN	1.194 m	&原理图/1.3:B	&原理图/1.3:C	芯线/导线
010	-P1=X2:V2	-P1=X1:1L2k	2.5	GN	1.264 m	&原理图/1.3:C	&原理图/1.3:B	芯线/导线
011	-P1:4	-X2:3:b	2.5	GN	0.265 m	&原理图/1.3:C	&原理图/1.3:B	芯线/导线
009	-P1=X2:V3	-P1=X1:1L3k	2.5	RD	0.892 m	&原理图/1.3:B	&原理图/1.3:C	芯线/导线
014	-X2:3:b	-X2:3:a	2.5	RD	1.263 m	&原理图/1.3:E	&原理图/1.2:A	芯线/导线
015	-P1=X2:V3	-X2:6:b	2.5	RD	0.258 m	&原理图/1.3:E	&原理图/1.3:C	芯线/导线
013	-P1:6	-X2:26:b	2.5	RD	0.936 m	&原理图/1.2:A	&原理图/1.4:B	芯线/导线
019	-P1=X1:1L21	-P1:PE	2.5	BU	1.2 m	&原理图/1.3:E	&原理图/1.3:C	芯线/导线
018	-X2:4:b	-X2:VN	2.5	BU	1.262 m	&原理图/1.3:B	&原理图/1.3:C	芯线/导线
017	-P1:8	-X2:4:a	2.5	BU	0.979 m	&原理图/1.2:A	&原理图/1.4:B	芯线/导线
020	-P1=X1:1L31	-X2:7:b	2.5	RD	1.207 m	&原理图/1.3:E	&原理图/1.4:B	芯线/导线
021	-X2:5:a	-Q1:1/L1	2.5	YE	1.344 m	&原理图/1.5:A	&原理图/1.5:A	芯线/导线
024	-Q1:1/L1	-Q2:1/L1	2.5	YE	0.291 m	&原理图/1.5:A	&原理图/1.8:A	芯线/导线
040	-Q2:1/L1	-Q3:1/L1	2.5	YE	0.291 m	&原理图/1.8:A	&原理图/2.1:B	芯线/导线
056	-Q3:1/L1	-T1:L1	1.5	BN	0.957 m	&原理图/2.1:B	&原理图/2.7:C	芯线/导线
071	-T1:L	-Q1:L3	4	BN	1.072 m	&原理图/2.7:C	&原理图/3.2:A	芯线/导线
022	-X2:6:a	-Q1:3/L2	2.5	GN	1.366 m	&原理图/1.5:E	&原理图/1.4:B	芯线/导线
045	-Q1:3/L2	-Q2:3/L2	2.5	GN	0.291 m	&原理图/1.5:A	&原理图/1.8:A	芯线/导线
023	-Q2:3/L2	-Q3:3/L2	2.5	GN	0.291 m	&原理图/1.8:A	&原理图/2.1:B	芯线/导线
034	-X2:7:a	-Q1:5/L3	2.5	RD	1.389 m	&原理图/1.4:B	&原理图/1.5:A	芯线/导线
050	-Q1:5/L3	-Q2:5/L3	2.5	RD	0.291 m	&原理图/1.5:A	&原理图/1.8:A	芯线/导线
	-Q2:5/L3	-Q3:5/L3	2.5	RD	0.291 m	&原理图/1.8:A	&原理图/2.1:B	芯线/导线
027	-X3:1:b	-柜外-M1:U	4	BK		&原理图/1.5:F	&原理图/2.1:B	芯线/导线
028	-KM1:2	-KM2:1	2.5	YE	0.981 m	&原理图/1.5:E	&原理图/1.5:E	芯线/导线
025	-X3:1:a	-Q1:2/T1	2.5	YE	1.026 m	&原理图/1.5:E	&原理图/1.6:C	芯线/导线
026	-Q1:2/T1	-KM1:1	2.5	YE	0.432 m	&原理图/1.6:C	&原理图/1.5:C	芯线/导线
	-X3:2:b	-KM2:5	4	BN	0.326 m	&原理图/1.6:E	&原理图/1.5:F	芯线/导线
032	-X3:2:a	-柜外-M1:V	4	GN	0.998 m	&原理图/1.6:C	&原理图/1.5:F	芯线/导线
033	-KM1:4	-KM2:4	2.5	GN	1.043 m	&原理图/1.6:C	&原理图/1.6:C	芯线/导线
030	-Q1:4/T2	-KM1:3	2.5	GN	0.437 m	&原理图/1.6:E	&原理图/1.5:A	芯线/导线
031	-KM1:3	-KM2:3	2.5	GN	0.309 m	&原理图/1.5:A	&原理图/1.6:E	芯线/导线
	-X3:3:b	-柜外-M1:W	4	GY		&原理图/1.6:E	&原理图/1.6:C	芯线/导线
037	-KM1:6	-X3:3:a	2.5	RD	1.015 m	&原理图/1.5:E	&原理图/1.7:C	芯线/导线
038	-X3:3:a	-KM2:6	2.5	RD	1.06 m	&原理图/1.6:E	&原理图/1.7:C	芯线/导线
035	-Q1:6/T3	-KM1:5	2.5	RD	0.443 m	&原理图/1.6:E	&原理图/1.6:C	芯线/导线
036	-KM1:5	-KM2:1	2.5	RD	0.291 m	&原理图/1.6:C	&原理图/1.6:C	芯线/导线
	-X3:4:b	-柜外-M1:PE	4	GNYE		&原理图/1.5:F	&原理图/1.5:F	芯线/导线
043	-X3:5:b	-柜外-M2:U	4	BK		&原理图/1.6:E	&原理图/1.8:C	芯线/导线
	-KM2:2	-X3:5:a	2.5	YE	1.104 m	&原理图/1.8:C	&原理图/1.8:E	芯线/导线

连接列表

连接	源	目标	截面积	颜色	长度	页/列 1	页/列 2	功能定义
044	-X3:5.a	-KM1:2	2.5	YE	1.084 m	布线理图/1.8.E	布线理图/1.9.C	芯线/导线
041	-Q2:2/T1	-KM1:1	2.5	YE	0.387 m	布线理图/1.8.A	布线理图/1.8.C	芯线/导线
042	-KM1:3	+板中-M2:V	4	YE	0.326 m	布线理图/1.8.E	布线理图/1.8.C	芯线/导线
048	-X3:6.b	-X3:6.a	4	BN	1.112 m	布线理图/1.8.E	布线理图/1.9.C	芯线/导线
049	-KM1:4	+板中-M2:U	4	BN	1.067 m	布线理图/1.8.C	布线理图/1.8.C	芯线/导线
046	-Q2:4/T2	-KM1:3	2.5	GN	0.392 m	布线理图/1.8.C	布线理图/1.8.C	芯线/导线
047	-KM1:5	+板中-M2:W	4	GN	0.309 m	布线理图/1.8.E	布线理图/1.9.C	芯线/导线
053	-X3:7.b	-KM1:6	2.5	GY	1.095 m	布线理图/1.8.A	布线理图/1.9.C	芯线/导线
054	-X3:7.a	-KM4:6	2.5	GN	1.05 m	布线理图/1.8.F	布线理图/3.3.B	芯线/导线
051	-Q2:6/T3	-KM1:5	2.5	RD	0.398 m	布线理图/1.8.A	布线理图/1.8.C	芯线/导线
052	-KM5:5	+板中-M3:PE	4	RD	0.291 m	布线理图/1.8.E	布线理图/1.8.F	芯线/导线
059	-X3:9.b	+板中-M2:PE	4	GNYE		布线理图/1.8.F	布线理图/1.8.F	芯线/导线
058	-U1:U/T1	-X3:9.a	2.5	YE	1.375 m	布线理图/1.8.D	布线理图/2.2.D	芯线/导线
057	-Q3:2/T1	-U1:R/L1	2.5	YE	0.657 m	布线理图/1.8.A	布线理图/2.2.D	芯线/导线
056	-X3:10.b	+板中-M2:V	4	BN	0.342 m	布线理图/1.8.E	布线理图/1.8.C	芯线/导线
063	-U1:V/T2	-X3:10.a	2.5	GN	0.547 m	布线理图/1.8.E	布线理图/2.2.E	芯线/导线
062	-U1:S/L2	-KM5:4	2.5	GN	0.929 m	布线理图/1.8.C	布线理图/1.8.C	芯线/导线
061	-Q3:4/T2	-KM5:3	2.5	GY	0.347 m	布线理图/1.8.A	布线理图/1.8.C	芯线/导线
060	-X3:11.b	+板中-M2:W	4	GN	1.339 m	布线理图/1.8.F	布线理图/1.8.E	芯线/导线
065	-Q3:4/T2	-KM5:3	2.5	RD	1.05 m	布线理图/1.8.E	布线理图/1.8.C	芯线/导线
064	-KM5:6	-U1:T/L3	2.5	RD	0.656 m	布线理图/2.2.E	布线理图/2.2.C	芯线/导线
063	-Q3:6/T3	-KM5:5	4	RD	0.353 m	布线理图/1.8.E	布线理图/1.8.F	芯线/导线
068	-X3:12.b	+板中-M3:PE	4	GNYE		布线理图/1.8.F	布线理图/1.8.F	芯线/导线
066	-U1:G*	-X3:12.a	2.5	BK	0.521 m	布线理图/2.2.B	布线理图/2.2.D	内部
067	-U1:24+	-U1:PSC	0.75	WH	0.319 m	布线理图/2.2.D	布线理图/2.2.B	内部
075	-U1:P24	-SB5:4	0.75	WH	0.506 m	布线理图/2.2.E	布线理图/2.2.B	芯线/导线
070	-Q3:2/T1	-U1:SL	0.75	BK	0.304 m	布线理图/2.4.B	布线理图/3.2.A	芯线/导线
069	-KA4:14	-X3:10.a	0.75	BK	0.751 m	布线理图/3.3.A	布线理图/2.4.D	芯线/导线
074	-T1:1-	-KA4:13	0.75	BK	1.024 m	布线理图/2.4.B	布线理图/4.4.E	芯线/导线
072	-T1:1+	-KL3/X80.1		BU	1.072 m	布线理图/2.8.D	布线理图/2.8.D	芯线/导线
071	-T1:11-	-T1:12-				布线理图/2.8.D	布线理图/2.8.D	芯线/导线
075	-X2:18.b	-T1:12-	1.5	BK	1.982 m	布线理图/2.2.D	布线理图/2.11.E	芯线/导线
068	-SB6:12	-T1:11-	1.5	BK	0.918 m	布线理图/2.2.B	布线理图/2.2.B	芯线/导线
076	-SB5:12	-SB5:4	1.5	BK	1.443 m	布线理图/2.2.C	布线理图/2.2.B	芯线/导线
077	-U1:14	-X2:8.a	1.5	BK	1.524 m	布线理图/3.6.E	布线理图/2.4.B	芯线/导线
080	-KM4:14	-Q3:13	1.5	BK	0.309 m	布线理图/3.7.E	布线理图/3.9.B	芯线/导线
112	-KM2:A2	-Q3:13	1.5	BK	0.309 m	布线理图/3.3.E	布线理图/3.3.C	芯线/导线
120	-KM2:A2	-Q2:13	1.5	BK	0.374 m	布线理图/3.3.E	布线理图/3.3.E	芯线/导线
083	-X2:9.a	-Q2:13	1.5	BK	1.067 m	布线理图/3.3.C	布线理图/3.6.B	芯线/导线
082	-SA:13	-KA1:13	1.5	BK	1.946 m	布线理图/3.3.A	布线理图/3.3.C	芯线/导线
104	-X2:9.b	-KM5:3	1.5	BK	1.206 m	布线理图/3.3.E	布线理图/3.9.B	芯线/导线
081	-X2:8.b	-SA:12	1.5	BK	1.53 m	布线理图/3.3.C	布线理图/3.3.C	芯线/导线
101	-KA1:13	-SB1:11	1.5	BK	0.605 m	布线理图/3.5.B	布线理图/6.8.B	芯线/导线
103	-KM2:13	-SA:11	1.5	BK	1.002 m	布线理图/3.5.C	布线理图/3.3.C	芯线/导线
100	-X2:13.a	-KM2:13	1.5	BK	0.933 m	布线理图/3.5.B	布线理图/6.8.B	芯线/导线
078	-SB5:3	-SB5:11	2.5	BK	2.203 m	布线理图/3.5.B	布线理图/3.5.C	芯线/导线
079	-X2:19.b	-T1:12+	1.5	BK	1.069 m	布线理图/3.3.E	布线理图/3.3.E	芯线/导线
084	-KA1:A2	-KM2:A2	1.5	BK	0.546 m	布线理图/3.4.E	布线理图/3.4.E	芯线/导线
091	-KM2:A2	-KA1:A2	1.5	BK	0.309 m	布线理图/3.5.E	布线理图/3.5.E	芯线/导线
099	-KA1:A2	-KM1:A2	1.5	BK	0.309 m	布线理图/3.4.E	布线理图/3.6.E	芯线/导线
111	-KM5:A2	-KM1:A2	1.5	BK	0.309 m	布线理图/3.7.E	布线理图/3.6.E	芯线/导线
111	-X2:8.a	-KM4:A2	1.5	BK	1.988 m	布线理图/3.7.B	布线理图/3.9.B	芯线/导线
092	-X2:11.b	-SB1:13	1.5	BK	2.053 m	布线理图/3.4.C	布线理图/3.5.C	芯线/导线

连接列表

连接	源	目标	截面积	颜色	长度	页/列 1	页/列 2	功能定义
094	-SB2:1	-X2:13:b	1.5	BK	2.037 m	&原理图/3.5:C	&原理图/3.5:B	芯线/导线
090	-KM2:21	-KM1:A1	1.5	BK	0.717 m	&原理图/3.4:C	&原理图/3.4:B	芯线/导线
088	-X2:10:a	-KM2:21	1.5	BK	1.083 m	&原理图/3.4:C	&原理图/3.4:D	芯线/导线
089	-KM2:21	-KM1:14	1.5	BK	0.742 m	&原理图/3.4:D	&原理图/3.4:D	芯线/导线
087	-SB1:2	-X2:10:b	1.5	BK	1.823 m	&原理图/3.4:C	&原理图/3.4:C	芯线/导线
093	-X2:11:a	-KM1:13	1.5	BK	0.871 m	&原理图/3.4:C	&原理图/3.4:C	芯线/导线
098	-KM1:22	-KM2:A1	1.5	BK	1.055 m	&原理图/3.5:D	&原理图/3.5:B	芯线/导线
096	-X2:12:a	-KM1:21	1.5	BK	0.717 m	&原理图/3.5:D	&原理图/3.5:C	芯线/导线
097	-KM1:21	-KM2:14	1.5	BK	0.742 m	&原理图/3.5:D	&原理图/3.5:C	芯线/导线
102	-KM2:14	-KA1:14	1.5	BK	0.59 m	&原理图/3.5:C	&原理图/3.5:C	芯线/导线
095	-SB2:2	-X2:12:b	1.5	BK	1.871 m	&原理图/3.5:C	&原理图/3.5:B	芯线/导线
111	-KM4:22	-KM3:A1	1.5	BK	0.897 m	&原理图/3.6:E	&原理图/3.6:B	芯线/导线
109	-X2:15:a	-KM4:21	1.5	BK	1.214 m	&原理图/3.6:D	&原理图/3.6:D	芯线/导线
110	-KM4:21	-KM3:14	1.5	BK	0.922 m	&原理图/3.6:D	&原理图/3.6:D	芯线/导线
108	-SB3:2	-X2:15:b	1.5	BK	1.912 m	&原理图/3.6:C	&原理图/3.6:C	芯线/导线
107	-X2:14:b	-SB3:1	1.5	BK	2.094 m	&原理图/3.6:C	&原理图/3.6:C	芯线/导线
105	-Q2:14	-X2:14:a	1.5	BK	1.536 m	&原理图/3.6:C	&原理图/3.6:C	芯线/导线
106	-X2:14:a	-KM3:13	1.5	BK	0.986 m	&原理图/3.6:C	&原理图/3.6:C	芯线/导线
113	-KM3:13	-X2:16:a	1.5	BK	1.002 m	&原理图/3.6:B	&原理图/3.7:C	芯线/导线
114	-X2:16:a	-KM4:13	1.5	BK	1.047 m	&原理图/3.7:C	&原理图/3.7:C	芯线/导线
121	-KM4:13	-KA2:13	1.5	BK	1.095 m	&原理图/3.8:C	&原理图/3.8:C	芯线/导线
119	-KM2:22	-KM4:A1	1.5	BK	0.897 m	&原理图/3.8:C	&原理图/3.7:D	芯线/导线
117	-X2:17:a	-KM3:21	1.5	BK	1.185 m	&原理图/3.7:D	&原理图/3.7:D	芯线/导线
118	-KM3:21	-KM4:14	1.5	BK	0.922 m	&原理图/3.7:D	&原理图/3.7:D	芯线/导线
122	-KM4:14	-KA2:14	1.5	BK	0.545 m	&原理图/3.8:C	&原理图/3.8:C	芯线/导线
116	-X2:16:b	-X2:17:b	1.5	BK	1.961 m	&原理图/3.7:C	&原理图/3.7:C	芯线/导线
115	-SB4:2	-X2:16:b	1.5	BK	2.143 m	&原理图/3.7:C	&原理图/3.7:C	芯线/导线
125	-KM5:A1	-KM5:13	1.5	BK	1.023 m	&原理图/3.9:C	&原理图/3.9:E	芯线/导线
126	-KM5:A1	-KA3:A1	1.5	BK	0.899 m	&原理图/3.9:B	&原理图/3.9:B	芯线/导线
123	-Q2:14	-KA3:14	1.5	BK	1.005 m	&原理图/3.9:C	&原理图/3.9:C	芯线/导线
124	-KM5:13	-KA3:13	0.75	BK	1.403 m	&原理图/4.4:B	&原理图/4.5:B	芯线/导线
127	-K1:X80:-3	-K1:X11:20	0.75	BU	0.436 m	&原理图/4.5:B	&原理图/4.5:E	芯线/导线
130	-K1:X11:20	-K1:X11:30	0.75	BU	1.181 m	&原理图/4.5:E	&原理图/4.5:E	芯线/导线
132	-K1:X11:30	-K1:X11:40	0.75	BU	1.005 m	&原理图/4.5:E	&原理图/4.5:E	芯线/导线
134	-K1:X11:40	-KA1:A2	0.75	BU	0.427 m	&原理图/4.5:E	&原理图/6.2:E	芯线/导线
164	-KA1:A2	-KA2:A2	0.75	WH	0.892 m	&原理图/6.2:E	&原理图/6.4:E	芯线/导线
166	-KA2:A2	-KA3:A2	0.75	WH	0.304 m	&原理图/6.4:E	&原理图/6.5:E	芯线/导线
168	-KA3:A2	-KA4:A2	0.75	WH	0.304 m	&原理图/6.5:E	&原理图/6.5:E	芯线/导线
170	-KA4:A2	-X2:29:a	0.75	WH	0.812 m	&原理图/6.5:E	&原理图/7.3:B	芯线/导线
128	-X2:29:a	-K1:X80:-4	0.75	EN	1.051 m	&原理图/4.4:B	&原理图/4.5:E	芯线/导线
129	-K1:X80:-4	-K1:X11:19	0.75	EN	0.643 m	&原理图/4.5:B	&原理图/4.5:E	芯线/导线
131	-K1:X11:19	-K1:X11:29	0.75	EN	0.652 m	&原理图/4.5:E	&原理图/4.5:E	芯线/导线
133	-K1:X11:29	-K1:X11:39	0.75	EN	1.297 m	&原理图/4.5:E	&原理图/5.0:C	芯线/导线
135	-K1:X11:39	-KM1:43	0.75	WH	0.482 m	&原理图/5.0:C	&原理图/5.1:C	芯线/导线
137	-KM1:43	-KM3:43	0.75	WH	0.422 m	&原理图/5.1:C	&原理图/5.2:C	芯线/导线
139	-KM3:43	-KA:13	0.75	WH	1.203 m	&原理图/5.2:C	&原理图/5.3:A	芯线/导线
141	-KA:13	-X2:20:a	0.75	WH	0.812 m	&原理图/5.3:A	&原理图/5.3:A	芯线/导线
136	-KM1:43	-K1:X11:1	0.75	WH	0.0 m	&原理图/5.0:E	&原理图/5.1:E	芯线/导线
138	-KM3:43	-K1:X11:2	0.75	WH	1.381 m	&原理图/5.1:E	&原理图/5.2:E	芯线/导线
140	-KM5:43	-K1:X11:3	0.75	WH	0.644 m	&原理图/5.2:E	&原理图/5.2:E	芯线/导线
142	-KA:14	-K1:X11:4	0.75	WH	1.044 m	&原理图/5.3:E	&原理图/5.3:E	芯线/导线
143	-X2:20:b	-柜外-S1:13	0.75	WH		&原理图/5.3:A	&原理图/4.5:C	芯线/导线
144	-柜外-S1:13	-柜外-S2:13	0.75	WH		&原理图/5.3:A	&原理图/5.5:C	芯线/导线
147	-柜外-S2:13	-柜外-S3:13	0.75	WH		&原理图/5.5:C	&原理图/5.6:C	芯线/导线
150	-柜外-S3:13	-柜外-S4:13	0.75	WH		&原理图/5.6:C	&原理图/5.7:C	芯线/导线
153	-柜外-S4:13	-柜外-S5:13	0.75	WH		&原理图/5.7:C	&原理图/5.8:C	芯线/导线
156	-柜外-S5:13	-柜外-S6:13	0.75	WH		&原理图/5.8:C	&原理图/5.9:C	芯线/导线

连接列表

连接	源	目标	截面积	颜色	长度	页/列 1	页/列 2	功能定义
159	-维外-S6:13	-X2:21:b	0.75			&原理图/5.9:C	&原理图/5.9:A	芯线/导线
146	-X2:22:a	-X1:X11:5	0.75				&原理图/5.4:E	芯线/导线
145	-维外-S1:14	-X2:22:b	0.75				&原理图/5.4:D	芯线/导线
149	-X2:23:a	-X1:X11:6	0.75				&原理图/5.5:E	芯线/导线
148	-维外-S2:14	-X2:23:b	0.75				&原理图/5.5:D	芯线/导线
152	-X2:24:a	-X1:X11:7	0.75				&原理图/5.6:E	芯线/导线
151	-维外-S3:14	-X2:24:b	0.75		1.083 m	&原理图/5.6:C	&原理图/5.6:D	芯线/导线
155	-X2:25:a	-X1:X11:8	0.75		0.513 m	&原理图/5.7:D	&原理图/5.6:E	芯线/导线
154	-维外-S4:14	-X2:25:b	0.75		1.083 m	&原理图/5.7:C	&原理图/5.7:E	芯线/导线
158	-X2:26:a	-X1:X11:11	0.75		1.093 m	&原理图/5.8:D	&原理图/5.7:E	芯线/导线
157	-维外-S5:14	-X2:26:b	0.75				&原理图/5.8:E	芯线/导线
161	-X1:X11:12	-X2:27:a	0.75	WH	0.476 m	&原理图/5.8:C	&原理图/5.9:E	芯线/导线
160	-维外-S6:14	-X2:27:b	0.75	WH	0.308 m	&原理图/5.9:C	&原理图/5.9:D	芯线/导线
162	-X2:21:a	-X2:28:a	0.75	WH	0.938 m	&原理图/6.2:B	&原理图/6.2:B	芯线/导线
163	-X1:X11:33	-KM1:A1	0.75	WH	1.056 m	&原理图/6.4:B	&原理图/6.4:E	芯线/导线
165	-X1:X11:34	-KA2:A1	0.75	WH	0.86 m	&原理图/6.5:B	&原理图/6.5:E	芯线/导线
166	-X1:X11:35	-KA3:A1	0.75	WH	0.956 m	&原理图/6.7:B	&原理图/6.7:E	芯线/导线
167	-X1:X11:36	-KA4:A1	0.75	WH	2.055 m	&原理图/7.3:B	&原理图/7.3:D	芯线/导线
169	-X2:29:b	-X2:X80:2	0.75	WH		&原理图/7.3:B	&原理图/7.5:D	芯线/导线
172	-X2:28:b	-X2:X80:1	0.75	BN	2.07 m	&原理图/7.3:B	&原理图/7.5:D	芯线/导线
175								

设计人	李习者	创建日期	2024/7/18	西门子工程师学院物流传输系统	连接列表	图号	P27_001	三物流传输十程内
审批人	张三	修改时间	20:50:56			项目编号	001	页数 19/28
批准人		批准日期						7.c

部件汇总表

订货编号	数量	描述 名称	类型号 部件编号	制造商 供应商	单价	总价	位置
6ES7590-1AB60-0AA0	1		6ES7590-1AB60-0AA0 SIE.6ES7590-1AB60-0AA0	SIE SIE	0.00	0.00	
	1		SIE.3VL17021DA330AB1	SIE			
6ES7512-1CK01-0AB0	1	SIMATIC S7-1500 CPU 1512C-1 PN 32DI/32DO/5AI/2AO	6ES7512-1CK01-0AB0 SIE.6ES7512-1CK01-0AB0	SIE SIE	0.00	0.00	
6AV2123-2GA03-0AX0	1		6AV2123-2GA03-0AX0 SIE.6AV2123-2GA03-0AX0	SIE SIE	0.00	0.00	
3RT2015-1AP61	4 件		3RT2015-1AP61 SIE.3RT2015-1AP61	SIE SIE	0.00	0.00	
3RH21221HB40	5		3RH2122-1HB40 SIE.3RH2122-1HB40	SIE SIE			
3RT2015-1AP04-3MA0	1 Stück		3RT2015-1AP04-3MA0 SIE.3RT2015-1AP04-3MA0	SIE SIE	0.00	0.00	
7KM2111-1BA00-3AA0	3 件		7KM2111-1BA00-3AA0 SIE.7KM2111-1BA00-3AA0	SIE SIE			
3RV2011-1AA15	1		3RV2011-1AA15 SIE.3RV2011-1AA15	SIE SIE	0.00	0.00	
A22NS-2BL-NGA-G112-NN	5	蘑菇形维拉按钮	A22NS-2BL-NGA-G112-NN OMR.A22NS-2BL-NGA-G112-NN/	OMR OMR	0.00	0.00	
A22NN-MGA-NBA-G101-N	1		A22NN-BN-NA_NN OMR.M22	OMR			
3SB3203-1CA21-OCC0	1		3SB3203-1CA21-OCC0 SIE.3SB3203-1CA21-OCC0	SIE SIE	0.00	0.00	
6EP1336-1LB00	1		6EP1336-1LB00 SIE.6EP1336-1LB00	Siemens AG Siemens AG	0.00	0.00	
3G3MX2-A2002-V1	1	紧凑式控制机柜	3G3MX2-A2002-V1 OMR.3G3MX2-A2002-V1	OMR OMR	0.00	0.00	
1016600	6		AE.1016600 RIT.AE.1016600	RIT RIT	0.00	0.00	
8800750	4	电缆线槽	TS.8800750 RIT.TS.8800750	RIT RIT			
SZ.2313750	0	安装导轨	TH35/7.5 RIT.SZ.2313750	RIT RIT			
1TL0001-1DB33-3TA4	3	三相电机	1TL0001-1DB3 SIE.1TL0001-1DB3	SIE SIE	0.00	0.00	

西门子工程师学院物流传输系统 — 部件汇总表

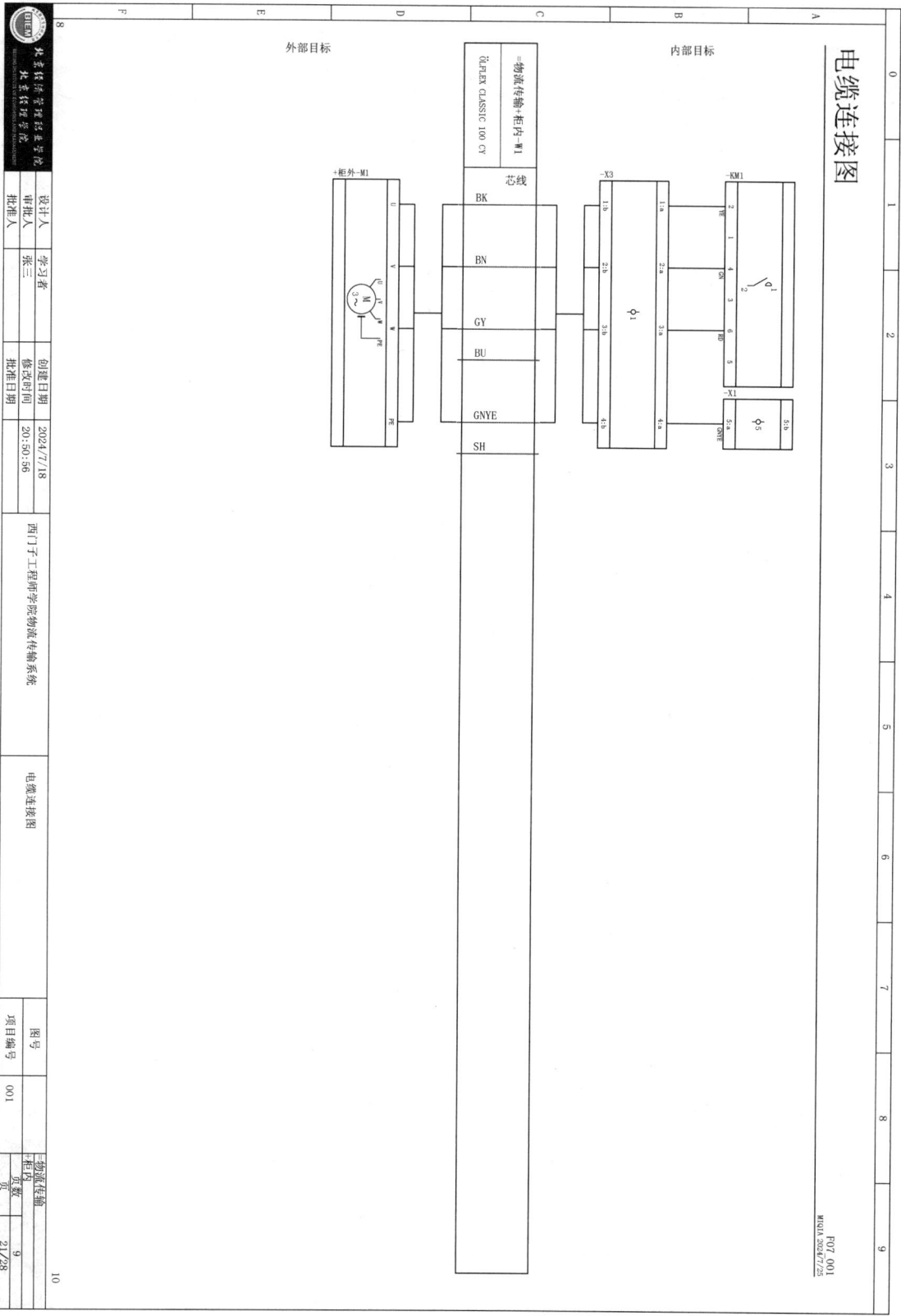

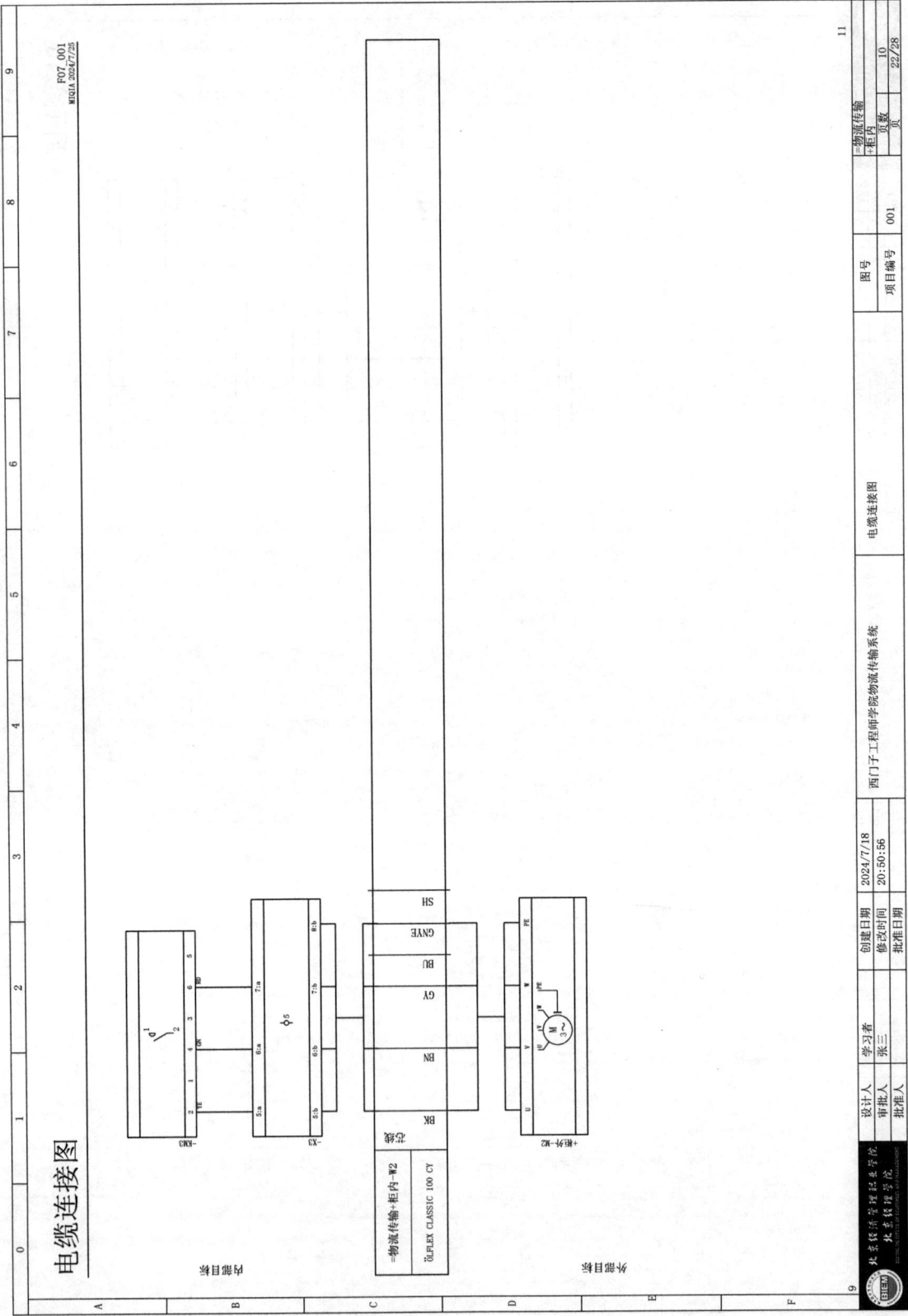

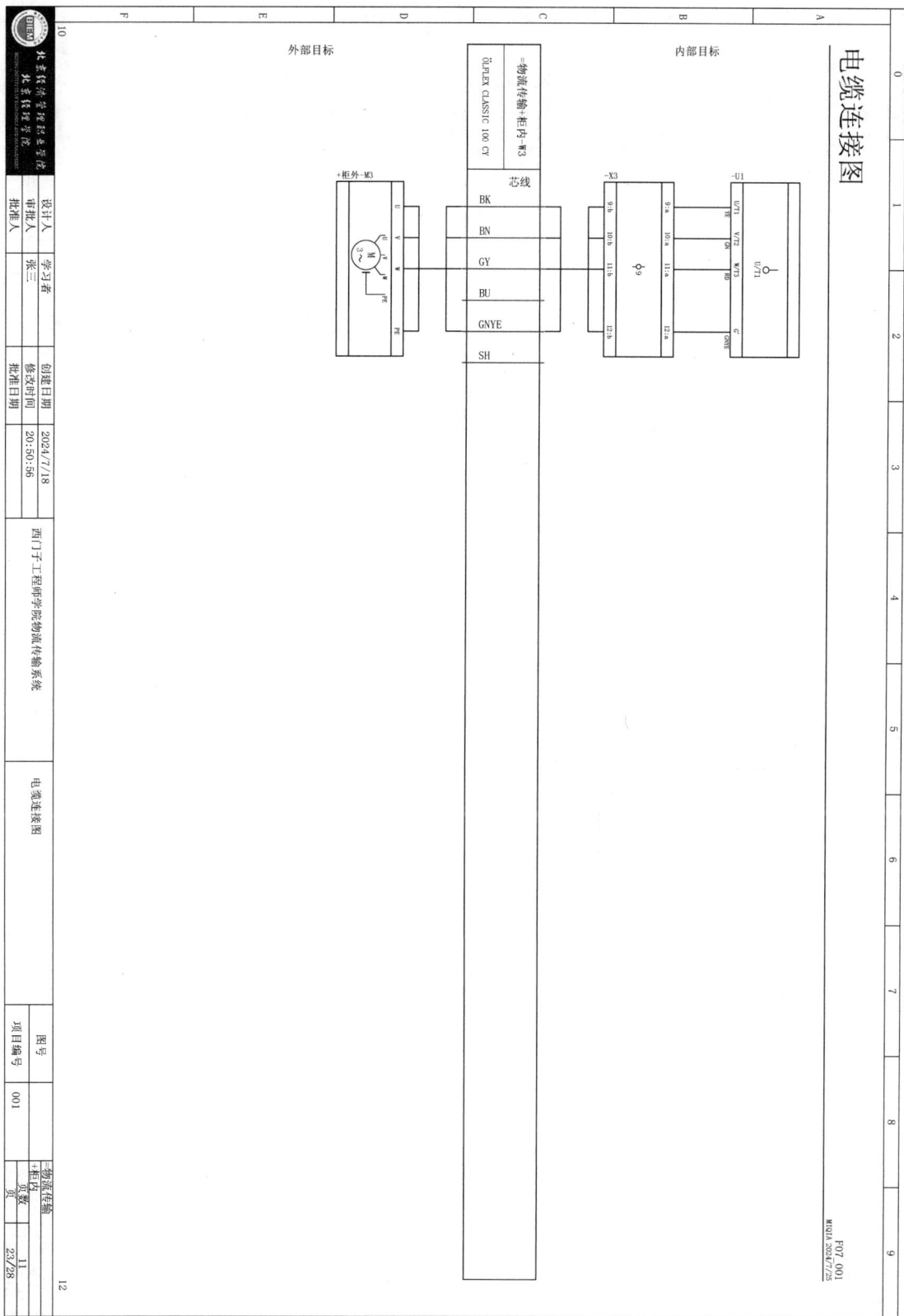

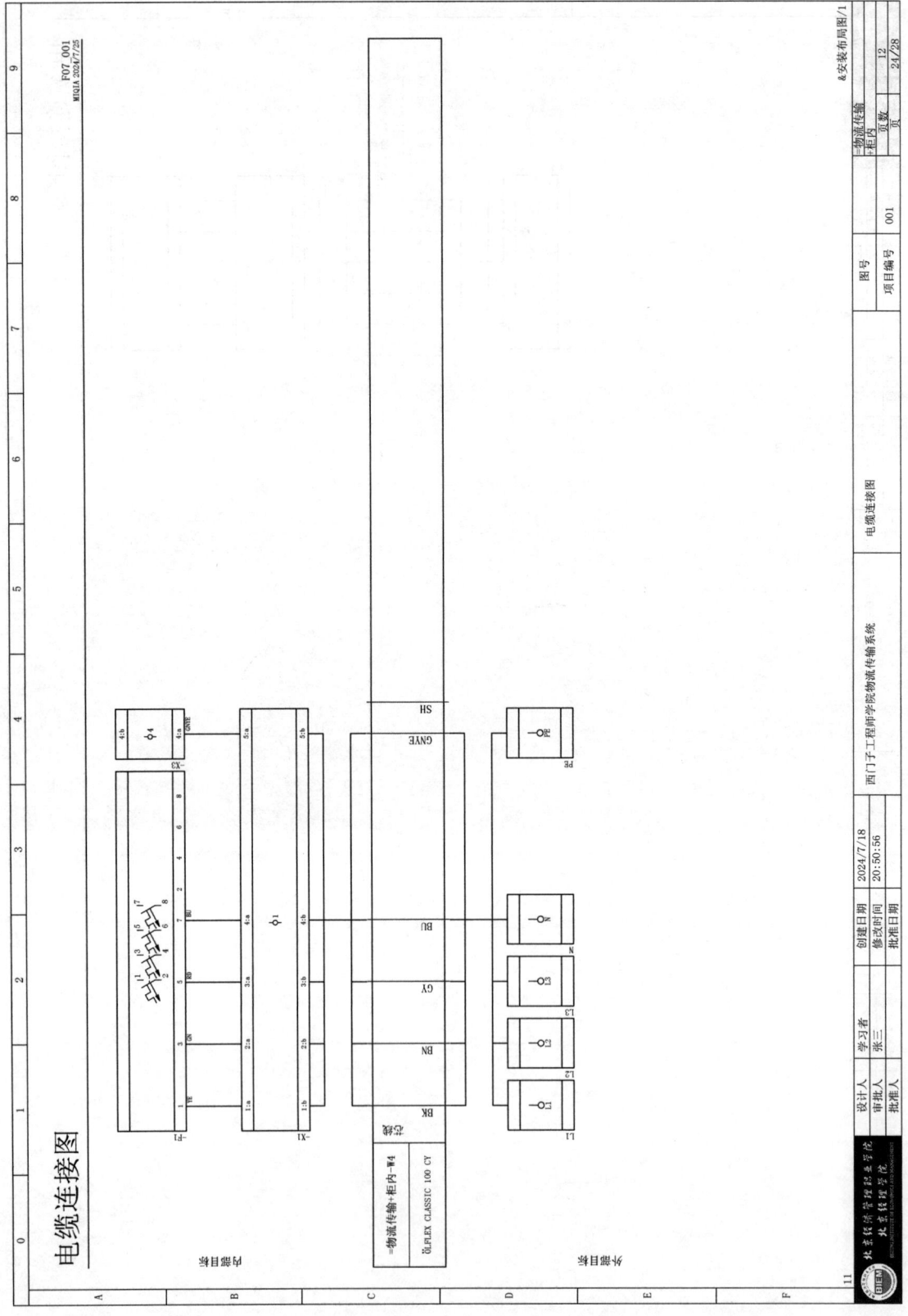

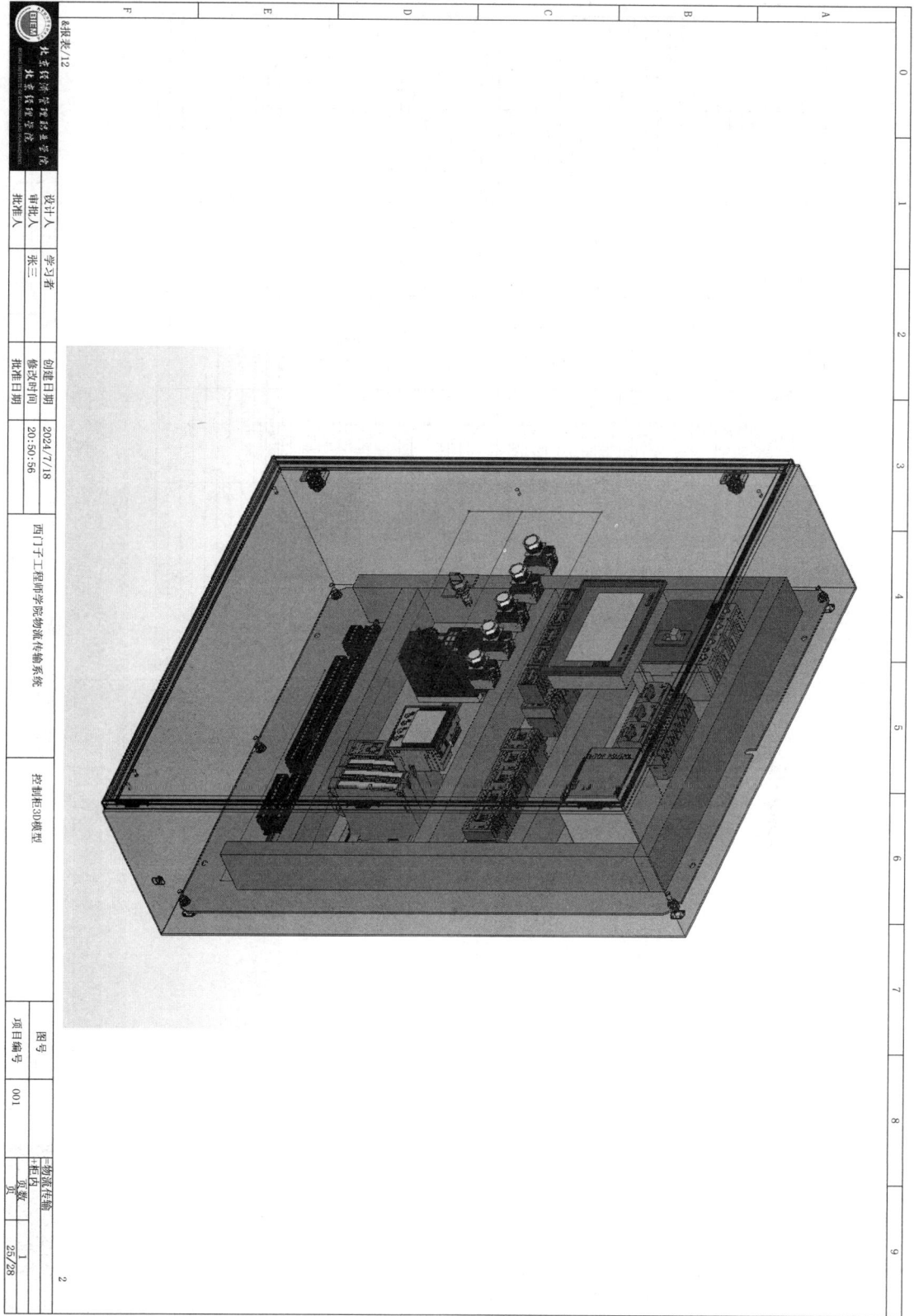

切口图例

设备标识符	组件代号	X 坐标	Y 坐标	切口规格: 钻孔直径	切口规格: 宽度/长度	切口规格: 高度
=物流传输+柜内-U03	钻孔	75.00 mm	900.00 mm	6.00 mm		
=物流传输+柜内-U03	钻孔	275.00 mm	900.00 mm	6.00 mm		
=物流传输+柜内-U03	钻孔	475.00 mm	900.00 mm	6.00 mm		
=物流传输+柜内-U03	钻孔	675.00 mm	900.00 mm	6.00 mm		
=物流传输+柜内-U04	钻孔	675.00 mm	860.00 mm	6.00 mm		
=物流传输+柜内-U04	钻孔	675.00 mm	660.00 mm	6.00 mm		
=物流传输+柜内-U04	钻孔	675.00 mm	460.00 mm	6.00 mm		
=物流传输+柜内-U04	钻孔	675.00 mm	260.00 mm	6.00 mm		
=物流传输+柜内-U05	钻孔	65.00 mm	860.00 mm	6.00 mm		
=物流传输+柜内-U05	钻孔	65.00 mm	660.00 mm	6.00 mm		
=物流传输+柜内-U05	钻孔	65.00 mm	460.00 mm	6.00 mm		
=物流传输+柜内-U05	钻孔	65.00 mm	260.00 mm	6.00 mm		
=物流传输+柜内-U06	钻孔	65.00 mm	160.00 mm	6.00 mm		
=物流传输+柜内-U06	钻孔	105.00 mm	647.54 mm	6.00 mm		
=物流传输+柜内-U06	钻孔	305.00 mm	647.54 mm	6.00 mm		
=物流传输+柜内-U06	钻孔	505.00 mm	647.54 mm	6.00 mm		
=物流传输+柜内-U07	钻孔	605.00 mm	647.54 mm	6.00 mm		
=物流传输+柜内-U07	钻孔	105.00 mm	470.21 mm	6.00 mm		
=物流传输+柜内-U07	钻孔	305.00 mm	470.21 mm	6.00 mm		
=物流传输+柜内-U07	钻孔	505.00 mm	470.21 mm	6.00 mm		
=物流传输+柜内-U08	钻孔	605.00 mm	470.21 mm	6.00 mm		
=物流传输+柜内-U08	钻孔	105.00 mm	209.51 mm	6.00 mm		
=物流传输+柜内-U08	钻孔	305.00 mm	209.51 mm	6.00 mm		
=物流传输+柜内-U08	钻孔	505.00 mm	209.51 mm	6.00 mm		
=物流传输+柜内-U09	钻孔	605.00 mm	209.51 mm	6.00 mm		
=物流传输+柜内-U09	钻孔	242.50 mm	773.77 mm	5.00 mm		
=物流传输+柜内-U09	钻孔	392.50 mm	773.77 mm	5.00 mm		
=物流传输+柜内-U09	钻孔	542.50 mm	773.77 mm	5.00 mm		
=物流传输+柜内-U010	钻孔	642.50 mm	773.77 mm	5.00 mm		
=物流传输+柜内-U010	钻孔	92.50 mm	558.87 mm	5.00 mm		
=物流传输+柜内-U010	钻孔	242.50 mm	558.87 mm	5.00 mm		
=物流传输+柜内-U010	钻孔	392.50 mm	558.87 mm	5.00 mm		
=物流传输+柜内-U010	钻孔	542.50 mm	558.87 mm	5.00 mm		
=物流传输+柜内-U010	钻孔	642.50 mm	558.87 mm	5.00 mm		
=物流传输+柜内-U011	钻孔	92.50 mm	339.86 mm	5.00 mm		
=物流传输+柜内-U011	钻孔	242.50 mm	339.86 mm	5.00 mm		
=物流传输+柜内-U011	钻孔	342.50 mm	339.86 mm	5.00 mm		
=物流传输+柜内-U012	钻孔	92.50 mm	131.16 mm	5.00 mm		
=物流传输+柜内-U012	钻孔	242.50 mm	131.16 mm	5.00 mm		
=物流传输+柜内-U012	钻孔	392.50 mm	131.16 mm	5.00 mm		
=物流传输+柜内-U012	钻孔	542.50 mm	131.16 mm	5.00 mm		
=物流传输+柜内-U012	钻孔	642.50 mm	131.16 mm	5.00 mm		
=物流传输+柜内-A11	钻孔	450.00 mm	344.85 mm	6.80 mm		
=物流传输+柜内-A11	钻孔	590.00 mm	344.85 mm	6.80 mm		

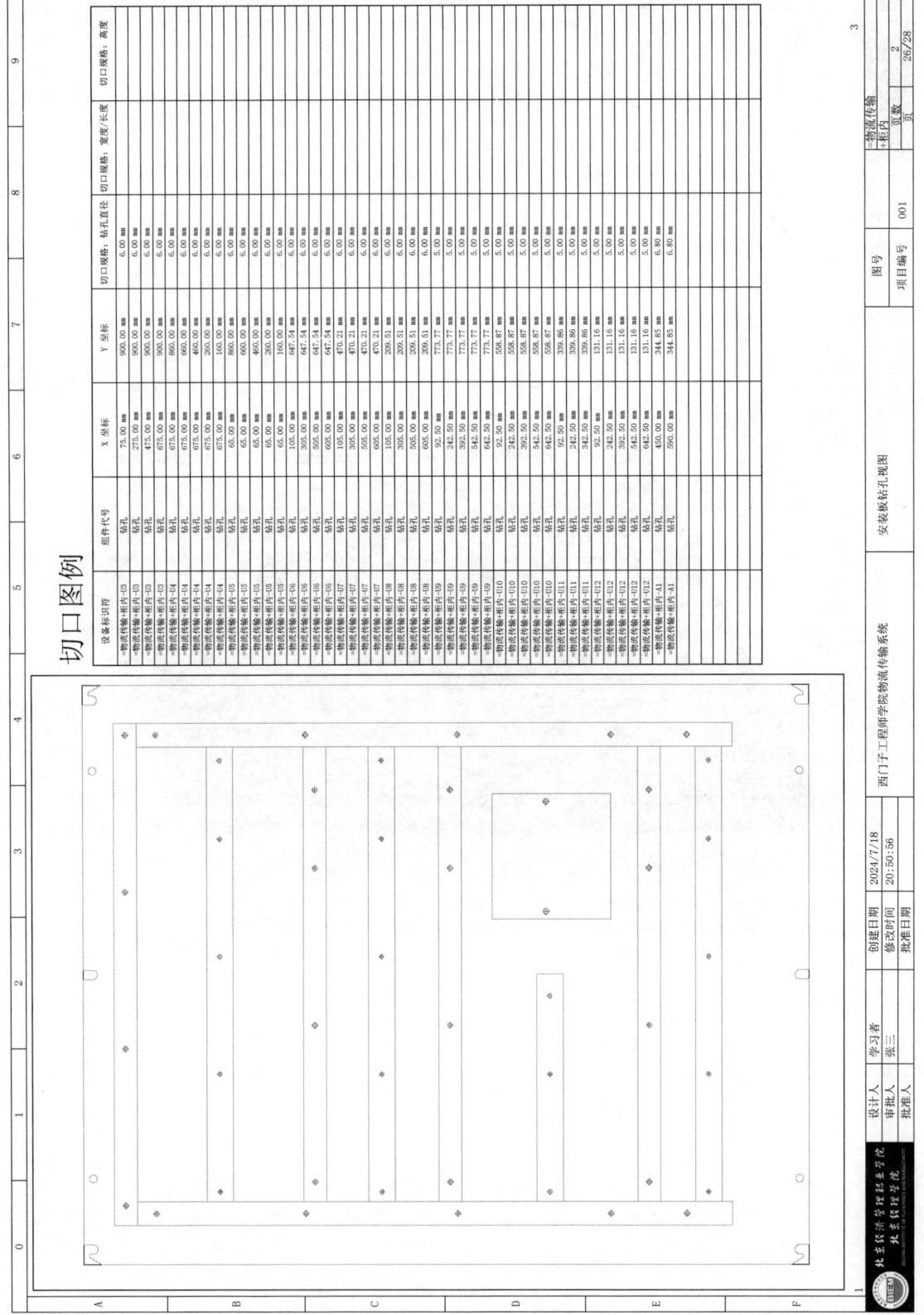

安装板钻孔视图 — 西门子工程师学院物流传输系统

设计人: 学习者
审批人: 张三
创建日期: 2024/7/18
修改时间: 20:50:56
项目编号: 001

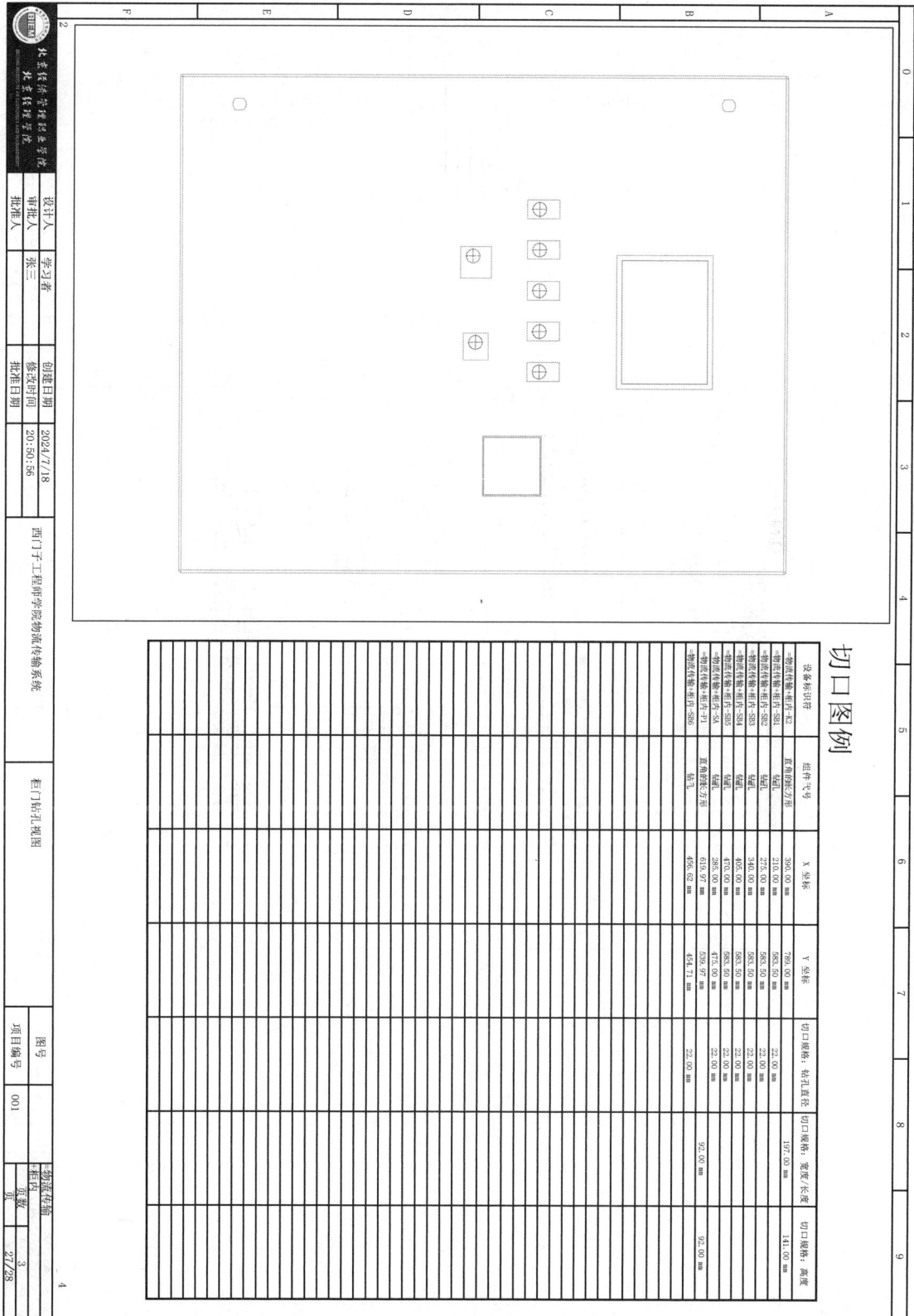

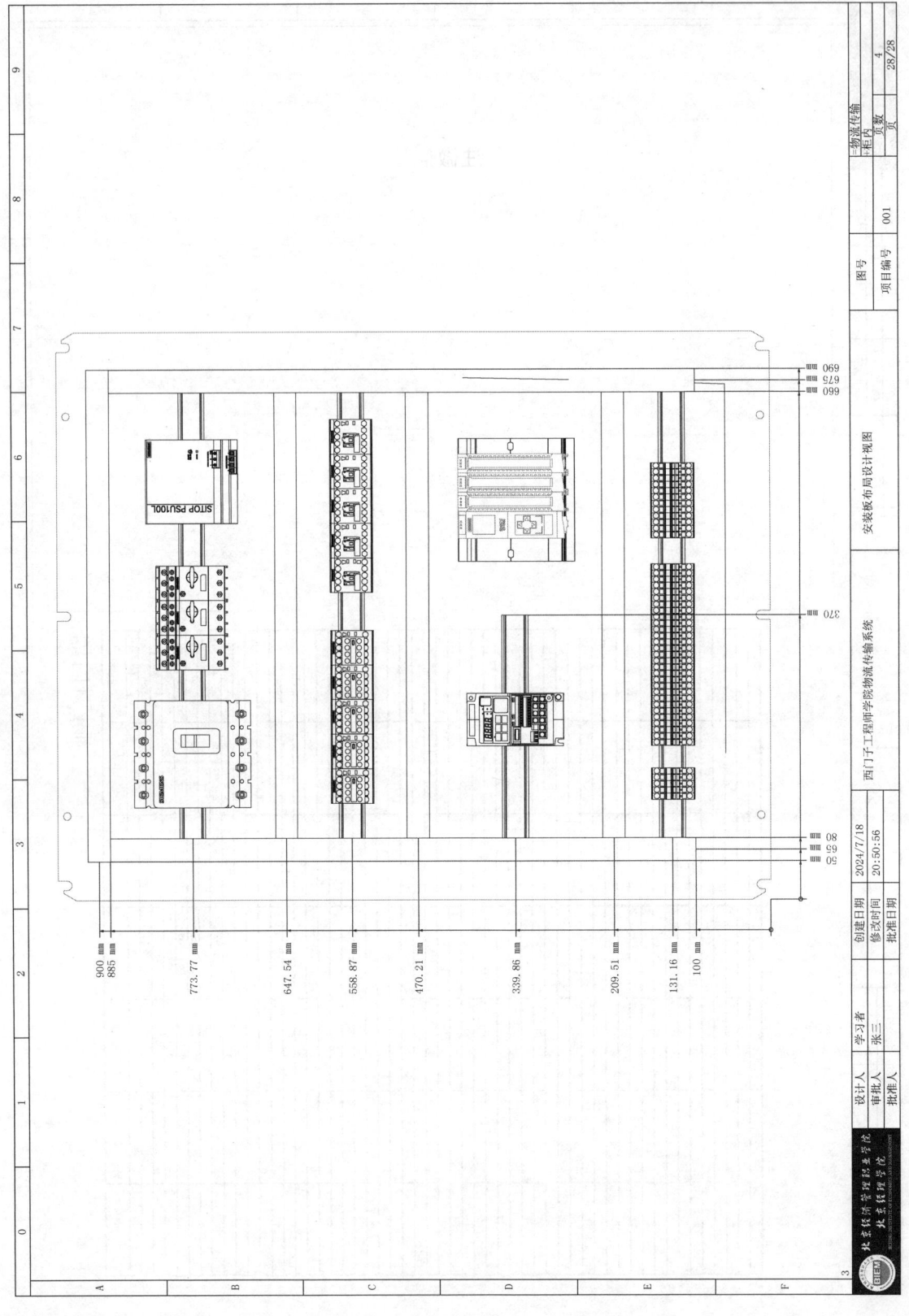